岩土工程一体化咨询与实践

杨石飞　主编

中国建筑工业出版社

图书在版编目（CIP）数据

岩土工程一体化咨询与实践/杨石飞主编．—北京：
中国建筑工业出版社，2021.3（2021.11重印）
ISBN 978-7-112-26019-5

Ⅰ.①岩…　Ⅱ.①杨…　Ⅲ.①岩土工程　Ⅳ.①TU4

中国版本图书馆CIP数据核字（2021）第053265号

本书系统梳理总结了岩土工程一体化咨询理念、内容和相关实践案例，并对案例中遇到的岩土工程技术难题、解决思路以及最终的实施效果进行了较为全面的分析，突出了工程勘察综合测试分析技术、现场原位验证测试技术、精细化数值分析技术、岩土工程工艺技术创新等多种解决岩土工程技术难题的方法。全书共分为8章，包括概述、超高层建筑桩基咨询、基础设计咨询、基坑设计咨询、地基处理咨询、既有建筑加固咨询、全过程咨询、岩土工程事故处理咨询。

本书面向广大岩土工程师，并可作为相关研究和教学参考。

责任编辑：杨　允
责任校对：焦　乐

岩土工程一体化咨询与实践
杨石飞　主编
*
中国建筑工业出版社出版、发行（北京海淀三里河路9号）
各地新华书店、建筑书店经销
唐山龙达图文制作有限公司制版
北京建筑工业印刷厂印刷
*
开本：787毫米×1092毫米　1/16　印张：19　字数：474千字
2021年5月第一版　2021年11月第二次印刷
定价：**78.00**元

ISBN 978-7-112-26019-5
(36705)

《岩土工程一体化咨询与实践》编委会

顾　问：顾国荣　许丽萍

主　编：杨石飞

编　委：苏　辉　路家峰　刘　枫　张　静

前　言

自20世纪80年代初我国引入岩土工程体制，经过近半个世纪的长期实践，作为土木工程重要分支的岩土工程在我国取得了巨大的进步，但仍存在一些不足，主要表现在全过程有机联系的勘察、设计、施工、检测、监测、监理等环节受到原有体制的人为割裂，而随着我国工程项目建设水平稳步提高，对综合性、跨阶段、一体化的咨询服务需求日益增强，这种需求与现行的单一服务模式之间的矛盾日益突出。

顾国荣大师在20世纪90年代率先提出“岩土工程一体化咨询”，秉持“规避风险、节约资源、和谐环境”的绿色岩土服务理念，为解决工程全生命周期中的岩土工程难题提供整体解决方案。

由于岩土介质具有复杂性、非线性、不确定性和随机性等特点，岩土工程应当基于一例一案的理念实施，本书选题围绕岩土工程发展中的热点难点技术问题和重大工程的研究进展确定，基于24项有影响和代表性的典型工程案例，包括超高层建筑岩土工程咨询案例3项、基础设计咨询案例3项、基坑围护咨询案例5项、地基处理咨询案例4项、既有建筑地基基础加固咨询案例3项、岩土工程全过程咨询案例3项和岩土工程事故处理咨询案例3项，阐述了岩土工程一体化咨询解决方案和服务理念，注重工程实用性，可供相关从业单位和人员参考。

本书由顾国荣大师、许丽萍大师担任顾问，杨石飞任主编，参加各章节编写和审核工作的有苏辉、路家峰、刘枫、张静。

感谢中国建筑出版传媒有限公司对本书出版发行的大力支持以及所做的辛勤工作。

由于时间和水平有限，书中难免有不足之处，敬请读者不吝指正。

本书编写组

2020年12月

目　　录

第1章　概　　述

1.1　岩土工程咨询概念

岩土工程是土木工程的二级学科，是应用地质和岩土力学的原理，结合基础工程、土方工程、地下工程，解决与岩土有关的工程问题的一门工程学。按原建设部1992年文件规定，岩土工程的内容根据工程建设阶段划分主要包括：

（1）岩土工程勘察，即根据建设工程的要求，查明、分析、评价建设场地的地质、环境特征和岩土工程条件，编制勘察文件。

（2）岩土工程设计，在岩土工程勘察活动完成后，根据甲方的施工要求以及场地的地质、环境特征和岩土工程条件，所进行的桩基工程、地基工程、边坡工程、基坑工程等岩土工程施工范畴的方案设计与施工图设计。

（3）岩土工程施工，指与岩土密切关系的深基坑、深基础、土方工程和地基处理等的施工。

（4）岩土工程监测和监理，施工前、中、后，建筑物运行时的各种量测，并包括岩土工程检测数据分析与工程质量评价、监测资料的整理和分析、开挖前后岩土体应力应变测试方法及检测与监测；地下工程施工中常见的失稳预报、防护。

岩土工程根据作用对象和领域划分，主要包括：

（1）桩基工程：包括桩的设计选型、布桩设计；单桩竖向承载力的确定、桩身承载力的验算；群桩竖向承载力计算；负摩阻力的确定；单桩及群桩的抗拔承载力计算；桩基沉降计算；桩基水平承载力的确定，桩基在水平荷载作用下的位移计算；承台形式的确定，承台的受弯、受冲切和受剪承载力计算；桩基施工及施工中容易发生的问题及预防措施；沉井设计、施工；桩、沉井基础检测与验收等。

（2）浅基础：包括浅基础方案选用、地基承载力的计算；根据建（构）筑物对变形控制的要求计算地基土沉降，地基、基础和上部结构的共同作用分析；基础埋置深度与基础底面积的确定、各种类型浅基础的设计计算、内力计算；动力基础动力参数的确定；防止和控制不均匀沉降对建筑物损害的建筑措施和结构措施等。

（3）地基处理：各种地基处理方法选型；复合地基承载力和沉降计算；地基处理后地基承载力、沉降设计、计算及施工；土工合成材料的选型及设计计算；防渗处理方案选型、设计、施工及验收；既有建筑基础加固技术选型及加固设计：既有工程基础托换的选型、设计、计算、施工；建筑物迁移设计、计算、施工等。

（4）土工结构与边坡防护工程：路堤和土石堤坝的设计、施工；土工结构的防护与加固措施；土工结构填料的选用及填筑；土工结构施工质量控制及监测检测；不同土质及不同条件下土工结构的设计及施工；边坡的稳定分析、边坡安全坡率的确定；防护结构的设计和施工；挡墙的结构选型、设计；边坡排水工程的设计和施工等。

（5）基坑工程与地下工程：基坑支护方案的选用、支护结构的设计和计算；基坑施工对环境的影响评估及应采取的技术措施；围岩分类及支护、加固的设计；新奥法，矿山法，掘进机法，盾构法的选用、设计及计算；地下水控制的设计、施工，地下水控制对环境的影响及其防治措施。

（6）其他：包括特殊性岩土、岩溶与土洞、滑坡、危岩与崩塌、泥石流、采空区、地面沉降、废弃物处理场地等地质灾害危险性评估及治理，地震工程，爆破工程等。

与其他工程相比，岩土工程有如下特点：

（1）不同于人工加工的钢筋混凝土，可人为控制强度，可相对准确地预测和计算其变形，岩土是自然产物，成分比较复杂，不可能或需要很大代价方可按人的意图实现所需的强度和变形特征。在这种情况下，应采用工程地质观点对待岩土工程问题，必须掌握岩土的性状，懂得岩土性质指标的物理意义、用途和限制，尽可能根据其既有特征，因地制宜进行设计和施工。

（2）材料性质具有较为显著的不确定性、不均匀性和非线性，即使是同一场地的同一土层，也会由于时空差异，表现出足以影响工程措施的误差和变化，其非线性会造成变形和承载力的不可预测性。相同的指标采用不同方法测定，结果差异也会较大，因此需结合工程特点，采用相应勘探测试技术揭示地层，以充分认识钻探取样和原位试验带来土体的物理力学性质方面的变化。

（3）相关理论和体系与其他专业相比仍较为不完善，如在土体本构模型方面，即使已经提出诸多能反映各种岩土特性的本构参数，依然难以准确模拟实际发展特征。在这种情况下，提倡应用类似地质条件的工程经验，相当于提供了接近足尺的模型，才能相对可靠地判别理论和数值计算结果的误差和幅度。

正是受岩土工程特点影响，成功、合理的岩土工程应是基于一例一案理念实施，针对岩土工程实施方案的确定就显得尤为重要。

1.2 岩土工程一体化咨询概述

1.2.1 岩土工程一体化咨询概念

岩土工程一体化咨询是顾国荣先生在20世纪90年代率先提出并长期践行的理念。所谓咨询，就是站在建设方的角度，运用技术、经济、管理等分析手段，对项目提供建设性意见或优化方案，为决策提供科学依据。岩土工程一体化咨询以岩土一体化为主体，以岩土顾问服务为路径，开展专业的、有特色的综合测试和特种施工服务，在充分利用已有资料、经验以及科研成果基础上，解决工程全生命周期中的岩土工程难题，在符合现行规范前提下，直接为客户谋取最大的投资效益、控制工程风险。

1.2.2 岩土工程一体化咨询服务理念

（1）规避风险。风险无处不在，风险不可完全消除，但是采取必要措施，可以减小、规避和转移风险。除了常规工程风险，地下工程特有风险很大程度来源于地质风险以及其引起的次生风险，因此一体化咨询首要目的是规避风险，尤其由于地质条件引起的可能对工程造成影响的风险。

（2）节约资源。应该说“节约”是诸多项目岩土工程咨询的最大动力源泉，因为规避了风险未必可见其效果，而节约则是显而易见的。很多人认为优化咨询目的是节省成本和造价，这种理解是狭隘的，资源是所拥有各种物质要素的总称，除了以金钱和时间形式表现外，还可以是各种形式物质的显著节省。很多建设方对于项目上可节省的造价或时间与所需投入的精力和可能存在的风险衡量后，会有个综合判断是否实施咨询，但往往在衡量过程中容易忽略一个重要因素，那便是所节省的不完全只是金钱，而是资源，金钱只是资源的其中一种表现形式，在现实世界中，这种资源更多表现形式是自然物质，如钢筋混凝土、投入的人力物力。这些资源更多是不可恢复或再生的，如制成钢筋混凝土所需要的矿石、砂石，都是自然界经历亿万年方可形成的自然资源，当节省了金钱，这些自然资源一并被节省了下来。

（3）和谐环境。环境问题越来越成为人们关注的问题，在进行工程建设和运营时，能够保护环境成为非常核心、可持续发展的重要考虑因素。在进行岩土工程一体化咨询过程中，更多时候除了需考虑规避项目自身风险，也需考虑规避环境影响风险；在节省项目自身投入资金和时间资源的同时，也需考虑节省环境资源、有利于保护环境。因此，促成人与环境的和谐统一是咨询的核心目标。

1.2.3 岩土工程一体化咨询工作原则

（1）确保工程安全。工程安全是咨询工作的底线，不论咨询目的是节省资源还是规避风险，前提条件是方案的实施是安全的。安全既包括了工程标的本身的安全，能满足设定的使用功能并能在设计使用周期内正常使用，有足够的安全储备；也包括了在规划、建设、运营、拆除期间的安全，如人员、环境、周边保护对象等。通过减少安全储备达到节省的目的是不可取的，也是违背岩土工程一体化咨询目的和核心思想的。

（2）提高投资效益。投资效益的提高是岩土工程一体化咨询价值的重要体现，也是工作过程中需要时刻坚持的。在实际工作过程中，往往有多种途径可以实现设定的工程功能，同样在岩土工程中，也有多种实现方案，作为岩土工程咨询工程师，应时刻秉持为顾客增值的理念，在确保安全前提下，优化实现路径，提供更有竞争力的方案，实现投资效益的最大化。

（3）满足法规、规范要求。法规、规范是社会工作开展的基础和依据，岩土工程咨询工作也必须符合相关法规、规范的要求。目前国内岩土工程方面的法规和规范在不断完善中，尽管仍有诸多技术规范之间的不协调和矛盾，不少工程师和相关从业人员对规范的理解也有出入，但是在执行过程中，仍应严格以现行法规、规范为工作依据。对于法规、规范没有规定的地方，对政府行为应遵循“法无规定不可为”，对市场行为遵循“法无禁止即可为”的原则。

（4）因地制宜、就地取材。这是在工作方法上的原则。岩土工程具有典型的差异性，每个项目有自身的地层特点和布置差异，岩土工程也具有典型的地域性，各地有合适的处理手段和常用的处理方式，在方案设计时必须综合考虑这些因素，做到因地制宜、就地取材，确保咨询合理。

1.2.4 岩土工程一体化咨询服务模式

（1）专业服务模式。所谓专业服务模式是指对岩土工程中某一专业进行咨询。在实际业务开展过程中，桩基设计优化是其中最为典型的咨询工作，但并不代表这是全部类型的专业服务模式。事实上，在岩土工程咨询工作中，针对某一专项的咨询工作往往会发挥关键作用，如针对工程勘察的专项咨询，从勘察方案的制定，到现场作业规范化管理，直至勘察报告的编制，对后续岩土工程设计和施工都起到决定性指导作用。

（2）全过程咨询模式。所谓全过程咨询模式，一方面是指时间维度上跨越了两个以上阶段，从规划设计到施工，乃至运营和拆除；另一方面是指在专业领域上，形成了以咨询为核心的多个细分专业紧密配合提供的服务。我国近年来提倡综合性设计单位走多专业融合发展道路，形成以设计为龙头的“1＋X”全过程咨询服务，这种模式与岩土工程全过程咨询模式异曲同工，只是岩土工程全过程咨询模式更注重岩土工程领域对整个项目的支撑作用，岩土工程全过程咨询可以理解为整个项目全过程咨询的一部分，而岩土工程一体化咨询更注重咨询在整个过程中的核心作用，而不仅仅是常规意义上的设计。

（3）岩土顾问模式。是站在建设方的角度，运用技术、经济、管理等分析手段，对项目进程中设计方、工程总承包方、勘测方等提供的岩土工程勘察、设计、施工方案进行安全性、经济性、可靠性分析，提供建设性意见或优化方案，为建设方决策提供科学依据。从这个角度讲，岩土顾问模式更多只是专业决策支持，不参与具体的实施性工作。

1.3 岩土工程一体化咨询工作内容

1.3.1 超高层建筑岩土工程咨询

超高层建筑往往由于项目复杂，对地下工程要求高，因此岩土工程一体化咨询工作从项目前期就开始参与，对建设过程中可能出现的岩土工程问题进行分析、评估，提出合理化建议，项目服务阶段包括：岩土勘察阶段、基础设计和施工阶段、基坑围护设计和施工阶段。各阶段岩土咨询服务内容一般包括但不限于以下内容。

（1）岩土工程勘察阶段

1）对招投标阶段布孔类型、孔深、孔距提出合理建议；

2）审核勘察方案及勘察大纲的合理性，并提供优化建议，协调设计方对勘察方案提出技术要求；

3）结合勘察单位提交的勘察报告（初稿），对其中的测试数据、设计参数、分析结果和建议进行审核，包括基坑围护设计参数、桩基相关参数的取值，提出合理化建议；

4）协助甲方对勘察外业（包括现场试验）进行质量控制、监督。

（2）基础设计和施工阶段

1）配合业主相关招投标工作；

2）根据上部荷载要求，从经济性、可行性、安全性、工期等方面进行综合对比分析，对桩型和持力层选择提出合理建议；

3）基于工程地质勘察成果，对单桩竖向承载力设计值提出建议，优化工程桩数量；

4）对桩基沉降和差异沉降可能性进行分析，确定桩基沉降经验修正系数；

5）结合地层条件，分析技术难点问题；对成桩可能性进行分析；提出成孔、成桩质量控制方面的建议；

6）参与试桩方案与基础设计方案的技术讨论、论证和制定；审核试桩方案，分析试验结果，并基于成果提出建议；

7）对桩基施工方案进行评估，并提供优化建议；

8）对桩基施工的工艺、桩基施工质量控制关键技术提出建议，比如后注浆工艺、注浆器、注浆管、浆液配比、注浆速率等，以达到设计要求；

9）成桩施工过程中出现的异常情况及问题的相关技术支持与服务；

10）对桩基施工中对周围环境影响的技术防范措施提出建议；

11）参加业主组织的技术协调会议，提出可实施的建议；

12）审核主体结构施工阶段沉降监测方案，提出合理化建议；

13）对主楼竣工后的沉降监测数据进行分析，评估对正常使用情况影响。

（3）基坑围护设计和施工阶段

1）配合业主相关招投标工作；

2）参与基坑围护前期方案（含降水方案）的技术讨论、论证、对基坑围护体系、支撑体系的选型及其经济性（包括施工工期因素）提出合理的优化建议；

3）对承压水突涌可能性进行评估，对降水方案及止水体系进行技术审查并提出建议；

4）对基坑初步围护设计方案进行技术、经济合理性评估，并提出优化意见；

5）对评审方案进行审核，包括方案的深度、完整性等方面，提出修改意见；

6）对施工图进行审核，图面内容是否齐全、正确，是否达到施工的要求，节点深化是否到位，提供顾问意见；对主体结构构件利用提出建议；

7）对计算书进行审核，参数、模型、计算分析方法的选用是否合适，是否符合规范要求，输入数据是否准确；根据计算结果提出修改意见和优化建议；

8）结合设计方的回复，复查对顾问意见的反馈情况，包括图纸、计算书的修改等；

9）对施工单位提供的基坑围护施工方案进行审核（包括围护结构施工组织、土方开挖施工组织、基坑降水专项设计与施工组织、支撑拆除施工方案等），提供比选推荐性意见和合理化建议；

10）对基坑开挖、降水对周围环境的影响及防范措施提出建议；

11）从安全性、经济性、工期以及对周边环境影响等方面进行系统考虑，对施工阶段设计调整给出建议及经济性审核；

12）对围护结构施工质量控制措施提出建议；

13）对基坑开挖施工中出现的异常情况及相关关键性问题提供技术支持，根据实际需要参加相关的协调会议。

1.3.2 基础设计咨询

一般工程项目更关注地基基础设计方案的合理性，因此与超高层建筑岩土工程咨询相比，更关注基础设计阶段的咨询工作，内容一般包括但不限于以下内容。

（1）参与基础设计方案与试桩方案的技术讨论、论证、并提供优化建议，使桩基础的工程造价控制在合理范围内。

（2）对基础设计中的技术难点，提供技术支持：

1）桩基持力层选择并确定桩的类型；

2）提出试桩方案并确定单桩承载力；

3）基础类型比选；

4）基础造价分析；

5）基础沉降计算；

6）对基础设计提供合理化建议；

7）协助主体设计单位完成基础施工图，并提供咨询成果报告。

（3）根据设计要求对试桩检测效果整体评价（含施工质量、检测有效性）。

（4）桩基施工关键技术质量控制。

（5）施工中出现的异常情况及问题的技术支持：

1）成桩可行性分析；

2）成桩质量控制措施；

3）基础施工对周围环境的影响及防范措施的设计及建议。

（6）其他服务：

1）在甲方的协调下，与主体设计单位和审图公司进行沟通与交流；

2）对由地基与基础造成的结构变形等影响，提供分析及解决方案等专业技术服务。

1.3.3 基坑围护咨询

随着地下空间开发规模扩大，地下工程在工程中地位和造价比重越来越高，基坑围护工程由于是临时性工程，安全储备相对较低，而地下工程风险本身就高，因此在风险防控和造价控制方面的需求越来越大。基坑围护咨询根据基坑风险点及难点的分析，主要围绕基坑围护设计施工及结构竣工这两个阶段展开，针对性地提出具体工作内容，一般包括但不限于以下阶段。

（1）基坑围护设计施工阶段

1）对基坑围护设计施工图中地下连续墙及支撑体系的含钢量（含栈桥、立柱桩等）提出合理、合规性优化建议，并与设计单位充分沟通及把控，确保优化建议得以实施，控制基坑造价。

2）必要时协助围护设计单位，参与地铁保护评审技术支持。

3）对施工组织方案进行全面审核和把控，包括如下主要专项方案：

① 围护结构施工组织方案；

② 土方开挖施工组织方案；

③ 基坑降水专项设计及施工方案；

④ 支撑拆除施工方案；

⑤ 业主要求的基坑围护其他专项施工方案。

4）对基坑围护第三方监测方案的合理性进行审核，对周边环境影响监控的合理化建议。

（2）基坑围护施工阶段

1）对围护体系施工关键质量节点进行把控，对施工中遇到的岩土工程问题提出合理化建议；

2）根据不同基坑开挖阶段基坑信息化监测数据进行对比分析，适时、准确评估基坑开挖对周边环境的影响程度；

3）根据阶段监测、检测结果及工期要求，进一步指导细化土方开挖，确保环境影响在可控范围内及业主预计工期顺利完成；

4）对基坑开挖过程中出现的险情进行即时排查分析，并提出合理化建议；

5）在甲方协调下，指派技术咨询专家与设计施工单位进行沟通与交流，使各方工作思路达成一致；

6）对由基坑造成的结构变形等影响，提供分析及解决方案建议等专业技术服务；

7）甲方认为有必要时，参加围护施工期间工程例会。

（3）主体结构施工完毕阶段

1）审核主体结构施工阶段沉降监测方案，提出合理化建议；

2）对主楼竣工后的沉降监测数据进行分析，评估对正常使用情况影响。

1.3.4 地基处理咨询

地基处理咨询项目一般是针对大面积成陆、不良地基处理问题，这阶段往往涉及场地形成所需要的材料、处理方法验证等，因为面积大，单位面积造价、工期即使相差很少比例，对整个场地影响都是巨大的。由于场地类型差异较大，下述以吹填土地基处理咨询为例，介绍咨询工作内容。

（1）方案设计阶段（场地填筑和软基处理方案设计优化）

1）复核本项目设计要求，依据概念设计平面图，掌握建筑物或构筑物基本信息；

2）掌握场地形成和地基处理的基本要求和控制标准；

3）复核岩土工程初步勘察报告，核查初勘阶段获得的基本结果，评估其作为本工程设计依据的可用性和充分性；

4）复核相关工程设计文件及相关计算（条件允许）；

5）评价设计所提软基处理方案的可行性；

6）评价砂料填筑方法的可行性；

7）评价地基在地基处理过程中荷载-沉降特征；

8）评价监测方案的可行性，提出优化施工监测方案并予以实施；

9）评价围堤吹填方案是否安全可靠、经济合理及可实施性；

10）评价质量控制措施的可行性；

11）核查场地形成施工方案核查填筑材料要求，进度安排以及质量保障和控制计划；

12）方案比选和影响评价，评估场地形成方案的优缺点、可行性；

13）评估场地形成后的地基条件对工厂设计、施工和运营的影响。

（2）实施阶段（吹填和填筑施工和软基处理阶段质量控制）

1）抵达施工现场，核查施工质量保障和控制措施；

2）核查现场工程文件的留存的持续性和可追溯性；

3）监督场地形成及地基处理施工过程，参加业主组织的现场质量管控会议；

4）提交质量周报；

5）对围堤及围区内吹填材料（外来砂源）进行定期定量检测，满足设计要求；

6）对地基处理采用的材料进行定量质量检测；

7）通过动态监测，掌握地基加荷过程中的地表沉降、分层沉降、边坡深层水平位移、孔隙水压力等变化数据，为及时调整加载速率或采取必要的技术措施提供技术数据；

8）沉降预测，监测工作紧密结合施工工况，通过采集的第一手监测数据资料，分析地基在各施工阶段的变化情况，并从中了解和掌握地基沉降的发展趋势，为下一步施工预测地基沉降提供依据，并为评价和预测大堤工后使用期的沉降发展状况积累了基础数据；

9）检验设计，通过获取的工程实际沉降、分层沉降、深层水平位移、孔隙水压力等数据资料，验证设计计算预测结果；为修正计算参数、改进总体设计方法提供了数据依据，从而达到完善地基处理设计理论。

（3）第三阶段（处理完毕后地基评价和基础方案咨询）

1）地基处理检测资料及数据分析评估；

2）地基处理工后沉降分析评估；

3）复核最终的岩土工程勘察报告，评价所述地基土层条件的完整性和真实性；

4）评价所述土层静、动力力学性质和参数的合理性；

5）评价所述本工程建筑单体或构筑物基础形式的建议的合理性；

6）评价所述竖向和水平荷载条件下桩基础设计建议的合理性；

7）场地桩基负摩阻力试验数据分析评估；

8）地基处理效果及桩基设计负摩阻力的结论与意见；

9）项目后续桩基设计与桩基沉降防范建议；

10）评价道路设计建议的合理性。

1.3.5 既有建筑地基基础加固咨询

既有建筑地基基础加固根据加固方式主要包括主动加固和被动加固，主动加固包括为提高结构刚度、改变建筑使用功能、地上增层或地下增层而对地基基础进行的主动加固工作；被动加固主要是为控制或减少地基基础由于使用过程中的劣化或退化而进行的加固工作，如纠偏、堵漏、抢救性保护等。当然，也有在进行某一项加固时兼顾考虑另一需求的情况。地基基础加固设计咨询范畴更广，一般可包括但不限于以下方面。

（1）加固方面

1）地基沉降分析；

2）加固方案经济性、安全性及施工可行性比选；

3）地基加固方案设计；

4）施工过程中关键节点现场控制；

5）沉桩对周围环境的影响及防范措施的建议。

（2）纠偏方面

1）桩位纠偏处理方案设计；

2）桩位纠偏后桩基承载力评估；

3）上部结构验算；

4）变更后基础沉降复核。

1.3.6 岩土工程全过程咨询

岩土工程全过程咨询工作应是多专业参与到项目规划设计、建设、运营和拆除全生命周期中，各专业工作内容如上文所述，针对大型市政项目，如地铁、城市地下市政道路、市域铁路工程，勘察总体技术咨询工作已逐渐成为一种必要的工作，协助业主进行地下工程风险控制与质量、进度和投资控制管理。随着勘察总体工作开展和逐步完善，并且从原先仅参与前期勘察管理延伸到项目全过程，是典型的岩土工程全过程咨询工作，下面以地铁工程勘察总体咨询为例，介绍咨询工作内容。

（1）详勘技术要求制定

接受任务后，及时与建设单位、设计单位沟通，充分了解工程特点、设计意图，根据相关规范、设计提出的勘察技术要求制定纲要编制和成果整理等方面的技术要求，主要包括：

1）根据勘察规范、设计要求及轨道交通勘察的相关经验，制定轨道交通线详勘总体技术要求及资料整理标准；

2）编制勘察总体工作大纲；

3）汇总各勘察单位的勘察纲要，编制总体勘察纲要；

4）制定各工点勘察纲要编写要求，如工作量布置原则、各类勘察方法的技术要求，野外施工风险控制预案等；

5）制定分层原则（主要指亚层和次亚层、透镜体的划分原则）；

6）制定勘察报告章节内容及勘察成果的编制深度；

7）根据总体技术标准，协调各分项勘察之间衔接处的土层划分及相关参数的确定，统一报告编制深度，体现项目的整体性；

8）为设计提供合理、经济的岩土工程设计参数，并配合总体院、分项院在设计中落实。

（2）审查各单位的勘察纲要

重点审查：

1）勘察工作量是否满足设计要求和相关的规范要求；

2）勘察手段是否切实可行；

3）野外作业方案及施工风险控制预案是否可行；

4）工期能否满足建设单位要求；

5）签署各工点勘察纲要审查单，确定“通过”或“不通过”，对不通过的纲要提出修改意见，达到要求后方能通过。勘察纲要审查通过后方能进场施工。

（3）勘察野外施工质量检查

对各标段的野外施工进行检查，以随机性抽查为主，原则上每个标段均要覆盖，发现问题增加频次。主要检查以下内容：

1）勘探孔定位准确性和移孔情况；

2）野外钻探作业是否按操作规程进行；

3）原位测试是否按操作规程进行，探头率定是否在有效期内；

4）取土质量；

5）封孔情况（是否有封孔记录、现场是否封孔材料）；

6）检查结束及时向勘察单位发生野外施工质量检查单，如发现质量问题、安全隐患、操作违规等现象，责令其整改，勘察单位应将整改情况进行回复。对于重大问题及时向建设单位通报。

（4）室内土工试验质量检查

对各单位的土工试验室进行检查，每个标段均要覆盖，发现问题增加频次。主要检查以下内容：

1）试验室能力与每日土样数量是否匹配；开土是否及时，试验内容和数量是否满足纲要计划；

2）试验室计量认证和仪器设备是否在有效期内；

3）土工试验是否按操作规程进行；

4）检查结束及时向勘察单位发生土工试验质量检查单，如发现质量问题、操作违规等现象，责令其整改，勘察单位应将整改情况进行回复。

（5）详勘报告审查工作

对各工点勘察报告进行审查。主要审查要点：

1）是否有违反强制性条文和强制性标准的内容；

2）是否有影响工程安全的质量问题；

3）完成的勘察工作量是否满足规范和设计要求；

4）土层分层和定名的合理性和准确性；

5）主要岩土工程设计参数的准确性和合理性；

6）勘察报告中岩土分析和评价的深度是否满足要求；

7）结论和建议是否准确；

8）对岩土工程风险的提示是否恰当；

9）组织本单位具有丰富轨道交通勘察经验、资深的岩土专家对各工点详勘报告进行审查，并提出审查意见。各单位根据审查意见修改完善后，再提供正式的勘察报告。

（6）详勘报告复审和工作量变更审查

如委托方需要，施工图设计完成后，宜对详勘报告进行复审，主要审查以下内容：

1）最终的设计方案（包括平面位置、施工工法等）与详勘时对比，是否有调整；

2）详勘报告的孔深是否满足最终的设计方案和规范要求；

3）对于设计方案变更及时通知勘察单位和项目公司，并对补充勘察方案进行审查；

4）原有未完成的工作量是否已完成，对于未完成的勘察工作量督促勘察单位及时完成；

5）根据勘察进度计划审核经质量验收合格的工程量，协助业主进行工程竣工结算工作。

（7）协调工作

1）做好各勘察单位之间的沟通与协调、勘察单位与设计单位的沟通与协调、勘察单位与项目公司的沟通与协调工作。定期召开协调会，做好参与各方的沟通桥梁作用；

2）对项目公司的要求，及时、准确地通知各勘察单位，对各勘察单位反映的问题，及时与项目公司协商，提出解决方案；

3）实时掌握各勘察单位的工作进度，按工期要求，严格控制工程进度；

4）对各分项勘察单位与业主、设计之间的资料和技术文件进行有序、规范管理；

5）对主要的技术争议，勘察总体进行解释和统一的协调；

6）检查工程状况，参与鉴定勘察质量责任；

7）督促勘察单位勘察过程中文明施工；

8）督促勘察单位及时完成未完工程及纠正已完成工程出现的缺陷。

（8）技术配合及咨询工作

1）参与试桩方案、抗压、抗拔承载力确定以及其他基础设计方案的技术讨论、论证、并提供优化建议，使得基础工程在安全、经济和减少工期三者之间达到最优；

2）对工程桩承载力和完整性等规范要求的测试内容提供技术建议；

3）针对试桩报告试验结果，提供用于指导施工图设计的有效桩长和承载力特征值建议；

4）针对施工图设计院完成的桩基施工图进行安全性、经济性和可操作性的评价；

5）对全线及工点地质风险进行交底，对基坑围护设计方案的安全性和经济性进行分析，并提供合理修改意见；

6）对基坑围护施工图以及总包单位的施工方案提出合理化修改意见；

7）在基坑开挖过程中对现场基坑监测工作进行技术指导，分析基坑变形原因及应急预案处理。

（9）技术文件编制

1）勘察总体工作月度报告；

2）各类审查意见汇总；

3）勘察总体工作总结报告。

1.3.7 岩土工程事故处理咨询

岩土工程事故处理与处理事故类型及需求有关，根据其目的一般包括：①事故调查：为判定岩土工程事故原因而进行必要的、综合的调查、检测与计算，提供分析评估报告；②应急抢险：为控制事故进一步发展而提供应急抢险技术方案咨询或指导；③修复设计：为对事故后项目进行修复、改建而提供解决方案。各种类别大体工作内容如下。

（1）事故调查

1）病害现状分布探测与损伤评估；

2）施工、监测资料分析及复测验证；

3）现状地质条件调查；

4）施工影响范围分析；

5）事故原因分析；

6）病害处理对策与建议。

（2）应急抢险

1）事故原因初步分析；

2）应急技术措施与方案设计；

3）应急抢险施工、勘查、监控方案咨询；

4）后续修复方案初步建议。

（3）修复设计

1）修复方案的可行性分析及评估；

2）修复方案的设计方案；

3）修复施工方案的工艺及流程；

4）修复施工技术要求、检测、监测要求。

1.3.8 其他类型

与岩土工程相关的其他类型项目，如地质灾害治理、尾矿库治理、污染水土治理等，也会涉及类似咨询，可参考相关文献。

1.4 岩土工程一体化咨询工作关键

1.4.1 充分认识岩土工程风险并规避风险

岩土工程风险来源主要包括两方面，一是客观存在的地质条件和周边环境，二是主观方面人对风险的认知、重视和管控能力。因此，充分认识工程风险并尽量规避风险是岩土工程一体化咨询工作的关键，要做到尽可能控制和规避风险，需要咨询工程师从下列各方面进行控制。

（1）建立完善的风险控制体系，未雨绸缪。针对咨询工作过程中可能发生的风险源和风险事件，指定完备的风险事件应对措施，定期进行监控，并准备相应的应急抢险技术措施，督促项目落实应急抢险物资，实施可靠的应急演练。

（2）方案总体把控，源头控制。岩土工程是半经验半理论的学科，岩土工程方案的确定是工程师对项目各方面因素的综合评判，对项目理解越深刻，相似工程经验越多，所确定的方案越合理，相应风险越小，因此需在前期方案确定时从源头控制风险，所走的弯路就会更少，风险更低。

（3）早发现、早处置，提高风险发生前期事故快速处置能力，防微杜渐。有经验的咨询工程师应定期巡视现场，发现存在问题，并尽可能将工程前期发现的风险控制在最低程度。以某基坑工程为例，基坑开挖至坑底后，工程师现场巡视发现坑底已浇筑的垫层隆起，而坑外出现了贯通裂缝，立刻提醒总包重新反压坑底，控制变形后采取加固措施，确保基坑安全（图 1.4.1）。

图 1.4.1 早期发现风险并及时处理

相反，许多工程忽略了前期风险提示，依然冒险施工，酿成大错。如杭州地铁1号线湘湖路站基坑在开挖至坑底时，实际监测变形量已连续多天达到20～40mm/d，累计变形已达200～300mm，施工单位抱侥幸心理，铤而走险，继续开挖施工，结果基坑整体坍塌，造成严重的损失（图1.4.2）。

图1.4.2 杭州地铁湘湖路站基坑坍塌事故

（4）及时反馈风险状态，动态管理。任何风险的发展都是由量变到质变的过程，在过程中及时检查、评估并调整风险应对措施和方法，可以有效避免风险恶化，动态管理也有利于减少不必要的风险控制措施及费用。

如某基坑西侧开挖至接近坑底位置后，西部的围护顶部、测斜及相邻道路管线测点均有相当明显的数据变化。变形量较大的管线测点为X3、X4、X5（光缆测点），D3、D4（电力电缆），均超过－10mm的报警值，最大的X4测点沉降量达到了－26.5mm；围护顶面A17测点的沉降量也达到了－12.6mm；相邻测斜P07孔数据14日下午变化增量16.5mm（图1.4.3），监测单位在10月14日发出了监测报警工作联系单。

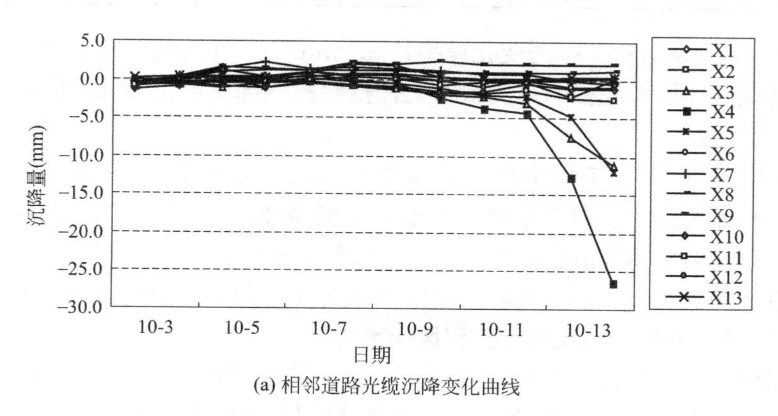

(a) 相邻道路光缆沉降变化曲线

图1.4.3 险情前期部分测点的数据变化图（一）

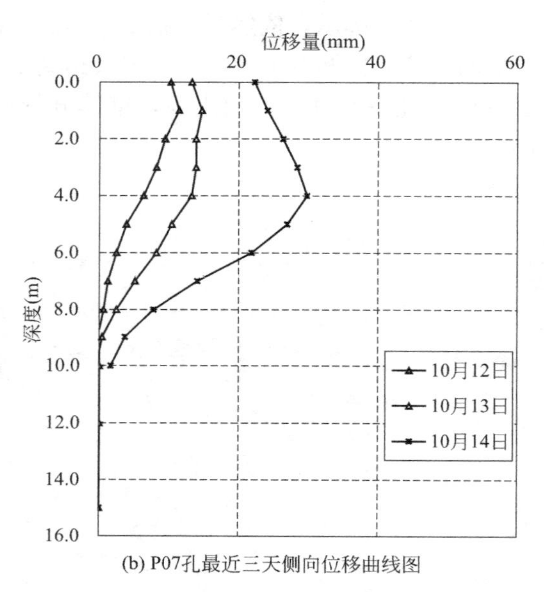

(b) P07孔最近三天侧向位移曲线图

图 1.4.3　险情前期部分测点的数据变化图（二）

15 日上午 9:30 的变化增量达 40.5mm，变形速率急增，监测增加观测频率，现场启动抢险应急预案。在抢险过程中测斜 P07 孔的数据变化情况见表 1.4.1。

抢险过程中 P07 孔侧向位移变化速率汇总表　　　　**表 1.4.1**

时间	位移增量(mm)	时间间隔(h)	速率(mm/h)	抢险措施
9:30	40.5	20	2.0	
11:30	5.4	2	2.7	
12:30	3.0	1	3.0	
14:00	2.0	1.5	1.3	基坑回填
15:00	1.0	1	1.0	回填 $2H/3$ 结束
17:00	1.1	2	0.55	
20:00	0.4	3	0.13	

监测至中午 12:30，P07 孔的变化速率达 3.0mm/h，且西侧马路上已出现明显的圆弧形裂缝，而基坑内部抢大底板的进度跟不上，抢险指挥部决定实施基坑回填后再行加固的方案。

基坑回填至下午 14:00 时，P07 孔的变形速率已明显回落至 1.3mm/h；坑内回填土高度达到 2/3 的开挖深度后回填结束，变形速率已减小为 1.0mm/h，到晚上 20:00 速率仅为 0.13mm/h，围护体变形已趋于稳定，抢险暂告结束。

从案例事故处理过程看，监测实时动态变化对决策和风险控制均起到了重要作用。

1.4.2　及时有效处置各种突发岩土工程风险事件

（1）控制风险事件蔓延。突发岩土工程事故，就如疫情，合理的应对措施是早发现，早隔断，早处理。在事故进一步蔓延前，果断采取措施隔断事故恶化的因素。如基坑工程，当发现某处出现滑坍，应首先对滑坍区域进行稳定处理，如回填、削坡，处理应扩大至可能蔓延的范围，在稳定事故后再行处理后续事宜。

（2）找准风险源，准确判断致害原因。在保证事故稳定情况下，准确找到致害原因至关重要，只有找到主要因素，对症下药，方可药到病除，这就需要有足够判断经验、细致的观察和理性推断。

（3）采取合理控制措施。必须结合现场条件采取控制措施，因为事故现场与常规处理有诸多不同，必须确保安全、施工可行、不会在处理时造成次生灾害。

1.4.3 合理控制岩土工程投资和工期

（1）方案控制。岩土工程由于需考虑因素众多，现有理论和方法不足以采用完全归一化的程序获得最为合理的方案。因此更多时候，前期方案评判和确定更多依赖岩土工程师的综合判断能力，提出合理的方案。合理的方案对于控制投资、工期乃至风险都是至关重要的手段。

（2）材料性能充分发挥。评价一个岩土工程方案的经济性更多应从材料性能是否充分发挥考虑，如对于桩基，每种桩型都有其最优的入土深度，这个深度使得土的承载力与该桩型截面承载力相匹配，这样的桩型基本就是最经济的方案。

（3）因地制宜。没有任意两处的岩土条件是完全一致的，因此因地制宜的原则应贯穿在岩土工程咨询全过程，物尽其用，因势利导，才能实现工期、造价的最优化。

1.5 岩土工程一体化咨询机遇与挑战

随着“一带一路”倡议向纵深发展，全过程咨询作为对接国际市场咨询模式，近年来快速发展，对勘察—设计—施工传统模式带来了一定冲击，尤其对于国内传统的勘察单位，过去大部分走工程勘察、水文地质、工程测量为主的专业发展模式，各专业的发展相对独立、封闭，随着单独专业市场的萎缩，发展受到了制约，人才、产品难以适应市场新需求，均在谋求转型发展。经过近20年发展，传统岩土工程企业发展逐渐走向两条路径：一是以岩土工程施工为特色的公司，作为专业分包承担各类岩土工程施工业务，另一条道路是岩土工程咨询公司，依托岩土工程一体化集成技术，实现岩土工程顾问的服务模式和赢利模式。与传统的专业发展模式相比，岩土工程咨询公司发展模式是在岩土工程业务开展过程中，改“单兵作战”为一体化“兵团作战”，以形成一体化解决方案，创新整体服务模式，为业主解决好“是什么”“为什么”“怎么办”的问题，是有技术优势的勘察设计单位的理想发展模式。

向岩土工程咨询企业转型，从从业人员角度看，对岩土工程师挑战是要求工程师具备全面知识，不仅仅是岩土工程专业的造诣，更需要与其相关的结构工程、施工、造价等多方面知识；要求理论与实践结合，能发现、了解、解决现场实际问题；要求具备良好的综合素质，如沟通、表达能力。

向岩土工程咨询企业转型，从企业角度看，对企业管理挑战是创新人才培养机制，改变单一专业生产作业模式，以培养“一专多能”、复合型人才为目的；要求企业加大科技投入，加快科技转化效率和效益，提高企业核心竞争力；要求企业创新运营管控模式，倡导以企业利润和员工幸福感等综合效益为原则的考核机制；要求企业创新资源整合能力，着力提高上下游整合能力，以更大的格局参与整合和被整合过程，构建一体化产业链，积极应对全过程化转型。

向岩土工程咨询企业转型，从整个行业角度看，对科技进步挑战是加快信息化步伐，采用先进信息化技术与岩土工程技术相结合，为岩土工程咨询企业更便捷掌握现场条件，更高效完成设计咨询业务，更便利管控工程风险；要求行业采用先进量测技术，实现岩土工程条件的更精准表达和体现；要求行业加快应用新施工工艺，提高岩土工程施工效益和质量，减小环境影响；要求提出创新设计方法，解决岩土工程行业存在难题和痛点，同时推进行业发展水平。

随着国民经济发展，岩土工程发展逐渐呈现出三大趋势：从建设期为主逐渐向建设、运营期并举发展，从单专业逐渐向与设计、施工整合方向发展，从岩土工程单行业逐渐向多行业、全行业整合发展。新的发展趋势势必对岩土工程咨询企业提出更高要求。

第 2 章　超高层建筑桩基咨询

2.1　苏州国金中心项目

2.1.1　工程概况

苏州国金中心位于苏州工业园区金鸡湖湖东 CBD 商圈核心区，项目位置如图 2.1.1 所示，占地面积为 21287m^2，由一座 92 层高 450m 塔楼、19 层酒店式公寓及 3 层商业裙房组成，总建筑面积 393208m^2；设 4+1 层地下室，主楼地下室埋深 27.2m，基坑总面积超过 1.7 万 m^2。塔楼采用核心筒+巨型支撑框架结构，酒店式公寓采用钢混剪力墙结构，商业裙房采用钢框架结构，项目效果图如图 2.1.2 所示。

拟建场地北距在建苏州地铁 1 号线华池街站约 10m，西南与圆融时代广场最近处约 10m，周边环境复杂，地面以下 187m 深度范围内为第四纪早更新世以来的松散沉积层，主要由黏性土、粉性土及砂土组成。裙房 T3 区在基坑施工过程中建筑方案发生调整，原地上 3 层建筑改成 13 层，需要进行桩基补强。

该工程荣膺多项江苏省之最：(1) 江苏省第一超高层；(2) 江苏省超高层建筑深大基坑之最；(3) 混凝土一次泵送高度 435m，为江苏省之最；(4) 主楼底板面积 3906m^2，板厚最大 6.65m，混凝土强度等级 C50，一次性浇筑体量 2.1 万 m^3，创江苏省房屋建筑基础底板之最；(5) 在 400m 高空采用 ZSL1250 塔吊，为江苏省首例。

图 2.1.1　项目位置示意图

2.1.2　工程地质条件

苏州地处长江三角洲太湖冲积平原中部，地表 200m 以浅广泛堆积深厚的第四纪冲积物，黏性土、粉性土与砂土相间沉积，深度 100m 以内土层总体松散软弱。土层典型剖面如图 2.1.3 所示，土层力学参数如表 2.1.1 所示。

图 2.1.2　苏州国金中心超高层项目建筑效果图

土层物理力学参数汇总表　　表 2.1.1

层号	地层名称	含水率 w(%)	重度 γ(kN/m^3)	静探 q_c 值 (MPa)	标准贯入平均值(击)
④$_1$	黏土	28.5	18.9	0.81	6.6
④$_2$	粉质黏土夹黏质粉土	28.2	19.0	1.45	8.3
⑤$_1$	砂质粉土	27.4	18.9	3.84	11.5
⑤$_2$	粉砂	29.4	18.6	7.35	18.7
⑥	粉质黏土	30.3	18.7	1.03	4.1
⑧$_1$	粉质黏土	24.4	19.5	1.85	14.6
⑧$_2$	粉质黏土夹黏质粉土	29.0	18.9	2.41	14.6
⑨	黏质粉土夹粉质黏土	29.0	19.0	4.47	23.0
⑩$_1$	粉质黏土	28.8	19.0	2.17	15.5
⑩$_2$	粉质黏土	24.8	19.6	2.43	21.5
⑪$_1$	粉砂	25.9	19.2	18.57	>50.0
⑪$_2$	含砾粉细砂	24.6	19.3	21.35	>50.0
⑫	粉质黏土	22.6	19.9	3.31	23.5
⑬	粉砂	24.5	19.4	15.47	>50.0
⑭$_1$	粉质黏土	25.9	19.3	2.30	15.3
⑭$_2$	粉质黏土	21.8	20.1	3.32	24.7
⑮	粉砂	25.8	19.1	18.65	>50.0
⑮$_t$	粉质黏土	24.2	19.6	0.81	45.6
⑯	粉质黏土	24.1	19.8	—	>50.0
⑰	粉砂	25.8	19.0	—	>50.0

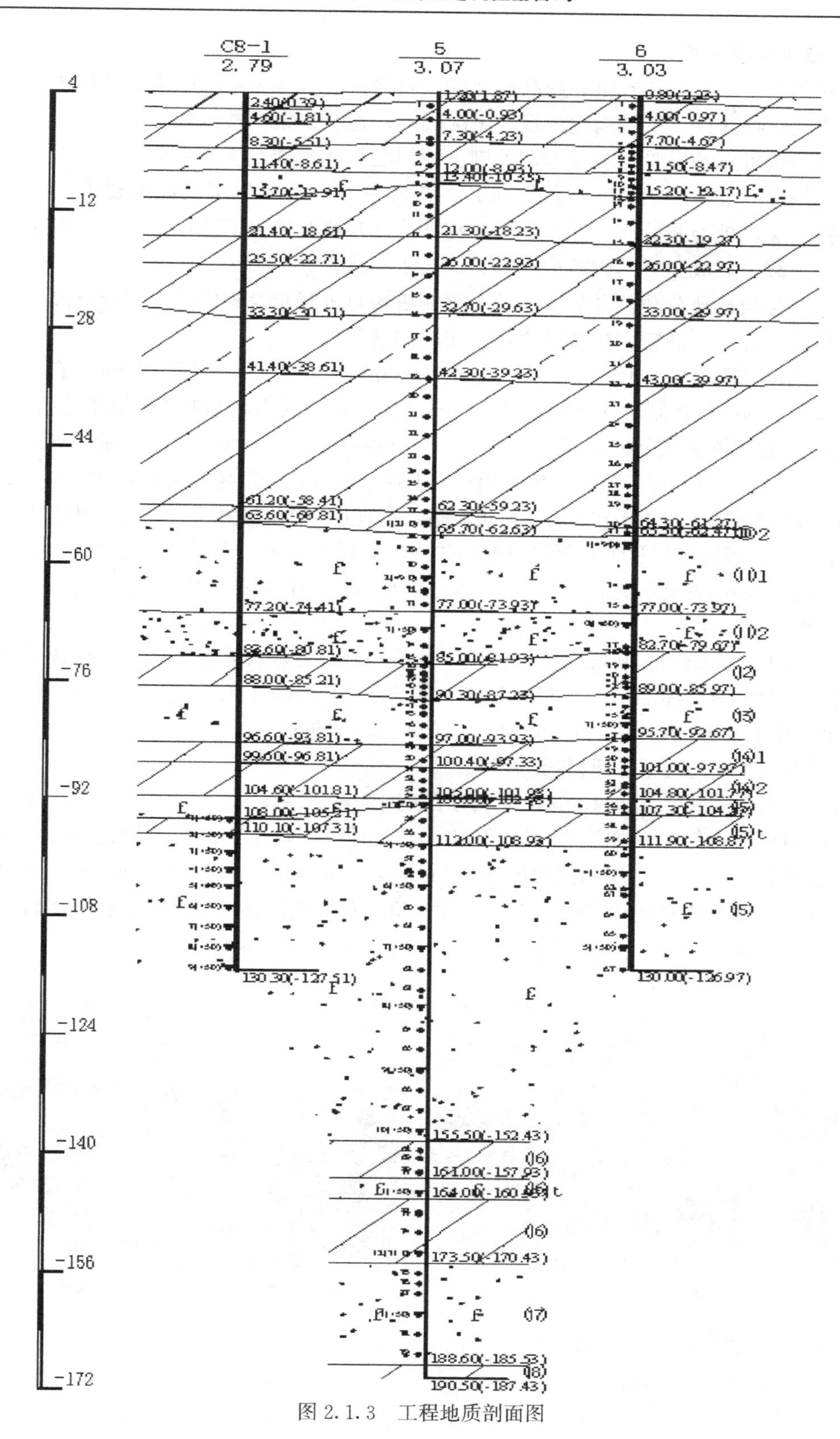

图 2.1.3　工程地质剖面图

2.1.3 技术难点分析

拟建国金中心为江苏省第一超高层建筑，超深桩基和深大基坑面临诸多难题，不论工程的重要性、特殊性，还是周边环境、工况转换、建筑方案调整带来的工程复杂性，本地区还没有现成可靠的经验可以参考，关键工程问题与技术难点主要来自四个方面：

（1）塔楼 92 层，基底压力达 1900kPa，对单桩承载力提出了极高的要求，选择合理的桩基持力层、桩型和桩长，推荐合理的桩基设计参数及施工工艺，尤其是保障超长钻孔灌注桩的承载力，成为桩基方案成立的关键技术问题之一。

（2）塔楼与裙楼荷载差异悬殊，精准预测塔楼总沉降量及不同区域差异沉降成为进行塔楼底板应力计算、确定主裙楼后浇带封闭时间的关键所在。

（3）基坑总面积约 17100m^2，平均挖深 23.60m，核心筒最大挖深 27.20m，存在承压水突涌风险，必须严格控制对基坑北侧在建苏州地铁 1 号线的不利影响，环境条件极为苛刻；本基坑划分 T1（酒店式公寓）、T2（主楼）、T3（商业裙房）三个区，为压缩工期，不同分区需交叉施工。因此，保障基坑本体及相邻地上地下建（构）筑物安全难度巨大。

（4）T3 区在施工过程中建筑方案发生调整，原地上 3 层调整为地上 13 层，而此时原设计的工程桩（钻孔灌注桩）及地下连续墙均已完成施工，第一至第三道混凝土支撑亦已施工完成，土方已开挖至 12m，在此工况下一方面不得影响工期，另一方面要进行补桩，这成为另一个难题。

2.1.4 技术咨询成果

通过岩土工程详勘、基坑围护设计顾问和桩基补强专题技术咨询，成功解决了超高层建筑诸多技术难题，确保了桩筏基础和深大基坑的顺利施工，体现了岩土工程“全过程”“一体化”技术服务创新模式的社会和经济价值。具体包括：

1. 采用多种勘察手段获取各类土性参数

塔楼一般性勘探孔深度 130m，控制性深度 190m。钻孔采用 XY-1 与 XY-4 型岩芯钻机单管正循环回转钻进，如图 2.1.4 和图 2.1.5 所示。黏性土、粉土取芯率 90%以上，砂土取芯率 70%以上；静探测试深度达 105m 左右，创造了苏州地区静探深度新纪录。另外还进行了各类原位测试和室内土工特殊性试验，获取土的各类物理力学性质参数。

图 2.1.4 XY-1 型钻机勘探作业

图 2.1.5 XY-4 型岩芯钻机勘探作业

2. 解决了超高层建筑桩基设计和施工的关键问题

（1）建议合理的桩基持力层

以苏州东方之门（72 层）、苏州国际会议中心（48 层）、上海中心（122 层）

和金茂大厦（88层）为例进行桩基方案分析比选，如表2.1.2所示，针对塔楼核心区和扩展区提出四种不同桩基方案：1）分别以土层⑬、⑪$_2$为持力层；2）分别以土层⑪$_2$、⑪$_1$为桩基持力层；3）统一以土层⑬为持力层；4）统一以土层⑪$_2$为持力层。通过数据对比（表2.1.3），既解决了单桩承载力问题，又解决了超大基础底板差异沉降引起的变形协调问题。

类似超高层建筑基础设计概况一览表　　　**表2.1.2**

建筑物名称	东方之门	苏州国际会议展览中心	上海中心	金茂大厦
塔楼层数	72层/68层	地上48层，地下2层	122层	88层
塔楼桩基持力层	Q_2粉质黏土，可塑—硬塑，层顶标高，层厚5～8m，静力触探q_c平均值4.20MPa，标准贯入击数N平均值29.9击	Q_2含砾中粗砂，中密—密实，厚度3.8～8.1m，静力触探p_s平均值17.89MPa，标准贯入击数N平均值大于50击	Q_2粉砂，密实，层厚6.6～12.5m，静力触探p_s平均值21.87MPa，标准贯入击数N平均值大于50击	Q_2粉砂，密实，层厚8.5～15.1m，静力触探p_s平均值18.62MPa，标准贯入击数N平均值大于50击
桩型	ϕ1000钻孔灌注桩（后注浆）	ϕ800钻孔灌注桩	ϕ1000钻孔灌注桩（后注浆）	ϕ914.4×20钢管桩
塔楼桩端入土深度(m)	约84.0	约63.0	88.4	80.0
单桩极限承载力(kN)	≥15000	8284～10000	27000～30000	15300
沉降量	—	沉降观测累计沉降尚不足60mm	—	封顶后3年，实测结果推测最终沉降量82mm

东方之门当时是苏州地区第一高楼，上海中心是国内第一高楼，其桩基方案对本工程具有一定的参考价值，故收集其典型静探曲线及桩端入土深度示意图，详见图2.1.6。

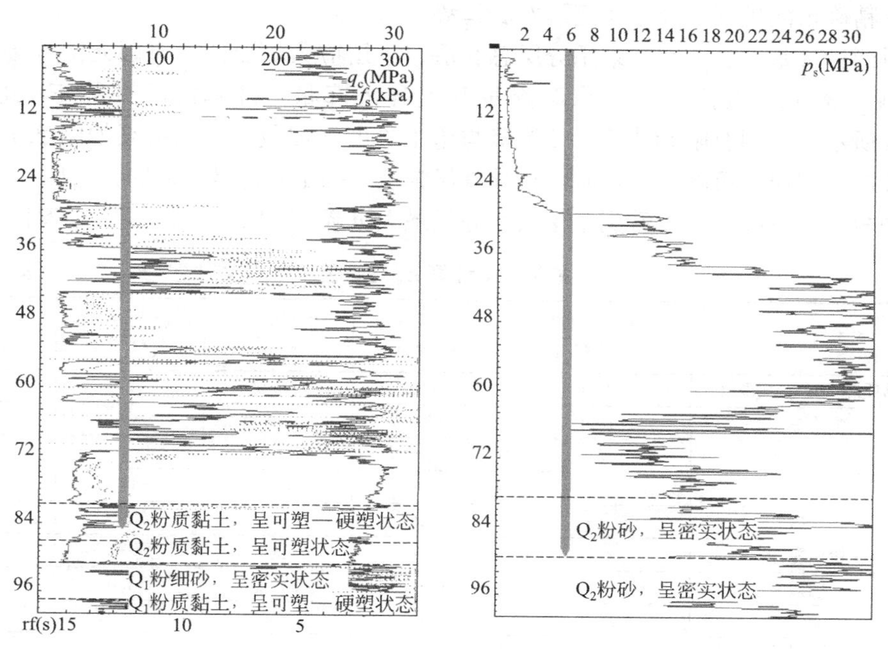

图2.1.6　东方之门（左）及上海中心（右）典型静探曲线示意图

塔楼桩基比选方案一览表 **表 2.1.3**

序号	分区	桩型	桩基持力层	桩端入土深度（桩端标高）(m)	桩基持力层分析
方案一	核心区	ϕ1000～1100mm 灌注桩	⑬	92.0(−89.0)	1. 桩端距离⑫及⑭层应有一定距离； 2. 对控制核心区与扩展区不均匀沉降较为有利
	扩展区	ϕ1000mm 灌注桩	⑪$_2$	78.0(−75.0)	
方案二	核心区	ϕ1000mm 灌注桩	⑪$_2$	78.0(−75.0)	对控制核心区与扩展区不均匀沉降较为有利
	扩展区	ϕ850～1000mm 灌注桩	⑪$_1$	73.0(−70.0)	
方案三	核心区	ϕ1100mm 灌注桩	⑬	92.0(−89.0)	1. 桩端距离⑭或⑫层应有一定距离； 2. 核心区与扩展区易产生不均匀沉降
	扩展区	ϕ1000mm 灌注桩	⑬	92.0(−89.0)	
方案四	核心区	ϕ1000mm 灌注桩	⑪$_2$	78.0(−75.0)	
	扩展区	ϕ1000mm 灌注桩	⑪$_2$	78.0(−75.0)	

（2）解决了桩型选型和后注浆工艺关键问题

超高层建筑的单桩承载力是关系到桩基成败的关键指标。采用钻孔灌注桩＋桩端后注浆工艺，针对不同土层提出桩基承载力设计参数，准确估算单桩承载力。试桩阶段，针对后注浆钻孔灌注桩单桩承载力与预估值相差甚远这一重大问题，从注浆管、注浆器，到注浆开塞、分次注浆、注浆压力、浆液水灰比、注浆量、注浆持续时间等具体技术细节提供指导，确保了桩基选型决策和现场施工的顺利进行。

建议塔楼桩型为 ϕ1000mm 灌注桩＋桩端后注浆，持力层为⑬砂层，桩端入土深度约 92m，预估单桩承载力特征值 12000kN，根据单桩静载荷试验，如图 2.1.7 所示，单桩承载力极限值达到 29000kN 以上，与预估值非常吻合。

（3）精确预测桩基沉降量及变形发展趋势

针对四种桩基比选方案，采用分层总和法、土层应力历史法、有限元法等多种方法，精确预测塔楼中心沉降量、边缘沉降量和差异沉降量，桩基沉降计算 E_s 建议值如表 2.1.4 所示。采用有限元估算塔楼沉降与施工进度（加载量）的关系如图 2.1.8 所示，预测塔楼沉降规律和沉降速率，有效指导现场施工，确定后浇带封闭时机。图 2.1.9 展示了主楼底板实测沉降，可以看到主楼实测底板最大沉降 98.4mm，与估算沉降十分吻合。

桩基沉降计算 E_s 建议值 **表 2.1.4**

层号	土　名	由 e-p 曲线确定 E_s(MPa)	静探试验(MPa)	标贯试验(MPa)	波速试验(MPa)	E_s 建议值(MPa)
⑨	黏质粉土夹粉质黏土	25.0	20.0	28.0	25.0	25.0
⑩$_1$	粉质黏土	13.0	12.0	—	—	12.0
⑩$_2$	粉质黏土	15.0	13.0	—	—	15.0
⑪$_1$	粉砂	—	74.0	86.0	61.0	70.0
⑪$_2$	粉砂	—	85.0	115.0	62.0	80.0
⑫	粉质黏土	29.0	—	—	—	27.0
⑬	粉砂	—	62.0	100.0	58.0	70.0
⑭$_1$	粉质黏土	28.0	—	—	—	25.0
⑭$_2$	粉质黏土	29.0	—	—	—	28.0
⑮	粉砂	—	75.0	133.0		80.0

续表

层号	土 名	由 e-p 曲线确定 E_s(MPa)	静探试验(MPa)	标贯试验(MPa)	波速试验(MPa)	E_s 建议值(MPa)
⑮$_t$	粉质黏土	30.0	—	—	—	30.0
⑯	粉质黏土	40.0	—	—	—	40.0
⑯$_t$	粉砂	—	—	80.0	—	80.0
⑰	粉砂	40.0	—	82.0	—	80.0

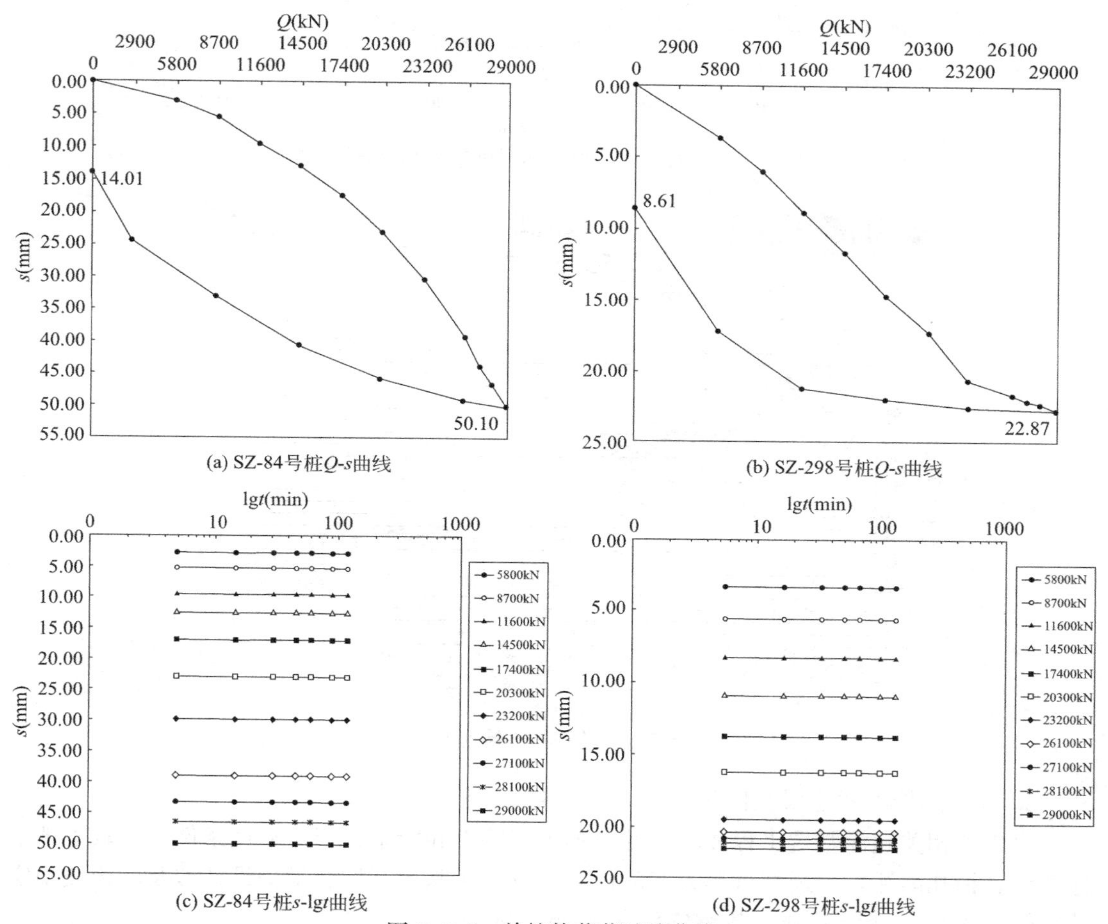

(a) SZ-84号桩Q-s曲线

(b) SZ-298号桩Q-s曲线

(c) SZ-84号桩s-lg$t$曲线

(d) SZ-298号桩s-lg$t$曲线

图 2.1.7 单桩静载荷试验曲线

不同方法预估塔楼桩基中心点沉降量 **表 2.1.5**

基底尺寸(m×m)	桩基持力层	桩端入土深度(m)	基底有效附加压力 p_0(kPa)	塔楼桩基最终沉降量估算值 s(cm)		
				分层总和法	土层应力历史法	有限元法
65×65	⑬	92.0	800	7.0	5.0	6.5
	⑪$_2$	78.0		8.7	7.5	8.0
	⑬	92.0	1000	8.6	8.0	8.0
	⑪$_2$	78.0		10.8	9.7	10.0
	⑬	92.0	1200	10.3	9.5	10.0
	⑪$_2$	78.0		13.0	11.7	12.2

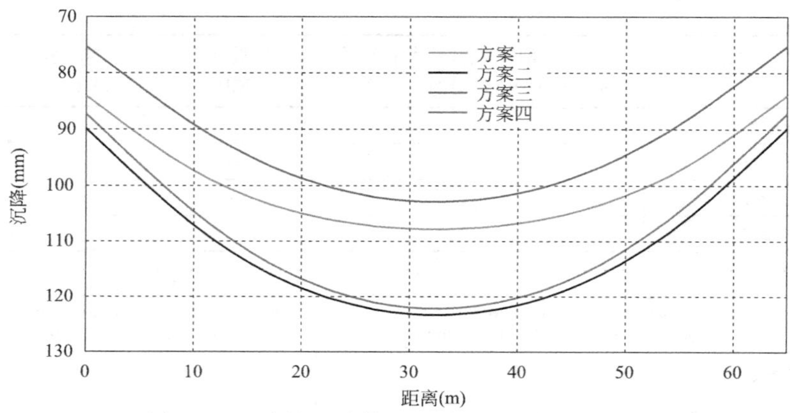

图 2.1.8　有限元法模拟不同桩基方案差异沉降

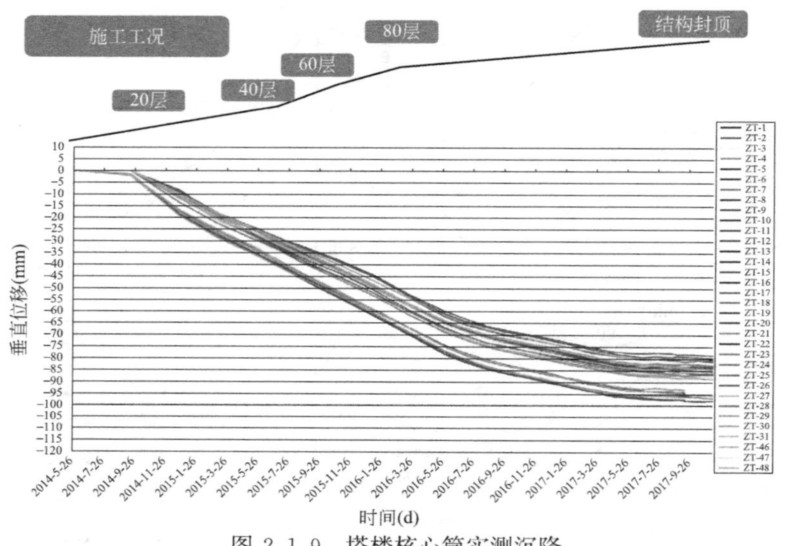

图 2.1.9　塔楼核心筒实测沉降

3. 基坑围护方案建议及优化

收集了相关超深基坑工程经验，针对本工程特点和特定的周边环境条件，比较了地下连续墙、钻孔灌注桩＋搅拌桩等方案的优劣，分析了基坑开挖、围护设计涉及的边坡稳定性、软土流变、基坑回弹、基坑突涌等问题，对围护结构选型和基坑降水提出建议方案，并对减少土体变形、保护环境等提出了一系列建议措施。主要包括：

1）由原设计的分区顺序开挖调整为 T1、T2 分区同时施工，大大节省工期。

按照原设计方案，如图 2.1.11 所示，分区Ⅱ和分区Ⅲ须等到分区Ⅰ地下结构出±0.000 才能进行土方开挖，这样会造成本项目的整体开发进度滞后。为缩短总工期，建议分区Ⅰ、分区Ⅱ交叉施工，并进行安全性评估，如图 2.1.12 和表 2.1.6 所示。

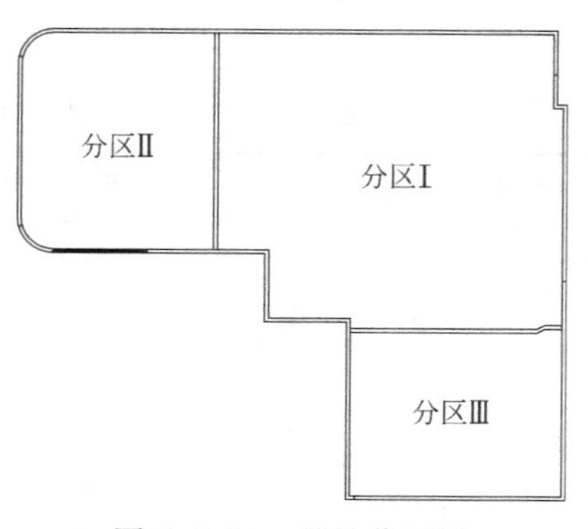

图 2.1.10　基坑分区图

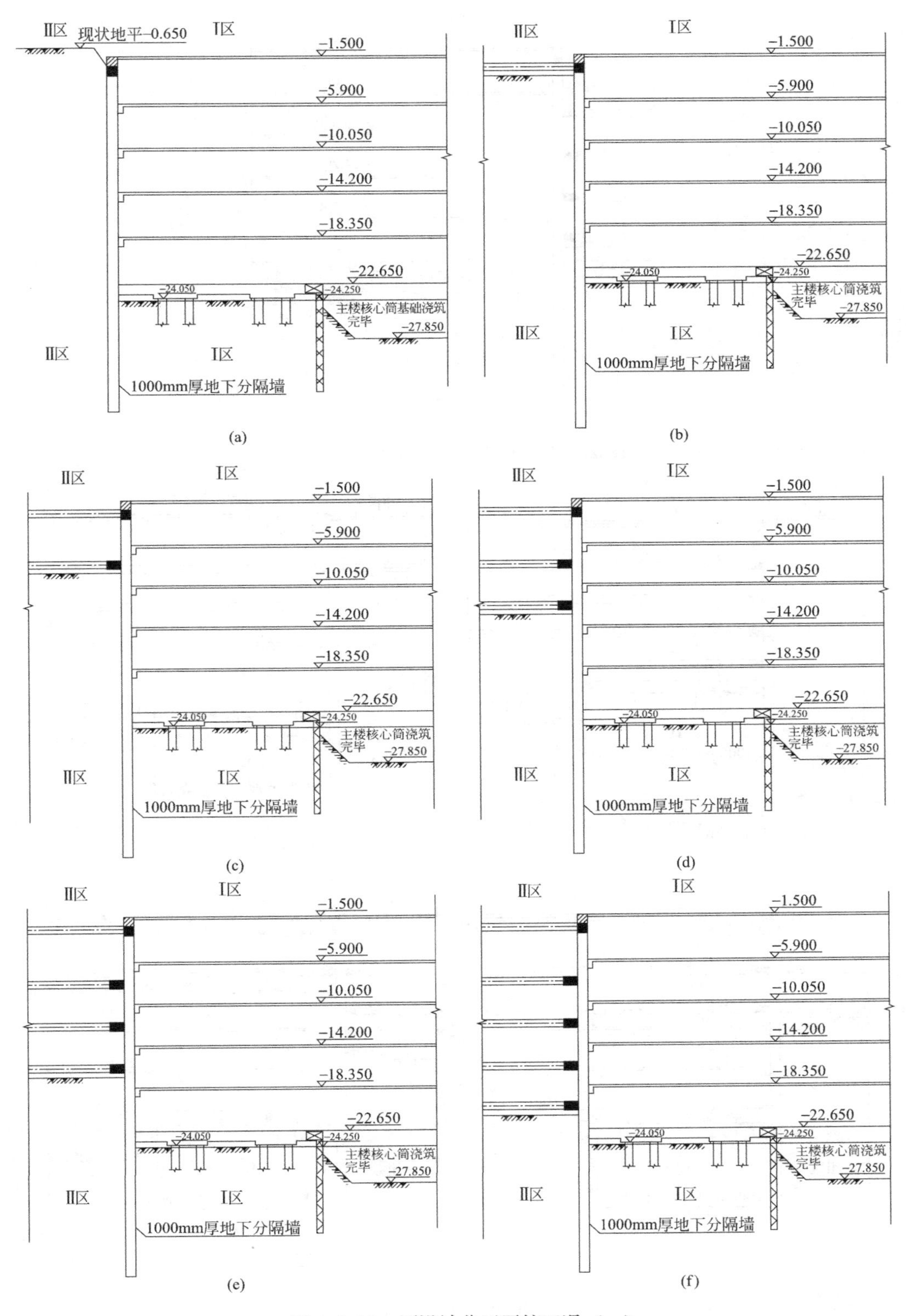

图 2.1.11　原设计分区开挖工况（一）

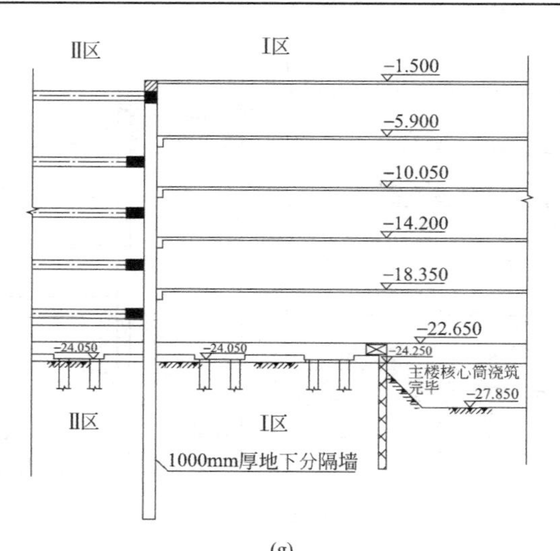

(g)

图 2.1.11 原设计分区开挖工况（二）

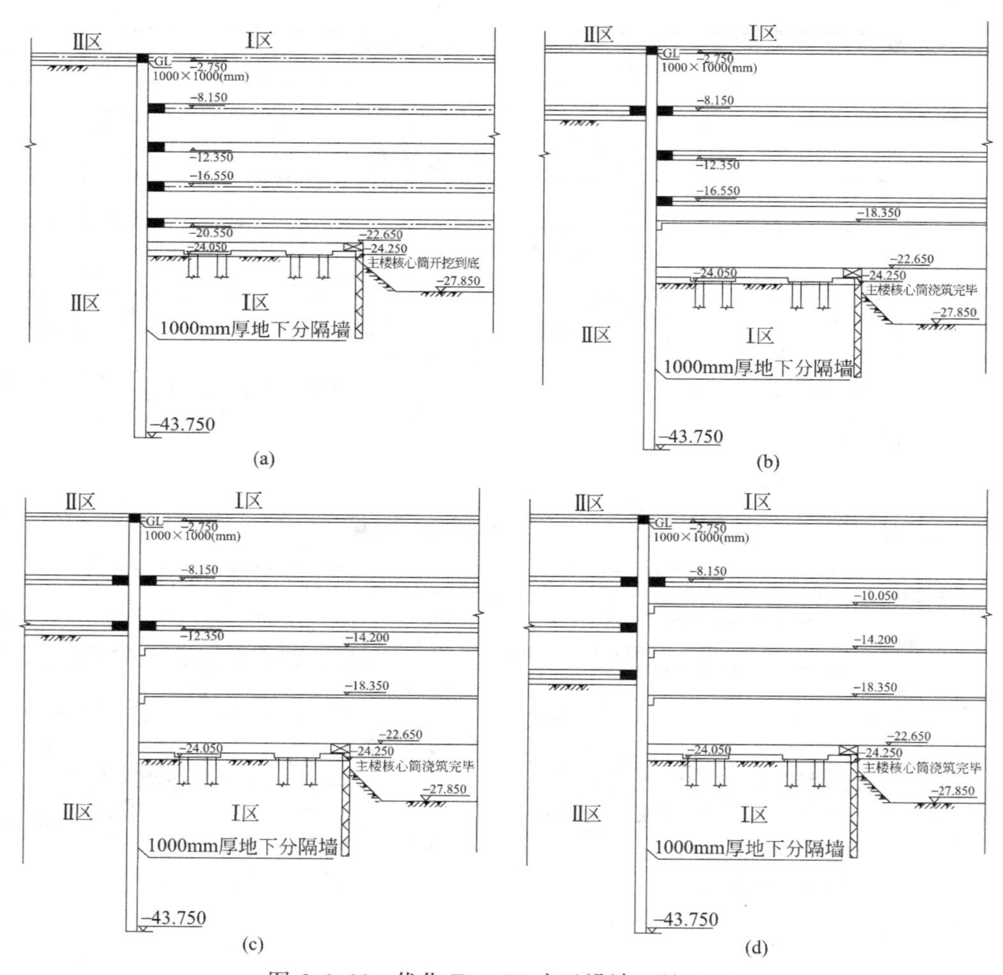

图 2.1.12 优化 T1、T2 交叉设计工况（一）

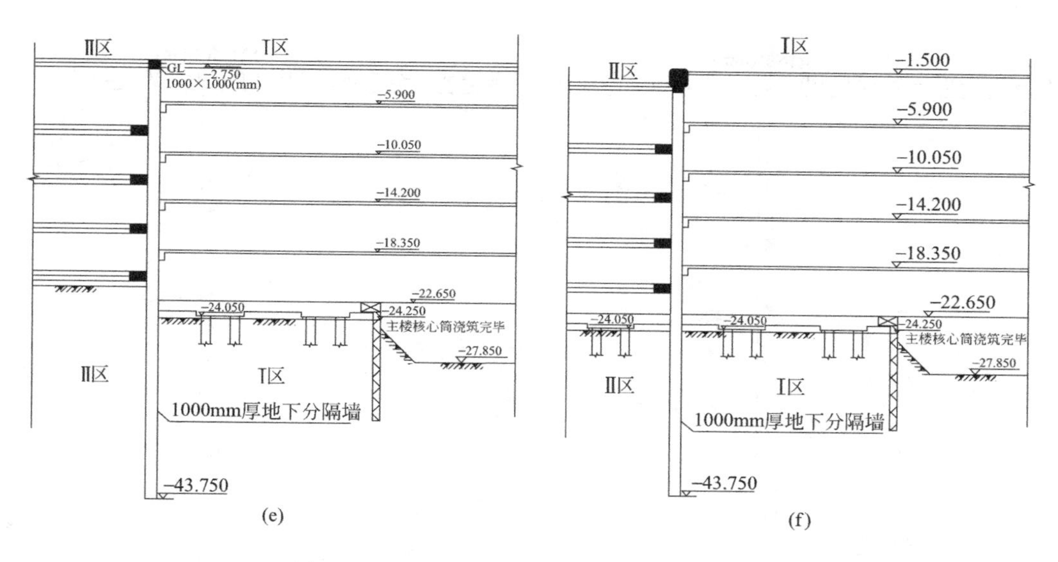

图 2.1.12　优化 T1、T2 交叉设计工况（二）

不同开挖方案 T1、T2 之间分隔墙内力对比　　**表 2.1.6**

开挖方案＼分隔墙内力	弯矩包络值（kN·m）	剪力包络值(kN)
原方案(T1 结构出地面后再开挖 T2)	−2345.6～998.1	−307.6～175.9
优化开挖方案 T1、T2 交叉施工	−2191.4～1256.6	−288.6～173.4

基坑围护最终采用了优化后的设计方案，基坑 T1 和 T2 分区同时施工。本项目基坑从 2012 年 5 月开始实施监测，至 2017 年 6 月结束，历时 5 年左右。根据施工监测数据，如图 2.1.13 所示，基坑围护墙水平向最大变形 45mm，而地铁侧塔楼基坑（T1 区）测斜水平位移局部范围略大于 20mm，最大 28.85mm；开挖到底时，地铁车站侧墙水平位移和沉降位移均在预警值（5mm）左右，未超报警值（8mm），对地铁车站侧墙水平变形无明显影响，对周边环境的影响也在设计、施工可控范围之内，确保了深大基坑及周边环境的安全。

2）优化地下连续墙配筋、支撑截面尺寸和配筋。

3）缩减立柱数量和坑内土体加固范围；缩短地下连续墙插入比。

4）将部分地下连续墙 H 型钢接头改为锁口管接头。

5）减小地下连续墙槽壁加固的三轴搅拌桩插入深度。

4. 对建筑 T3 区实施桩基补强

施工过程中，T3 区建筑方案地上结构由 3 层改为 13 层后，竖向荷载明显增加，且墙柱位置也有调整。T3 区原桩基设计为抗拔桩，桩型为 ϕ800 钻孔灌注桩，桩长 22m，已不能满足抗压承载力要求。面临基坑已经开挖、补桩困难，建设方要求确保总工期的前提下，针对原有桩基进行补强。为此提出创新性解决方案，即在底板浇筑时预留压桩孔，采用长 16m、截面规格 ϕ426×12 的锚杆静压钢管桩＋后注浆工艺补桩。该方案从设计思路的提出到现场实施，成功解决了建设方的特殊要求。公司实施的最深预留压桩孔如图

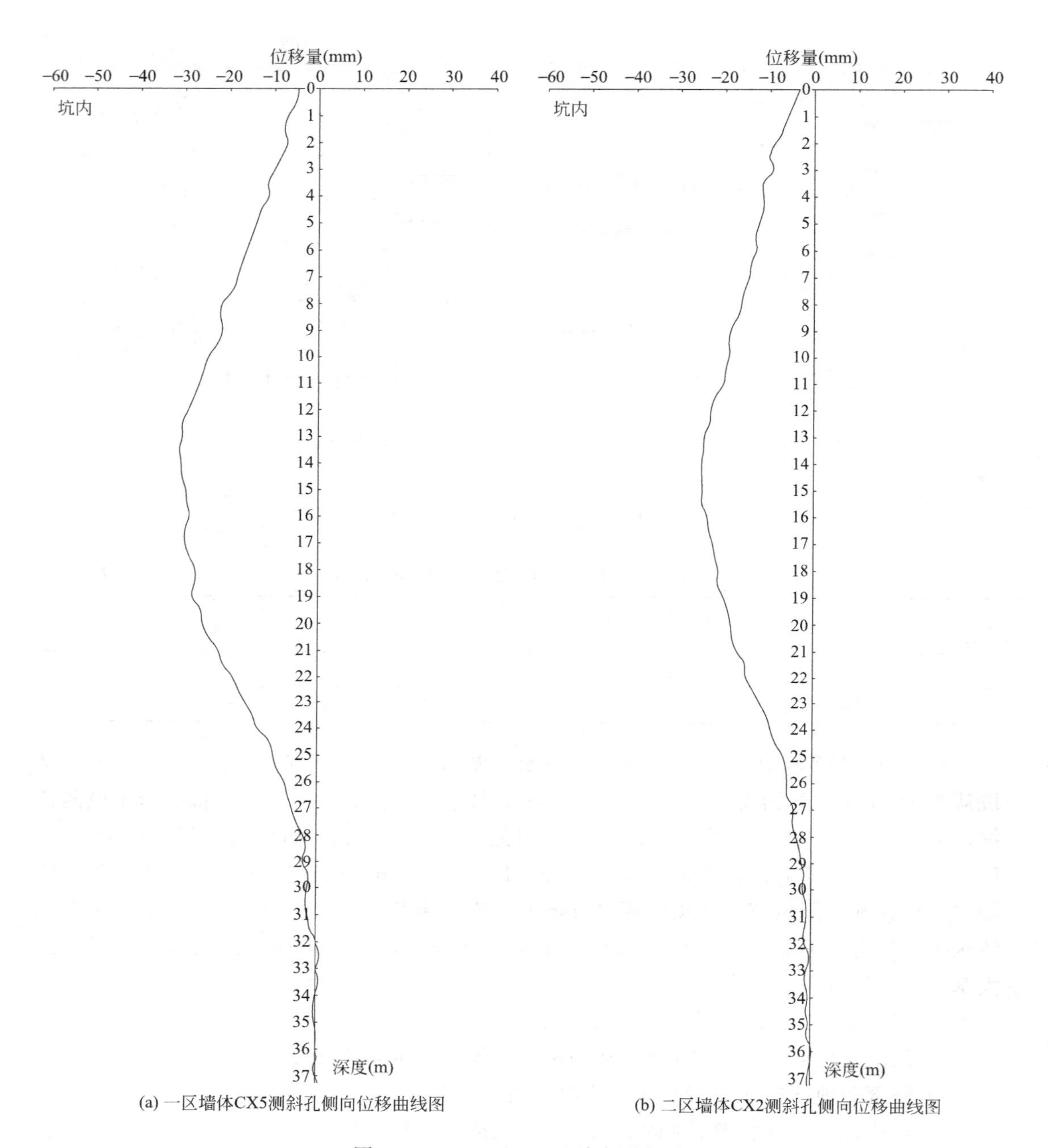

图 2.1.13 T1 和 T2 地墙实测变形

2.1.14 所示，共补桩 104 根，满足单桩竖向承载力特征值 1600kN，不但确保了质量、工期，而且很好地满足了上部建筑方案变更对桩基补强的特殊要求。

2.1.5 实施效果及效益

本工程通过岩土工程全过程一体化咨询服务，保障了基础工程的科学性、经济性和安全性，项目主体结构施工阶段及建成后实景如图 2.1.15～图 2.1.17 所示，具体表现在以下几个方面：

图 2.1.14　埋深约 22mT3 区底板补桩预留压桩孔

图 2.1.15　主体结构施工阶段

图 2.1.16　建成后实景一

图 2.1.17 建成后实景二

（1）提出巨厚软土地区超高层建筑的桩基承载力与变形控制的精细化解决方案，推行岩土工程全过程咨询服务，积极利用新的工艺与技术，为本工程桩基选型、桩基设计和施工提供了有力支撑，显著提升了岩土工程咨询与服务的价值。

（2）基坑围护设计顾问成果显著。提出了动态调整的优化建议，既保障了相邻地铁车站安全，同时为基坑围护节约 2000 多万元；经安全评估，T1 和 T2 分区基坑交叉施工，T3 分区补桩同时进行上部结构施工，这些措施有效地保障了项目总工期。

（3）项目建设期间，同步开展"软土地基建筑桩基承载能力与变形特征的深化研究"（上海建交委重科 2010-007 课题），提出了超长桩后注浆极限承载力估算方法，为进一步发挥超长桩承载力提供了理论依据；提出了采用多种沉降方法估算桩基沉降量，可为同类工程提供指导。

（4）本工程相关经验，对降低桩基工程风险，提高桩基工程风险防范措施的针对性与有效性，解决特殊桩基处理，确保工程建设安全、城市安全运营具有重要意义，部分成果已纳入相关技术标准与规范，有益于推动行业科技进步。

2.2 杭州市武林广场项目

2.2.1 工程概况

杭州地铁 1 号线武林广场上盖物业综合体地块工程位于地铁武林广场站东北侧，场区为原杭州电车公交公司。拟建综合体与地铁武林广场站相通，总用地面积约 22000m^2（约 33.0 亩），总建筑面积约 230000m^2，由两幢塔楼、商业裙房及下沉广场组成，其中北塔楼为 30 层酒店，靠近环城北路和中山北路交叉口，南塔楼为 31 层写字楼，除塔楼外场区整体为 8 层裙楼，南邻东西向规划横路，与西侧的科协大楼毗邻，具体位置详见图 2.2.1。

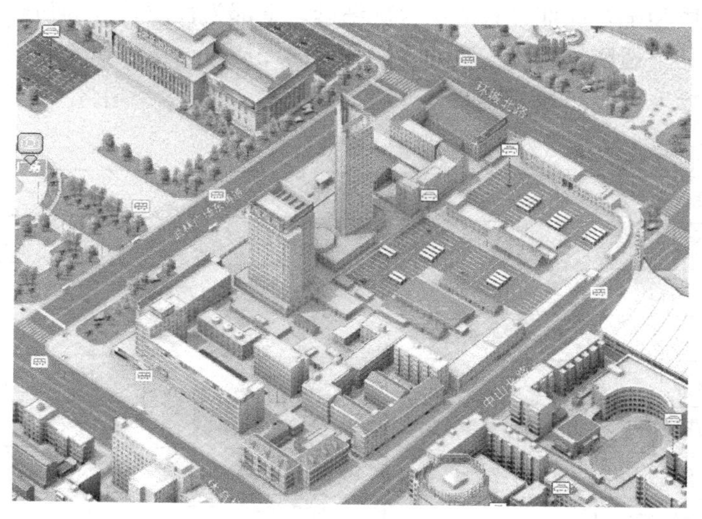

图 2.2.1 工程平面位置示意图

本工程定位为大型地铁物业综合体，是集零售商业、餐饮娱乐、办公、酒店为主要功能的综合用途建筑群体，其中地上部分由通过裙房联系的两幢塔式超高层组成；地下共三层，已建成的地铁武林广场站站厅层与本项目地下二层相接。已建成的地铁1号线明挖区间以及与本工程同期实施的地铁3号线隧道区间均在本工程地下三层穿过。地下一、二层为地下商业，地下三层为机械停车库层。地下一层总建筑面积为35000m^2，地下二层总建筑面积为31000m^2，地下三层总建筑面积为28000m^2；下穿地铁3号线区间面积为3100m^2。

该项目将营造高档高端高效的城市地铁综合体氛围，与武林广场地铁站统一规划设计，成为杭州老城核心区未来的新地标，项目建筑平面图及效果图如图2.2.2所示。

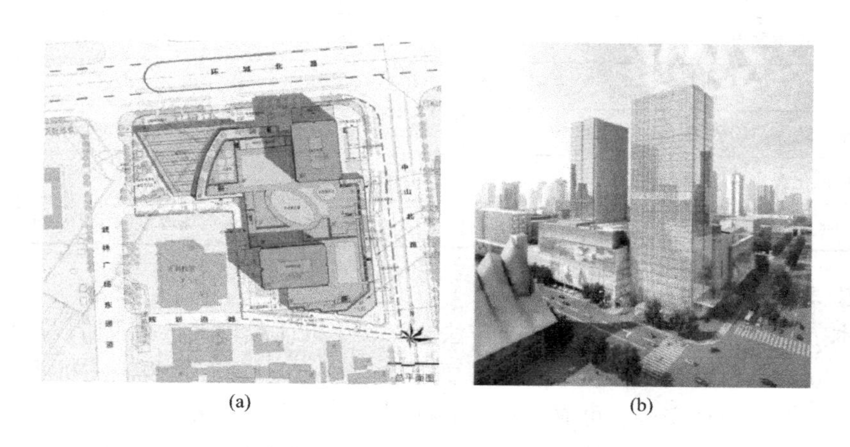

(a) (b)

图 2.2.2 建筑平面图及效果图

2.2.2 工程地质条件

本工程场地位于浙北平原区，为海积平原地貌单元，地貌形态单一。场地浅表层为厚2.5～5.8m的填土，其下局部为厚0.3～2.4m的粉土层；4.0～7.5m深度以下为厚约20m的具高压缩性的流塑状淤泥质粉质黏土；中部深度24.5～31.6m为厚10～14m的软塑—硬可塑状粉质黏土，局部夹有薄层含砾细砂；下部为性质较好的粉砂、圆砾层，圆砾层间局部夹粉质黏土透镜体夹层；底部为白垩系的泥质、凝灰质粉砂岩。主要地层参数如表 2.2.1 所示，场地取芯照片如图 2.2.3 所示。

场地地层划分表　　表 2.2.1

层号	地层名称	顶板高程(m)	顶板埋深(m)	层厚(m)	分布情况
①$_1$	杂填土	5.61～8.24	0.00	2.50～5.80	全区分布
①$_3$	淤泥质填土	1.53～3.82	2.50～4.90	0.70～0.90	零星分布
②$_1$	黏质粉土	2.82～1.31	4.80～3.30	2.40～0.30	局部分布
②$_2$	粉质黏土	0.74～3.44	2.90～5.60	0.40～2.40	局部分布
④$_1$	淤泥质黏土	−1.02～2.01	4.00～7.50	3.20～6.80	全区分布
④$_2$	淤泥质粉质黏土	−6.07～−1.38	8.80～12.20	1.70～6.70	全区分布
④$_3$	黏质粉土夹淤泥质黏土	−10.61～−6.07	12.40～17.20	1.80～7.20	全区分布
⑥$_1$	淤泥质粉质黏土	−14.98～−11.67	17.70～21.00	1.80～7.20	全区分布
⑥$_2$	粉质黏土	−20.45～−13.79	20.00～26.40	0.90～8.70	全区分布
⑦$_1$	粉质黏土	−25.27～−17.56	24.50～31.60	0.90～6.10	全区分布
⑦$_2$	粉质黏土	−28.25～−19.26	26.80～34.20	1.50～10.50	全区分布
⑧$_2$	粉质黏土	−30.68～−23.25	29.60～36.90	0.90～9.90	大部分分布
⑨$_{1b}$	含砂粉质黏土	−31.61～−29.27	35.10～37.50	0.50～2.30	局部分布
⑫$_2$	粉砂	−32.62～−29.51	35.90～38.90	0.80～5.20	局部分布
⑫$_4$	圆砾	−36.11～−29.78	36.70～42.60	1.20～7.20	全区分布
⑫$_{4夹}$	中细砂	−36.72～−34.13	40.00～43.50	0.50～2.00	局部分布
⑬$_1$	粉质黏土	−38.27～−36.13	42.00～45.40	0.50～4.80	全区分布
⑭$_2$	圆砾	−40.85～−37.82	44.30～47.50	0.40～3.30	个别分布
⑳$_1$	全风化泥质粉砂岩	−42.03～−36.28	42.20～48.70	0.70～5.30	全区分布
⑳$_2$	强风化泥质粉砂岩	−43.48～−38.09	44.00～50.50	0.60～10.80	全区分布
⑳$_3$	中风化泥质粉砂岩	−53.27～−41.68	48.00～59.20	最大揭露厚度大于 10.0m	全区分布

2.2.3 技术难点分析

（1）本工程采用一柱一桩的盖挖逆作法施工，单桩荷载较大，施工阶段单桩抗压承载力要求约 16000kN，使用阶段抗拔承载力要求约 4500kN，现有常规灌注桩无法满足抗压及抗拔要求，如何选择安全、可靠、经济的桩型是本工程的一大难点。

（2）根据业主要求，试桩的最大加载量必须大于设计极限承载力的 20%，加之基坑开挖深度大，考虑基坑开挖段的摩阻力，试桩最大加载量超过 40000kN，为华东地区最大吨位静载荷试验，对试验设备及试桩设计提出较高要求。

（3）本工程采用逆作法施工，裙房区域桩基须兼顾施工阶段的抗压和使用阶段的抗拔要求，桩型和荷载工况多，如何经济、合理地布置试桩方案，在尽可能节省成本和工期的

图 2.2.3　场地全断面取芯照片

前提下，得到准确、可靠的试桩数据，是试桩设计的一大难点。

（4）本工程基坑最大挖深达到 27m，盖挖逆作法施工，除了对于单桩承载力要求高之外，对于大挖深立柱的设计及施工均提出较高要求，如何选取立柱形式，并且施工便利，质量有保证，也是本工程后续地下室施工的难点。

2.2.4 技术咨询成果

（1）本工程桩基选型须考虑施工阶段的大荷载抗压和使用阶段较高的抗拔要求，同时须考虑逆作法立柱桩插拔的直径和垂直度要求，考虑本工程的地质条件，提出 AM 可视旋挖灌注桩＋双扩大头＋桩端注浆的方案，桩径 1.6m，两次扩径 2.6m，桩端持力层为中风化泥质粉砂岩岩样（图 2.2.4），入土深度由原设计的 55m 优化为约 50m。预估单桩承载力特征值约 18000kN，抗拔承载力特征值约 5000kN。建议桩基平面布置及桩身详图如图 2.2.5 和图 2.2.6 所示。

图 2.2.4　中风化泥质粉砂岩岩样

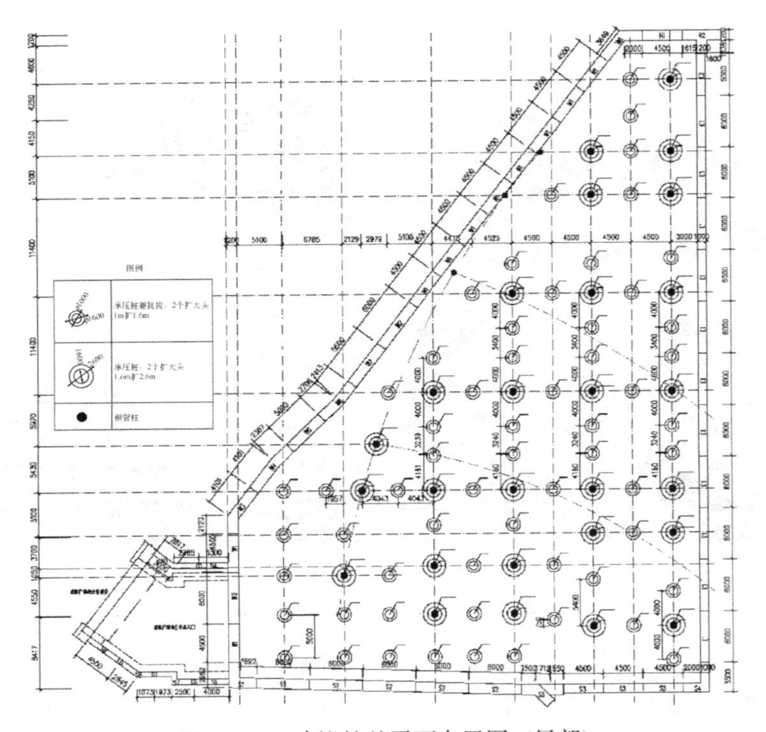

图 2.2.5　建议桩基平面布置图（局部）

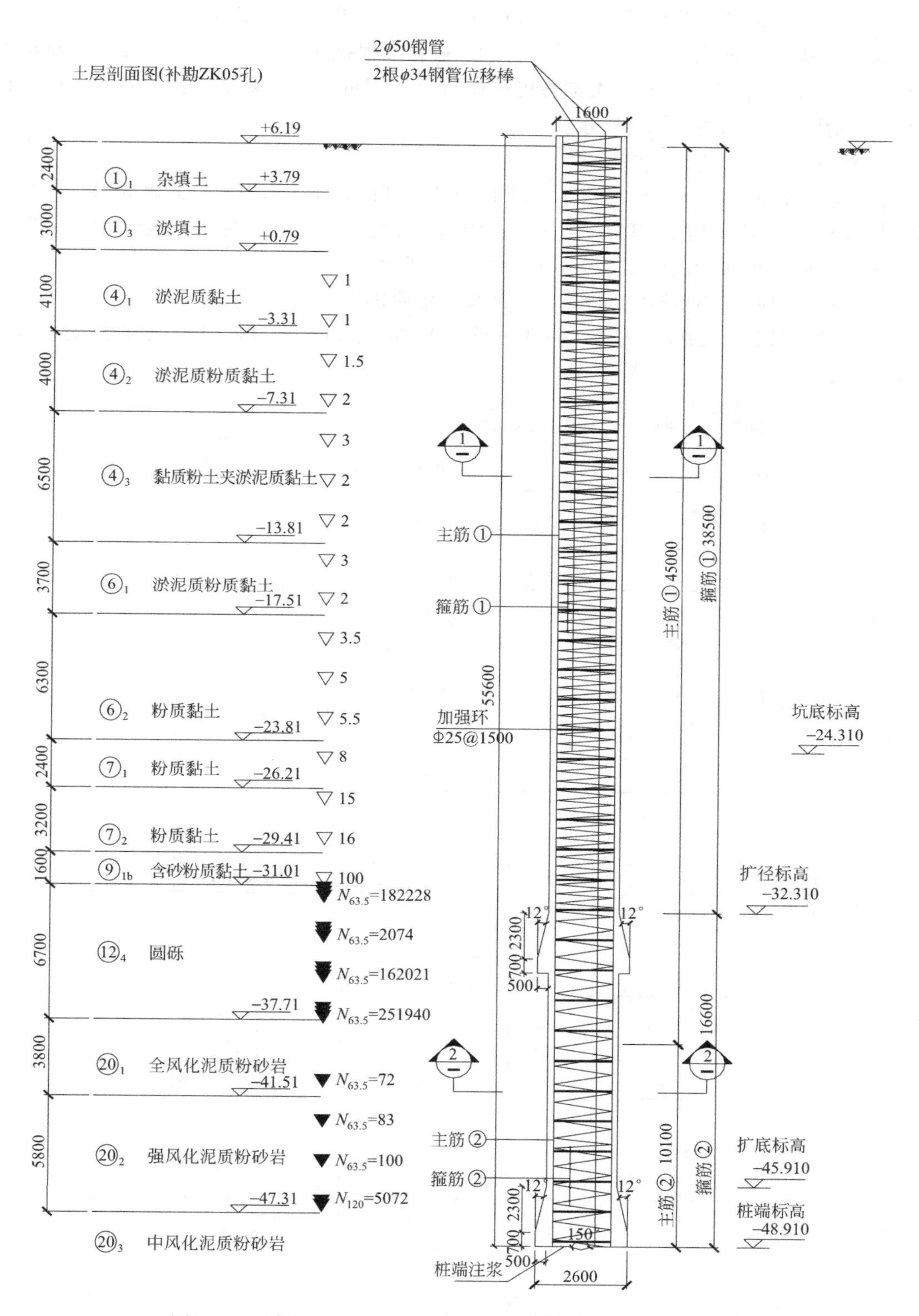

图 2.2.6　直径 1.6m 扩底 2.6m AM 旋挖扩底灌注桩桩身详图

（2）根据场地条件及日后工程桩桩位，合理布置试桩平面和试桩工序，提出抗拔试桩兼作锚桩，抗压试桩兼做抗拔反力桩的方案，进行 6 根抗压试桩，3 根抗拔试桩，试桩及锚桩总桩数控制在 25 根，其中大部分可兼作日后工程桩，大大降低了试桩费用。桩身检测结果如图 2.2.7 和图 2.2.8 所示。

试桩平面布置说明及试桩顺序：

1）抗压桩为 6 根（TP1，TP2，TP3，TP7，TP8，TP9），最大加载量用“+”表示；抗拔桩为 6 根（TP4，TP5，TP6，TP10，TP11，TP12），最大加载量用“−”表示。试桩平面及桩头标高如图 2.2.8 和图 2.2.9 所示。

2）试桩时应先进行抗拔试验，抗拔试验结束后再进行抗压试验。

3）TP1，TP2，TP3 首先作为抗拔试桩 TP4 和 TP5 的反力桩，抗拔试验结束后再进行抗压试桩。

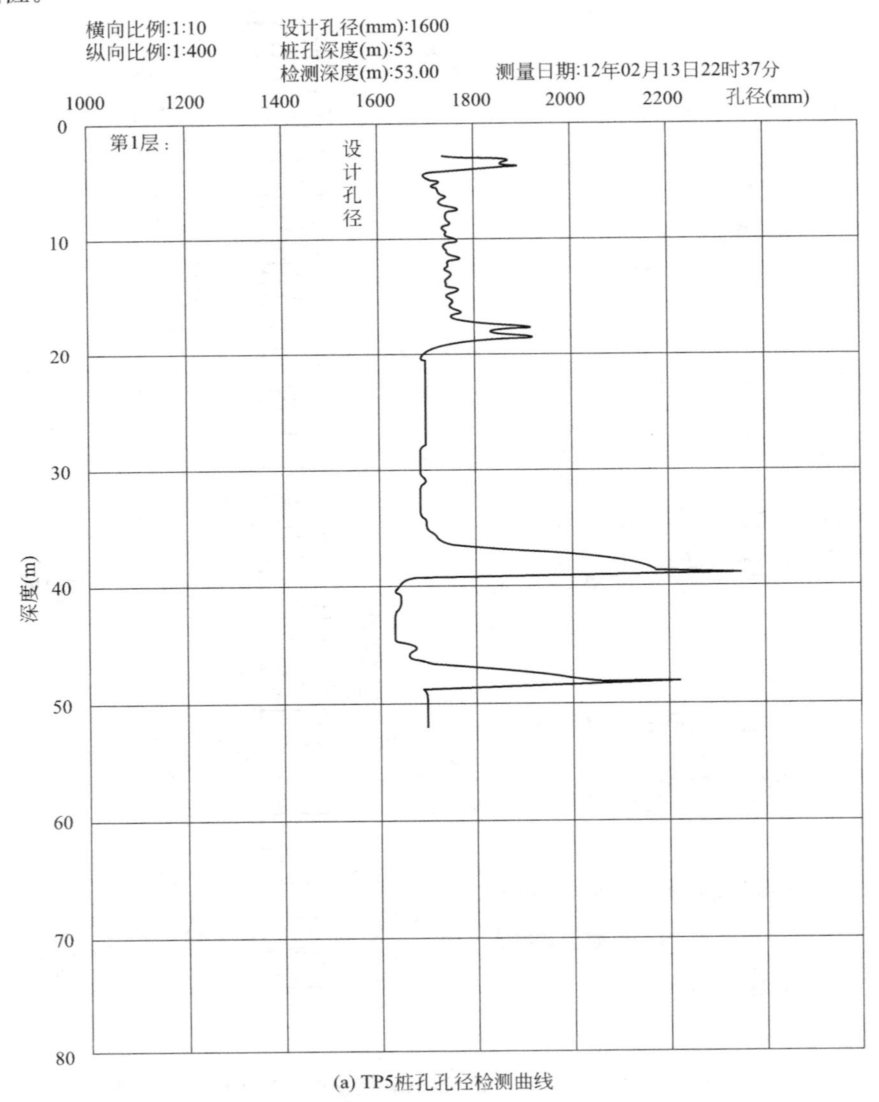

(a) TP5桩孔孔径检测曲线

图 2.2.7　孔径曲线及声测波形（一）

工程名称	武林广场站五号出入口		工程地址	环城北路	
委托日期	2012年03月06日	计算日期	2012年03月06日	基桩名称	TP5
设计强度	C45	浇筑日期	2012年02月14日	测试日期	2012年03月06日
施工桩长	52.11m	检测桩长	51.50m	完整性等级	Ⅰ类
检测依据	JGJ 106—2003	桩顶标高			

内定	1-2		1-3		2-3	
	声速(km/s)	幅度(dB)	声速(km/s)	幅度(dB)	声速(km/s)	幅度(dB)
最大值	4.448	102.29	4.532	102.71	4.611	102.47
最小值	4.017	91.21	4.079	88.14	3.843	94.17
平均值	4.2319	98.849	4.3097	98.920	4.2876	99.357
高差系数	0.0203	0.015	0.0219	0.020	0.0260	0.014
临界值1	4.0095	92.849	4.0651	92.920	3.9995	93.357

深度(m)
A 43.2 59.5 75.8 92.1 108.4　A 43.2 59.5 75.8 92.1 108.4　A 43.4 59.4 75.5 91.5 107.6
V 2.01 3.96 5.92 7.88 9.83　V 2.06 4.02 5.97 7.93 9.89　V 1.96 3.89 5.81 7.74 9.67
0.55　0.55　0.55　0.55
4.00
8.00
12.00
16.00
20.00
24.00
28.00
32.00
36.00
40.00
44.00
48.00
52.00　52.05　52.05　51.05
K 0 22 54 87 120 152　K 0 22 54 87 120 152　K 0 21 53 86 118 150
PSD 声速 波幅　PSD 声速 波幅　PSD 声速 波幅

(b)

图 2.2.7　孔径曲线及声测波形（二）

4）抗拔试桩 TP11 和 TP12 首先进行抗拔试验，抗拔试验结束后再作为试桩 TP8 和 TP9 的锚桩。

5）AP2，AP3，AP4，AP6，AP10，AP12，AP13 既作为抗压试桩的锚桩，又作为抗拔试桩。

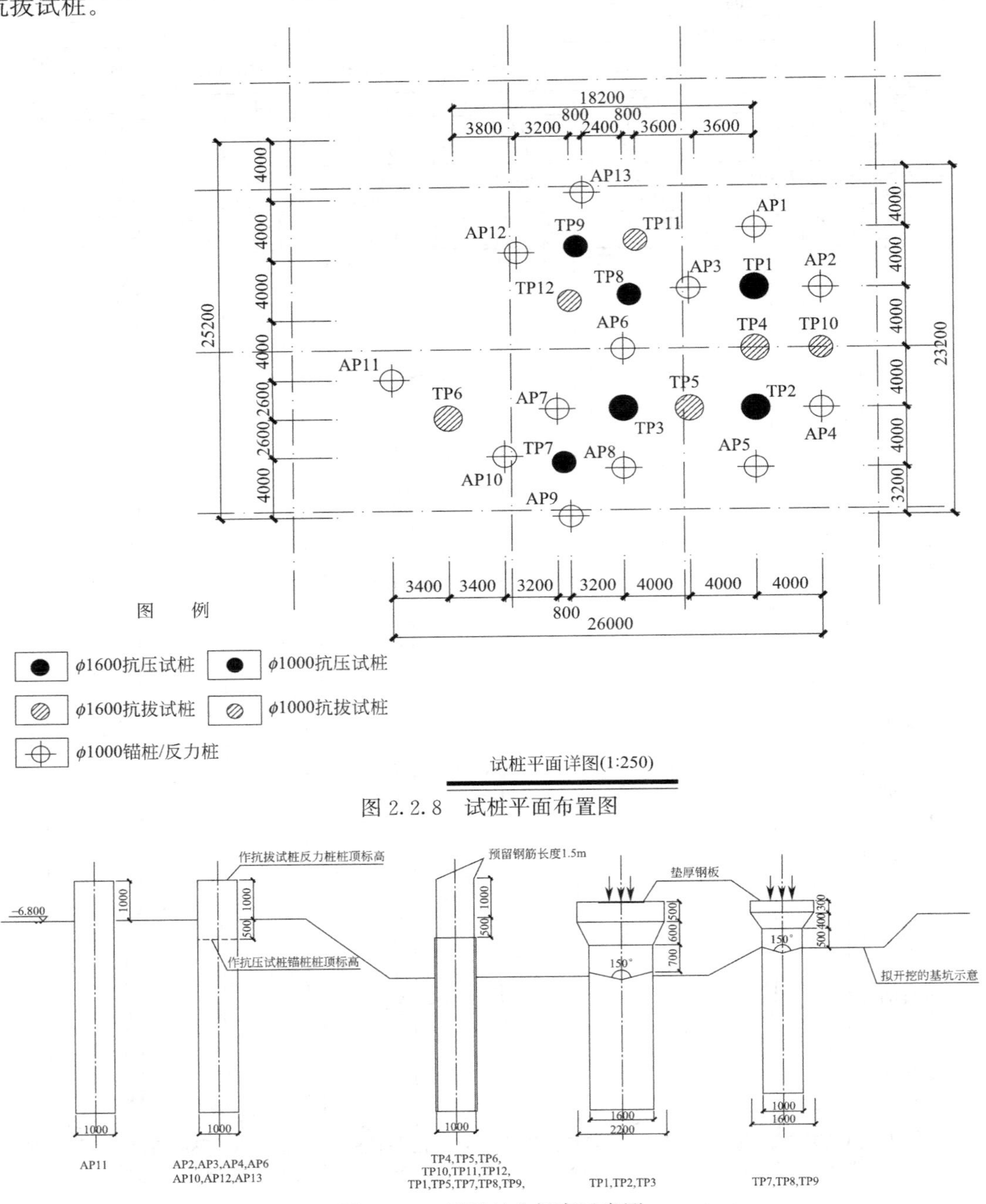

图 2.2.8　试桩平面布置图

图 2.2.9　试桩桩头标高示意图

（3）根据 4200t 最大加载量要求，定制化加工加载主副梁及锚桶夹具，同时采用扩大桩头设计，满足千斤顶加载工作面及强度要求，完成的 4200t 加载量创下华东地区锚桩法加载的新纪录。锚桩法抗压试桩如图 2.2.10 和图 2.2.11 所示。

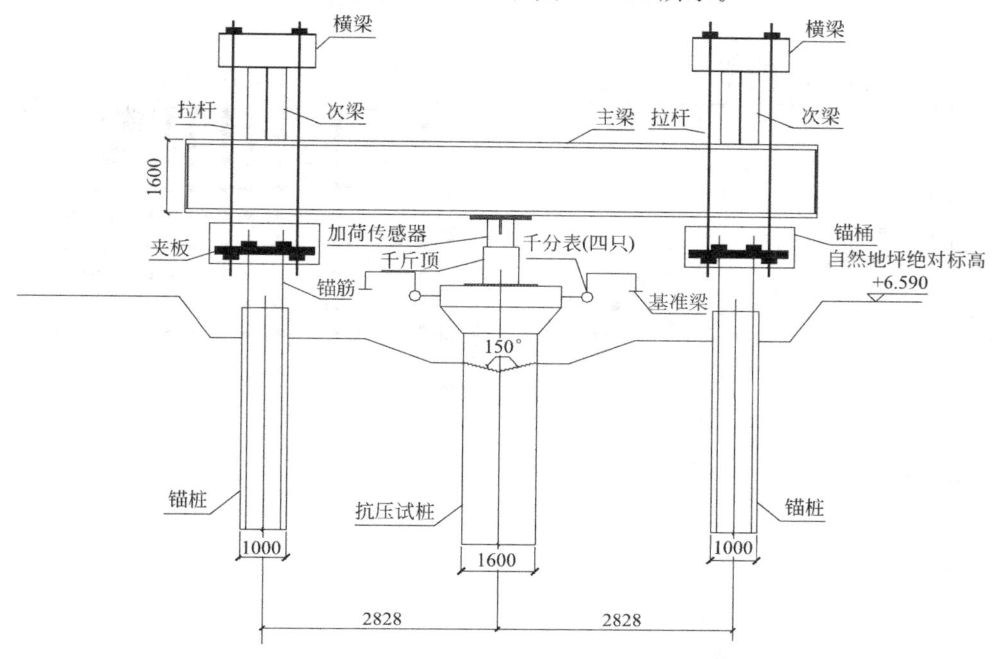

图 2.2.10　锚桩法抗压试桩示意图

图 2.2.11　4200t 静载荷试验

（4）如图 2.2.12 和图 2.2.13 所示，ϕ1600 扩底灌注桩的抗压和抗拔极限承载力分别不小于 4200t 和 1200t，ϕ1000 灌注桩的抗压和抗拔极限承载力分别不小于 1600t 和 750t，试桩的承载力与预估值高度吻合。

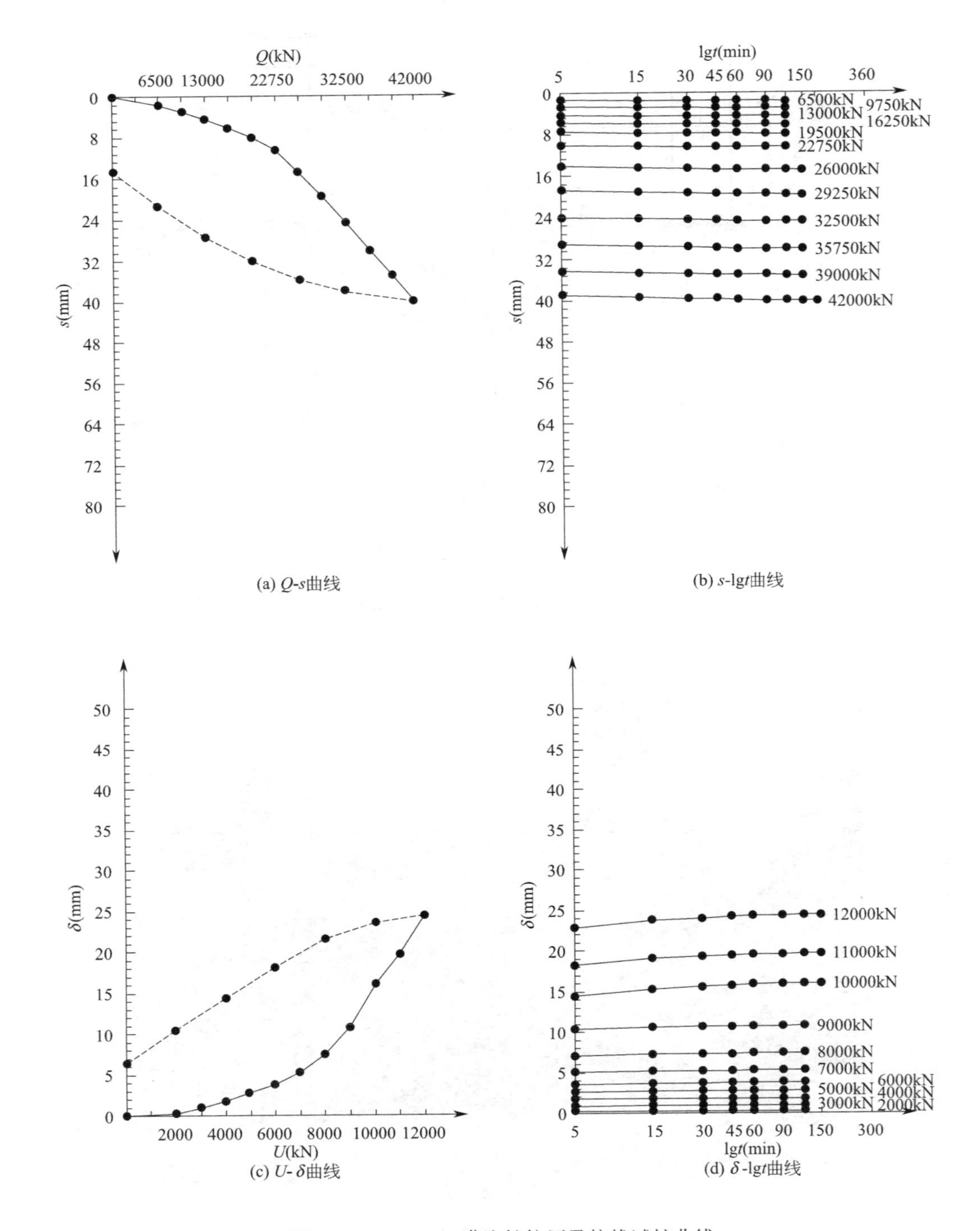

图 2.2.12　ϕ1600 灌注桩抗压及抗拔试桩曲线

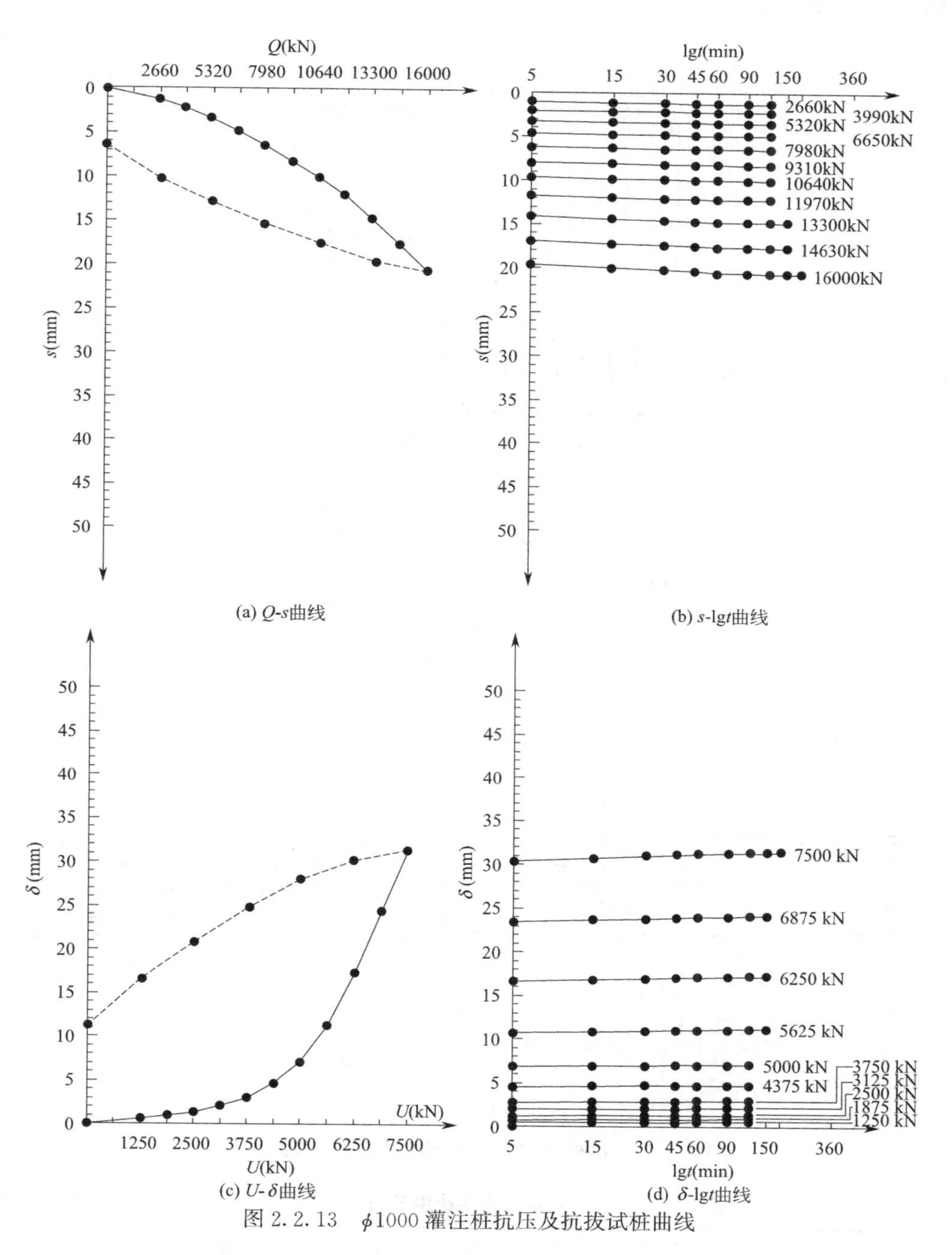

图 2.2.13 ϕ1000 灌注桩抗压及抗拔试桩曲线

同时，为分析桩侧摩阻力发挥，沿桩身布设应力计，得到桩身轴力及桩侧摩阻力分布，如图 2.2.14 所示，同时，为分析桩端阻力的发挥情况，预埋桩底沉降杆，分析桩端沉降量，如表 2.2.2 所示。可以看到，随着加载量增加，浅部土层的摩阻力发挥基本稳定，而深层土体的摩阻力持续增加；而桩身压缩量占桩顶沉降值的 50%～80%，桩侧土体变形沿深度逐渐减少，因此可以认为深部土体的摩阻力仍未完全发挥，有提高空间，综合以上进行桩基设计参数修正，如表 2.2.3 所示。

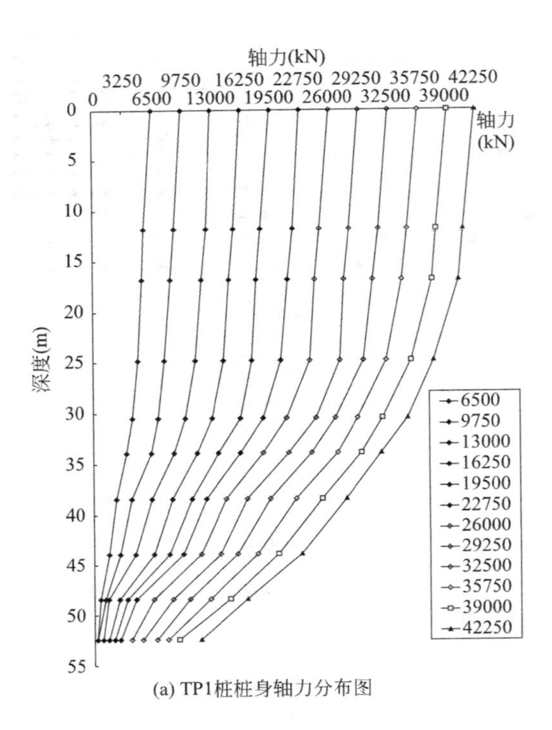

(a) TP1桩桩身轴力分布图

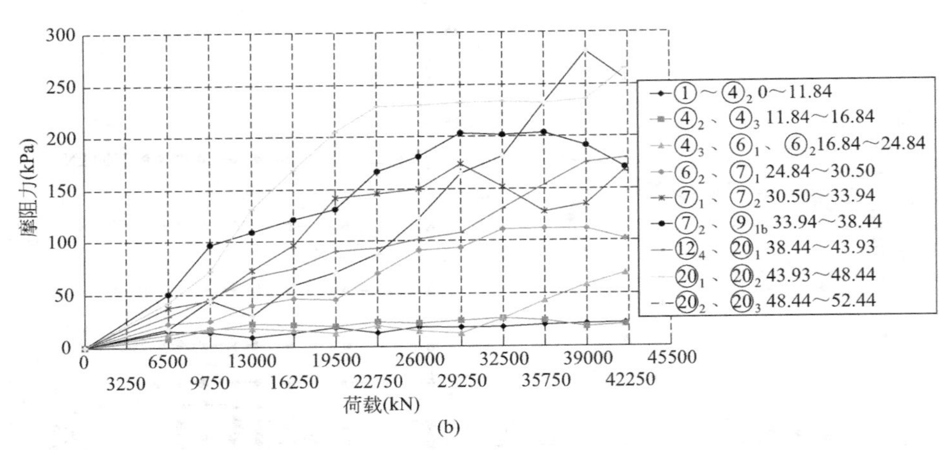

(b)

图 2.2.14 试桩（TP1）桩身轴力及桩侧摩阻力分布

桩身压缩量比例分析 **表 2.2.2**

桩号	最大加载量(kN)	桩顶位移(mm)	桩端位移(mm)	桩身压缩量(mm)	桩身压缩比例
TP1	42000	40.15	15.68	24.47	60.9%
TP2	42000	42.40	19.27	23.13	54.6%
TP3	42000	53.69	25.54	28.15	52.4%
TP7	16000	20.75	7.41	13.34	64.3%
TP8	16000	21.08	4.22	16.86	80.0%
TP9	16000	32.37	13.5	18.87	58.3%

桩基设计参数综合对照表　　　　表 2.2.3

土层编号	土层名称	勘察报告建议值		根据试桩结果换算综合值(后注浆)	
		桩侧阻力特征值 q_{sia}(kPa)	桩端阻力特征值 q_{pa}(kPa)	桩侧阻力极限值 q_s(kPa)	桩端阻力极限值 q_p(kPa)
②$_1$	黏质粉土	12			
②$_2$	粉质黏土	10		33	
④$_1$	淤泥质黏土	8			
④$_2$	淤泥质粉质黏土	9		47	
④$_3$	黏质粉土夹淤泥质黏土	12			
⑥$_1$	淤泥质粉质黏土	11		73	
⑥$_2$	粉质黏土	13			
⑦$_1$	粉质黏土	24		101	
⑦$_2$	粉质黏土	25		168	
⑧$_2$	粉质黏土	22			
⑨$_{1b}$	含砂粉质黏土	25		170	
⑫$_2$	粉砂	20		179	
⑫$_4$	圆砾	40			
⑫$_{4夹}$	中细砂	27			
⑬$_1$	粉质黏土	24		265	
⑭$_2$	圆砾	50			
⑳$_1$	全风化泥质粉砂岩	35			
⑳$_2$	强风化泥质粉砂岩	47	1500	332	
⑳$_3$	中风化泥质粉砂岩	65	3300		3424

(5) 逆作法施工基坑立柱一般采用永临结合的一柱一桩模式，多为H型钢柱或钢管混凝土柱，具有断面小而承载能力大，便于与地下室的梁、柱、墙、板连接等优点，尤其是钢管混凝土柱可一次成型，无须再外包混凝土，近年来广泛采用，但是对垂直度要求高（≤1/500），对于大挖深基坑来说，施工难度大。在实际工程中大多采用埋设钢套管后人工入孔破除桩头，安装定位器后再插入钢管柱，该方法存在施工工期长，工序多，人工入孔安全性差等缺点。本工程采用的钢管柱长度最大30.88m，加上法兰自重约15t，为解决钢管柱施工难题，采用了HPE液压垂直插入工艺（图2.2.15、图2.2.16），配合大直径AM可视旋挖全灌注桩，实现钢管柱

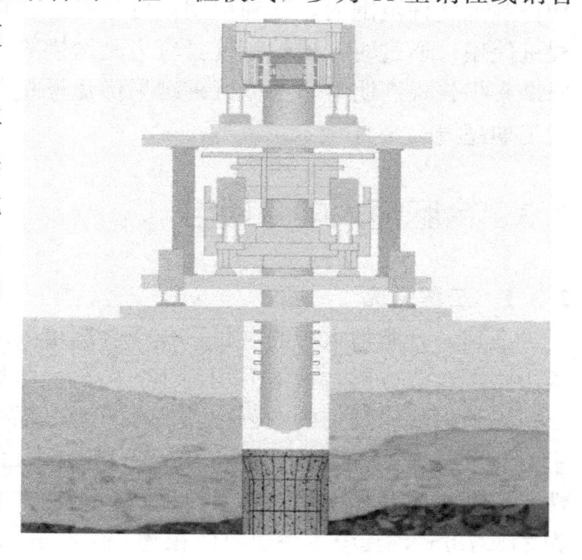

图2.2.15　HPE工法示意图

一天一根的施工速度，并且垂直度普遍达到 1/500，最高达到 1/800。

图 2.2.16　HPE 工法施工钢管桩照片

2.2.5　实施效果及效益分析

（1）在设计初期，针对地层特点提出双扩大头旋挖扩底桩方案，充分利用土体承载力，并编制了 4200t 抗压和 1200t 抗拔静载荷试桩方案（华东地区最大吨位的静载荷试验），协助业主完成试桩施工和检测招标文件。

（2）对试桩施工中标单位编制的技术方案进行审核、修订，对桩基检测单位的技术方案进行评价、补充；对试桩过程的主要节点进行现场控制。

（3）对试桩结果进行分析评价，本次试桩 12 根桩均达到设计最大加载量，桩顶位移均在规范允许范围内，达到预期试桩目的，并且本次试桩所有桩均未破坏，可作为日后工程桩使用；通过对 6 根桩的桩身应力测试换算出对应土层的摩阻力/端阻力综合值，对比原勘察报告提高明显，根据试桩结果优化原桩基设计，为业主节省费用约 2000 万元，节约工期超过 2 个月。

2.3　合肥恒大中心项目

2.3.1　工程概况

在建“合肥恒大中心项目”位于合肥市滨湖新区，场地由成都路、南宁路、华山路和衡山路围合成方形，占地面积约 13.5 万 m^2。场地地理位置示意图详见图 2.3.1。

以该地块中规划的白云山路和岷江路为界，场地划分为 A、B、C、D 四个地块。其中 C 地块为华山路、南宁路、白云山路及岷江路围成的区域，规划建设一幢 518m 的地标性主塔楼建筑及 4 层裙房，下设四层地下室，总建筑面积共约 417389m^2，地上建筑面积为 315373m^2，其中主塔建筑面积约 287800m^2，地下建筑面积为 102016m^2。

本工程主要特点如下：

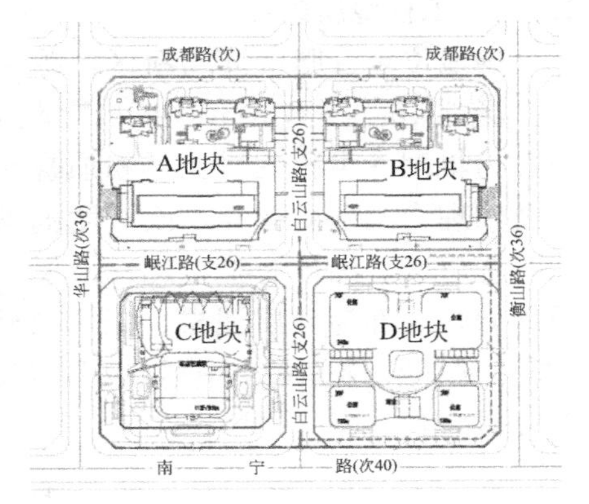

图 2.3.1　场地地理位置及地块示意图

图 2.3.2　项目建成效果图（左侧超高层为 C 地块）

（1）主塔楼的形体设计援引“竹”的形态，挺拔而富于韵律及变化，并隐喻“竹”常青、质朴、正直、高洁的君子风骨。精巧、合理的全玻璃幕墙表皮实现了与“竹”概念的完美融合，如图 2.3.2 所示。

（2）从 100～500m 高的 5 栋高楼呈节节上升之势排列组合，巍然矗立于巢湖岸边，宛若竹林，并蕴含了积极向上的时代精神以及节节高升的企业愿景。

（3）集高端办公、五星酒店、服务式酒店、大型多功能厅、时尚商业等功能为一体的功能多样、配套完备的安徽第一高度的超高层建筑综合体。

（4）高效明晰、便捷舒适的垂直交通体系。

（5）科学先进的全方位安全保障体系。

（6）满足中国绿标及美国 LEED 标准的绿色环保建筑。

2.3.2 工程地质条件

场地位于合肥市滨湖新区，距巢湖最近距离约 1300m，属江淮冲洪积平原地貌单元。场地 45.0～47.0m 深度以上范围为第四系覆盖层，其上部为新近填土及塘底淤泥，下部为巢湖冲洪积的黏土、粉质黏土及粉砂等沉积物，根据地基土沉积年代、成因类型及物理力学性质差异，该深度范围内主要土层划分为①～⑤层 5 个主要层次，其中①、②层又可细分为$①_1$、$①_2$及$②_1$、$②_2$层。45.0～47.0m 以下下伏古近纪定远组泥质砂岩，局部为砂质泥岩、泥岩及砂岩，土层编号为⑥层，根据其风化程度，可细分为$⑥_1$强风化层及$⑥_2$中风化层。场地地层分布如表 2.3.1 所示，典型地层剖面如图 2.3.3 所示。

场地地层物理力学参数表　　表 2.3.1

层号	土层名称	层底标高(m)	层厚(m)	含水率 w(%)	重度 γ (kN/m^3)	标贯 N	比贯入阻力 p_s(MPa)
$①_1$	素填土	13.68～7.49	0.40～5.40	26.7	18.5	5.1	0.91
$①_2$	浜填土	10.09～6.42	0.20～3.50	32.1	18.1	2.7	0.47
$②_1$	黏土	12.18～3.87	0.40～4.00	24.2	18.9	7.8	2.22
$②_2$	黏土	2.41～1.81	2.00～11.10	22.3	19.3	12.2	4.67
③	黏土	−7.08～−10.94	7.80～11.10	22.5	19.3	17.4	5.07
④	粉质黏土	−15.36～−21.71	6.00～13.00	21.3	19.4	23.4	6.01
⑤	粉质黏土夹粉砂	−30.01～−36.46	10.40～19.80	17.8	19.9	27.0	7.70
$⑥_1$	强风化泥质砂岩	−33.42～−40.98	1.40～10.70	21.0	19.4	59.7	13.41
$⑥_2$	中风化泥质砂岩	未钻穿	未钻穿			126.7	

2.3.3 技术难点分析

本项目位于合肥滨湖新区，主塔楼高度 518m，是安徽省建筑高度最高的标志性建筑，具有主楼层数高、荷重大而集中，主楼与裙房荷载差异大等特点，地基基础设计和抗震设防要求远超一般超高层建筑要求。

（1）本工程主塔楼区基底荷载很大，核心筒与扩展区荷载有差异，控制基础的不均匀沉降以及由风荷载、地震作用引起地基变形等问题难度大。

（2）需要根据拟建场地的岩土层条件，合理选择桩基持力层，满足地基变形控制与强度要求；选择合理的桩型及成桩设备，控制和减少对周边环境的影响等是本工程需要解决的主要问题。

（3）本工程为安徽省第一高度建筑，对于超高层的抗震计算，当地缺乏相关经验参数，如何准确确定地震特征周期等地震参数是进行抗震设计和安全性评价的关键。

2.3.4 技术咨询成果

1. 桩基持力层分析与选择

分析已建成的超高层建筑的桩型及后续沉降值，结合当地的地层条件，建议主楼采用灌注桩+后注浆，裙房采用短桩的方案，通过后注浆工艺解决主楼桩基承载力及变形控制，通过长短桩刚度调平解决差异沉降问题。

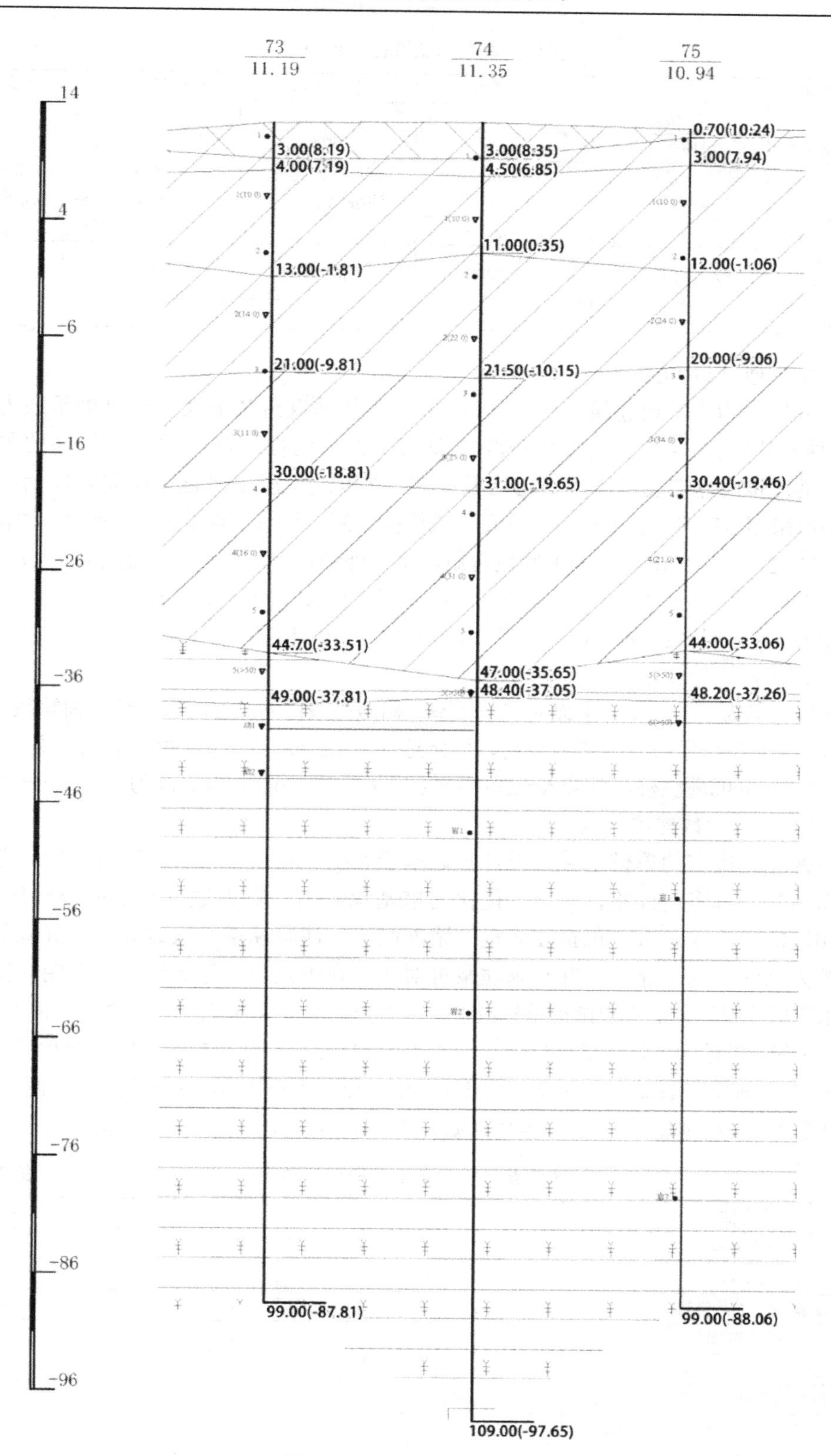

图 2.3.3　工程地质剖面图

类似超高层建筑基础设计概况　　表 2.3.2

建筑物名称	苏州东方之门	苏州国金中心	上海中心	南京紫峰大厦	济南普利门
塔楼层数	72/68	92	122	99	62
塔楼桩基持力层	粉质黏土	粉砂	细砂	中风化安山岩	中风化闪长岩
桩型	ϕ1000 钻孔灌注桩(后注浆)	ϕ1000 钻孔灌注桩(后注浆)	ϕ1000 钻孔灌注桩(后注浆)	ϕ2000(扩底 ϕ4000)人工挖孔桩	ϕ1500(扩底)人工挖孔桩
有效桩长(m)	70	62	55	23	10
单桩极限承载力(kN)	大于 19300	大于 29000	30000	75000	65000
沉降量(cm)	5～6	9	10	2～4	—

(1) 主塔楼（110 层）

本工程塔楼为 110 层建筑，建筑高约 518m，其垂直荷载很大，对单桩承载力要求非常高，根据类同超高层建筑的工程经验（表 2.3.2），为控制沉降并获得较高的单桩承载力以及满足抗震设计需要，塔楼核心区及扩展区宜以⑥$_2$ 层中风化砂质泥岩作为桩基持力层，桩型可采用 ϕ1000～1200mm 的钻孔（或旋挖）灌注桩（后注浆），为减少主楼核心筒与外围扩展区之间的差异沉降，调平底板弯矩，主楼外围扩展区的桩端入土深度可较核心筒略浅，主楼桩端入土深度为 60.0～65.0m（相应标高为－47.0～－52.0m，按目前平均场地标高 13.0m 计），扩展区桩端入土深度 55.0～60.0m（相应标高为－42.0～－47.0m）。

(2) 4 层裙房

本工程裙房为 4 层建筑，下设 4 层地下室，裙房一般柱网尺寸较大，单柱荷重较大，采用承台下布桩，对单桩承载力的要求较高，可比选⑤、⑥$_1$ 或⑥$_2$ 层作为桩基持力层，桩型可选择 ϕ700～800mm 的灌注桩，桩端入土深度可为 45.0～53.0m（相应标高为－32.0～－40.0m）。

2. 桩基设计参数建议与验证

按地区经验确定的单桩承载力设计参数偏于安全，在勘察报告编制过程中，总结已有的类似超高层桩基咨询经验，提出了优化的桩基承载力计算参数，并根据当地地层特点，制定了相应的后注浆参数，包括注浆量、浆液配比、注浆速率及次数等。经静载荷试验验证了承载力预估值的可靠性，并与未注浆桩对比，在极限值和稳定性上均有明显提高。

未采用后注浆工艺的三根试桩单桩极限承载力分别为 23100kN、27300kN、27300kN，平均值为 25900kN，极差为平均值的 16.2%；而采用后注浆工艺的三根桩单桩极限承载力分别为 35592kN、33000kN、34159kN，平均值为 34250kN，极差为平均值的 7.6%。后注浆桩的单桩承载力提高 32%，极差降低 53%。试验成果如表 2.3.3、表 2.3.4 和图 2.3.4 所示。

未注浆单桩静载试验成果汇总表　　表 2.3.3

受检桩号	SZ-1	SZ-2	SZ-3
桩身直径(mm)	1100	1100	1100
试验日期	2015.11.11～2015.11.14	2015.11.03～2015.11.05	2015.10.23～2015.10.27
试验最大加载值(kN)	27300	29400	29400
桩顶最大沉降(mm)	108.32	108.14	72.48
桩身压缩最大变形值(mm)	25.32	22.43	21.23
受检桩的单桩竖向抗压极限承载力(kN)	23100	27300	27300
单桩竖向抗压极限承载力平均值(kN)	25900		
极差/平均值(%)	16.22		

后注浆单桩静载试验成果汇总表 **表 2.3.4**

受检桩号	SZ-4	SZ-5	SZ-6
桩身直径(mm)	1100	1100	1100
试验日期	2015.11.07～2015.11.09	2015.10.17～2015.10.20	2015.10.12～2015.10.15
试验最大加载值(kN)	36300	36300	36300
桩顶最大沉降(mm)	89.29	88.53	97.94
桩身压缩最大变形值(mm)	30.04	25.69	27.86
受检桩的单桩竖向抗压极限承载力(kN)	35592	33000	34159
单桩竖向抗压极限承载力平均值(kN)	34250		
极差/平均值(%)	7.57		

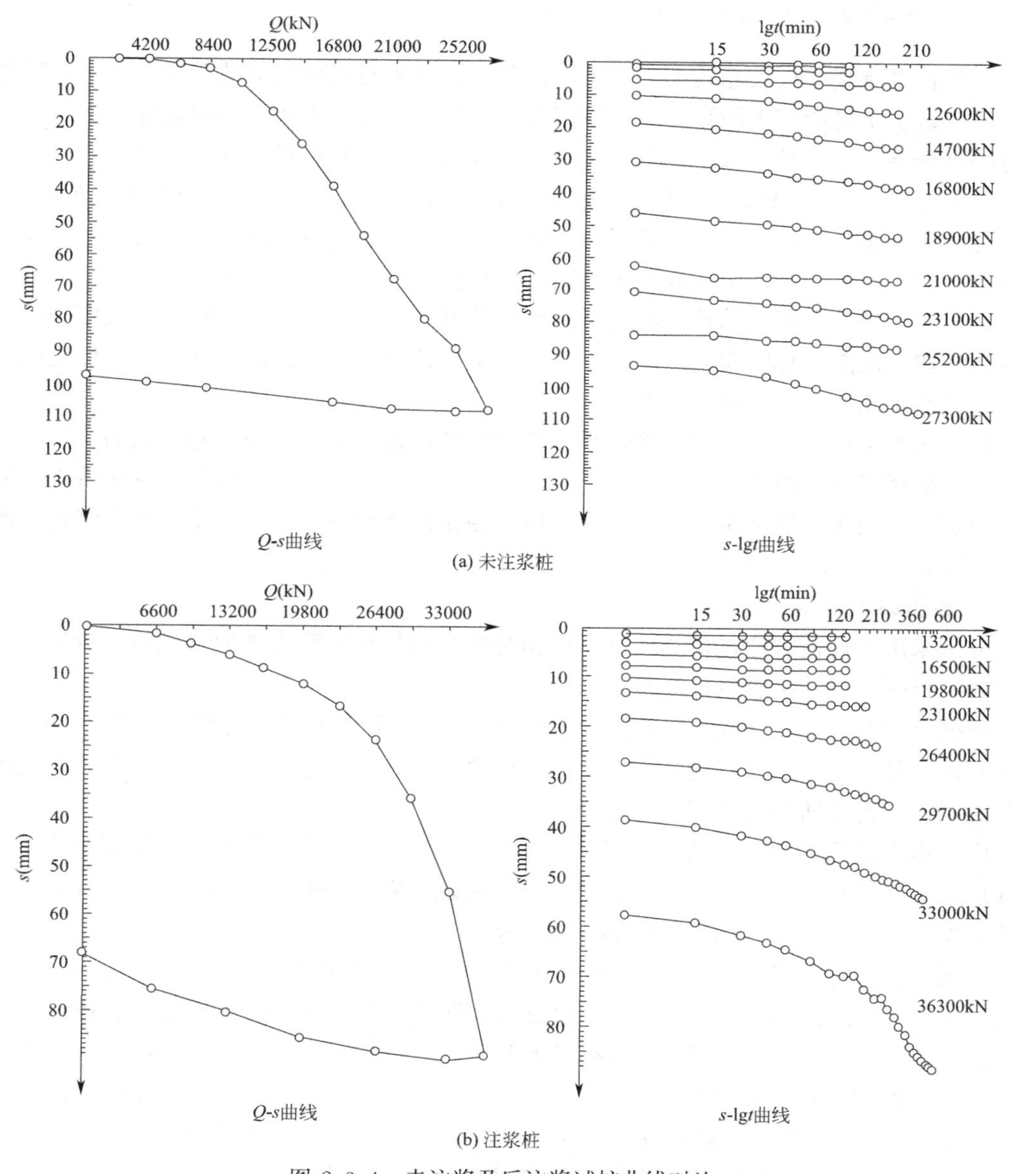

图 2.3.4 未注浆及后注浆试桩曲线对比

3. 桩基沉降参数及变形特征分析

综合室内压缩试验机现场标贯试验对土层的压缩模量进行修正，提出合理的沉降计算参数（表 2.3.5），预估塔楼中心点最终沉降在 6cm 以内，并提出差异沉降控制措施。

桩基沉降计算 E_s 建议值　　表 2.3.5

<table>
<tr><th>层号</th><th>土名</th><th>由 e-p 曲线确定 E_s(MPa)</th><th>按标贯试验确定 E_s(MPa)</th><th>按静探试验确定 E_s(MPa)</th><th>E_s 建议值(MPa)</th><th>E_0 建议值(MPa)</th></tr>
<tr><td>⑤</td><td>粉质黏土夹粉砂</td><td>16.0</td><td>—</td><td>19.7</td><td>16.0</td><td>—</td></tr>
<tr><td>$⑥_1$</td><td>强风化泥质砂岩</td><td>—</td><td>59.7</td><td>52.5</td><td>50.0</td><td>—</td></tr>
<tr><td rowspan="2">$⑥_2$</td><td rowspan="2">中风化泥质砂岩</td><td rowspan="2">—</td><td rowspan="2">—</td><td rowspan="2">—</td><td rowspan="2">—</td><td>150(标高−42.0m 以上)</td></tr>
<tr><td>不可压缩(标高−42.0m 以下)</td></tr>
</table>

注：E_s 根据在合肥地区深层载荷板试验确定。

本工程主塔楼底板尺寸较大，且上部荷载大，塔楼与裙房间荷载差异大；另外纯地下室区域，地基土可能产生回弹。因此塔楼核心筒与扩展区、主楼与裙楼及地下室之间存在一定的沉降差，为有效控制主楼与扩展区、主楼与裙楼之间差异沉降，建议：

（1）合理调整主楼核心区与扩展区桩长，并使两者之间的差异沉降控制在合理范围内。

（2）可考虑在主楼与地下室间设置后浇带（使主楼与地下室间的差异沉降控制在 3cm 以内，一般不会使基础产生过大的附加内力而产生明显裂缝，影响使用）。

（3）正确预估主楼、裙楼与纯地下室区域的基础平均沉降、差异沉降以及沉降随时间的变化规律，沉降计算时应采取工程经验类比法，即根据类似地质条件、工程性质的实测沉降资料确定相应桩基沉降经验系数。

（4）根据可能产生的差异沉降，预估基础的整体挠曲以及相应的基础内力。

（5）后浇带应预留在外围纯地下室一侧，宽度可取 1m 左右，但必须做好后浇带处及两侧垫层止水措施，后浇带的浇筑时间一般可在主体结构封顶后并依据主楼沉降速率而定(其沉降速率宜小于 0.05mm/d)。

4. 地震参数的确定

分别采用了规范方法、推算法和反应谱分析法对场地特征周期取值进行了论证。

（1）根据《建筑抗震设计规范》取值

根据《建筑抗震设计规范》GB 50011—2010，本工程拟建场地位于抗震设防烈度 7 度区，设计基本地震加速度为 0.10g，拟建场地所属的设计地震分组为第一组，场地类别属Ⅱ类场地，查表所得特征周期为 0.35s。

由于本次实测等效剪切波速和覆盖层厚度处于场地类别分界线附近，根据《建筑抗震设计规范》GB 50011—2010 第 4.1.6 条，允许按插值方法确定地震作用计算所用的特征周期，按条文说明图 7 内插得特征周期 T_g 为 0.40s。

根据以往统计，经过国家地震安全性评价委员会评审的全国 19 个省、市、自治区在 1990～2003 年间完成的 56 份工程场地地震安全性评价报告和地震小区划报告中，不同的超越概率水平下，特征周期 T_g 取值有显著差异。随着超越概率的减小，特征周期值有增加的趋势，增加的程度大概在 0.1s 左右。在统计的样本中，大震下的特征周期值最大达到了 1.20s（Ⅱ类场地）。《建筑抗震设计规范》GB 50011—2010 中设计谱特征周期的规定值，尤其是在大震条件下，小于实际场地条件统计平均值的 40%。

对较为完整的18条实测地震记录计算反应谱曲线，显示大部分记录的反应谱拐点周期明显大于抗震设计规范中的规定值，其平均反应谱的拐点周期值大概在0.4s，75%曲线的拐点周期值大概在0.5s，90%曲线的拐点周期值大概在0.6s，说明规范谱的拐点周期取值在某种程度上偏小，在峰值加速度较高时，地震动中的长周期成分丰富，拐点周期相应增大。

(2) 根据《构筑物抗震设计规范》取值

参考《构筑物抗震设计规范》GB 50191—93 第5.1.5.2条，特征周期根据场地指数可按下式计算：

$$T_g = 0.65 - 0.45\mu^{0.4}$$

$$\mu = \gamma_G \mu_G + \gamma_d \mu_d$$

$$\begin{cases} \mu_G = 1 - e^{-6.6(G-30)\times 10^{-3}} \\ \mu_G = 0 (\text{当} G \leqslant 30\text{MPa 时}) \end{cases}$$

$$\begin{cases} \mu_d = e^{-0.5(d-5)^2 \times 10^{-3}} \\ \mu_d = 0 (\text{当} d > 80\text{m 时}) \end{cases}$$

$$G = \frac{\sum_{i=1}^{n} d_i \rho_i v_{si}^2}{\sum_{i=1}^{n} d_i} \times 10^{-3}$$

式中　μ——场地指数；

γ_G——场地土层刚度对地震效应影响的权系数，可采用0.7；

γ_d——场地覆盖层厚度对地震效应影响的权系数，可采用0.3；

μ_G——场地土层刚度指数；

μ_d——场地覆盖层厚度指数；

G——场地土层的平均剪变模量（MPa）；

d——场地覆盖层厚度（m），可采用地面至剪变模量大于500MPa或剪切波速大于500m/s的土层顶面的距离；

d_i——第i层土厚度（m）；

ρ_i——第i层土密度（t/m^3）；

v_{si}——第i层土的剪切波速（m/s）；

n——覆盖层的分层数。

对于基本自振周期大于1.5s且位于中软、软场地上的高柔构筑物，按上式确定的特征周期值宜增加0.15s。

根据各波速孔实测结果按上述方法计算如表2.3.6所示。

波速孔实测结果　　　　**表2.3.6**

孔号	特征周期 T_g(s)
B1	0.43
B2	0.42
B3	0.42

续表

孔号	特征周期 T_g(s)
B4	0.42
B5	0.42
B6	0.42
平均	0.42

（3）根据场地基本周期推算

场地卓越周期 T_s 是地震波在某场地土中传播时，由于不同性质界面多次反射的结果，某一周期的地震波强度得到增强，而其余周期的地震波则被削弱。这一被加强的地震波的周期称为该场地土的卓越周期。

特征周期 T_g 即建筑场地自身的周期，是建筑物场地的地震动参数，在地震影响系数曲线中，水平段与下降段交点的横坐标，反映了地震震级、震源机制（包括震源深度）、震中距等地震本身方面的影响，同时也反映了场地的特性（如软弱土层的厚度，类型等）。

场地卓越周期只反映场地的固有特征，不等同于设计特征周期。但从数值上比较，一般场地脉动周期 T_m 最短，卓越周期 T_s 其次，特征周期 T_g 最长，因此可通过卓越周期推算特征周期。场地卓越周期一般可通过土层实测剪切波速值按下述方法计算：

方法一：按 $T_s=\sum 4H_i/v_{si}$ 计算场地基本周期（卓越周期）。

其中 v_i——土层的剪切波速；

H_i——所对应的土层厚度。

方法二：按日本《结构计算指南和解说》（1986 年版）计算多层土地基卓越周期 T'_c：

$$T'_c=\sqrt{32\sum_{i=1}^{n}\left\{h_i\left(\frac{H_{i-1}+H_i}{2}\right)/V_{si}^2\right\}}$$

式中 T'_c——地基卓越周期（s）；

H_i——天然地面起算至第 i 层土底面的深度（m）；

H_{i-1}——天然地面起算至第（$i-1$）层底面的距离（m）；

V_{si}——第 i 层实测的剪切波速（m/s）；

h_i——第 i 层土厚度（m）。

分别对本场地完成的 6 个波速孔进行计算，结果如表 2.3.7 所示。

场地卓越周期两种方法计算结果 **表 2.3.7**

孔号	方法一计算卓越周期 T_s(s)	方法二计算卓越周期 T'_c(s)
B1	0.64	0.55
B2	0.62	0.52
B3	0.63	0.53
B4	0.63	0.54
B5	0.60	0.53
B6	0.64	0.54
平均	0.62	0.53

因此，从这个角度看，场地设计特征周期 T_g 宜大于 0.53s，但根据场地卓越周期推算只能定性判断特征周期取值合理性，无法得到确切数值。

（4）根据场址反应谱分析确定

特征周期是反应谱曲线下降点的特征参数，对工程抗震设计影响较大，但物理意义不明确，涉及因素多，比较合理的方法是根据场地反应谱分析结果，用速度反应谱与加速度反应谱比值确定：

$$T_g = 2\pi \frac{S_v}{S_a}$$

式中　T_g——特征周期；

S_v——速度反应谱最大值；

S_a——加速度反应谱最大值。

根据业主方提供的中国地震局地球物理研究所及安徽省地震工程研究所编写的《合肥滨湖 CBD 超高层 CD 地块工程场地地震安全性评价报告》，反应谱分析结果如表 2.3.8 所示。

反应谱分析结果　　**表 2.3.8**

超越概率值	50 年 63%	50 年 10%	50 年 2%
T_g(s)	0.45	0.50	0.55
超越概率值	100 年 63%	100 年 10%	100 年 2%
T_g(s)	0.45	0.50	0.55

因此，按反应谱分析结果确定小震时场地的特征周期为 0.45s。

（5）主要结论

1）对于本工程自振周期较大的超高层建筑，按规范插值 T_g=0.40～0.42s，其结果偏小，过小的特征周期易忽略长周期地震波影响。

2）根据场地卓越周期推算只能定性判断特征周期取值合理性，但无法得到确切特征周期数值。

3）按反应谱分析结果取值综合了场地和地震区划特点，是较为合理的确定方法。

综合各方面分析，建议本工程在小震、中震和大震情况下设计特征周期可分别取 T_g=0.45s、T_g=0.50s、T_g=0.55s。

2.3.5　咨询效益

（1）项目采用后注浆旋挖灌注桩、单桩承载力提高了 30%，节省了大量工程造价。

（2）通过场地地震特征周期参数论证，为超高层建筑长周期地震结构分析提供了可靠依据，确保结构安全及结构设计合理。

第 3 章　基础设计咨询

3.1　上海液化天然气项目扩建工程接收站 LNG 储罐工程

3.1.1　工程概况

上海液化天然气项目扩建工程接收站 LNG 储罐工程位于浙江省舟山市大洋镇的西门堂岛及中门堂岛，西北距上海南汇芦潮港约 35km，西南距大洋山岛 2km，如图 3.1.1 所示。

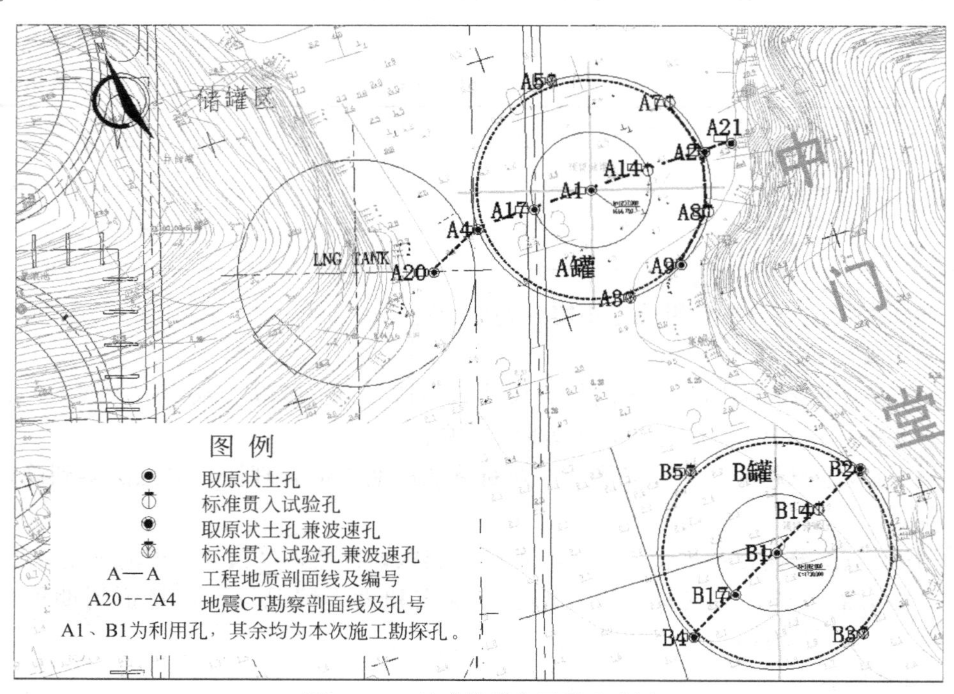

图 3.1.1　扩建储罐位置及地形图

本次扩建的 A、B 大型储罐位于原中门堂、西门堂山体之间冲沟上，即一期工程储罐东侧，A、B 储罐外径约 85m，储量约 $16.5\times10^4 m^3$，位置及地形如图 3.1.1 所示。由于 LNG 储罐安全等级要求高，且储罐基础具有不可修缮的特点，因此有必要对罐址的安全性和基础形式进行专题咨询。

3.1.2　工程地质条件

土层浅表部以后期人工回填的抛石和冲填土为主，局部下卧第四纪全新世滨海相堆积物，主要为灰色淤泥质粉质黏土，下部为中生代燕山期侵入岩体辉长岩的风化层（强、中—微）。典型地层剖面如图 3.1.2 所示。

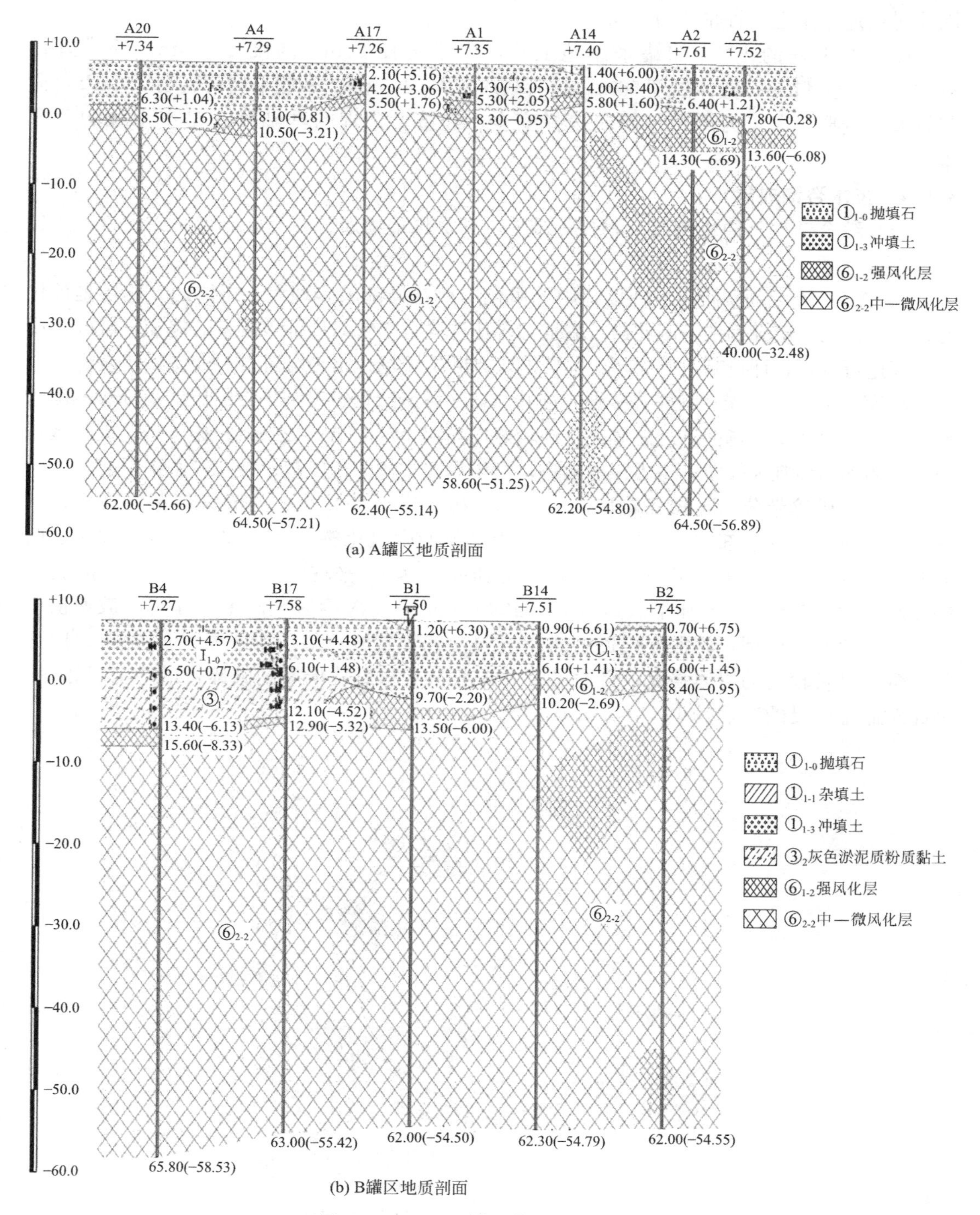

图 3.1.2 A、B罐区典型地质剖面图

3.1.3 技术难点分析

（1）LNG储罐场地应有充分的稳定性，避免靠近较深的水道、采矿作业区、洞穴或陡峭山坡、岩溶地区，避免靠近活动断层的场地或位于在地震作用下易液化土层的场地，

因此对场地稳定性的评估十分关键。

(2) 本工程的LNG储罐采用地上式，内罐直径80m，高度35.65m；外罐直径81.6m，高度41 m；整体高度53m，总荷载约1.4×10^6kN，基底平均荷载约280kPa，荷载较大，变形要求较为严格，如何选择安全、经济、合理的基础形式是本工程的一大难点。

3.1.4 技术咨询成果

(1) 综合钻探、原位测试及物探等结果，评估场地地层分布及破碎带，提出合理的各土层设计参数。

1) A、B罐区勘察阶段发现场地中等风化层存在局部破碎现象。岩体的完整性是评价罐址适宜性的关键性因素，因此进行罐址综合比选时有必要对局部破碎带的规模，破碎程度及强度进行分析，评价其对储罐建设的影响，判断拟选场地是否可进行后期储罐建设。

勘察单位通过钻探、物探等多种方法并结合区域构造资料对破碎带的位置及分布范围进行了探查，评估认为场区基岩总体完整性较好，局部（A2、A8、B3、B5孔）岩芯破碎区域地基土的均匀性判为较差，考虑该异常带是由于局部岩体节理发育、裂隙较密集引起。

A罐区破碎带分布在拟建罐区的东北角，破碎带埋深在26～36m，但范围较小，如图3.1.3所示，且上部有厚度达10m的较为完整的中风化辉长岩。同时，根据波速试验分析（图3.1.4），A罐区进入中风化层后，压缩波速v_p平均约5500m/s，A2、A8孔局部破碎区段（26～36m）压缩波速v_p平均约4000m/s，A罐区破碎带岩体绝对波速值仍较高，裂隙属闭合型，其强度接近中风化岩层。破碎带波速值约为正常区的75%，因此破碎带仍具备较高的岩体强度，且通过应力扩散，上部荷载传递到破碎带的应力已很小，因此对储罐建设的影响较小。

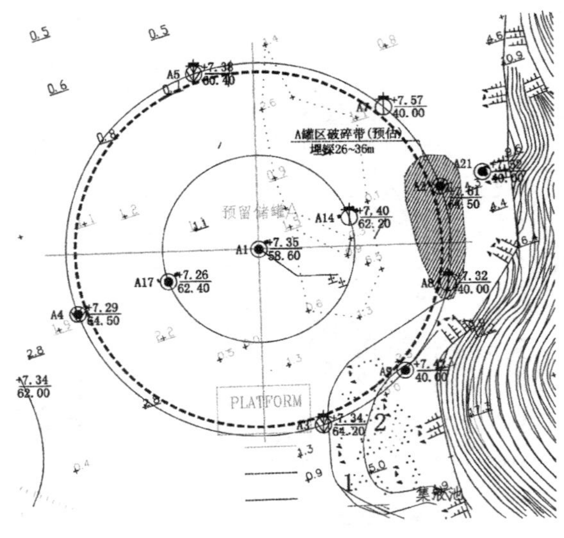

图3.1.3 初步估计A罐区破碎带分布范围

B罐区破碎带埋藏较深（34～48m），B罐区进入中风化层后，压缩波速v_p平均约5000m/s，B3孔局部破碎区段（33～48m）压缩波速v_p平均约4000m/s，破碎带也属于中风化层，且破碎带的波速值约为正常区域的85%，破碎带强度仍较高。同时，破碎带

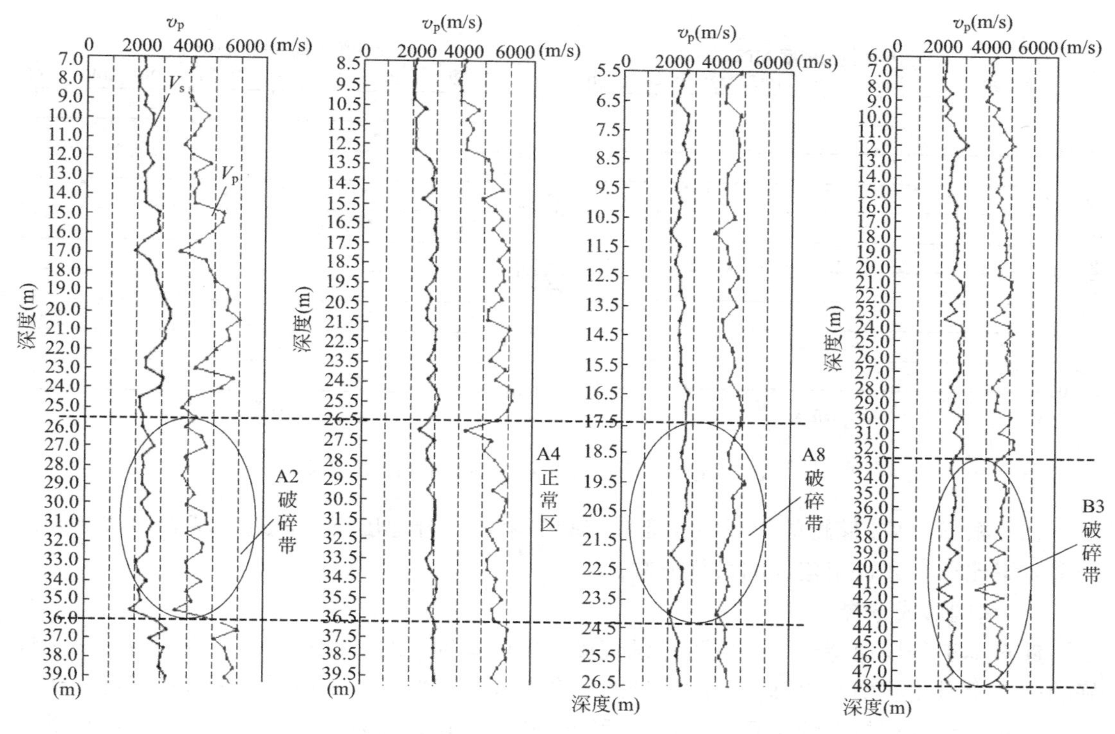

图 3.1.4 A、B罐区破碎带波速分析

上部岩体较完整。当储罐采用桩基础时，根据经验桩端一般只需进入中风化层 2m 左右即可发挥较高的端阻力。因此桩端距离 B 罐区破碎带有 20～30m 的距离，B 罐区破碎带对储罐基础影响亦可忽略。

2）若采用桩基础，桩基持力层的好坏是拟定罐址可行性研究的关键。因此地质条件分析主要解决的问题就是判断拟定罐址桩基持力层的稳定性和完整性。

拟建 A、B 两罐位于中、西门堂岛之间的冲沟上，原始地形有一定起伏，特别是 B 罐区域浅部分布有一定厚度的淤泥质黏性土，强风化层厚度及强度不均匀，储罐对差异沉降和抗震性能要求严格，故 A、B 两罐区域建议以⑥$_{2-2}$ 辉长岩中—微风化层作为桩端持力层，桩基持力层的承载能力是储罐选址的决定性因素，因此有必要对⑥$_{2-2}$ 辉长岩中—微风化层的岩体强度进行分析。

初步勘察选取了 14 个钻孔 46 组不同深度具有代表性的辉长岩中—微风化层岩样进行了物理力学性质试验。根据初勘报告提供的岩石饱和单轴抗压强度指标，绘制辉长岩中等风化层岩样深度-饱和单轴抗压强度散点图如图 3.1.5 所示。从图中可以看出辉长岩中—微风化层岩样的饱和单轴抗压强度均超过 40MPa，平均在 80MPa 左右。

按岩体的坚硬程度分类，辉长岩中等风化层大面积区域岩石属坚硬岩，局部区域属较坚硬岩，按国家标准《建筑地基基础设计规范》GB 50007—2002 附录 J 第 J.0.4 条公式计算，辉长岩中等风化层饱和单轴抗压强度的标准值为 86.9MPa，选择场地内辉长岩中等风化层作为桩基持力层能满足承载力及变形的要求，因此本场地适宜进行后期储罐的建设。

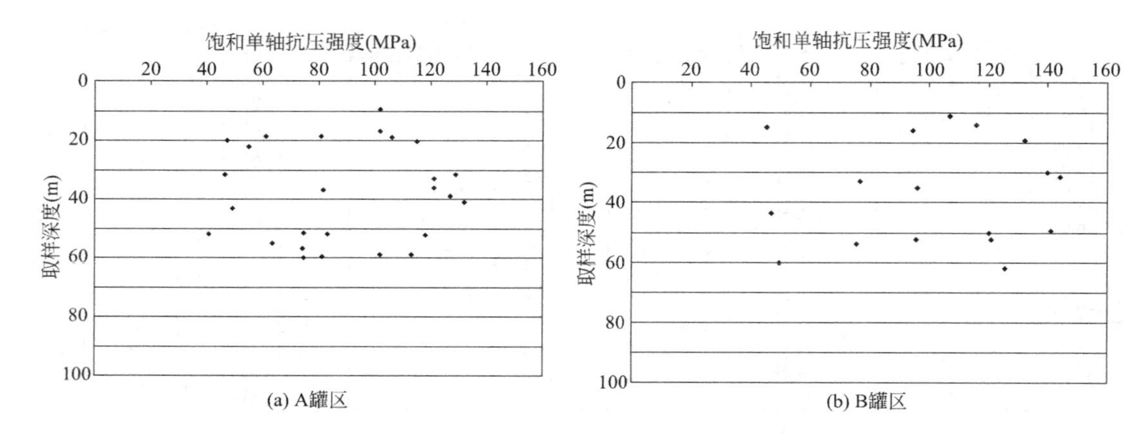

图 3.1.5　A、B罐区辉长岩取样深度-饱和单轴抗压强度散点图

（2）根据 LNG 储罐的承载力和变形控制要求，结合地层特点，进行基础形式及设计的多方案比选，并提出建议的最优方案。

1）基础形式选择

针对本工程场地特点，一般可考虑直接采用桩基础，通过桩基础将上部荷载传递到较好的中—微风化层中，以确保储罐基础的安全性和稳定性。若采用低桩承台桩基础，还需在基础底板铺设加热系统，且加热系统后期运营成本较高。因此 A、B 储罐宜采用高桩承台基础，即架空式桩基础。

2）桩基持力层及桩型选择

根据上部建筑形式和工程场地土实际情况，本项目可以采用的桩基类型主要为灌注桩，对于具体的桩径、桩长、持力层及单桩承载力进行多方案比选（表 3.1.1）。

桩基方案汇总表　　**表 3.1.1**

桩基方案	设计参数	施工工艺
方案一	桩径 ϕ1000/ϕ1200，桩长 10～18m 单桩竖向承载力特征值 8000kN/12000kN 单桩水平承载力特征值 450kN/630kN 总桩数：512	冲孔桩或钻孔桩
	R=42500(ϕ1200共72根) R=38500(ϕ1200共60根) R=35000(ϕ1200共60根) ϕ1000共320根 X=3378142.29 Y=510022.72	87000

续表

<table>
<tr><th>桩基
方案</th><th>设计参数</th><th>施工工艺</th></tr>
<tr><td rowspan="2">方案二</td><td>桩径 ϕ1200，桩长 5.5～13.5m
单桩竖向承载力特征值 12000kN
单桩水平承载力特征值 630kN
总桩数：413</td><td>人工挖孔、冲孔或钻孔桩</td></tr>
<tr><td>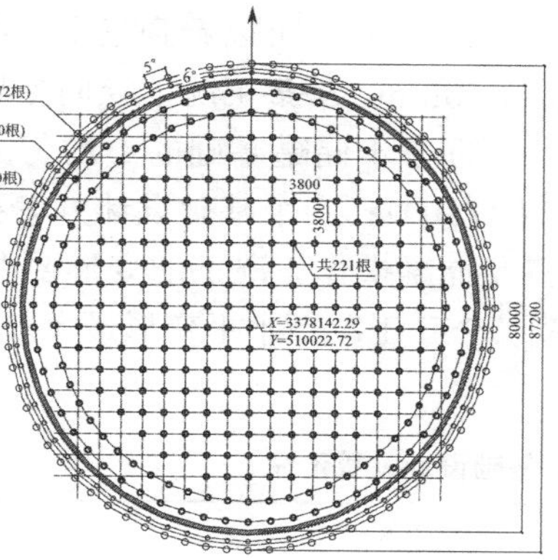
</td><td>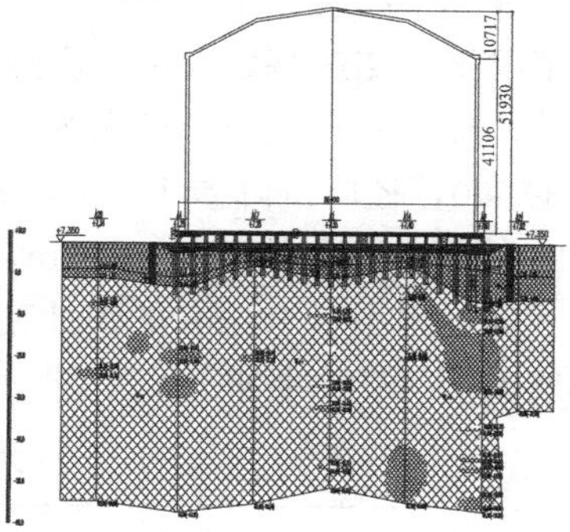
</td></tr>
<tr><td rowspan="2">方案三</td><td>桩径 ϕ1500，桩长 10～18m
单桩竖向承载力特征值 15000kN
单桩水平承载力特征值 900kN
总桩数：303</td><td>人工挖孔桩</td></tr>
<tr><td>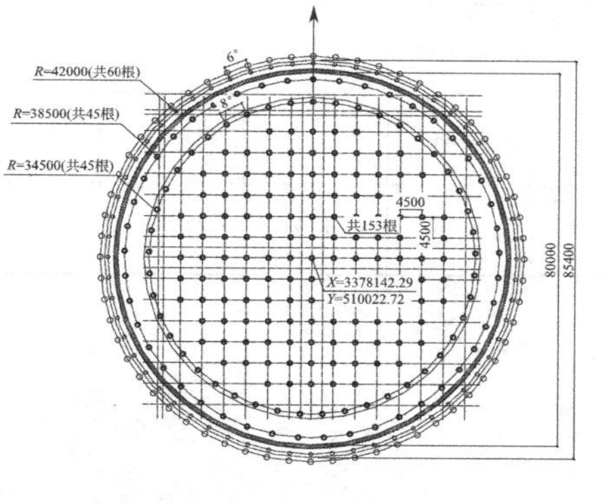
</td><td>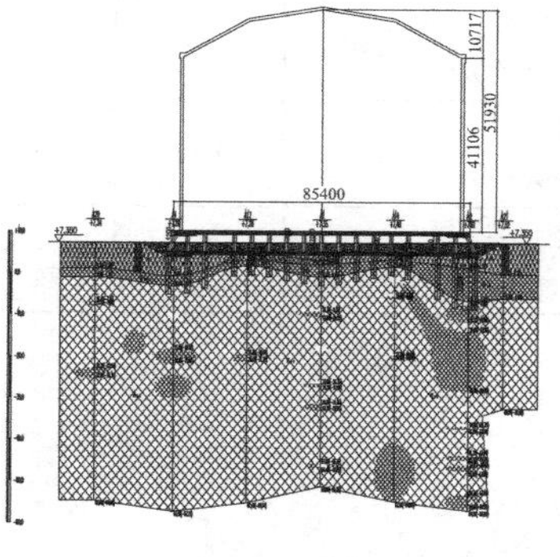
</td></tr>
</table>

3）基础设计验算分析

重点分析储罐基础在地震作用下的变形和受力情况，由于地震作用的复杂性和地震作用发生强度的不确定性，以及结构和体型的差异等，结构抗震设计验算可分为简化方法和较复杂的精细方法，即振型分解反应谱法、时程分析法和静力弹塑性法。几种方法的适用范围如下：

①高度小于 40m，以剪切变形为主，且质量和刚度沿高度均匀分布的结构，以及近似于单质点的结构，可采用底部剪力法，即静力弹塑性法。

②其他的建筑宜采用振型分解反应谱法。

③特别不规则的建筑，甲类建筑及特高层建筑宜采用时程分析法作补充验算。

本次验算的液化天然气储罐外径约 85m，高约 50m，根据抗震验算方法的适用范围可知，储罐的抗震验算宜采用振型分解反应谱法和时程分析法。地震反应谱和加速度时程分别采用《上海液化天然气（LNG）项目工程场地地震安全性评价报告》中的 L1 区（码头和接收站区域）的相关地震反应谱和 El Centro 波加速度时程，同时还选用与该区加速度时程相似的天津波加速度时程和上海人工波加速度时程作为对比进行计算。

计算结果如表 3.1.2 和图 3.1.6～图 3.1.9 所示。可以看到三个基础设计方案在各种验算工况下，储罐基础底板的沉降均不超过 15mm，SSE 工况下径向差异沉降率最大约为 0.29‰，环向差异沉降率最大约为 0.05‰，远小于储罐基础的不均匀沉降限值（环向沉降差 1/500，径向沉降差 1/300，竖向倾斜 1/500）；三个基础设计方案在操作工况下，储罐基础水平位移最大仅为 1.7mm，均能满足储罐操作工况下的变形要求。OBE 工况下基础水平位移均小于 10mm 的弹性变形限值。SSE 工况下水平变形最大仅为 17.6mm，满足罕遇地震下的变形要求。

不同方案基础设计验算汇总　　表 3.1.2

计算项目	方案一			方案二			方案三		
	操作工况	OBE（El Centro 波）	SSE（El Centro 波）	操作工况	OBE（El Centro 波）	SSE（El Centro 波）	操作工况	OBE（El Centro 波）	SSE（El Centro 波）
最大沉降（mm）	5.6	10.7	12.7	6.0	10.2	14.2	6.9	8.8	11.8
径向差异沉降率（‰）	0.09	0.21	0.23	0.15	0.25	0.29	0.17	0.22	0.25
环向差异沉降率（‰）	0.02	0.04	0.04	0.01	0.04	0.05	0.02	0.04	0.05
最大水平位移（mm）	0.7	9.2	17.6	1.7	3.3	4.9	0.9	3.2	5.9

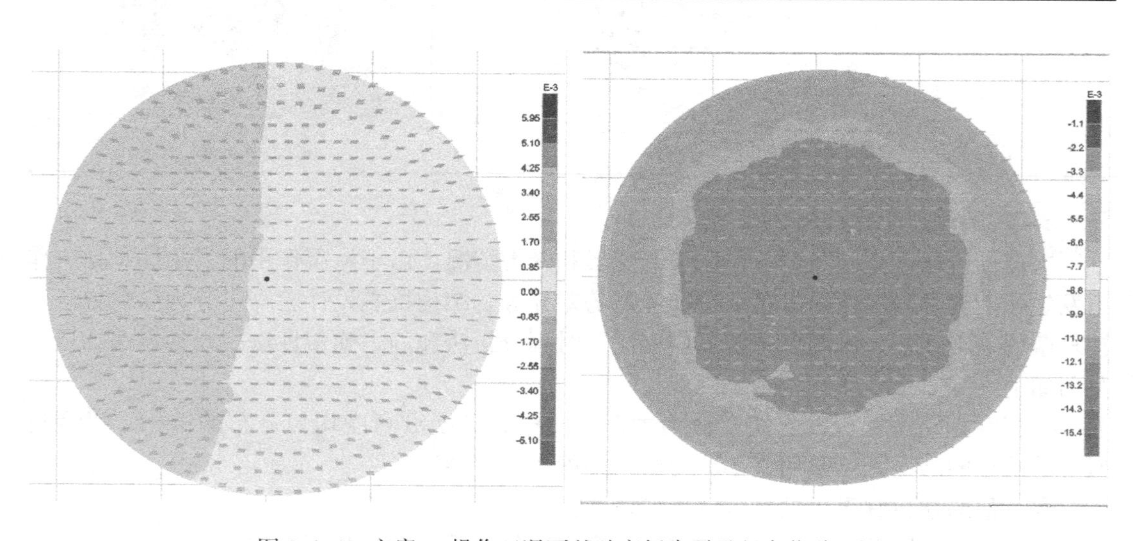

图 3.1.6　方案一 操作工况下基础底板水平及竖向位移云图

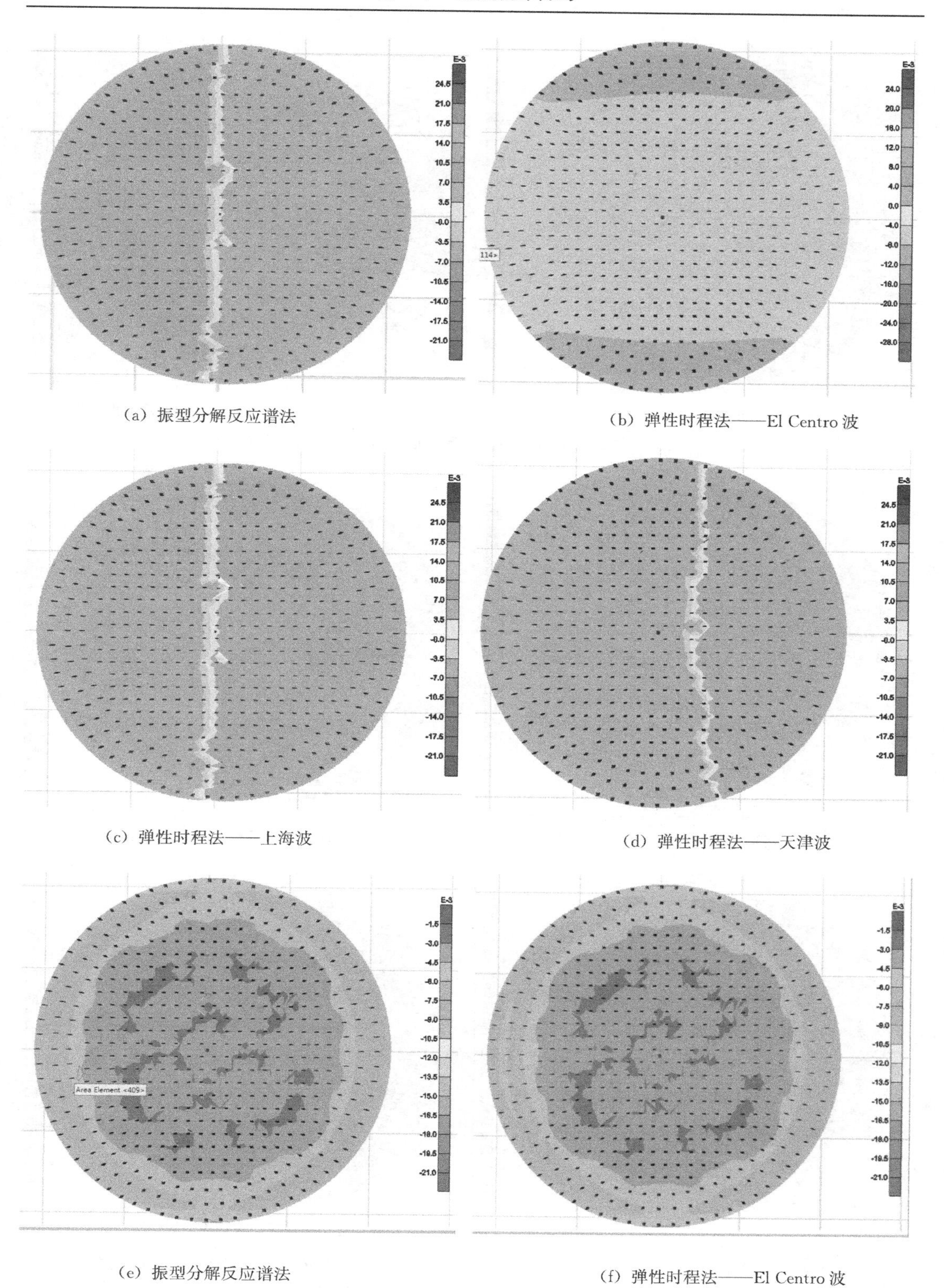

（a）振型分解反应谱法

（b）弹性时程法——El Centro 波

（c）弹性时程法——上海波

（d）弹性时程法——天津波

（e）振型分解反应谱法

（f）弹性时程法——El Centro 波

图 3.1.7 方案一 OBE 工况下基础底板水平位移云图（一）

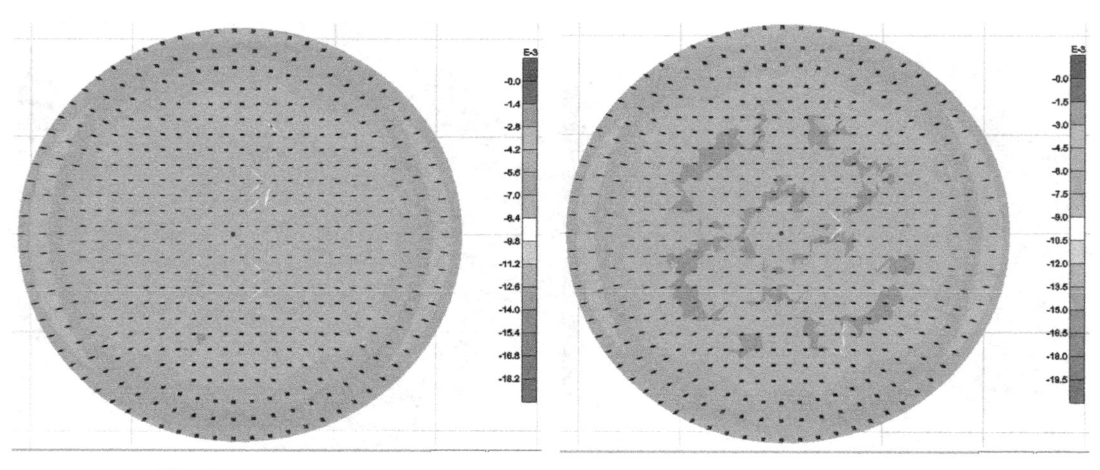

（g）弹性时程法——上海波　　　　（h）弹性时程法——天津波

图 3.1.7　方案一 OBE 工况下基础底板水平位移云图（二）

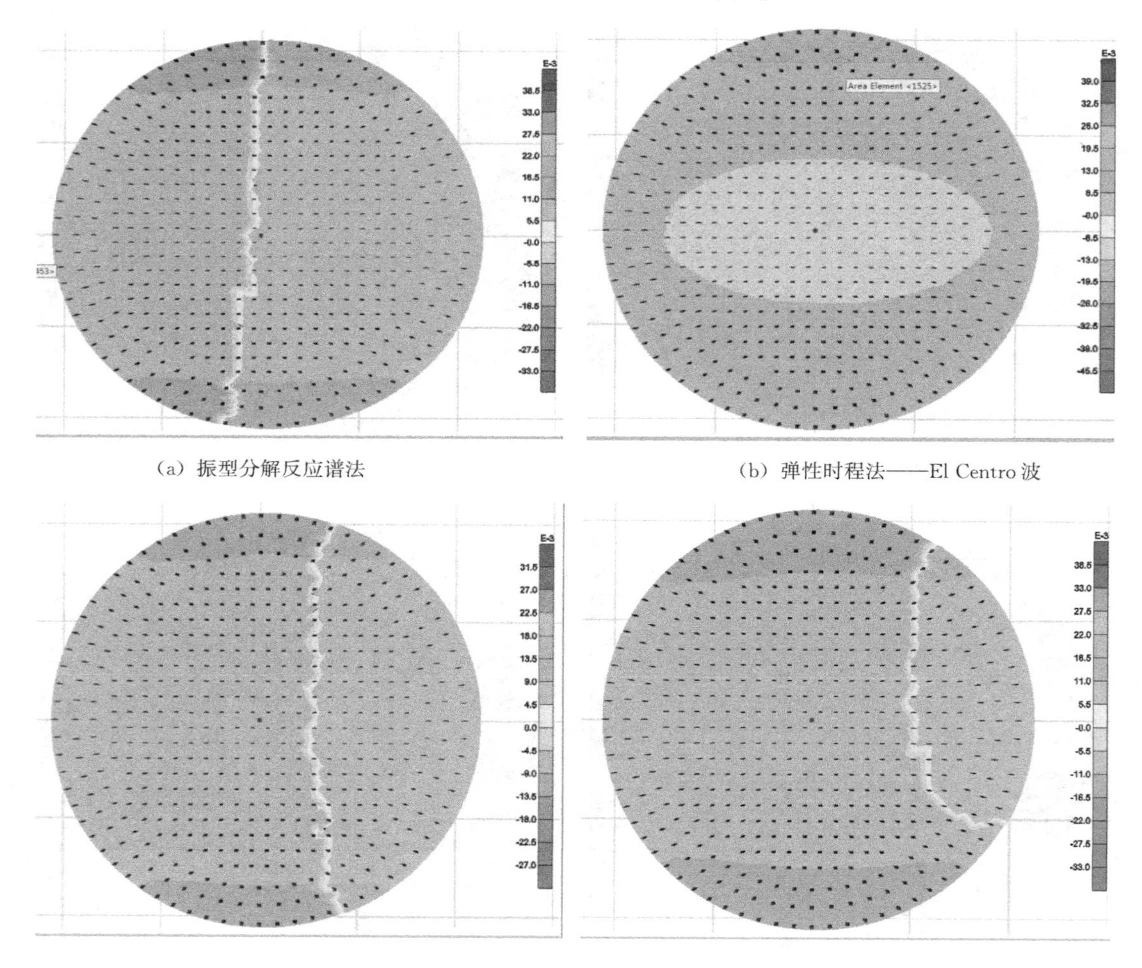

（a）振型分解反应谱法　　　　（b）弹性时程法——El Centro 波

（c）弹性时程法——上海波　　　　（d）弹性时程法——天津波

图 3.1.8　方案一 SSE 工况下基础底板水平位移云图

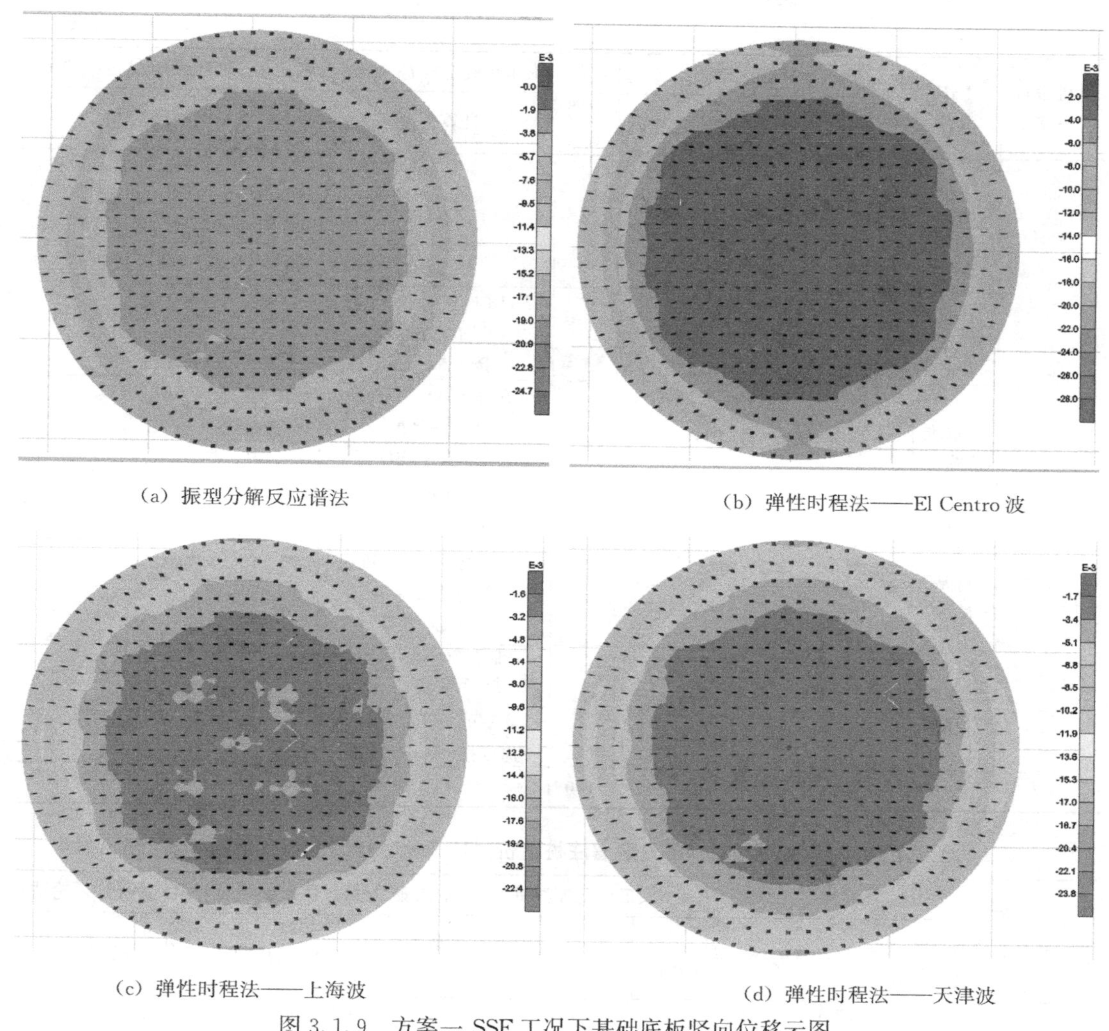

（a）振型分解反应谱法　（b）弹性时程法——El Centro 波

（c）弹性时程法——上海波　（d）弹性时程法——天津波

图 3.1.9　方案一 SSE 工况下基础底板竖向位移云图

4）施工可行性研究

冲孔灌注桩、人工挖孔灌注桩和双套管钻孔灌注桩是目前国内桩基施工中常用的桩基施工工艺，从可行性、工期及经济性等多方面进行比选，如表 3.1.3 和表 3.1.4 所示，并提出最优建议方案供业主和设计参考。方案三采用人工挖孔灌注桩工艺，由于桩数相对较少，施工工期较短，施工质量更容易控制，且具有较明显的经济优势。在能保证止水帷幕

各方案灌注桩施工工期对比表　　**表 3.1.3**

基础设计方案	工作内容	冲孔灌注桩		人工挖孔灌注桩		钻孔灌注桩(全回转钻机,牙轮钻)	
		工期(d)	计算方法	工期(d)	计算方法	工期(d)	计算方法
方案一	桩基施工	320	按 512 根桩,16 个班组,平均施工速度按 1.6 根/d 算	—	—	171	按 512 根桩,6 台设备,平均施工速度按 3 根/d 算
	合计	**320**				**171**	

续表

基础设计方案	工作内容	冲孔灌注桩		人工挖孔灌注桩		钻孔灌注桩(全回转钻机,牙轮钻)	
		工期(d)	计算方法	工期(d)	计算方法	工期(d)	计算方法
	桩基施工	258	按413根桩,16个班组,平均施工速度按1.6根/d算	—	—	138	按413根桩,6台设备,平均施工速度按3根/d算
	合计	**258**				**138**	
方案二	桩基施工	—	—	104	按413根桩,24个班组,平均施工速度按4根/d算	—	—
	止水帷幕施工	—	—	64	3排ϕ800@550高压旋喷桩,总量约3800m^3,平均施工速度按100m^3/d算	—	—
	合计			**168**			
方案三	桩基施工	—	—	76	按303根桩,24个班组,平均施工速度按4根/d算	—	—
	止水帷幕施工			64	3排ϕ800@550高压旋喷桩,总量约3800m^3,平均施工速度按100m^3/d算	—	—
	合计			**140**			

各方案灌注桩造价对比表 **表 3.1.4**

基础设计方案	工作内容	冲孔灌注桩		人工挖孔灌注桩		钻孔灌注桩(全回转钻机)		钻孔灌注桩(牙轮钻)	
		造价(万元)	计算方法	造价(万元)	计算方法	造价(万元)	计算方法	造价(万元)	计算方法
方案一	桩基施工	1194	灌注桩总方量约7024m^3,单价按1700元/m^3计算	—	—	3863	灌注桩总方量约7024m^3,单价按5500元/m^3计算	2107	灌注桩总方量约7024m^3,单价按3000元/m^3计算
	合计	**1194**				**3963**		**2107**	
方案二	桩基施工	794	灌注桩总方量约4668m^3,单价按1700元/m^3计算	—	—	2568	灌注桩总方量约4668m^3,单价按5500元/m^3计算	1400	灌注桩总方量约4668m^3,单价按3000元/m^3计算
	合计	**794**				**2568**		**1400**	
	桩基施工	—	—	467	灌注桩总方量约4668m^3,单价按1000元/m^3计算	—	—	—	—
	止水帷幕施工	—	—	190	高压旋喷桩总量约3800m^3,按500元/m^3计算	—	—	—	—

续表

基础设计方案	工作内容	冲孔灌注桩		人工挖孔灌注桩		钻孔灌注桩(全回转钻机)		钻孔灌注桩(牙轮钻)	
		造价(万元)	计算方法	造价(万元)	计算方法	造价(万元)	计算方法	造价(万元)	计算方法
方案二	扩底	—	—	150	扩底总量约 $2050m^3$,单价按 1000 元/m^3 计算	—	—	—	—
	合计			**807**					
方案三	桩基施工	—	—	482	灌注桩总方量约 $4816m^3$,单价按 1000 元/m^3 计算	—	—	—	—
	止水帷幕施工	—	—	190	高压旋喷桩总量约 $3800m^3$,按 500 元/m^3 计算	—	—	—	—
	扩底	—	—	150	扩底总量约 $1500m^3$,单价按 1000 元/m^3 计算	—	—	—	—
	合计			**822**					

施工质量的情况下，建议业主优先选择方案三，并选用人工挖孔灌注桩施工工艺；若无法保证止水帷幕的封闭性和降水的可靠性，人工挖孔灌注桩施工将存在较大的安全风险。建议采用方案二的冲孔灌注桩工艺或钻孔灌注桩牙轮钻机工艺，其中冲孔灌注桩工艺造价相对较低，钻孔灌注桩牙轮钻机工艺工期相对较短。

3.1.5 实施效果及效益分析

本项目的关键点和重点是 LNG 的选址及基础方案设计问题，在项目前期勘察阶段，通过勘探和物探等手段，对拟建场地的稳定性进行分析评估，明确了罐址的可行性，初步设计阶段，对拟建罐址的基础形式进行多方案比选，从抗震验算、经济性、工期和施工难度进行综合对比，并提出在目前场地条件下的最优方案。通过综合分析发现，拟建场址由于稳定基岩有一定埋深，必须采用桩基础方案，造价和施工难度均大幅增加，而如果基岩稳定且出露面浅，采用天然地基的方案可大幅降低造价和工期，因此建议对场址进行复核。最终本项目进行重新选址，有效节省了造价和工期。

3.2 南通某超高层住宅项目

3.2.1 工程概况

本项目位于江苏省南通市崇川区，占地面积 $19130m^2$，包括 3 栋高层住宅和一个整体地下车库，其中 1 号楼 31 层，包括 5 层裙房，2 号楼 33 层，3 号楼 18 层，总建筑面积约 $65000m^2$。项目平面布置如图 3.2.1 所示。

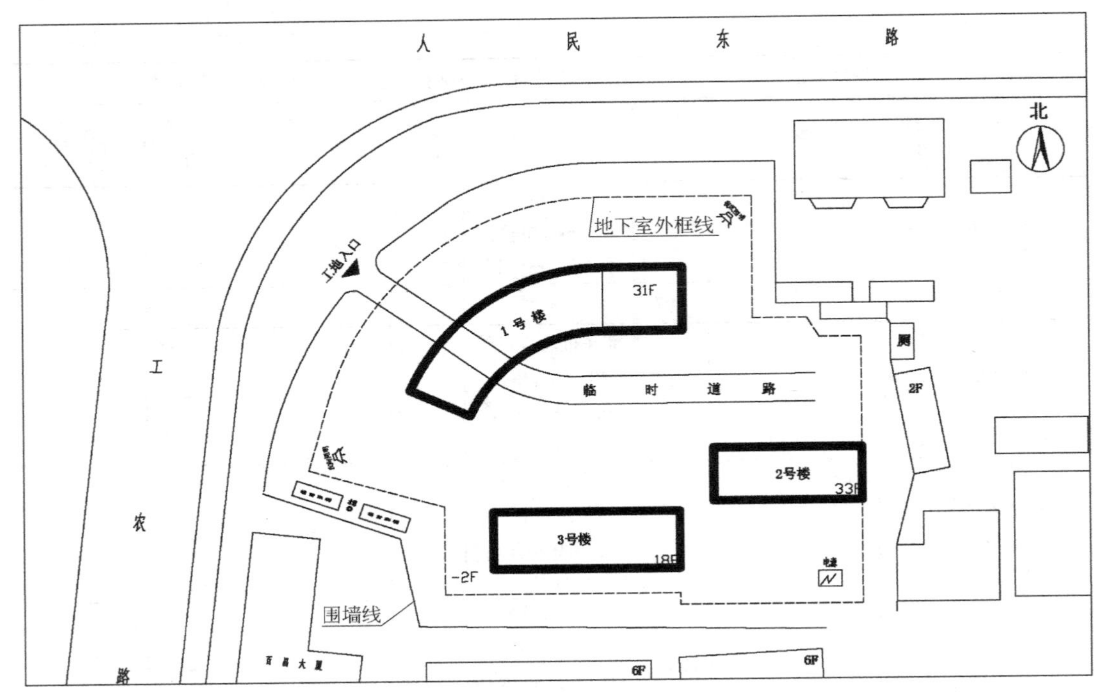

图 3.2.1 项目平面布置图

3.2.2 工程地质条件

本工程场地位于南通市区，属长江三角洲冲积平原地貌，根据勘察报告揭露，场地在深度 75m 范围内地层属第四系全新统（Q_4）、上更新统（Q_3）长江下游三角洲冲积层，自上而下可分为 14 个地层，地层物理力学参数如表 3.2.1 所示。

典型土层参数表 表 3.2.1

层序	地层名称	层厚 (m)	含水率 w(%)	重度 γ (kN/m³)	孔隙比 e	标贯击数 N(击)	比贯入阻力 p_s(MPa)
①	杂填土	0.70～3.50					1.54
②	粉土夹黏质粉土	0.50～3.10	30.7	19.29	0.842	5.3	2.66
③	粉土	0.90～2.70	33.2	19.02	0.891	6.8	4.82
④	粉土夹黏质粉土	1.50～3.10	33.6	18.87	0.924	5.4	2.23
⑤	粉土夹粉砂	2.10～4.90	32.0	19.01	0.869	12.4	5.44
⑥	粉土夹粉砂	2.80～5.80	31.1	19.14	0.838	17.8	7.95
⑦	粉砂夹粉土	4.00～7.30	30.8	19.22	0.823	27.1	10.99
⑧	粉质黏土夹粉砂	2.80～9.40	34.7	19.00	0.919	8.7	2.87
⑨	粉砂、粉质黏土互层	11.0～15.20	33.0	18.95	0.900	23.7	7.61
⑩	粉质黏土夹薄层粉土	8.10～13.70	34.0	18.28	0.994	21.8	2.71
⑪	粉砂、粉质粉土互层	6.50～14.60	32.9	18.48	0.951	38	6.29
⑫	粉质黏土夹薄层粉土	0.70～7.30	33.4	18.44	0.969	28.7	3.20
⑬	粉砂夹粉质黏土	3.90～10.50	31.9	18.89	0.879	51.8	10.36
⑭	中粗砂夹砾砂	>1.00	26.4	19.98	0.701	125.6	21.32

3.2.3 技术难点分析

（1）本项目于2007年启动开发建设，是南通市内早期的超高层住宅项目，已有南通市的超高层项目多采用灌注桩，具有单桩承载力大、适用性好等优势，但是造价相对较高，并且现场排放的泥浆处理麻烦，因此，本项目的重点是结合南通市地层情况选择合理的基础方案，兼顾经济性和安全性。

（2）南通地区住宅项目采用管桩比较普遍，但是往往存在几个问题：一是短桩承载力偏低，类似地层条件对于PHC500管桩，桩长30m左右，以⑨粉砂层为持力层时，当地试桩极限承载力仅约3000kN，远低于根据静力触探成果估算的结果；二是下部砂层密实，若希望提高承载力，将桩入土深度提高，往往压桩动阻力迅速增大，难以压到设计标高，出现入土浅承载力不足，深了桩压不下去的难题。

（3）本项目涉及3幢高层和整体式大底板，整体式地下室主要承受地下水浮力，高层则存在一定沉降，底板差异沉降控制问题突出，底板过薄难以控制整体变形和裂缝宽度，过厚带来经济性问题，必须通过建筑整体受力分析，找到安全与经济的平衡点。

3.2.4 技术咨询成果

南通市区地层主要以粉土及砂土为主，土性较好并且分布稳定，类似地层对预制桩承载力的发挥十分有利，对于本项目的最高33层的住宅项目来说，预制管桩是最经济合理的方案，上海地区已有30层以上住宅项目应用PHC管桩的成功案例（知音苑、香梅花园、华祺苑等），因此，本项目应用PHC管桩需要解决单桩承载力确定、沉降及差异沉降估算和沉桩可行性等问题。

1. 桩型及承载力确定

根据上海类似超高层住宅的项目经验，PHC600管桩单桩承载力特征值达到3000kN左右就可以满足100m以下剪力墙结构的承载力要求，并且可以做到墙下布桩，降低底板厚度，是一种经济安全的桩型。

从场地地层特性来看，⑦粉砂夹粉土层的标贯平均击数达到27击，比贯入阻力达到11MPa，⑨粉砂、粉质黏土互层的标贯平均击数达到24击，比贯入阻力达到7.61MPa，两个土层的分布稳定，土性较好，是较为理想的桩基持力层。因此，对于1号、2号超高层住宅建议以⑨粉砂、粉质黏土互层为持力层，单桩承载力特征值不小于3000kN，对于3号住宅，建议以⑦粉砂夹粉土层为持力层，单桩承载力特征值不小于2000kN，对于地库抗拔桩，建议以⑦粉砂夹粉土层为桩端置入层，单桩抗拔承载力特征值不小于1000kN。考虑到管桩须穿越上部一定厚度的粉土、砂层，沉桩阻力较大，因此，建议采用壁厚130mm的AB型桩，同时桩尖设置40cm的型钢桩靴。南通地区单桩静载荷试验往往浅层土挤密效果不明显，试桩承载力偏低。本工程静载荷试验采用锚桩法模拟群桩挤密作用，实施效果良好。

根据桩基选型方案进行静载荷试验，试验结果如表3.2.2所示。

桩基单桩静载荷试验结果汇总　　表3.2.2

试桩编号	桩型	桩顶标高（m）	入土深度（m）	桩端持力层	实测单桩极限承载力（kN）
试桩1	PHC-AB 600(130)-30b	2.0	30.0	⑨	7500
试桩2	PHC-AB 600(130)-18b	2.0	18.0	⑦	5200
试桩3	PHC-AB 600(130)-20b	2.0	20.0	⑦	2200（抗拔）

根据静载荷试验结果确定桩基参数如表 3.2.3 所示。

桩基设计汇总 **表 3.2.3**

桩号	桩型	桩顶标高(m)	有效桩长(m)	桩端持力层	单桩竖向承载力特征值(kN)	桩数
ZH1	PHC- AB 600(130)-22b	−9.40	22.0	⑨	2700	317
ZH2	PHC- AB 600(130)-10b	−9.40	10.0	⑦	1600	104
ZH3	PHC- AB 600(130)-12b	−9.40	12.0	⑦	800(抗拔)	410

2. 沉降及差异沉降估算

按现行规范实体深基础分层总和法估算的话，本项目 1 号楼（31 层）和 2 号楼（33 层）住宅桩基沉降估算结果达到 30cm，难以满足设计要求。经过深入分析，本场地浅层为厚层砂土，对附加应力扩散作用明显，现有规范难以考虑其作用，沉降计算结果偏大。为此采用董建国法，考虑地下室侧壁阻力影响，桩端下土层压缩量按照等效实体深基础，按分层总和法进行估算，1～3 号楼的沉降计算模型及不同附加应力下的沉降曲线如图 3.2.2～图 3.2.4 所示。根据估算两栋超高层的最终沉降量 60～80mm，18 层高层住宅的最终沉降在 30mm 以内，完全满足沉降要求。

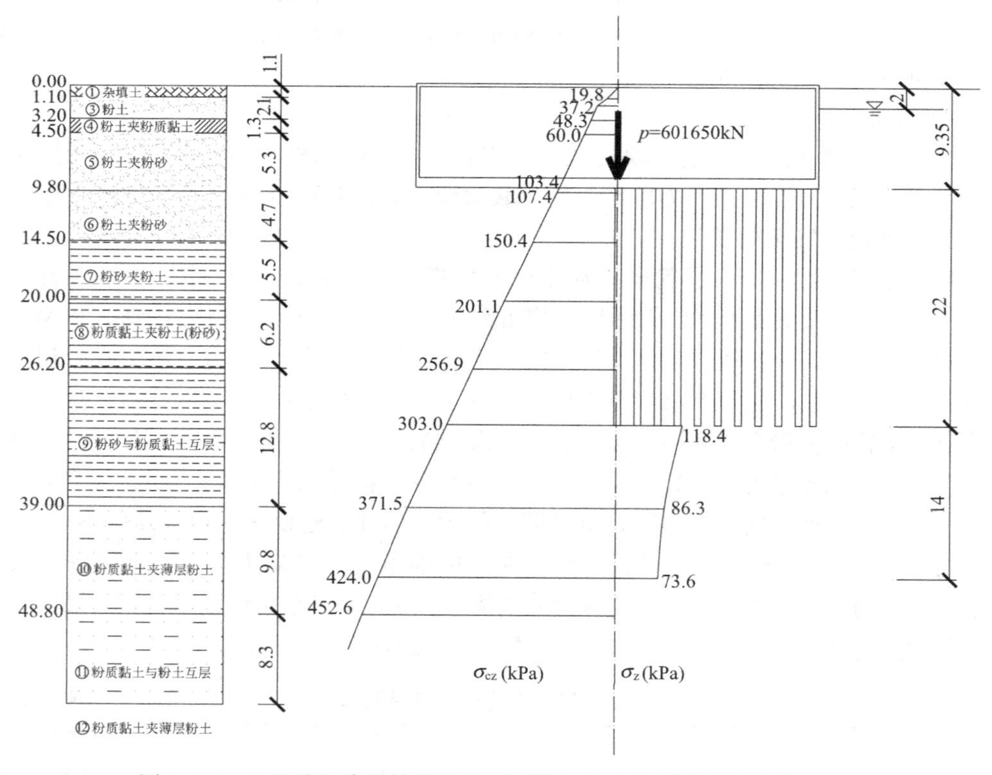

图 3.2.2　1 号楼沉降计算模型及不同附加应力的沉降计算曲线（一）

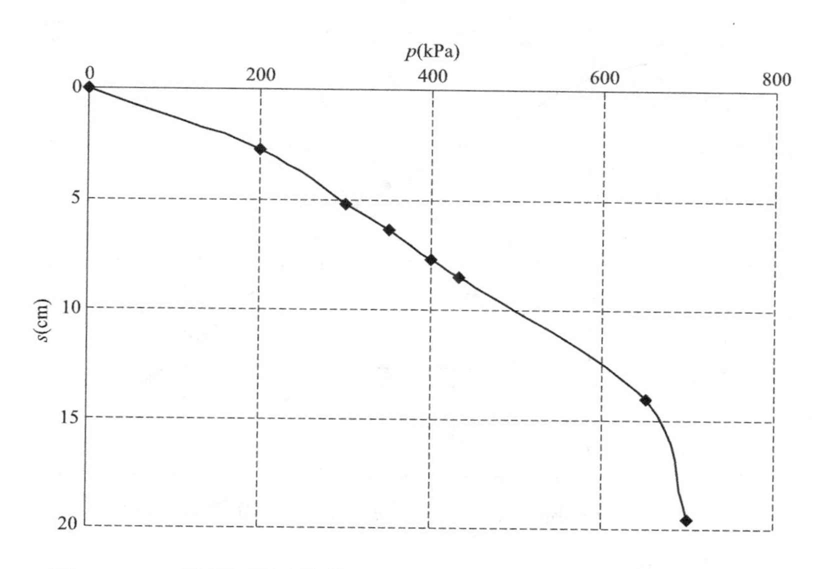

图 3.2.2　1号楼沉降计算模型及不同附加应力的沉降计算曲线（二）

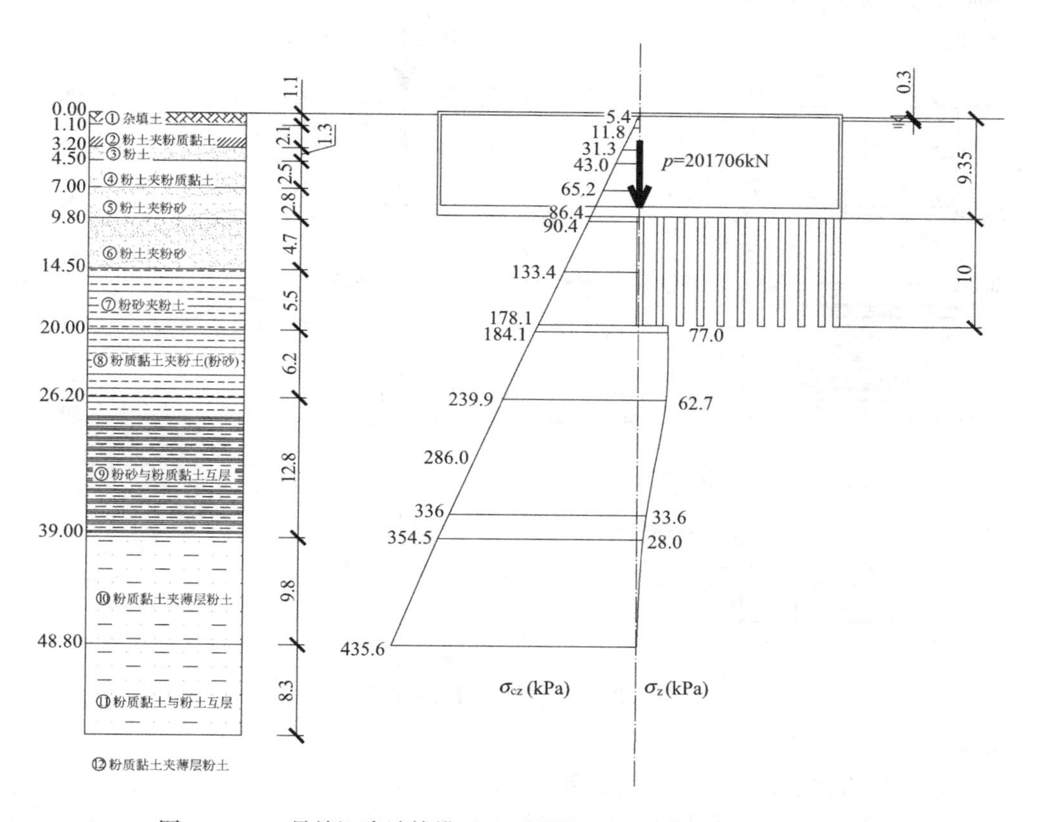

图 3.2.3　2号楼沉降计算模型及不同附加应力的沉降计算曲线（一）

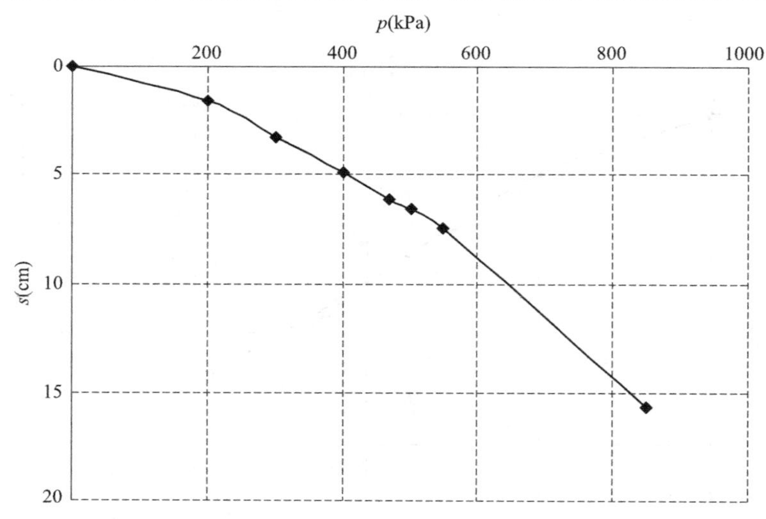

图 3.2.3　2 号楼沉降计算模型及不同附加应力的沉降计算曲线（二）

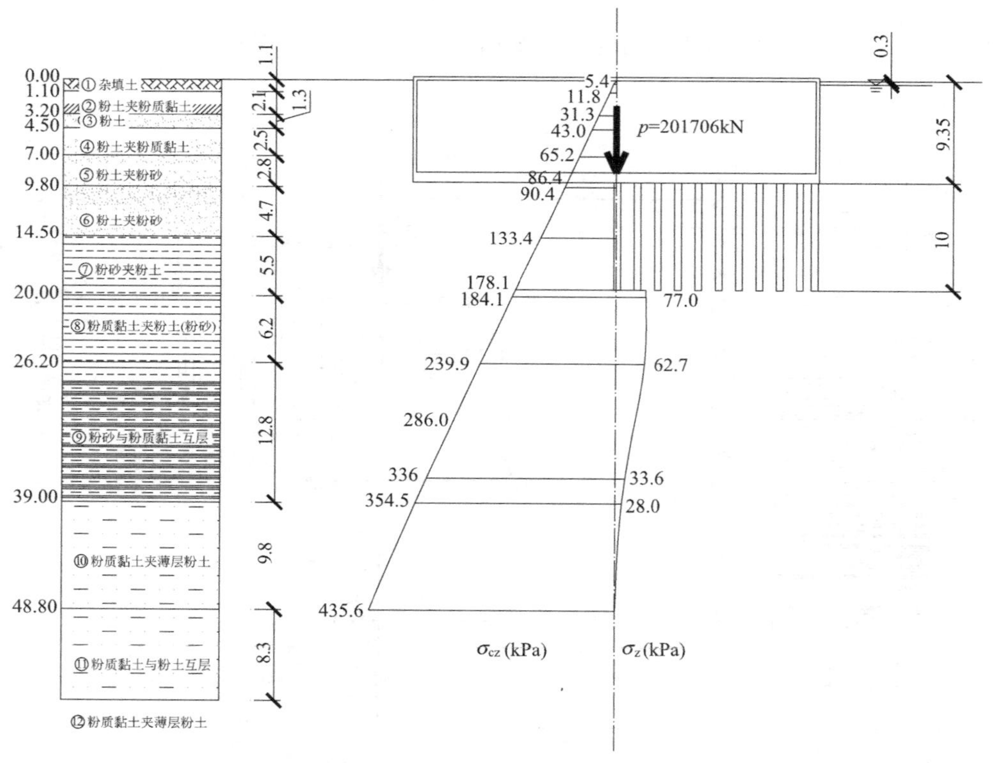

图 3.2.4　3 号楼沉降计算模型

3. 底板共同作用分析

将单桩等代为弹簧，采用整体受力分方法，经反复对比分析，对于 1 号楼、2 号楼采用 1200mm 厚筏板，3 号楼采用 900mm 厚筏板，地下车库采用 600mm 厚底板。对底板变形和内力进行计算，从图 3.2.5 结果可见，主楼下底板范围内变形基本比较均匀，但是主楼与地库之间底板仍存在较大差异沉降，后期设计考虑采用膨胀加强带、收缩加强带和沉降后浇带等多种技术措施，避免弯矩和差异沉降过大。

图 3.2.5 底板位移变形云图（单位：cm）

3.2.5 实施效果及效益分析

本项目是南通市首批采用预应力管桩基础的超高层住宅项目，开创了南通市区大面积应用预应力管桩的先河，应用预应力管桩后基础造价节省了约 600 万元。本项目于 2009 年结构封顶，1 号及 2 号楼的沉降基本稳定在 45mm 左右，3 号楼沉降约 25mm，如图 3.2.6 所示，与前期估算十分吻合。

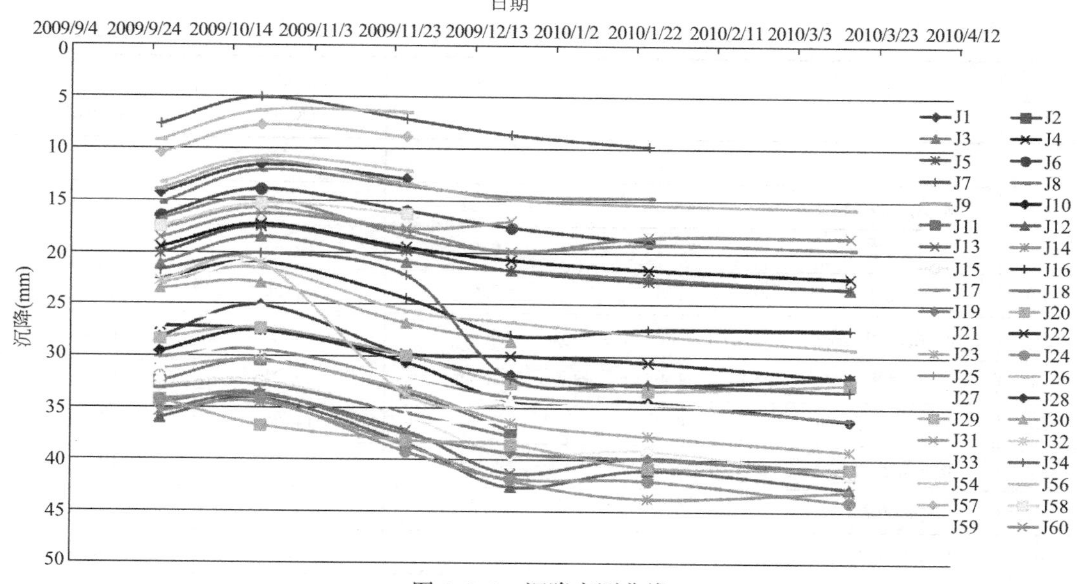

图 3.2.6 沉降实测曲线

3.3 太仓某住宅项目

3.3.1 工程概况

本工程位于江苏省太仓市滨河路以北，常胜路以东，沿江高速公路以西，朝阳路以南。总用地面积 229590m²，总建筑面积 467453m²。拟建工程分一、二、三、四期开发。

一期工程总建筑面积 124876m²，包括 46 个单体，其中 4～5 层叠加住宅 32 幢（1～20 号，35～46 号），2 层合院住宅 4 幢（21～24 号），2 层联排 8 幢（25～32 号），3 层会所、商业各 1 幢。

二期工程总建筑面积 124278m²，包括 17 个单体，其中 4～5 层叠加住宅 15 幢（47～61 号），高层住宅 2 幢（33～34 号）。

三期工程总建筑面积 126298m²，包括 15 个单体，其中 2 层联排 8 幢（68～75 号），2 层合院住宅 4 幢（76～79 号），32 层高层住宅 3 幢（65～67 号）。

四期工程总建筑面积 92001m²，包括 3 个单体，其中 32 层高层住宅 3 幢（62～64 号）。

本项目开发体量大，周期长，业主认识到项目基础设计对整个造价和工期的影响，因此在项目开发全过程引入岩土工程咨询团队进行桩基的设计、施工咨询及优化。

3.3.2 工程地质条件

太仓市隶属于苏州市，地处长江三角洲东南，太湖水网平原中部，根据区域地质资料，第四纪以来地壳运动以沉降为主，广泛接受堆积，形成广阔单一的堆积平原，属三角洲冲积平原地貌。第四纪地层分布广，厚度大。场地在 91.3m 深度范围内的地基土主要由黏性土及粉土构成，按其沉积年代、成因类型及其物理力学性质的差异，可划分为①、②、③、④、⑤、⑥、⑦、⑧及⑨等 9 个主要层次，其中第①、③、④、⑥、⑦、⑨层根据土性差异再细分为若干亚层，详见表 3.3.1。典型地层剖面如图 3.3.1 所示。

土层参数表　　表 3.3.1

序号	土层名称	层厚 (m)	静探 q_c 值 (MPa)	静探 f_s 值 (kPa)	重度 (kN/m³)
①	素填土	0.7	1.83	36.37	18.82
②$_1$	粉质黏土夹粉土	1.3	1.51	24.81	18.33
②$_2$	粉质黏土	4.1	0.92	10.63	17.84
③	粉土	1.5	2.22	22.99	18.33
④$_1$	淤泥质粉质黏土	5.2	0.65	9.72	17.44
④$_2$	粉质黏土	1.9	1.34	29.81	17.93
④$_3$	淤泥质粉质黏土	6.3	1.04	14.28	17.74
⑤$_2$	粉质黏土夹粉土	5.2	2.94	57.78	17.93
⑤$_3$	粉质黏土	3.8	1.62	24.67	18.62
⑤$_4$	粉质黏土夹粉土	4.7	2.70	49.56	19.01
⑦$_1$	粉土夹粉质黏土	4.6	6.59	111.97	18.72
⑦$_2$	粉砂	2.7	12.44	182.28	17.93
⑧	粉质黏土	10.4	6.03	114.48	18.82
⑨$_1$	粉砂	19.7	12.86	195.38	19.11
⑨$_2$	中粗砂	未钻穿			

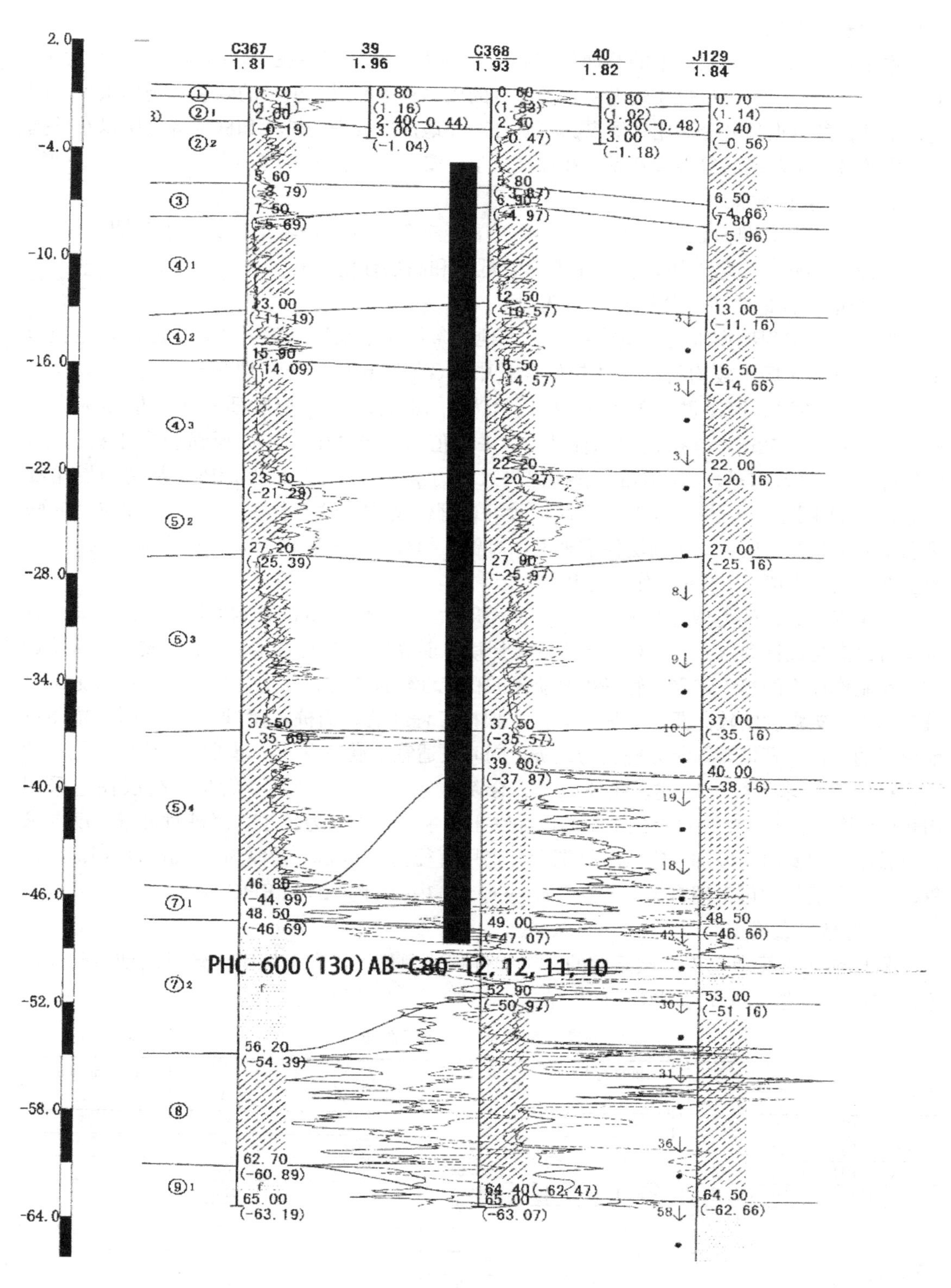

图 3.3.1 典型地层剖面图

3.3.3 技术难点分析

本工程大部分为5层以下的叠加住宅和联排别墅，少量高层住宅，结构形式相对简单，上部荷载不大，由于项目规模较大，基础部分的成本和工期对总项目的效益影响比重大，因此，本项目的重点是充分利用地层潜力，有针对性地提出合理的桩型和桩基持力层以及桩基施工中的各项防范措施等咨询意见，在保证科学、安全的前提下节约工程投资。

3.3.4 技术咨询成果

本工程开发周期为2008～2017年，作为岩土工程顾问，作者全程参与了各期的基础、基坑的设计选型及优化工作，下面重点介绍低层和高层住宅优化工作。

1. 场地工程地质条件分析及桩基选型

根据岩土工程勘察报告，拟建场地工程地质条件属于长江三角洲冲积平原区，地貌形态单一，场地浅层土较均匀，土性较好，其中第④$_2$层粉质黏土，层顶标高为−20.24～−12.70m，该层静探比贯入阻力 p_s 平均值为1.46MPa，⑤$_1$层粉质黏土，层顶标高为−32.80～−30.52m，静探比贯入阻力 p_s 平均值为1.66MPa，⑤$_2$层粉质黏土夹粉土，层顶标高为−27.87～−25.07m，静探比贯入阻力 p_s 平均值为2.86MPa，从持力层角度考虑，总的来说④$_2$、⑤$_1$、⑤$_2$层土性均较好，埋深适中，适宜作为本工程叠加住宅或联排别墅的桩基持力层；对于高层住宅来说，对单桩承载力有一定要求，可采用深层的⑦$_1$层粉土夹粉质黏土或⑦$_2$层粉砂作为桩基持力层。

本工程基础桩的类型选择余地较大，截面尺寸250～450mm的预制方桩或ϕ400～600管桩均可以满足设计要求。由于桩长范围内土层以软弱黏性土为主，沉桩动阻力较小，从质量控制及制作速度的角度来看，管桩桩身质量的稳定性较预制方桩能更好地满足设计与施工对桩身和桩接头强度的较高要求。另一方面，根据工程经验，当桩径超过400mm时，按照目前市场的定价，管桩较预制方桩更为经济，同时更适宜于满足设计对单桩的承载力及桩身的质量稳定性要求。综上所述，建议联排、合院住宅楼采用PHC400管桩，高层住宅采用PHC600管桩。另本工程自上到下基本以黏性土为主，沉桩阻力较小，沉桩对桩身强度要求相对较小，因此对于叠加住宅或联排别墅可采用直径为400mm，壁厚为90mm的A型PHC桩，对于高层住宅可采用直径为600mm，壁厚为110mm的AB型PHC桩。

2. 桩基参数确定

根据前述对场地工程地质条件的分析和桩基选型建议，在一期工程建设前期对叠加住宅的推荐桩型进行静载荷试验，试桩结果汇总如表3.3.2所示。

一期静载荷试验结果汇总表 表3.3.2

试桩编号	桩型	桩顶标高(m)	桩端标高(m)	桩基持力层	休止时间(d)	实测单桩承载力极限值(kN)
试1	PHC400(90)A-8,8,10	1.0	−25.0	⑤$_2$	18	1348
试2	PHC400(90)A-8,7,10	1.0	−24.0	⑤$_2$	17	1260
试3	PHC400(90)A-8,8,10	1.0	−25.0	⑤$_2$	19	1336
试4	PHC400(90)A-11,5,10	1.0	−25.0	⑤$_2$	21	1260
试5	PHC400(90)A-11,5,10	1.0	−25.0	⑤$_2$	28	1235
试6	PHC400(90)A-10,5,10	1.0	−24.0	⑤$_2$	29	1350
试7	PHC400(90)A-8,7,10	1.0	−25.0	⑤$_2$	22	1280
试8	PHC400(90)A-8,8,10	1.0	−25.0	⑤$_2$	30	950
试9	PHC400(90)A-9,10,10	1.0	−28.0	⑤$_2$	20	1445
试10	PHC400(90)A-8,10,10	1.0	−27.0	⑤$_2$	23	1020

根据上述桩基持力层和桩长差异，分两组进行桩基承载力统计分析，按照《建筑桩基技术规范》JGJ 94—2008附录C的规定，根据试桩条件相同的原则，分析前8根试桩的极限承载力为1252kN，后2根试桩的极限承载力为1152kN。

对于PHC管桩来说，由于挤土效应明显，桩周土受扰动较大，因此需要一定的休止期进行固结，尤其对于桩周以黏性土为主，休止期应不少于30d，第一期试桩的休止期普遍较短，因此，分析桩周土的极限承载力仍未发挥，因此，在三期开发前对类似桩型重新进行静载荷试验，增加0.2m的桩尖降低土体扰动，并延长桩休止期，试桩结果如表3.3.3所示，可以看到单桩承载力极限值提高到1400kN。

联排、合院住宅桩基单桩竖向抗压静载荷试验结果汇总　　表3.3.3

试桩编号	桩型	桩顶标高(m)	桩端标高(m)	桩端持力层	实测单桩极限承载力(kN)
S3-2	PHC400(90)A-C80-13,13	2.10	−23.90	⑤$_2$	不小于1400
S3-3	PHC400(90)A-C80-12,13	1.55	−23.45	⑤$_2$	不小于1400

二期开发涉及高层住宅，项目开始前进行专项试桩方案设计，根据选型分析，对PHC600管桩进行静载荷试验，试验结果如表3.3.4所示。

二期高层住宅桩基单桩竖向抗压静载荷试验结果汇总　　表3.3.4

试桩编号	桩型	桩顶标高(m)	桩端标高(m)	桩端持力层	实测单桩极限承载力(kN)
S1-1	PHC600(110)AB-C80-12,12,12,12	1.0	−47.0	⑦$_1$	6720
S1-2	PHC600(110)AB-C80-12,12,12,12	1.0	−47.0	⑦$_1$	6720
S1-3	PHC600(110)AB-C80-12,12,12,12	1.0	−47.0	⑦$_1$	7280

根据已有静载荷试验结果，扣除试桩在基底以上段承载力，按地基土承载力确定的单桩承载力极限值可取6800kN，最终单桩承载力按桩身强度控制，确定为6200kN。

综合上述试桩结果分析，发现桩休止期及桩尖设计对承载力具有很大影响，二期和三期的试桩结果基本反映地基土的承载力极限值，据此对原勘察报告的桩基参数进行修正如表3.3.5所示。

各土层桩基参数一览表　　表3.3.5

土层名称及代号	原勘察报告桩侧极限摩阻力标准值q_{sik}(kPa)	原勘察报告桩极限端摩阻力标准值q_{pk}(kPa)	根据试桩结果调整后桩侧极限摩阻力标准值q_{sik}(kPa)	根据试桩结果调整后桩极限端阻力标准值q_{pk}(kPa)
②$_1$粉质黏土	26		15	
②$_2$粉质黏土夹粉土	22		40	
③粉土	30		50	
④$_1$淤泥质粉质黏土	18		45	
④$_2$粉质黏土	28		50	
④$_3$粉质黏土	22		55	800
⑤$_1$粉质黏土	32	900	60	1100
⑤$_2$粉质黏土夹粉土	45	1400	80	1600
⑤$_3$粉质黏土	40		65	1400
⑤$_4$粉质黏土夹粉土	50	1800	80	1800
⑦$_1$粉土夹粉质黏土	80	3000	100	5000
⑦$_2$粉砂	85	4000	100	7000

3. 基础设计优化

基础设计优化主要包括两部分，一是对单桩承载力或者桩长的优化，二是对布桩方式及基础形式进行整体优化，对于本项目的联排别墅和合院住宅来说，桩型和承载力由前期静载荷试验确定，主要工作在于布桩方式的优化；对于高层住宅来说，通过静载荷试验对原设计桩型、桩长进行调整，从而达到优化的目的。下面分别以联排和合院、高层建筑为例进行阐述。

（1）联排、合院基础优化设计

联排和合院住宅上部为框架结构，上部荷载大多集中于柱子处，并向下传导至桩承台基础，通过桩型的合理选择，使得单桩承载力基本满足单柱单桩的验算要求，通过梁板式基础，减小承台尺寸，可有效降低基础造价。调整基础设计如图 3.3.2 所示。

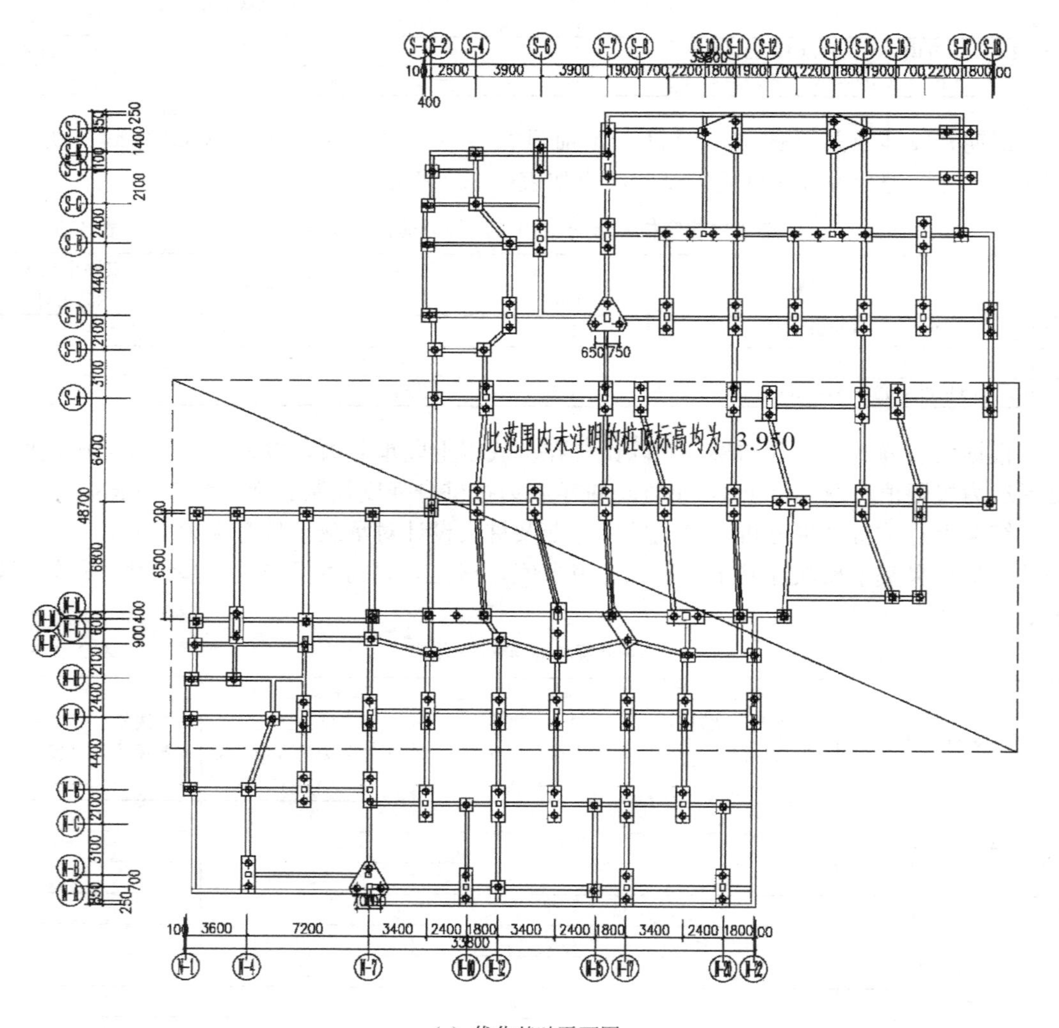

（a）优化基础平面图

图 3.3.2　优化前后基础平面图对比（一）

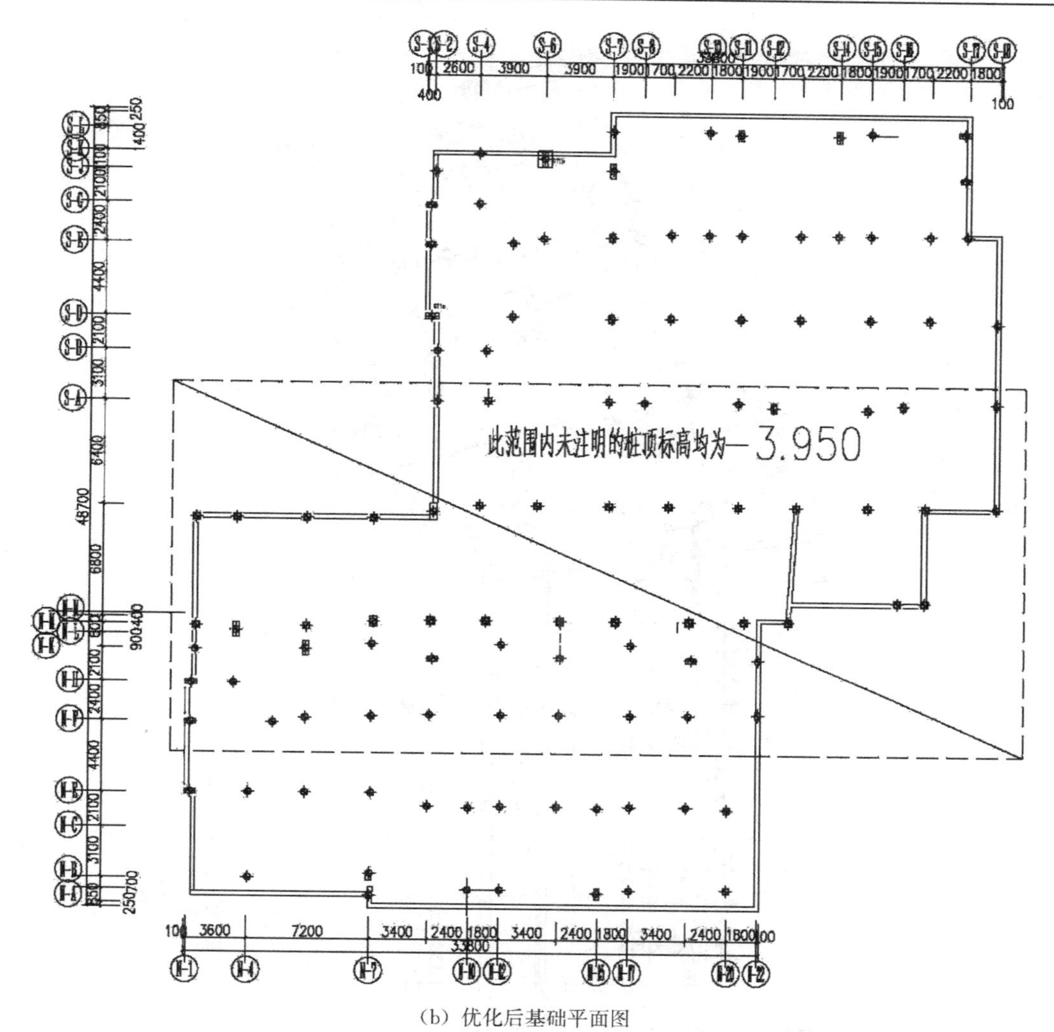

(b) 优化后基础平面图

图 3.3.2　优化前后基础平面图对比（二）

基础方案的经济指标对比　　表 3.3.6

基础方案	建筑物	桩型	桩基造价		承台造价		总价（万元）	节省比例
			桩数	造价（万元）	方量（m^3）	造价（万元）		
优化方案	联排	PHC400(90)A-C80-13,13	113	35.3	23.4	2.3	37.6	40%
原方案		PHC400(90)A-C80-10,10,6	173	54.0	90.4	9.0	63.0	
优化方案	合院	PHC400(90)A-C80-13,13	125	39.0	24.2	2.4	41.4	33%
原方案		PHC400(90)A-C80-10,10,6	168	52.4	90.5	9.0	61.4	

据目前PHC400（90）A管桩，采用静压桩施工的市场综合造价（制桩及沉桩费用）为估算依据，采用上述两种基础设计方案，经济指标进行分析对比如表3.3.6所示，可见通过综合优化，基础造价节省比例达到30%以上。

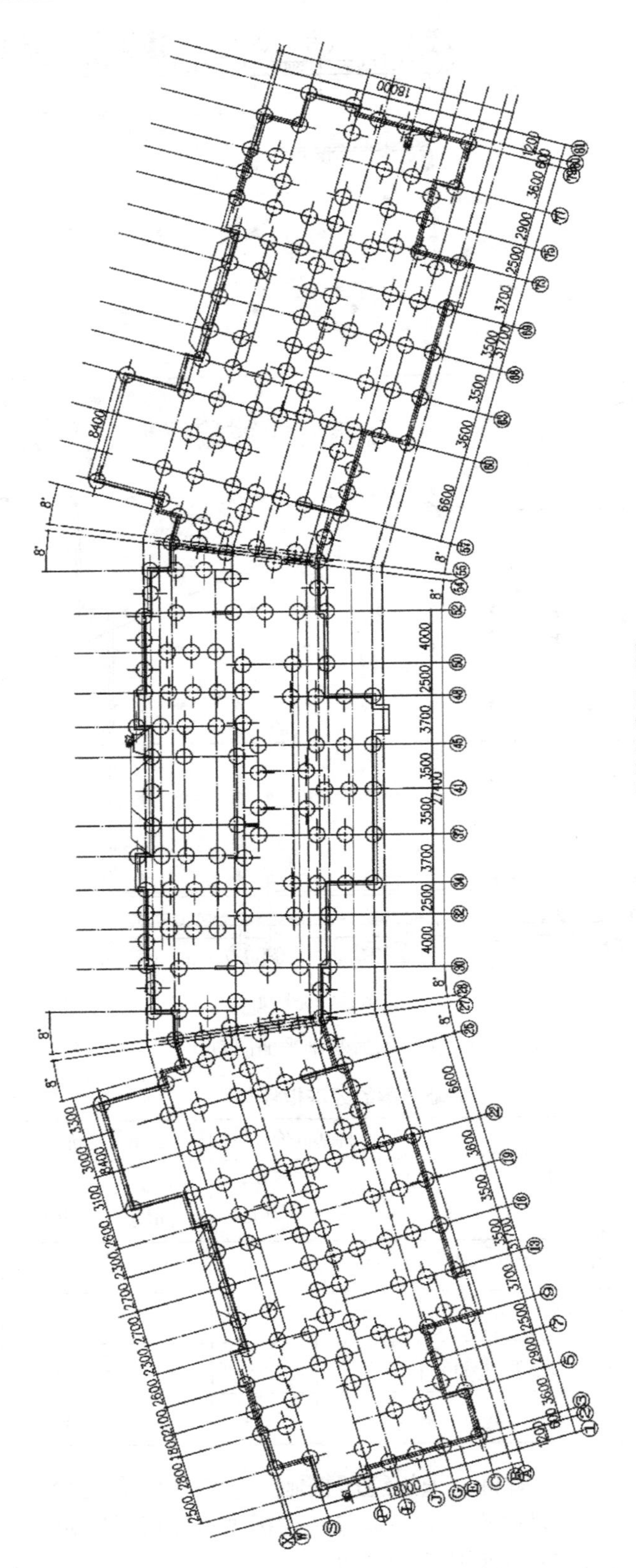

图 3.3.3　66 号楼桩位平面图

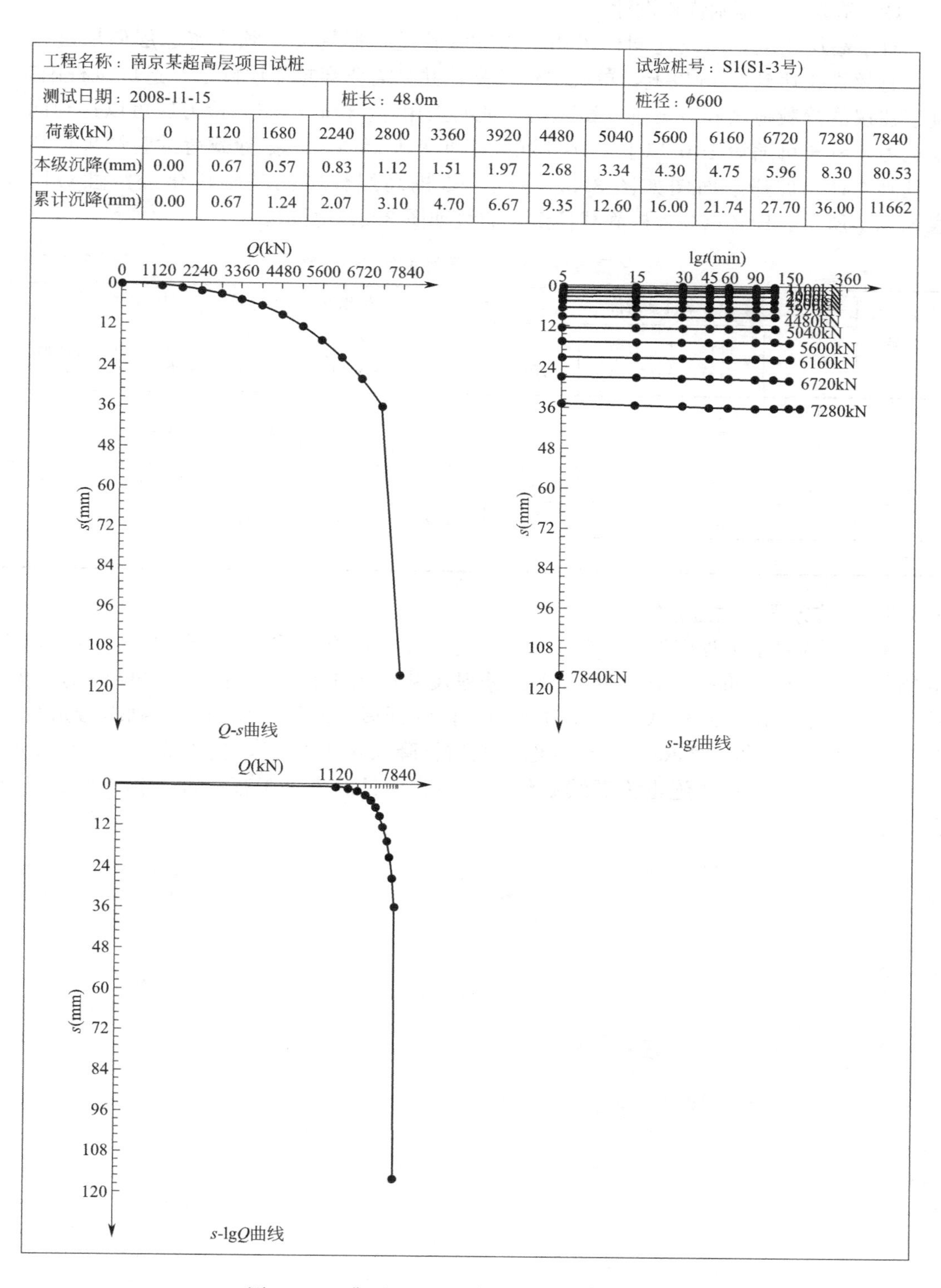

工程名称：南京某超高层项目试桩										试验桩号：S1(S1-3号)			
测试日期：2008-11-15				桩长：48.0m						桩径：ϕ600			
荷载(kN)	0	1120	1680	2240	2800	3360	3920	4480	5040	5600	6160	6720	7280	7840
本级沉降(mm)	0.00	0.67	0.57	0.83	1.12	1.51	1.97	2.68	3.34	4.30	4.75	5.96	8.30	80.53
累计沉降(mm)	0.00	0.67	1.24	2.07	3.10	4.70	6.67	9.35	12.60	16.00	21.74	27.70	36.00	11662

图 3.3.4　典型 PHC600 管桩静载荷试验曲线图

(2) 高层住宅基础优化设计

对于高层住宅，原设计同样采用 PHC600 管桩，但持力层须穿越⑦层砂层进入⑨层，有效桩长达到 50m 以上，单桩造价较高，并且需要穿越厚层砂层，造成沉桩困难，基于建议的静载荷试验方案进行试桩后，证明采用$⑦_2$粉砂层作为持力层可以达到同等承载力，桩长可缩短 10m 以上，并且沉桩速度大大提高，根据静载荷试验结果重新进行基础设计。桩基平面图如图 3.3.3 所示，3 栋高层住宅的基础优化经济性对比如表 3.3.7 所示。PHC600 管桩静载荷试验曲线如图 3.3.4 所示。

3 栋高层住宅桩基优化前后经济性对比 表 3.3.7

房号	原方案桩基造价				优化方案桩基造价				节省费用(万元)
	桩数	桩长(m)	总数(m)	合计(万元)	桩数	桩长(m)	总数(m)	合计(万元)	
66	139	49	6811	163.5	284	46	13064	313.5	40.8
	142	56	7952	190.8					
67	204	52	10608	254.6	209	48	10032	240.8	13.8
68	206	55	11330	271.9	206	45	9270	222.5	49.4
合计	691		36701	880.8	699		32366	776.8	104.0

3.3.5 实施效果及效益分析

本项目的岩土工程咨询工作与项目开发过程紧密结合，前后历时约 9 年，除了前文介绍的基础设计咨询外，还对桩基施工过程及基坑围护设计、施工等提供咨询意见，协助业主控制风险、降低成本。通过咨询工作的开展，最终本项目的基础综合造价不超过 50 元/m^2（建筑面积），相比其他类似项目降低至少 30%，整体节省造价约 1500 万元，该项目的成功实施也为后续泰州、长兴等项目的岩土工程咨询工作提供了良好的开端。

第4章 基坑设计咨询

4.1 马来西亚吉隆坡四季酒店项目

4.1.1 工程概况

本工程位于马来西亚吉隆坡市中心，占地 10647m^2，主要建筑物包括一栋地上 72 层主塔楼、4 层裙房和整体地下室。地块西侧为国油双峰塔 KLCC，北侧紧邻安邦路（Jalan Ampang），安邦路下面有地下铁通行，南侧紧邻跑马场路（Jalan Lumba Kuda），东侧为一座 10 层商业综合中心，采用筏板浅基础，距离基坑边线最近约 5m，是重点保护对象。

本工程早在 2006 年即开始启动，原设计采用逆作法施工，地下四层，基坑面积约 8600m^2，基坑采用 800mm 厚地下连续墙，“两墙合一”，地下连续墙、立柱桩和工程桩在 2008 年已完成施工，后由于方案调整和其他原因暂停，重新调整后基坑仍设地下四层，外轮廓线不变，一般区域开挖深度为 16.05m，塔楼区局部开挖深度为 18.75m。与原建筑方案相比，新方案对主塔楼尺寸、朝向、地下室轴网都进行了调整，因此原已施工的逆作法施工阶段的 UC305×305×158kg/m 的 H 型钢永久柱将基本无法使用，需另行施工。

由于基坑地处市中心，周边环境复杂，基坑开挖对周边环境影响不可忽略，同时，逆作法施工时施工方案及挖土方案的制定对于工程安全和工期均有较大影响。

4.1.2 地质条件

根据 2006 年勘察报告以及 2012 年补充勘察成果，场地基坑影响范围内土层以可塑—硬塑黏性土为主，地下水位一般在地面以下 4～8m，但由于土体以黏性土为主，经前期抽水试验验证，无明显明水，根据当地经验，无需进行降水开挖。主要土层参数见表 4.1.1。

土层主要参数表　　表 4.1.1

层号	土层名称	厚度(m)	重度 γ (kN/m^3)	标贯击数 N	三轴 CU	
					c'(kPa)	φ'(°)
①	填土	1.0	19.0	—	15	20
②	粉质黏土	2.5	17.5	2	13	18
③	粉砂	3.0	18.0	12	6	31
④	粉质黏土	4.0	17.5	5	21	20
⑤	黏质粉土	2.0	17.5	9	10	28
⑥	黏质粉土夹碎石	6.5	18.5	25	5	36
⑦	黏质粉土夹碎石	18.0	19.0	>50	3	40

注：三轴 CU 值根据英标用标贯击数换算。

4.1.3 技术难点分析

（1）该项目是咨询单位在马来西亚吉隆坡地区的首个咨询项目，工程经验相对缺乏，并且参照的勘察、设计规范不同，因此，如何准确获取地层参数，并满足当地规范（英标）要求是本工程面临的首要问题。

（2）本工程开挖深度大，并且地处市中心，周边环境复杂，东侧已建7层商业中心采用天然地基，距离基坑边线约5m，地连墙及立柱已按原方案施工完成后停工8年，新方案主楼及裙房均有大幅度调整，在围护结构已施工完成的情况下，须评估不同施工方案对基坑本身安全及周边环境的影响。

（3）逆作法施工时，由于地墙沉降和立柱隆起造成的差异变形，易引起楼板变形，甚至开裂，影响工程质量和安全。因此，在基坑开挖前，须建立地下室结构整体模型，分析基坑开挖不同工况下各层楼板的变形及受力情况，找到可能的风险点，并提出针对性处理措施，保证基坑开挖过程中楼板的安全。

（4）对于逆作法施工，挖土和出土一直是施工过程的重点和难点，挖土方案和出土口设计直接关系到工程安全和工期，而本工程地处市中心，施工场地有限，工期紧张，如何对施工方案，尤其是挖土和出土方案进行优化，兼顾安全性和经济性，是本工程的难点。

4.1.4 技术咨询成果

在进行地下室施工全过程的咨询工作时，主要从下列几方面进行：

（1）首先研究当地勘察采用的英标与国内标准差异，根据现场标贯试验确定土层参数，并得到外方顾问的认可。

马来西亚当地采用英国标准（BS），英标在基坑围护设计时推荐采用三轴试验指标，在没有三轴试验指标时推荐了一些经验公式，这与国内采用直剪固快强度指标不同。本项目勘察未开展三轴试验，因此，经与外方顾问交流，拟采用标准贯入试验等指标进行抗剪强度换算。

1）方法一，根据Hatakanda和Uchida（1996）的研究成果：

$$\varphi=3.5\cdot(N)^{1/2}+22.3$$

式中，φ为土体有效内摩擦角；N为标贯击数。上述公式未考虑土体粒径的影响，大部分试验针对中粗砂，相同标贯击数下细砂的内摩擦角较小而粗砂的内摩擦角较大，上述公式根据土性修正如下：

细砂：$\varphi=3.5\cdot(N)^{1/2}+20$

中砂：$\varphi=3.5\cdot(N)^{1/2}+21$

粗砂：$\varphi=3.5\cdot(N)^{1/2}+22$

典型的φ值如表4.1.2所示。

典型的内摩擦角 **表4.1.2**

土性		试验类型		
		UU	CU	CD
砾石	粗砾	40°～45°		40°～55°
	砂砾	35°～40°		35°～50°

续表

土性		试验类型		
		UU	CU	CD
砂	松砂	28°～34°		
	松散饱和砂	28°～34°		
	密砂	35°～46°		43°～50°
	密实饱和砂	相比密砂低1°～2°		43°～50°
淤泥和粉土	松散	20°～22°		27°～30°
	密实	25°～30°		30°～35°
	黏土	0°(饱和)	3°～20°	20°～42°

2）方法二，英标BS1377推荐公式：

无黏性土的强度和刚度可以由标贯或动探间接求得，BS 1377-9对三种贯入试验以及平板载荷试验进行了具体规定，砂土和碎石的抗剪峰值有效内摩擦角可按下式计算：

$$\varphi'_{max}=30+A+B+C$$

式中，A、B、C取值可参考表4.1.3。

A、B、C取值　　　　**表4.1.3**

A—棱角①	圆形	0
	半棱角状	2
	棱角状	4
B—土的级配②	级配不良	0
	级配中等	2
	级配良好	4
C—N'(300mm)	<10	0
	20	2
	40	6
	60	9

①棱角通过目测判断；②土的级配可通过颗分曲线确定：不均匀系数$=d_{60}/d_{10}$，d_{60}和d_{10}分别表示粒径分布曲线上小于该粒径的土含量占总土质量的60%和10%的粒径；不同级配的均匀系数：级配不良，不均匀系数<2；级配中等，不均匀系数2～6；级配良好，不均匀系数>6。

对于黏性土内摩擦角，英标BS 1377给出基于塑性指数（Plasticity Index）的经验关系，如表4.1.4所示。

黏性土内摩擦角　　　　**表4.1.4**

塑性指数(%)	φ'_{crit}(°)
15	30
30	25
50	20
80	15

综合以上经验公式，得到各土层的抗剪强度指标如表 4.1.5 所示。

各土层抗剪强度指标 **表 4.1.5**

层号	土层名称	PI (%)	标贯击数 N	有效内摩擦角 φ'(°)		
				方法一	方法二	建议值
①	填土	—	—	—	—	20
②	粉质黏土	30	2	—	25	18
③	粉砂	—	12	32	30	31
④	粉质黏土	22	5	—	27	20
⑤	黏质粉土	—	9	30	30	28
⑥	黏质粉土夹碎石	—	25	38	34	35
⑦	黏质粉土夹碎石	—	＞50	45	40	40

（2）创新地将原地面层作为逆作界面层优化为地下一层，在仅少量增加结构加固费用情况下，有效加快了开挖进度，提供了施工作业面。

由于±0.0 楼板（LG 层）位于绝对标高＋41.5m，而场地内及周边道路标高在＋40.5～＋41.2m（图 4.1.1）。若按原设计方案，以 LG 层为逆作法界面层的话，LG 层楼板由于高出地面，对控制围护结构变形的支撑作用不显著，而且为满足通行，势必要将场地出入口附近上抬 1.5m 左右，增加了施工难度和变形控制风险，且周期很长。另外，LG 层标高变化较大，作为界面层存在先天不足。优化设计方案将界面层设置在 B1 层，标高在＋35.65m，地下一层土方直接明挖，依靠地连墙自身刚度悬臂开挖约 5.3m，则能有效提高挖土效率，加快施工进度。按逆作法单日出土 800m^3，明挖出土 1600m^3 估算，可节省挖土工期约 30d，LG 层待地下部分全部完成，界面层退出使用后整体向上顺作，比逆作施工节省工期约 15d。B1 层以下按盖挖逆作分层、分区施工。

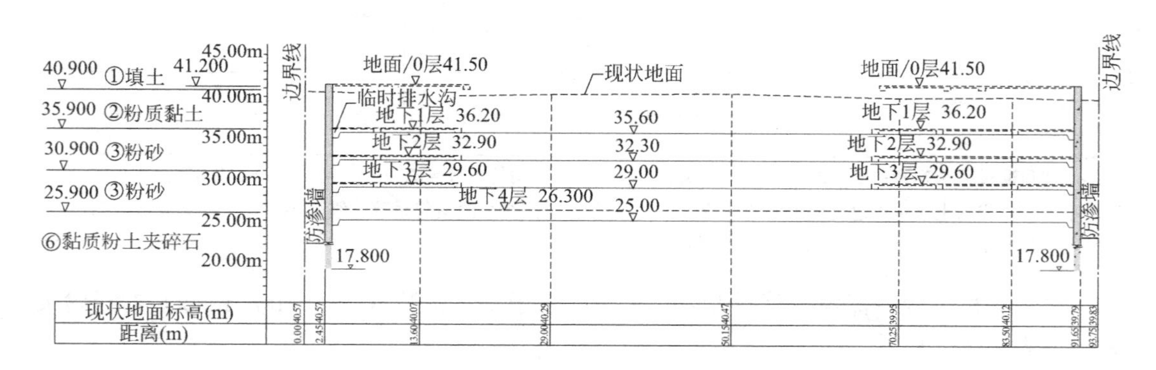

图 4.1.1　地下结构典型剖面图

为达到上述效果，需对下列问题进行考虑：

1）确保悬臂 5.3m 情况下周边变形可控。为此，分别采用启明星、Plaxis 和 Midas GTS 等多种方法计算分析不同开挖方案对基坑本身及周边环境的影响。通过计算分析，第一阶段悬臂开挖的变形约 20mm，基本可控，对于东侧需重点保护的 10 层天然地基建筑，由于附加荷载较大，难以满足保护要求，因此对东侧单独划出 12m 留土平台，待周边B1层楼板形成，设置钢斜撑后再行开挖。剖面图如图4.1.2所示。设置斜撑后最大沉降和水平变形可控制在20mm以内，满足建筑物保护要求。

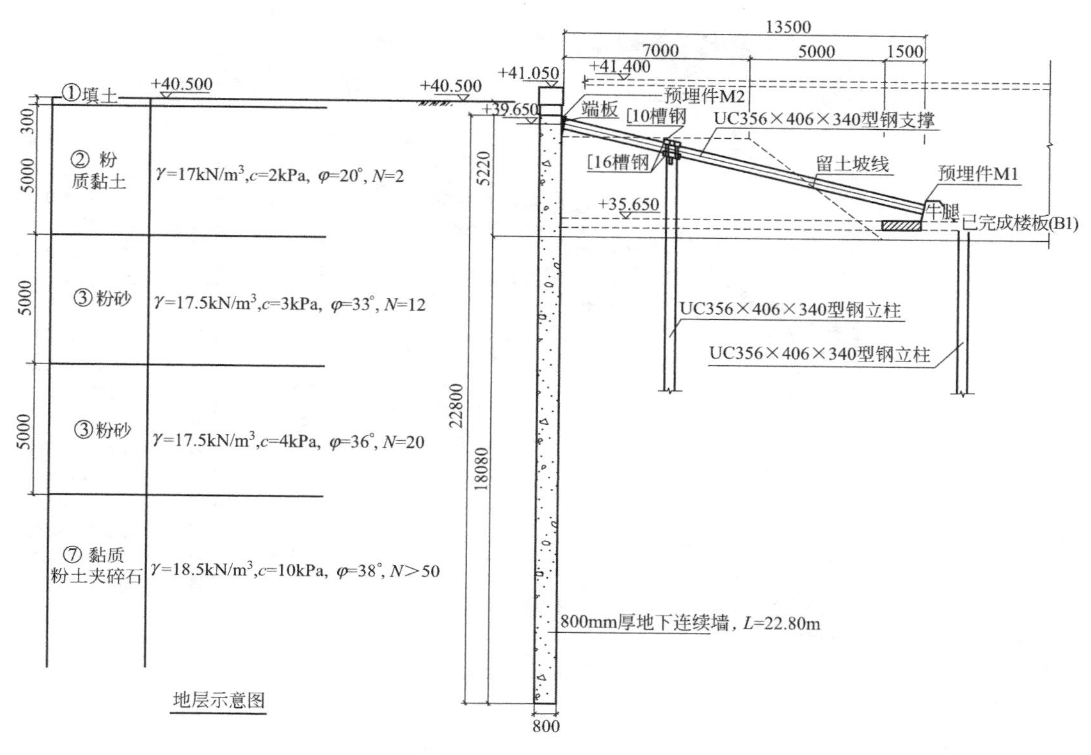

图4.1.2　东侧斜撑加固示意图

2）界面层需作必要加固。原B1层楼板大部分为无梁楼盖，普遍板厚300～350mm，部分为梁板式结构，原结构按正常使用荷载配筋，作为界面层后运输车辆、大型吊车、材料加工、堆场等施工荷载大，原配筋能否满足设计要求需做细致复核分析并加固，但是过度加固不仅增加施工难度，还会显著增加成本。为此，采用Midas GTS进行逆作法基坑整体建模计算，评估开挖过程中楼板变形及受力情况，采用英标进行结构计算，并提出结构加固方案，与外方复核结果偏差在10%以内。根据计算结果，楼板仅需在运输通道四周设置加强钢筋，成本可控。见图4.1.3～图4.1.7。

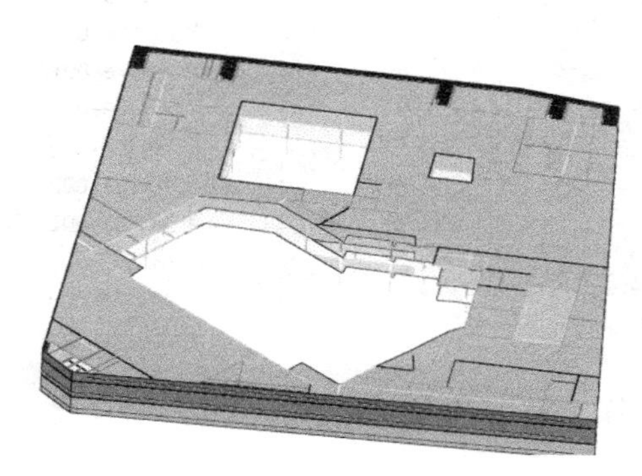

图4.1.3　地下室整体模型

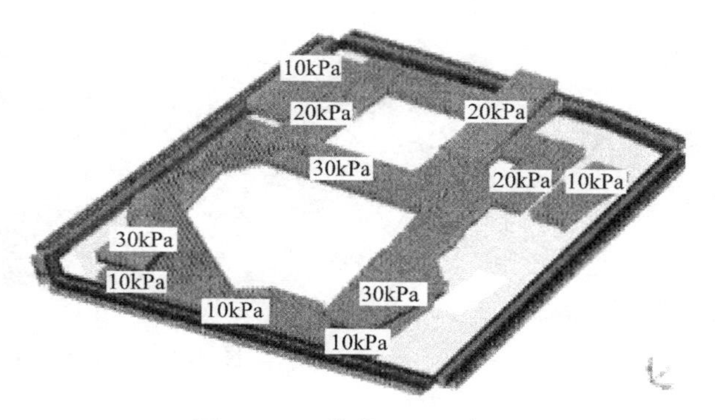

图4.1.4　荷载及边界条件

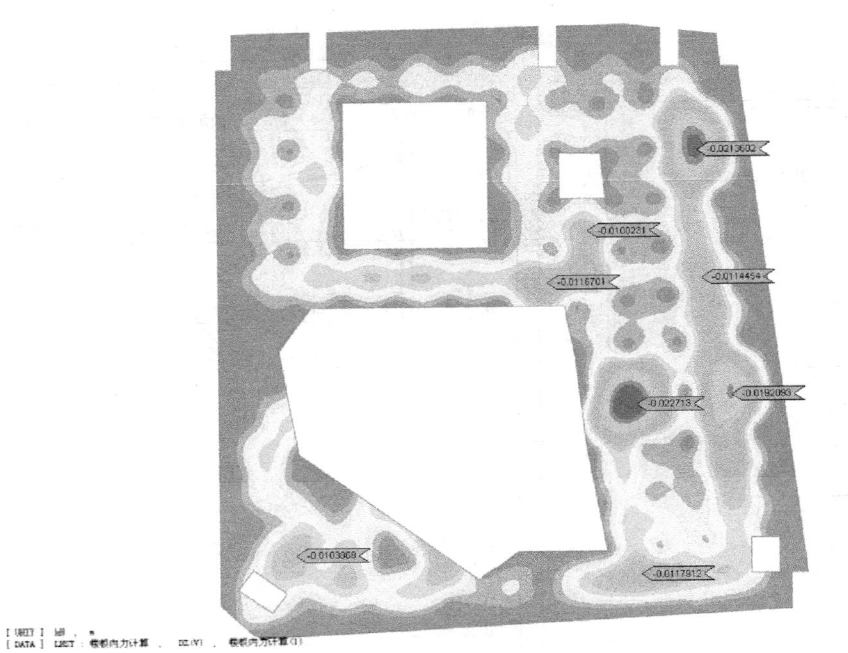

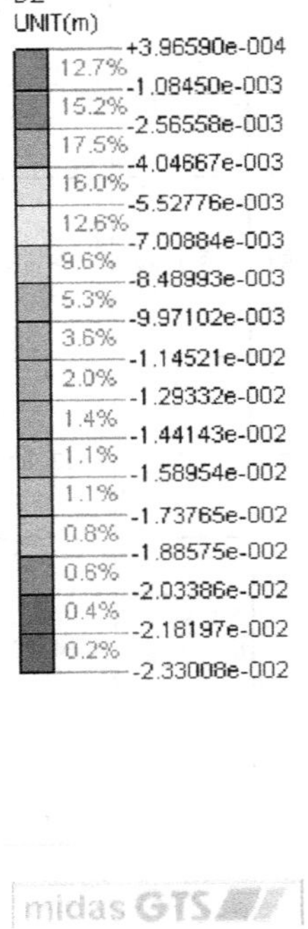

图 4.1.5　楼板竖向变形计算云图

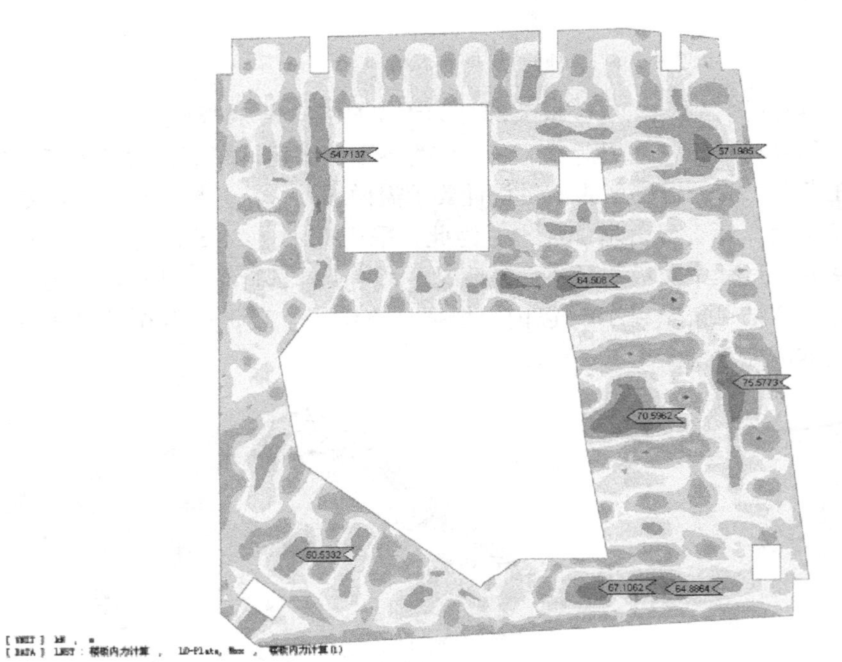

图 4.1.6　楼板内力计算云图

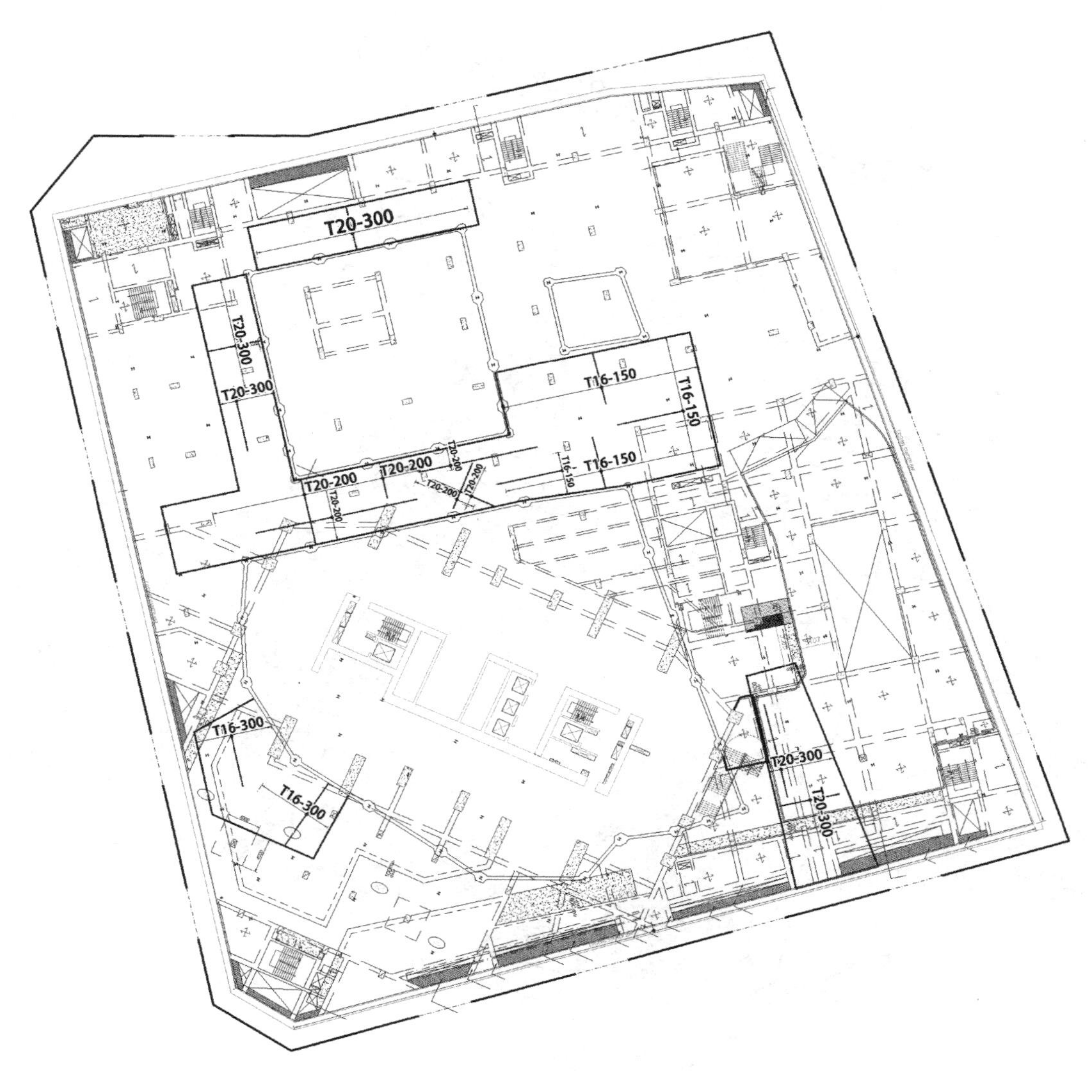

图 4.1.7　楼板加固平面图

3）需解决立柱对楼板冲切问题。建筑方案调整后原有立柱与新柱子大多错位，按原设计方案，原有立柱约 114 根均需废弃，并重新打设柱下立柱及立柱桩，代价巨大。为此，优化方案因地制宜，充分利用已有废弃立柱作为楼板竖向支撑，形成大开口挖土平台（图 4.1.8），将逆作法施工工艺与顺作工艺有效结合，大量节省了施工措施费。项目实际利用立柱 106 根，新增立柱仅 3 根。

利用原立柱后带来新的问题是界面层楼板荷载对立柱产生的冲切力。由于原立柱位置在新设计方案中并未考虑加强，必须采取行之有效的临时加固措施。为此提出并成功应用了施工方便、经济高效的立柱抗冲切加固方案，有效解决了逆作法施工过程中型钢立柱的抗冲切加固难题。加固节点示意见图 4.1.9。

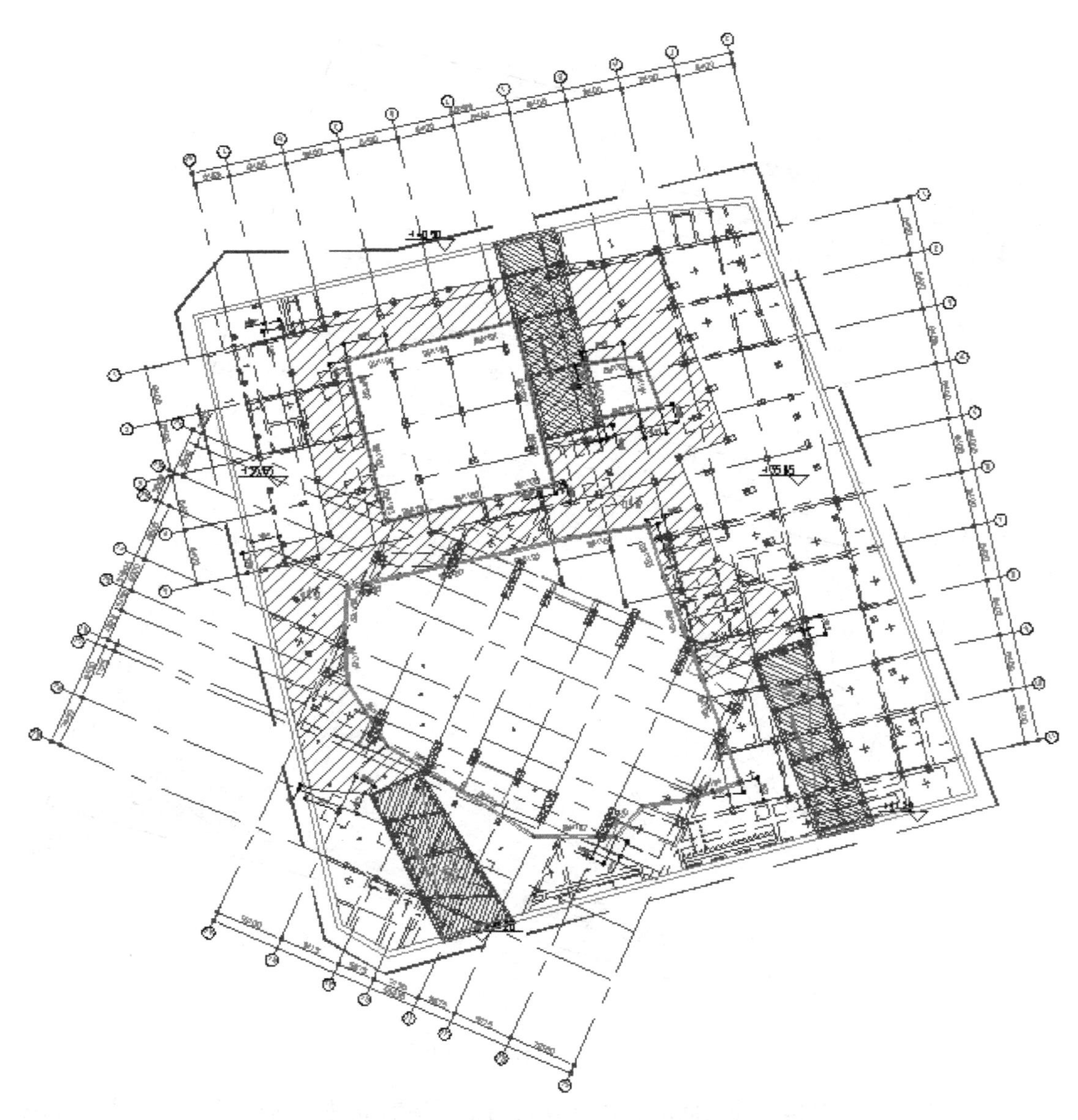

图 4.1.8　利用原立柱形成的界面层及出土口平面布置图

调整后整体施工工序见图 4.1.10。

与常规逆作法施工所不同的是，由于竖向支撑体系采用了废弃立柱，永久结构柱在底板完成后自下而上施工，待永久柱强度达到设计要求后开始割除临时立柱和斜撑。

4.1.5　实施效果及效益

项目于 2013 年 6 月开始动土施工，2014 年 3 月完成地下室底板浇筑，2015 年 8 月完成地下室整体结构（图 4.1.12～图 4.1.15），基坑最大变形 30～40mm，东侧保护建筑变形控制在 20mm 以内，与前期计算结果基本吻合。从东侧监测数据（图 4.1.11）可见，

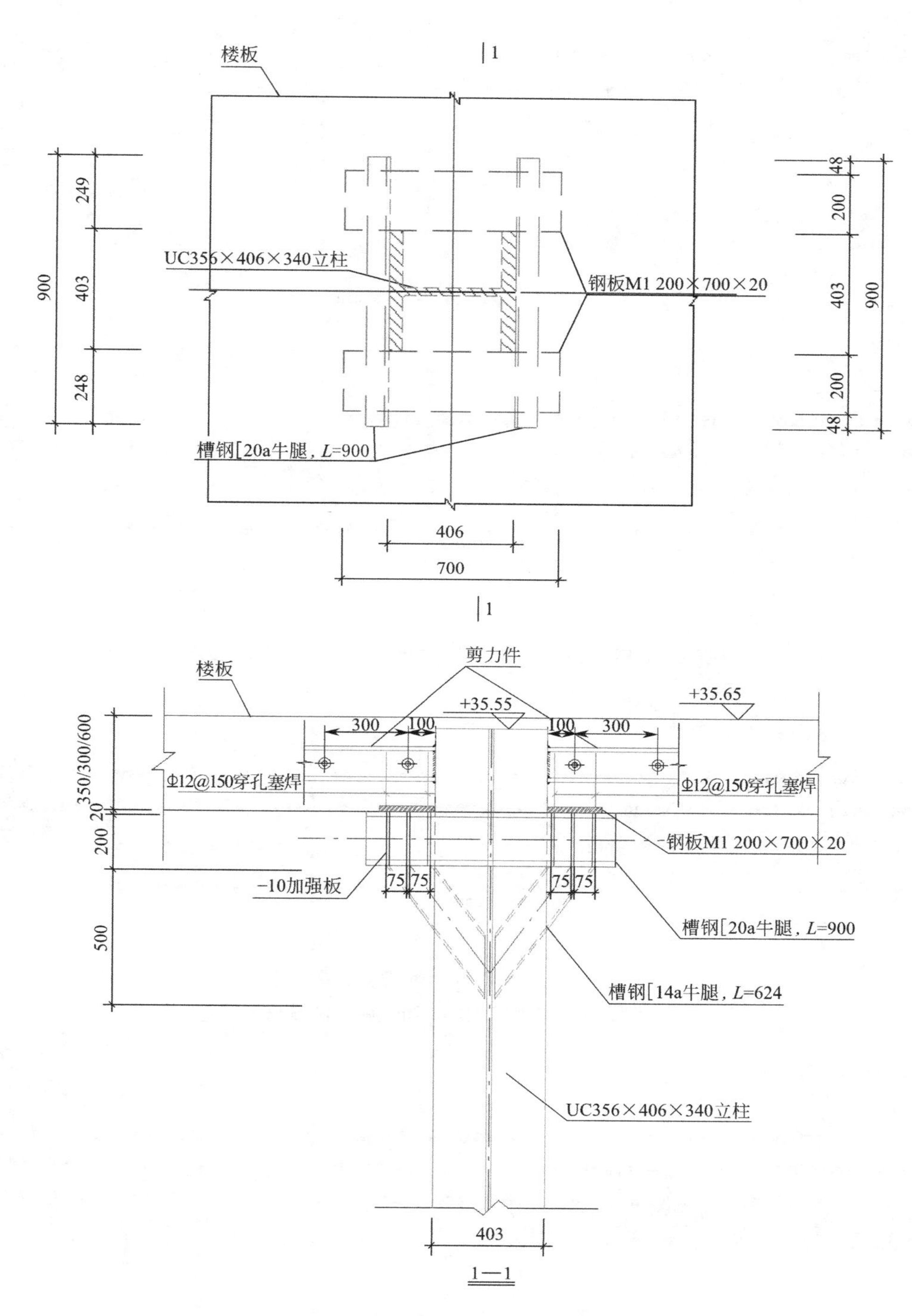

图 4.1.9　立柱抗冲切临时加固节点示意图

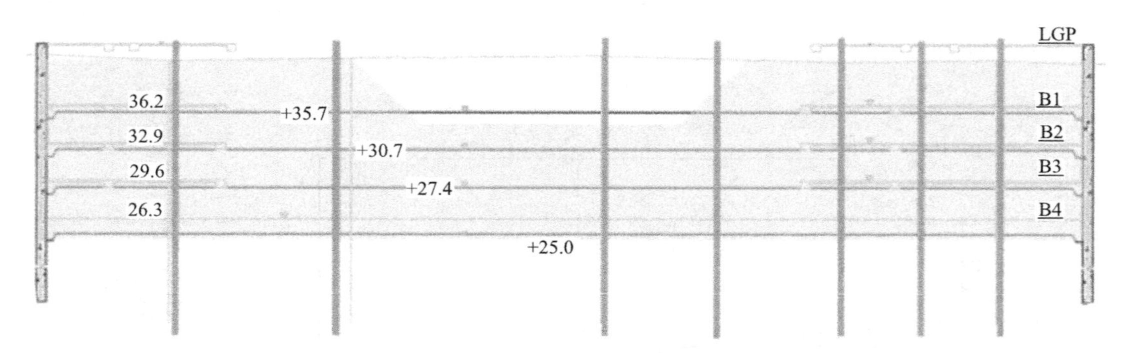

工况一：盆式开挖至＋35.5m

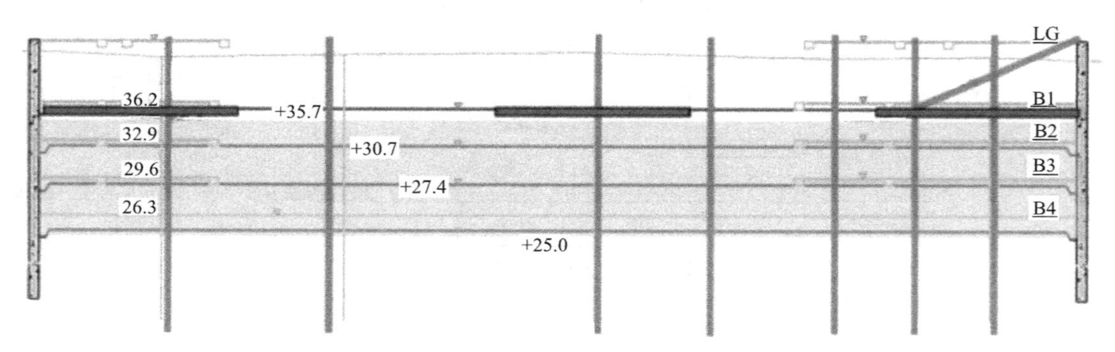

工况二：东侧设置斜撑后开挖留土平台，其余区域施工 B1 楼板

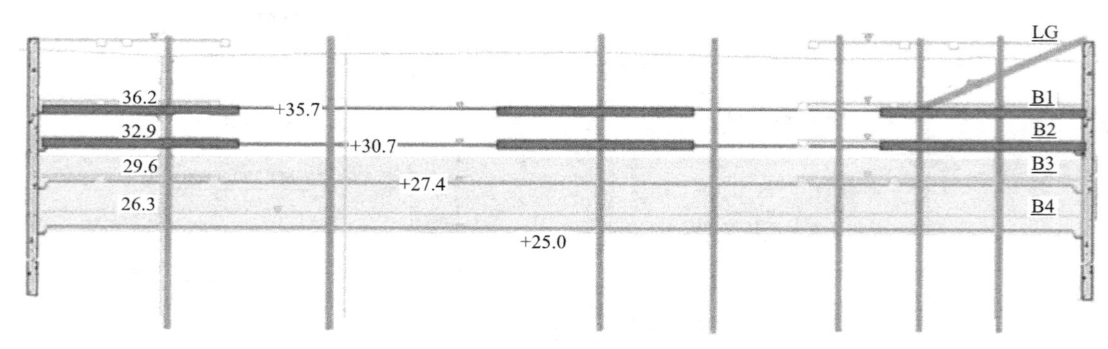

工况三：盆式开挖至＋30.7m，施工 B2 楼板

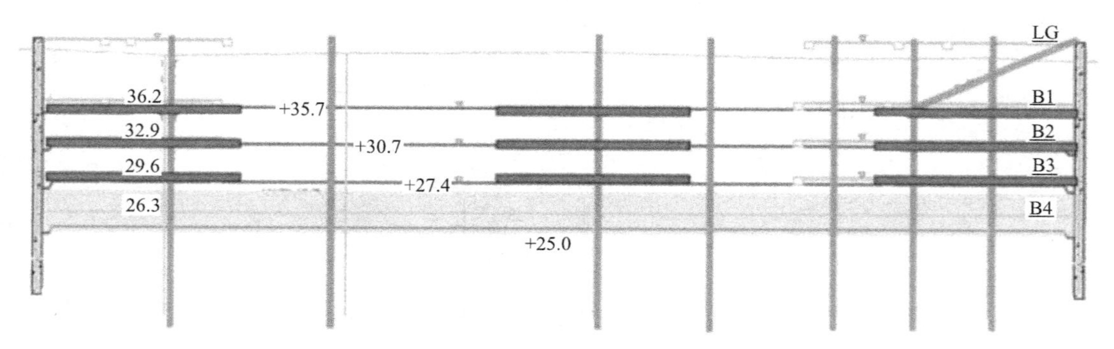

工况四：盆式开挖至＋27.4m，施工 B3 楼板

图 4.1.10　施工工序（一）

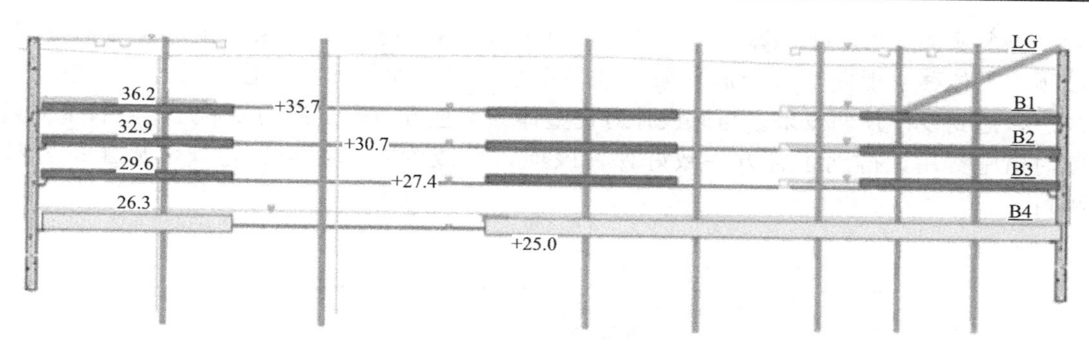

工况五：盆式开挖至坑底，裙房区底板施工

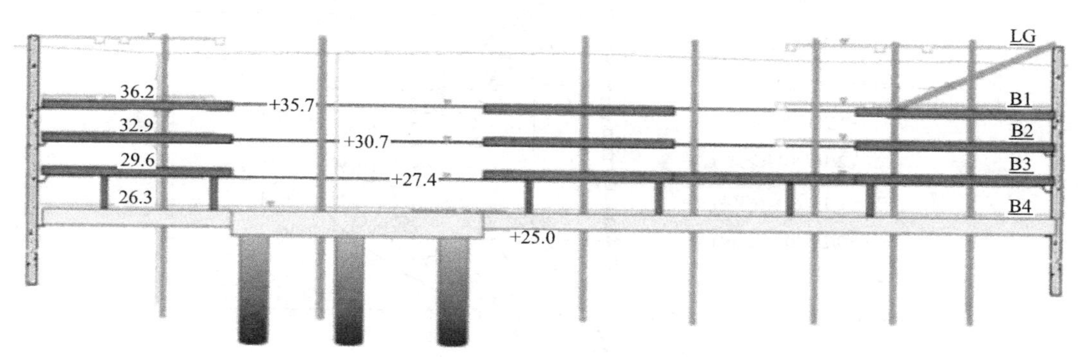

工况六：主楼区工程桩接桩施工，浇筑底板

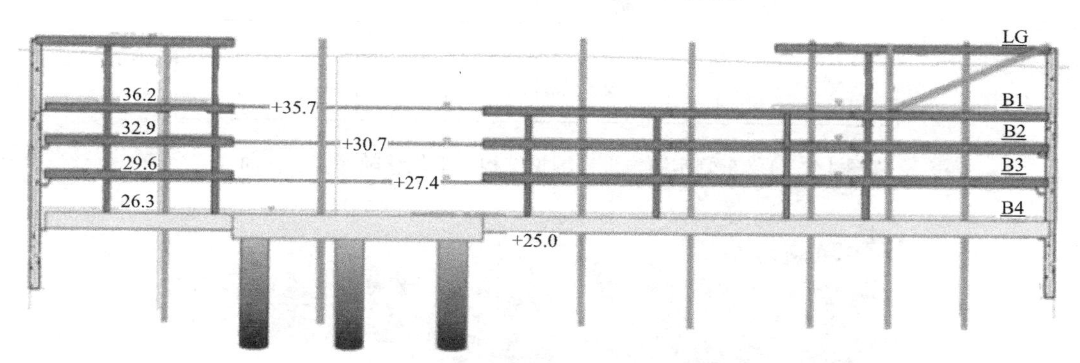

工况七：自下而上浇筑结构柱，施工 LG 层楼板

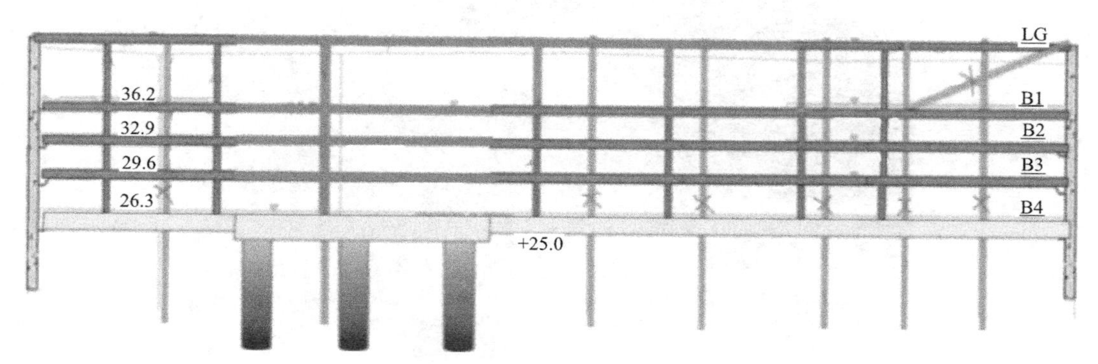

工况八：拆除斜撑及临时立柱，完成地下结构

图 4.1.10　施工工序（二）

第一工况实测变形小于计算结果，且现场由于压顶梁高于地面，采用预加应力钢斜撑，墙顶水平位移出现向坑外变形现象，且一直维持至拆除斜撑前。总体而言，结果较为理想，达到设计预期效果。与原设计对比整体为承包方节省工期约2个月，节省了大量临时措施费用，得到了各方一致好评，该项目也成为吉隆坡地区逆作法施工的标杆项目。

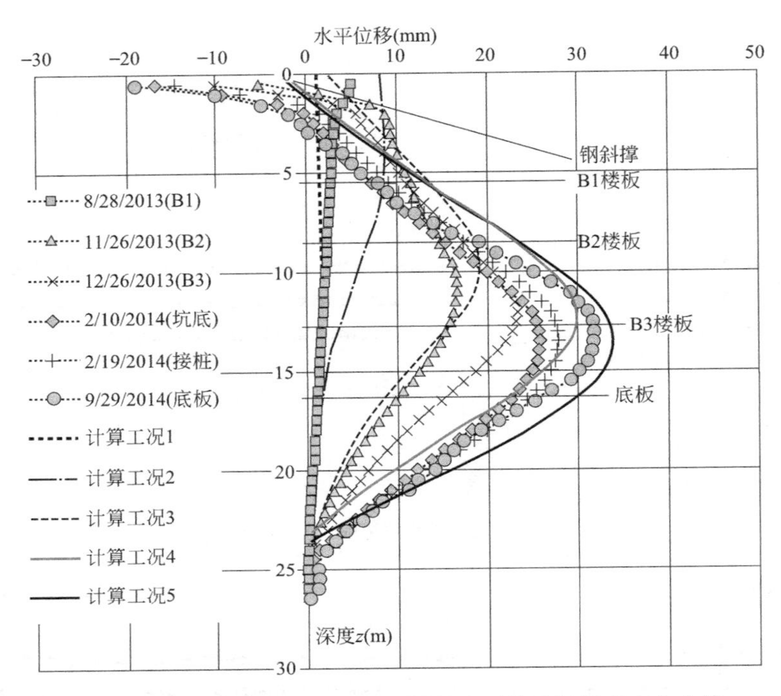

图 4.1.11　东侧实测与设计围护结构水平位移随深度变化曲线

图 4.1.12　首层开挖施工状况（2013.8）

图 4.1.13　B1 层界面层施工状况（2013.8）

图 4.1.14　B2 层楼板施工状况（2013.11）

图 4.1.15　立柱抗冲切节点（2013.11）

4.2　马来西亚丽阳花园三期项目

4.2.1　工程概况

马来西亚丽阳花园项目三期位于马来西亚雪兰莪州八打灵区，拟建项目包括多栋高层建筑及整体 4 层地下车库，占地面积约 3.3 万 m^2。场地总体呈现北高南侧的趋势，见图 4.2.1，基坑北侧挖深 20.5m，基坑东侧挖深 15.8m，基坑南侧挖深 8.4m。基坑南侧、东侧环境相对比较简单，基坑北侧靠近 PERSIARAN SURIAN 路及在建的 MRT（轻轨)，地下室外墙线距离 MRT 桥墩最近约 2m。

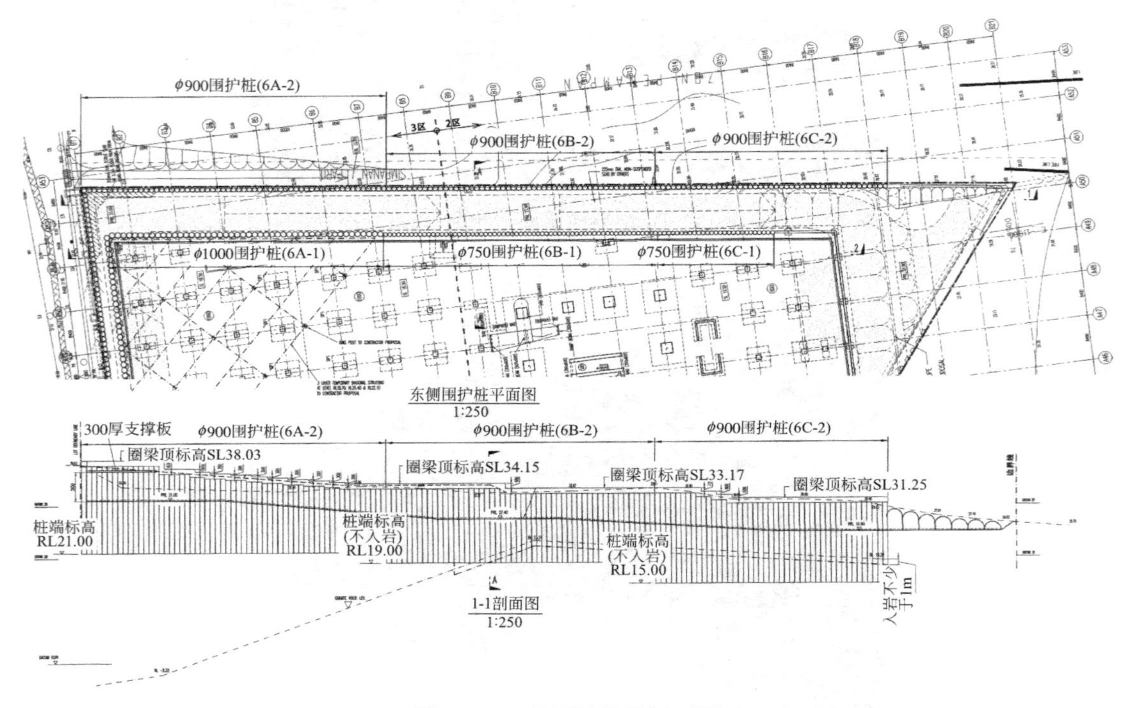

图 4.2.1　地下结构平剖面图

4.2.2　地质条件

根据岩土工程勘察资料，场地浅层主要以粉质黏土及残积土为主，厚度不均，深部为中风化/微风化花岗岩，岩层出露深度起伏较大，基坑开挖深度范围内土层主要设计参数如表 4.2.1 所示。

主要土层参数表　　　　**表 4.2.1**

土层名称	天然重度 γ (kN/m^3)	抗剪强度		SPT N 值
		c(kPa)	φ(°)	
黏性粉土	18.5	16	26	10
砂质粉土	18.8	18	30	20
黏性粉土	18.5	15	28	10
砂质粉土	19.0	13	33	50
强风化岩层	24.0	800	50	>50
中/微风化岩层	26.0	1000	55	>50

拟建场地浅部土层中的地下水属于潜水类型，其水位变化主要受控于大气降水和地面蒸发等影响。勘察期间，实测取土孔内的地下水静止水位埋深约 9m，水位变化较小，场地浅层并无明显的透水层，基坑围护设计可不考虑止水帷幕。

4.2.3　技术难点分析

(1) 本项目场地面积大，场地内土层起伏较大，基坑开挖深度从 8.4～20.5m 不等，地质条件复杂，基岩面起伏大（埋深 8～40m），周边环境复杂程度不一，基坑围护及基础设计对整个项目的安全、成本、工期影响重大，如何“因地制宜”地进行围护和基础的优化，并且满足国外规范要求是本工程设计咨询的重点和难点。

（2）本项目北侧是基坑挖深最深（20.5m）且基岩埋深最深（>36m）区域，同时东北角紧邻在建的 MRT 桥墩，如何选取合理的基坑围护形式，确保 MRT 桥墩安全（变形≤10mm），是本工程基坑围护优化咨询的难点。

（3）本项目在紧邻 MRT 区域创新采用局部逆作法方案，仅北侧、东侧施工围护结构，南侧、西侧悬挑，为开放式双侧楼板，两侧无横向约束，面临局部逆作楼板刚度和稳定性，逆作楼板与基础一体化设计、狭小区域逆作高效挖土方案及逆作区与顺作区过渡段处理等技术难题。

4.2.4　技术咨询成果

本项目地下室采用设计施工一体化模式，由国内背景的承包商进行细化设计与施工，承包商聘请专业岩土公司进行一体化的咨询工作，主要解决大体量、高起伏基坑支护的设计及施工难题。

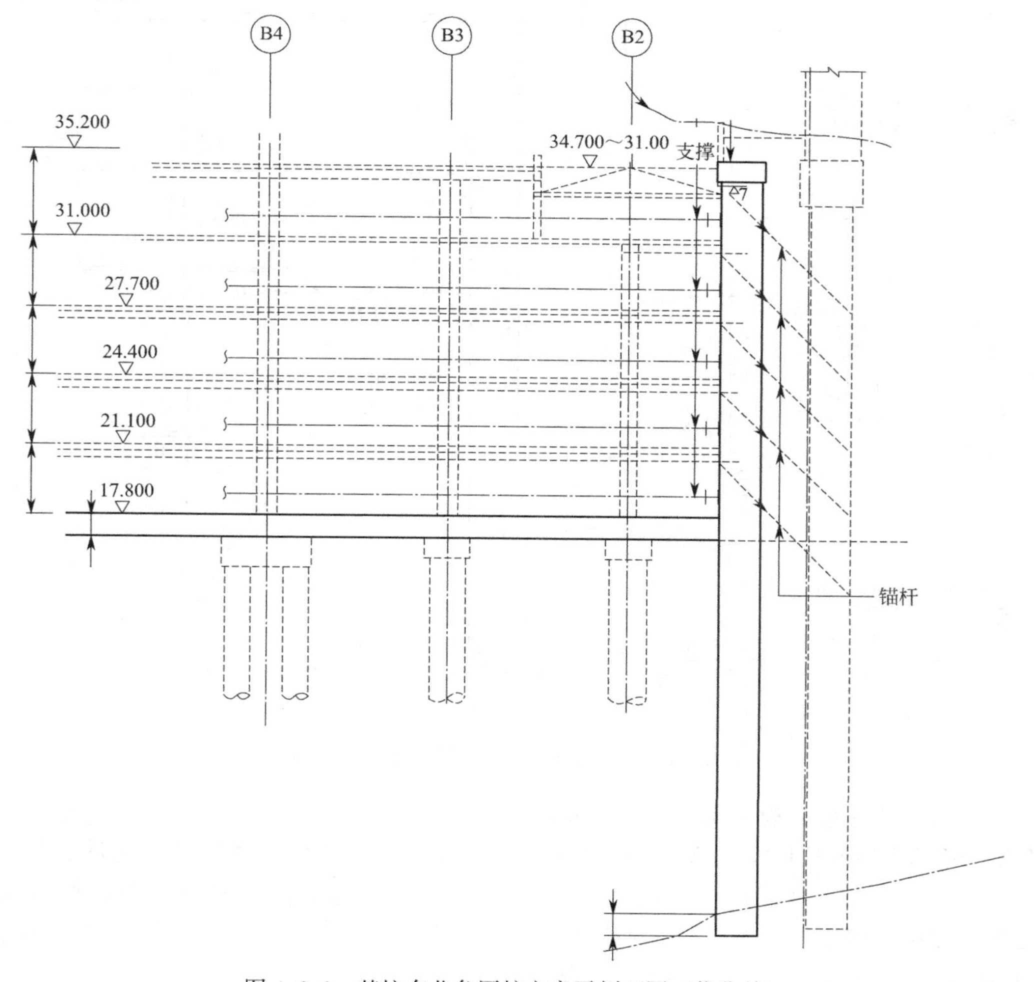

图 4.2.2　基坑东北角围护方案平剖面图（优化前）

（1）首创了局部双侧非约束式逆作法围护方案，有效控制了基坑开挖对邻近 MRT 的影响，节省了大量造价和工期。

基坑东北角临近 MRT 区域，将原设计五道撑＋五道锚杆方案（图 4.2.2）优化为局部非对称逆作方案，如图 4.2.3 所示，地下一层作为界面层＋斜抛撑，结合小区域楼板开洞，兼顾安全性、施工便利性、工期及经济性，实施效果良好，最终控制基坑变形约 20mm，MRT 变形约 9mm。

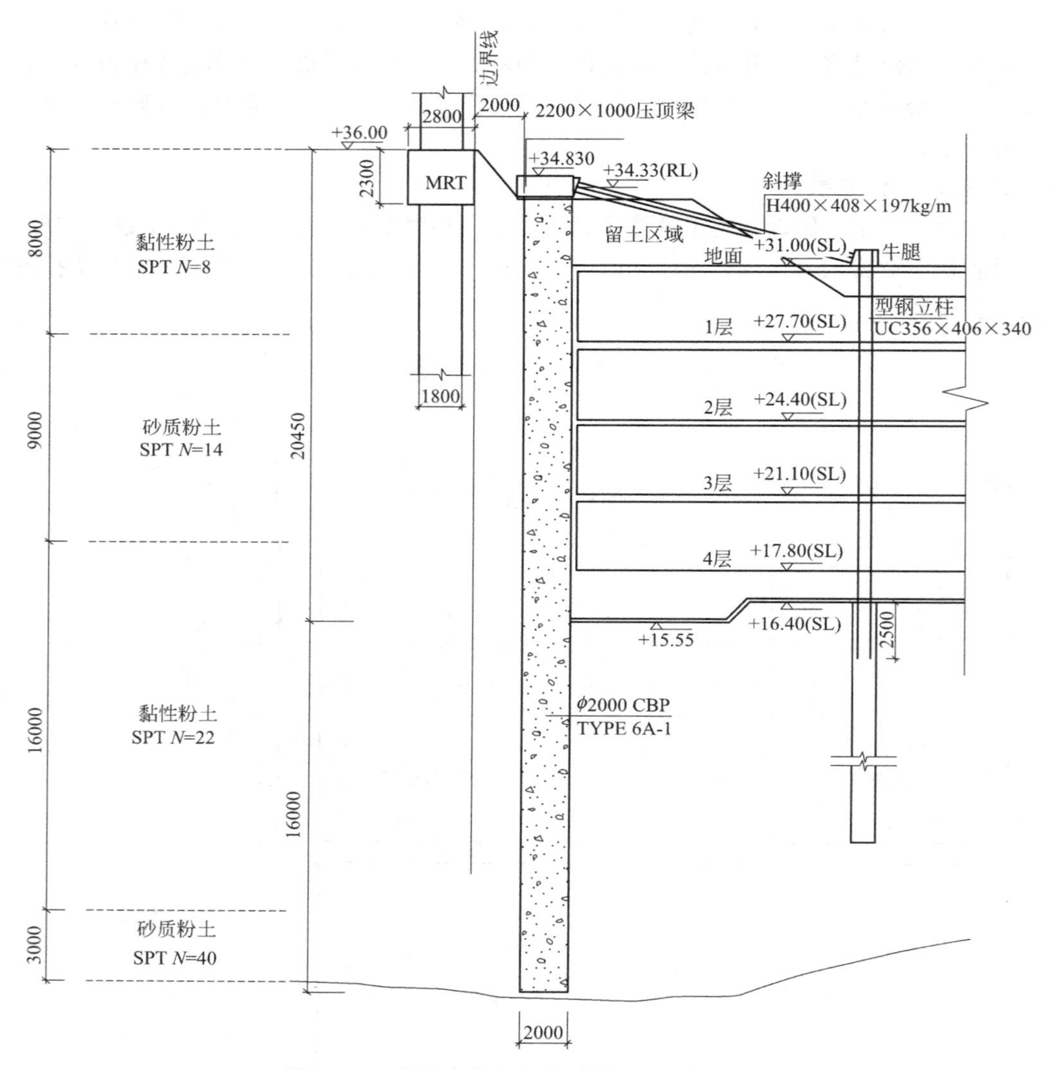

图 4.2.3　基坑东北角方案平剖面图（优化后）

1）结合英标基坑规范 BS 8002、桩基规范 BS 800 及结构规范 BS 8110，综合运用 PLAXIS、MIDAS GTS 及 SAP2000 分别进行二维剖面、三维整体模型及构件验算，如图 4.2.4～图 4.2.8 所示评估不同逆作尺寸、开洞区域时的楼板刚度、稳定性以及对 MRT 的影响，确定了 2350m^2 非对称楼板＋210m^2 开洞的逆作方案，与外方顾问的计算值相比降低 100%，与实测结果非常吻合。

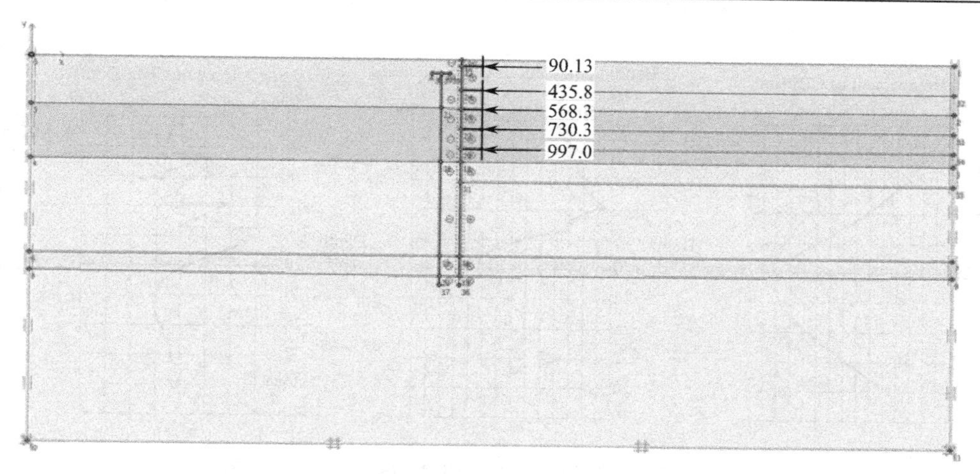

图 4.2.4　计算模型（PLAXIS）

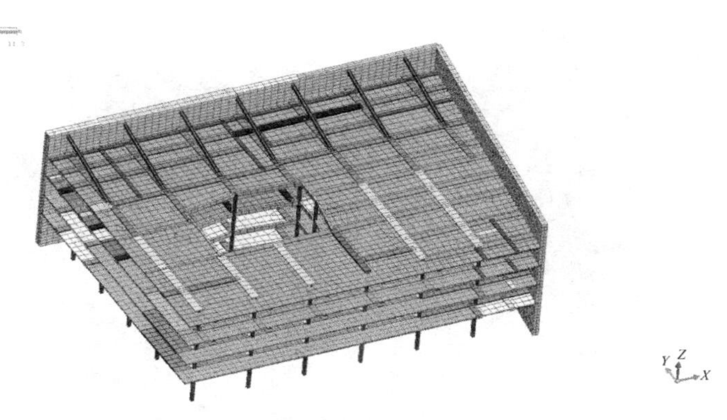

图 4.2.5　整体模型（MIDAS GTS）

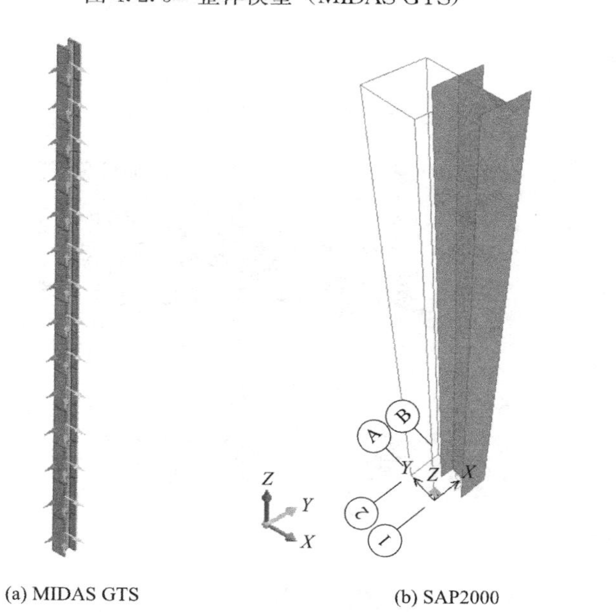

(a) MIDAS GTS　　(b) SAP2000

图 4.2.6　构件计算模型

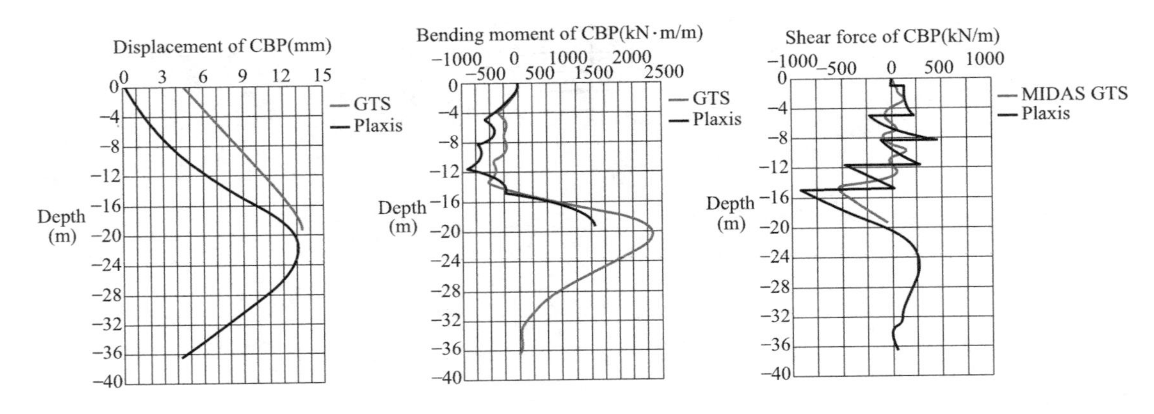

图 4.2.7　MIDAS GTS 与 PLAXIS 计算结果对比

楼板（LG）水平位移云图

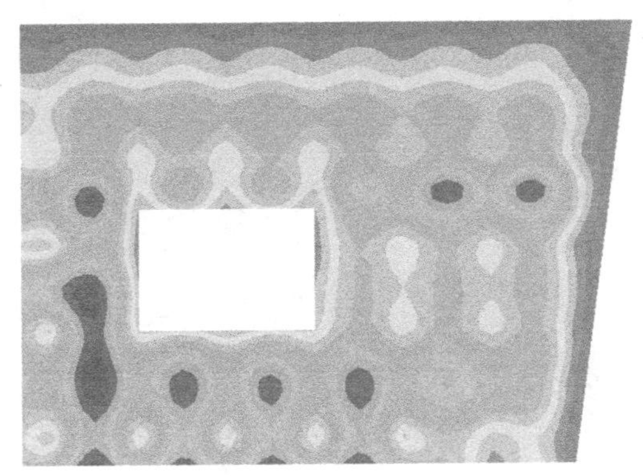

楼板（LG）竖向位移云图

图 4.2.8　逆作区楼板及立柱计算结果（一）

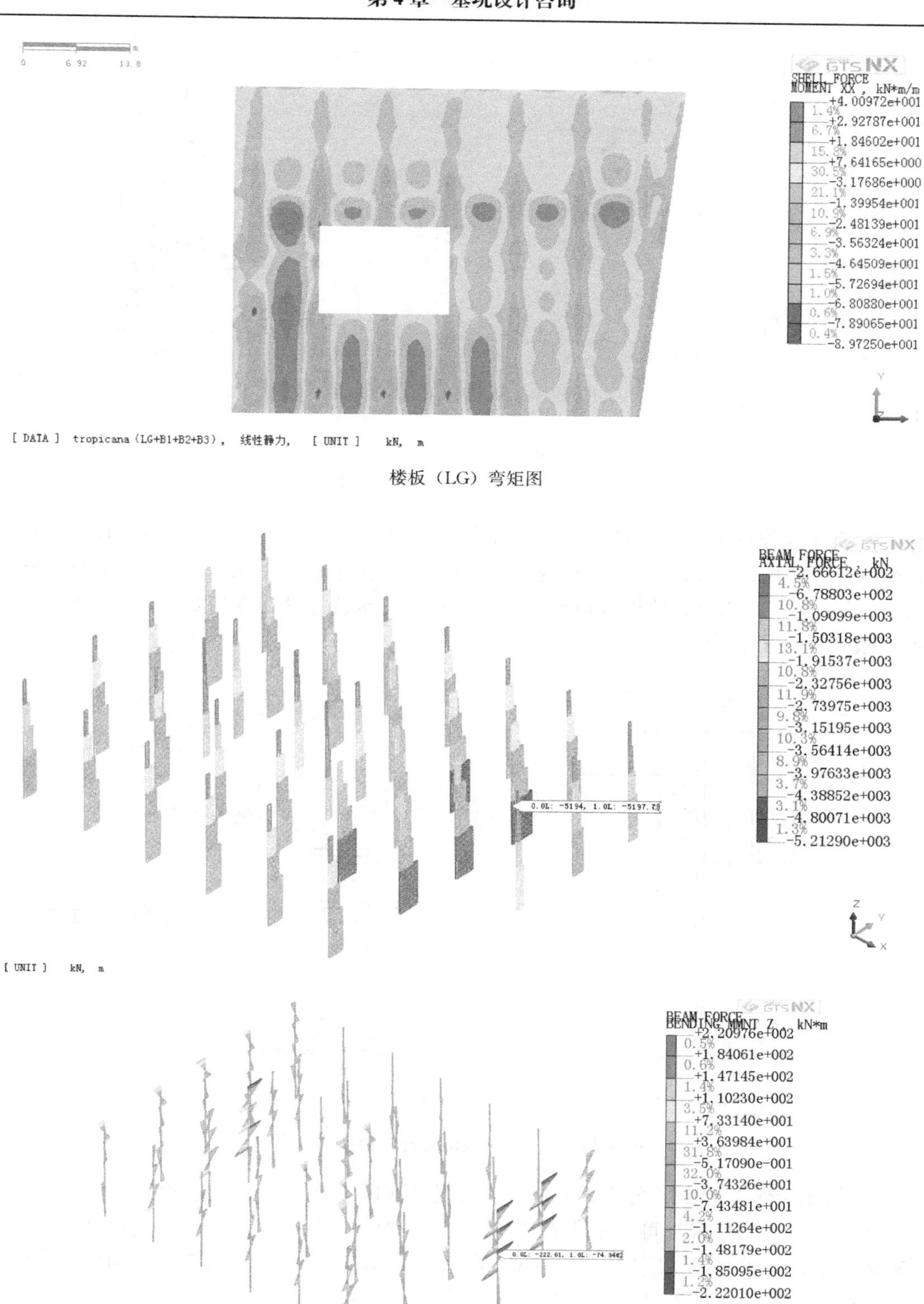

楼板（LG）弯矩图

图 4.2.8 逆作区楼板及立柱计算结果（二）

立柱轴力、弯矩及剪力图

图 4.2.8 逆作区楼板及立柱计算结果（三）

2）开展逆作区基础、立柱及立柱桩整体优化设计，采用 UC305×305×158kg/m 的 H 型钢立柱兼做永久柱，并应用立柱抗冲切加固专利技术，见图 4.2.9，整体方案得到外方顾问的认可。以单根立柱桩替换原设计两桩承台，承载力满足设计要求，大直径桩数减少 32 根，节省了造价和工期。

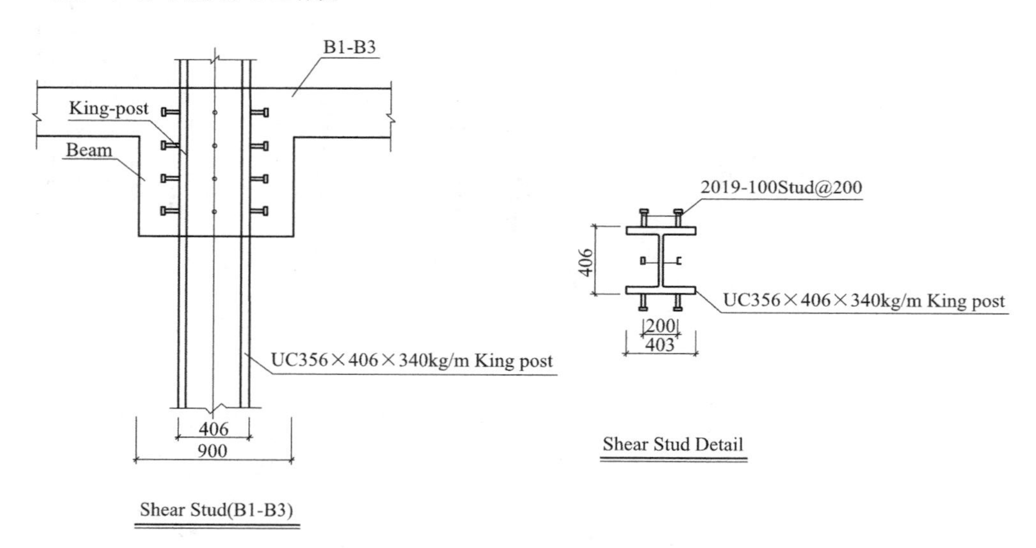

图 4.2.9 逆作区型钢立柱抗剪加固节点

3）提出逆作与顺作区交叉施工方案，实现逆作区与南侧顺作区的顺利过渡，并最大程度降低逆作区的暴露时间，保证了基坑安全。针对逆作层高较小特点，建议施工单位采用铲运式暗挖技术并成功应用，大大提高了挖土效率，节省了逆作区工期。为实现逆作区与顺作区施工过渡，本项目细化施工工况如图 4.2.10 所示。

工况一：逆作法区域施工工程桩，一柱一桩，采用型钢立柱；区域 3 施工工程桩；区域 1C-C 放坡；

工况二：逆作法区域留土开挖，施工 LG 层；区域 3 施工工程桩；区域 1C-C 继续放坡开挖，区域1B施工B4层；

工况三：逆作区区域施工斜撑后，挖去留土，施工LG层至围护结构，区域3和区域1C-C施工工程桩；区域1B施工B3层；

工况四：逆作法区域施工B1屋；区域3工程桩施工完成，卸土，安装锚杆；区域1C-C继续开挖；区域1B施工B2层；

工况五：逆作法区域施工B2层，；区域3继续开挖并逐层安装锚杆；区域1C-C继续开挖；区域1B施工B1层，将区域1B和逆作法区域的B2层连接；

工况六：逆作法区域施工B3层和B4层；区域3继续开挖并逐层安装锚杆；区域1B施工LG层，将区域1B和逆作法区域的B3层、B4层连接；

工况七：逆作法区域施工±0.0层，拆除斜撑；将区域1B和逆作法区域剩余全部楼板连接。

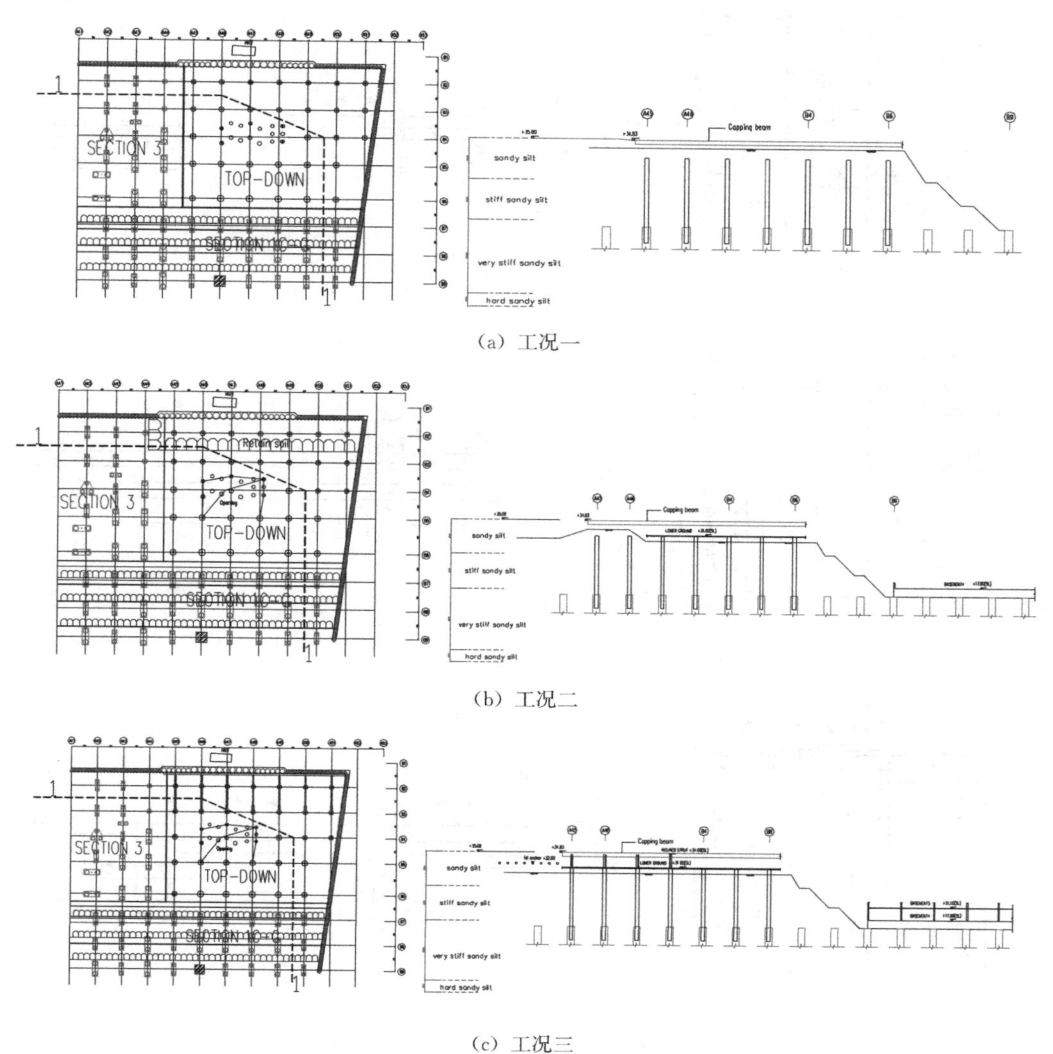

(a) 工况一

(b) 工况二

(c) 工况三

图4.2.10　逆作区与顺作区过渡段施工工况（一）

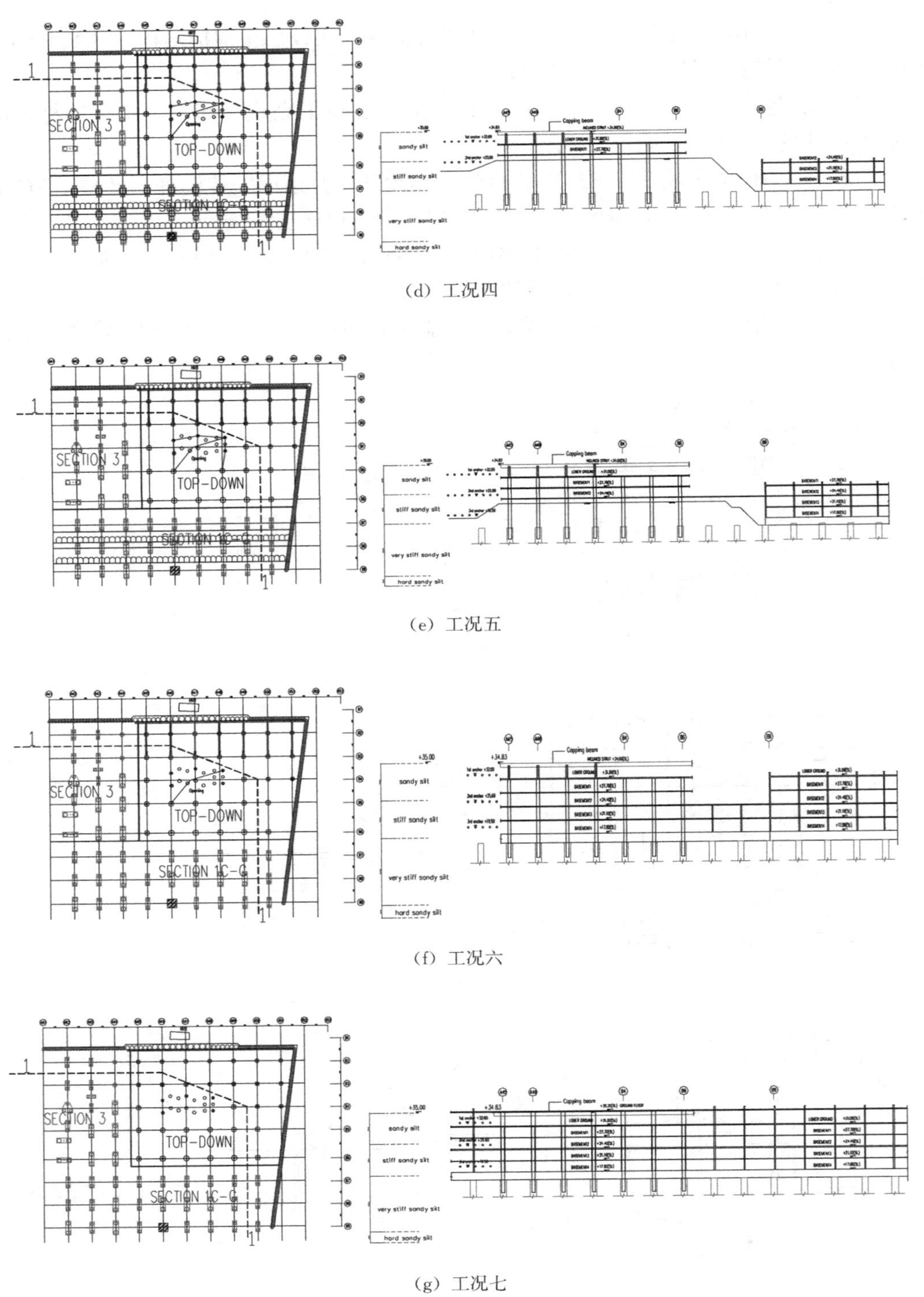

(d) 工况四

(e) 工况五

(f) 工况六

(g) 工况七

图 4.2.10　逆作区与顺作区过渡段施工工况（二）

(2) 根据开挖深度和基岩面标高进行分段式基坑围护优化设计，将南侧原设计的钢板桩+灌注桩排桩+两道斜撑的围护方案优化为放坡+土钉方案，东侧减少围护桩长及锚杆数量，局部取消排桩，极大节省工期和造价。

1）基坑南侧：原设计采用钢板桩+灌注桩排桩+两道斜撑的围护方案，如图 4.2.11 所示。根据该侧地质条件，岩层出露深度较浅，原围护方案较保守、施工难度较大，留土+斜撑的方案对开挖进度有很大影响，因此，该侧可考虑采用放坡+土钉的围护方案，待基坑开挖完成后可再施工驳岸挡墙及挡墙基础。优化围护方案如图 4.2.12 所示。

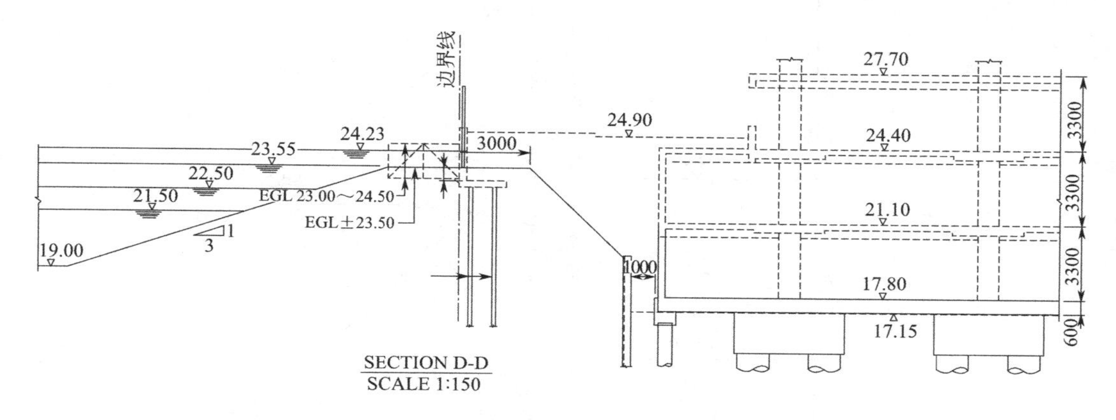

图 4.2.11 基坑南侧方案示意图（优化前）

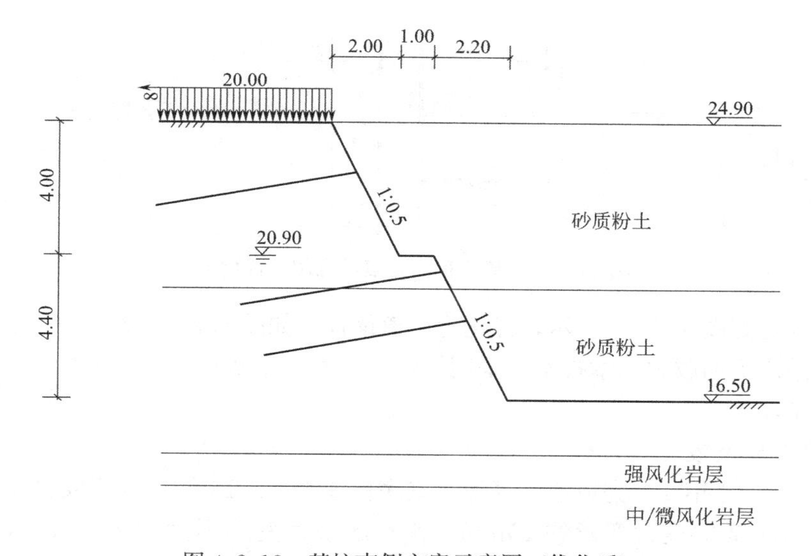

图 4.2.12 基坑南侧方案示意图（优化后）

2）基坑东侧：原设计采用单排 CBP 桩+两道锚杆的围护形式，如图 4.2.13 所示，考虑到基坑东侧场地较为宽阔，且地势北高南低，南部基岩出露较浅，因此根据花岗岩层出露情况，不入岩工况，采用放坡+单排桩+两道锚杆围护形式，如图 4.2.14(a) 所示，入岩工况，采用放坡+单排桩围护形式，如图 4.2.14(b) 所示。

（3）根据一期工程经验及场地土层条件，基坑北侧将原设计的单排 CBP 桩+三道锚

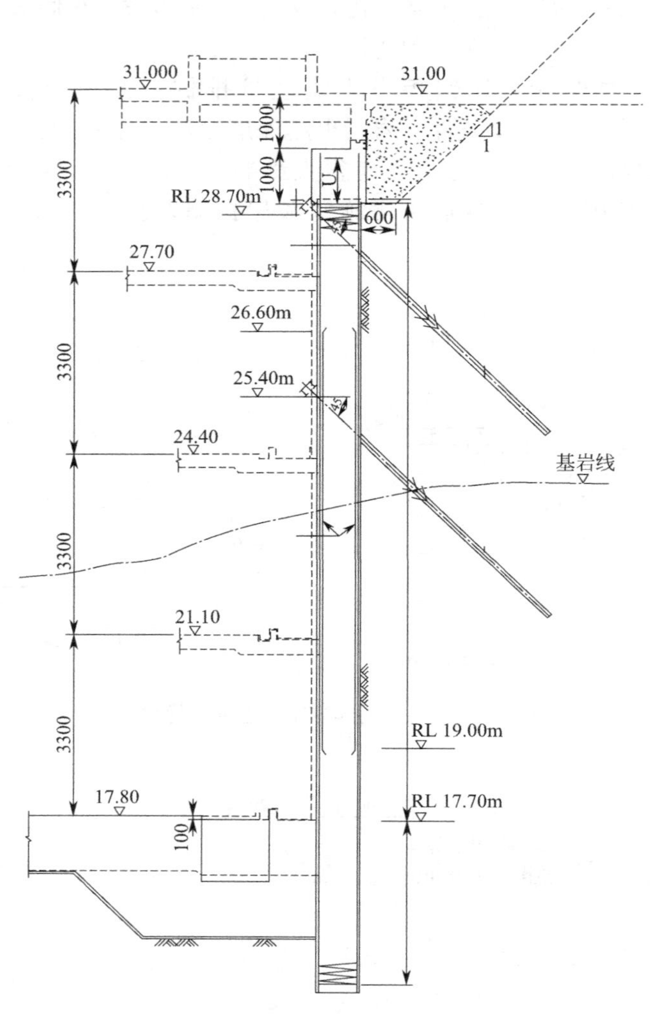

图 4.2.13　基坑东侧方案示意图（优化前）

杆的围护形式，如图 4.2.15 所示，优化为两道锚杆，如图 4.2.16 所示。针对锚杆设计及轻轨要求，采用可回收式锚索技术，采用扭转式拆离技术实现 100%锚索回收，为同类技术发展积累了经验。

4.2.5　实施效果及效益

本项目于 2016 年 9 月完成逆作区地下室底板施工，2018 年 6 月完成整体地下室结构施工，开挖期间基坑最大变形约 25mm，逆作区最大变形不大于 20mm，MRT 变形约 9mm，如图 4.2.17 所示，与前期计算结果基本吻合，采用非对称荷载逆作法成功实现基坑安全开挖与周边环境保护，通过基坑分区优化，节省围护造价约 1500 万元，节省工期超过 1 月，经济和社会效益明显，现场照片如图 4.2.18～图 4.2.22 所示。结合本项目开展，完成了中、英、欧岩土规范的差异性分析，梳理了中外规范岩土参数、基坑水土压力、变形及稳定性、桩基承载力及沉降计算等方法，为后续海外岩土工程设计咨询提供了技术支撑。

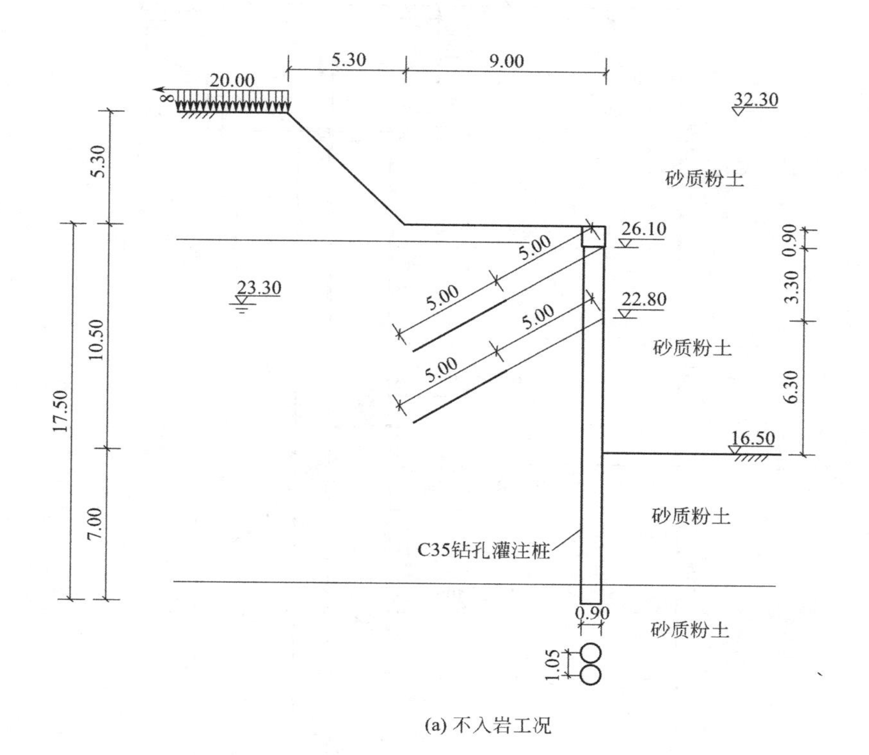

(a) 不入岩工况

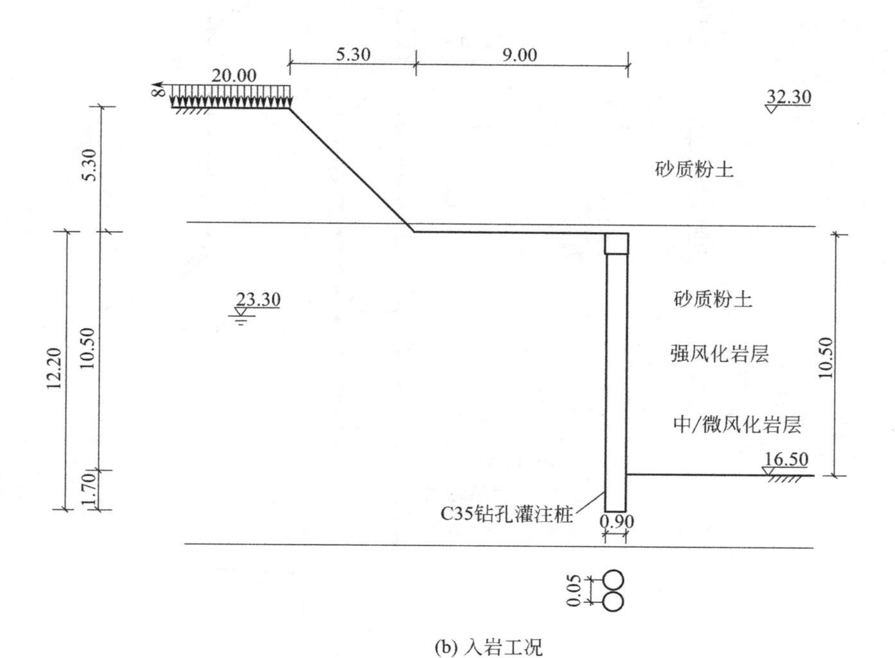

(b) 入岩工况

图4.2.14　基坑东侧方案示意图（优化后）

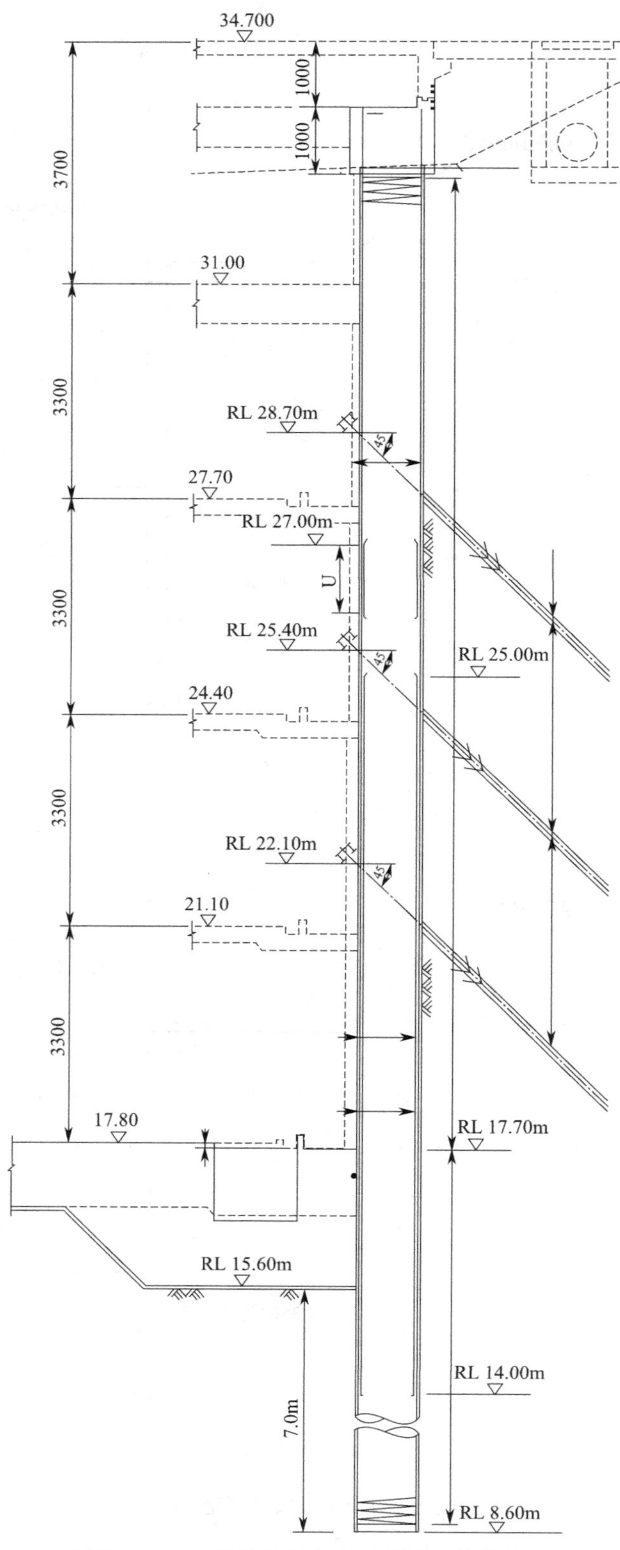

图 4.2.15　基坑北侧方案示意图（优化前）

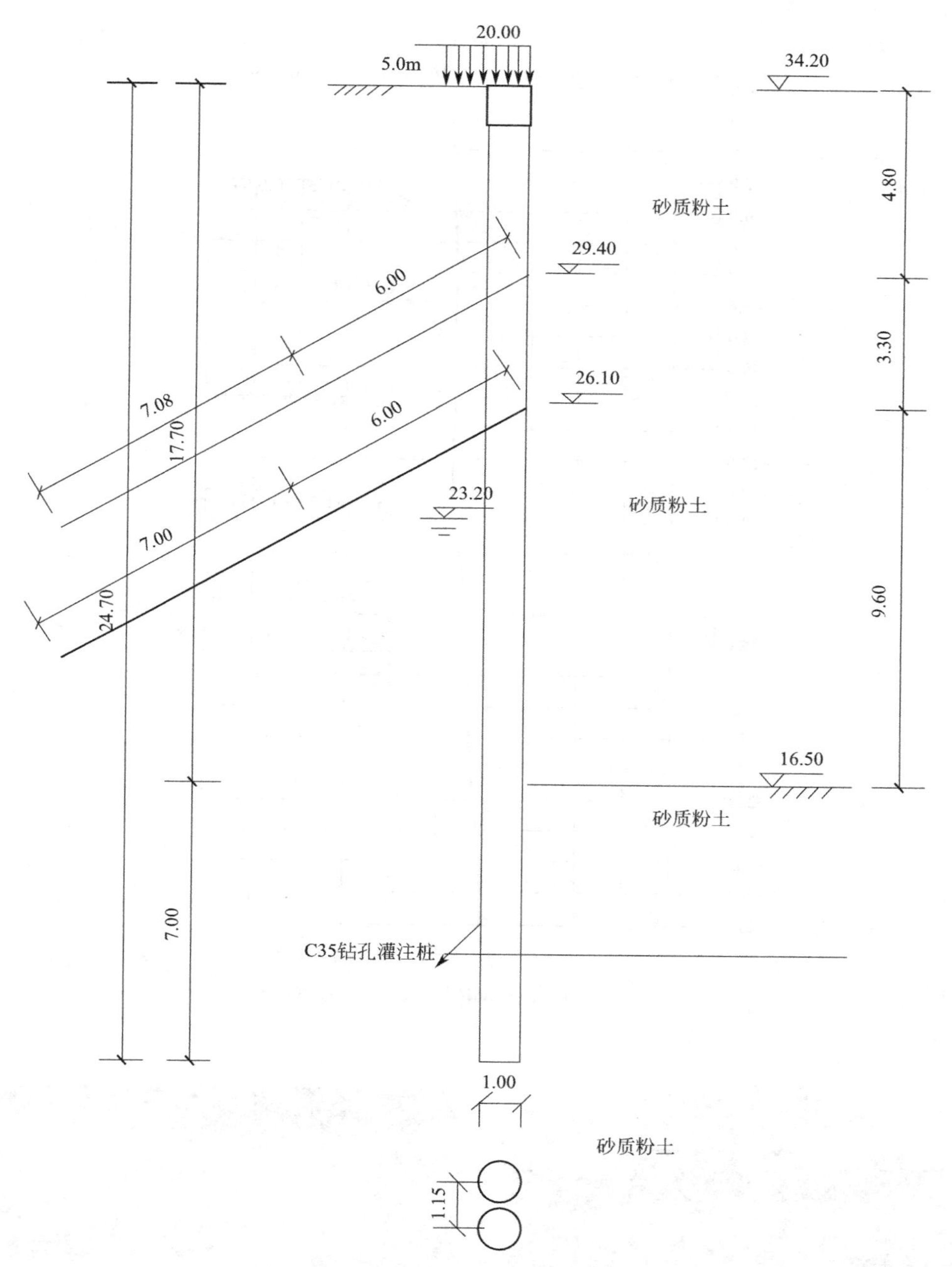

图 4.2.16 基坑北侧方案示意图（优化后）

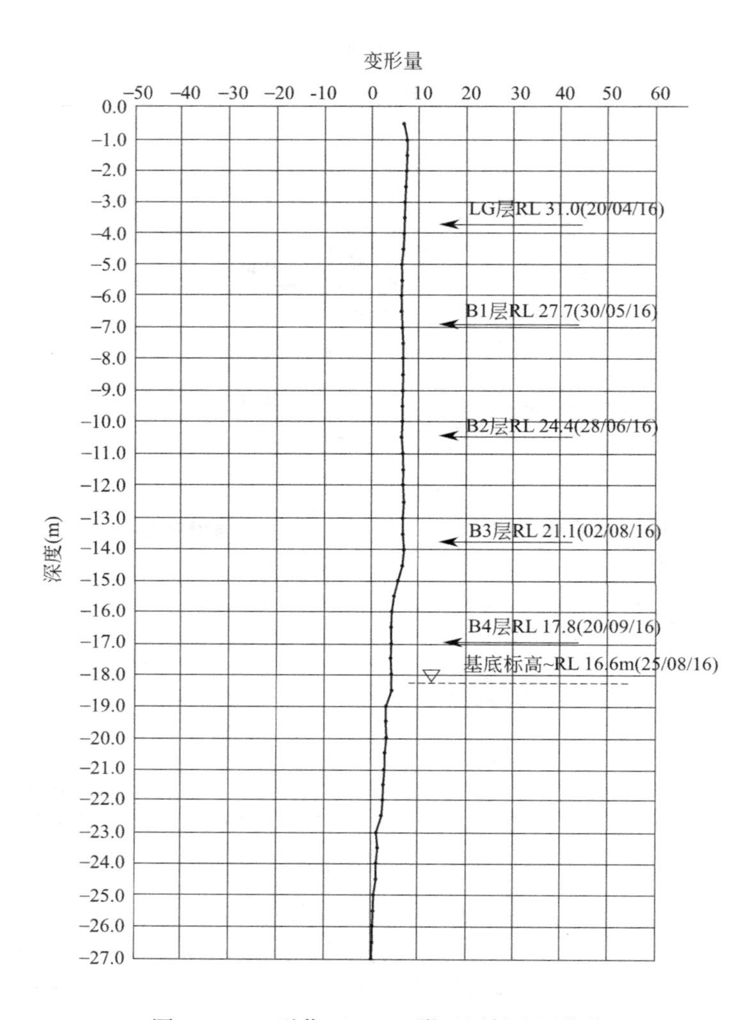

图 4.2.17 逆作区 MRT 附近测斜监测曲线

图 4.2.18 南侧放坡区现场照片（2014.11）

图 4.2.19 东侧放坡区照片（2015.1）

图 4.2.20　逆作区开挖现场照片

图 4.2.21　北侧非 MRT 区 100%可回收桩锚照片

图 4.2.22　地下结构完工照片（2018.6）（一）

图 4.2.22 地下结构完工照片（2018.6）（二）

4.3 赵巷园区某二期项目

4.3.1 工程概况

本工程位于上海市青浦区赵巷镇，基坑东西向长约 246m，南北向宽约 284m，基坑总面积约 59381m^2，基坑周长约 1089m，基坑总体挖深 5.7～7.0m，后基坑开挖深度调整加深至 6.2m，局部集水井、电梯井基坑开挖深度 6.9m。

基坑东侧开挖边线与规划红线距离最近约 2.9m，红线外为 15m 宽的绿化带，绿化带上现有 1m 高左右的堆土，绿化带外为城市主干道嘉松中路。基坑南侧、西侧、北侧开挖线分别与规划红线距离最近约 7.6m、4.1m、4.6m。基坑西南角红线外为姚家浜河道，基坑西北角红线外为许泾河道，均已回填。

4.3.2 地质条件

本工程场地地势平坦，地面标高一般在 2.65～4.94m 之间。场地在深度 50.0m 内主要由黏性土、粉性土、砂土组成，基坑开挖影响范围内的土层参数如表 4.3.1 所示。

主要土层参数 表 4.3.1

层号	土层名称	重度 γ (kN/m^3)	固结快剪峰值	
			c(kPa)	φ(°)
②	灰黄—青灰色粉质黏土	18.6	20	19.0
②$_t$	灰色黏质粉土	18.5	7	29.0
③$_1$	灰色淤泥质粉质黏土	17.2	12	14.5
③$_{3-1}$	灰色黏土	17.4	15	13.0
③$_{3-1夹}$	灰色砂质粉土	18.7	5	31.0
③$_{3-3}$	灰色粉质黏土	17.9	16	16.5
⑥$_1$	暗绿色粉质黏土	19.8	42	18.0

场地浅部土层的潜水，其补给来源主要为大气降水与地表径流。潜水位埋深随季节、气候等因素而有所变化。勘察期间测得钻孔中地下水埋深0.20～4.00m，地下水埋深高程为2.88～3.88m。

4.3.3　技术难点分析

（1）本场地位于湖沼平原相沉积地貌单元，地势相对平坦，浅部土质条件较差，强度较低，基坑面积超过6万m^2，且周边环境复杂，东侧距现有市政道路较近，下有较多管线，在基坑围护设计和施工过程中应引起重视。

（2）本基坑原支撑设计采用斜抛撑方案，斜抛撑施工工序包括：圈梁施工→留土开挖→底板及牛腿施工→混凝土养护→斜抛撑施工→坑边土方开挖及底板施工→斜抛撑拆除，斜抛撑需先开挖中心岛区域并施工完成中心岛底板，待底板养护完成后方可二次开挖斜抛撑下方预留土方。因此有诸多不利，包括：1）斜抛撑以底板作为支撑节点，土方须分块、分次开挖，底板也须分块、分次施工，混凝土养护至少28d以上，钢管斜抛撑安装也需要一定时间，放坡开挖阶段变形较大，对环境保护不利；2）本项目主楼贴边，底板不可一次成型，主楼区域分两次开挖，导致工期更长，基坑暴露时间越久，基坑风险越大；3）斜抛撑下土方开挖极其困难，挖机需时刻注意不能触碰钢管支撑，挖土效率低，安全隐患大。

（3）为优化斜抛撑方案，支撑可采用具有自主知识产权的前撑注浆钢管桩新型工艺，该支护形式可实现直立式开挖，挖土方便，能有效提高施工效率。该技术关键在于保障前撑注浆钢管桩的承载能力达到设计要求，本项目场地内分布有⑥层暗绿、草黄色粉质黏土，该层深度适中，土体强度较高，以该土层作为前撑注浆钢管桩的持力层能获得较高的承载力能力，但场地内⑥层地层层顶起伏较大，且局部缺失，需要根据持力层埋深调整前撑注浆钢管桩的桩长、间距等设计参数，同时保障经济性和安全性。

4.3.4　技术咨询成果

本项目原设计方案在基坑边线距离红线较远处采用水泥土重力式挡墙，基坑边线距离红线较近处采用SMW工法＋斜抛撑，见图4.3.1。常规斜抛撑围护方案基坑开挖周期较长，挖土不便，挖土效率低，安全隐患大等问题。

前撑注浆钢管桩新型工艺可以替代常规斜抛撑工艺，前撑注浆钢管桩的施工工序包括：前撑注浆钢管桩施工→圈梁施工→坑边土方开挖到底→特制钢板安装并浇筑垫层→土方开挖到底→底板施工→钢管割除，该支护形式的优点如下：

（1）钢管注浆桩作为压杆时可提供支撑反力，类似于斜抛撑的作用；

（2）可实现直立式开挖，不需要内支撑，挖土方便，施工速度快；

（3）钢管注浆桩施工便捷，紧跟围护桩施工，基本不占用围护结构施工工期；

（4）注浆钢管桩作为斜向内抛支撑不出红线，不需要考虑二次回收。

前撑注浆钢管桩工艺作为专利技术，自2017年规模化推广以来3年内在上海及江浙地区完成60余项工程，效果显著。软土地区变形控制是难点也是重点，通过在坑前土体插入前撑钢管桩工艺进行受力控制变形，有效限制了坑内土体隆起变形，比常规支撑形式的板式支护变形小，这在完成的数十个项目中都得到了体现。对本工程建议方案进行预估，基坑侧壁最大水平位移在20～40mm，优于或不低于原设计的斜撑或重力式挡墙方案；在经济性方面，由于前撑桩长比斜抛撑大，综合单价高于斜抛撑，直接支护成本有一

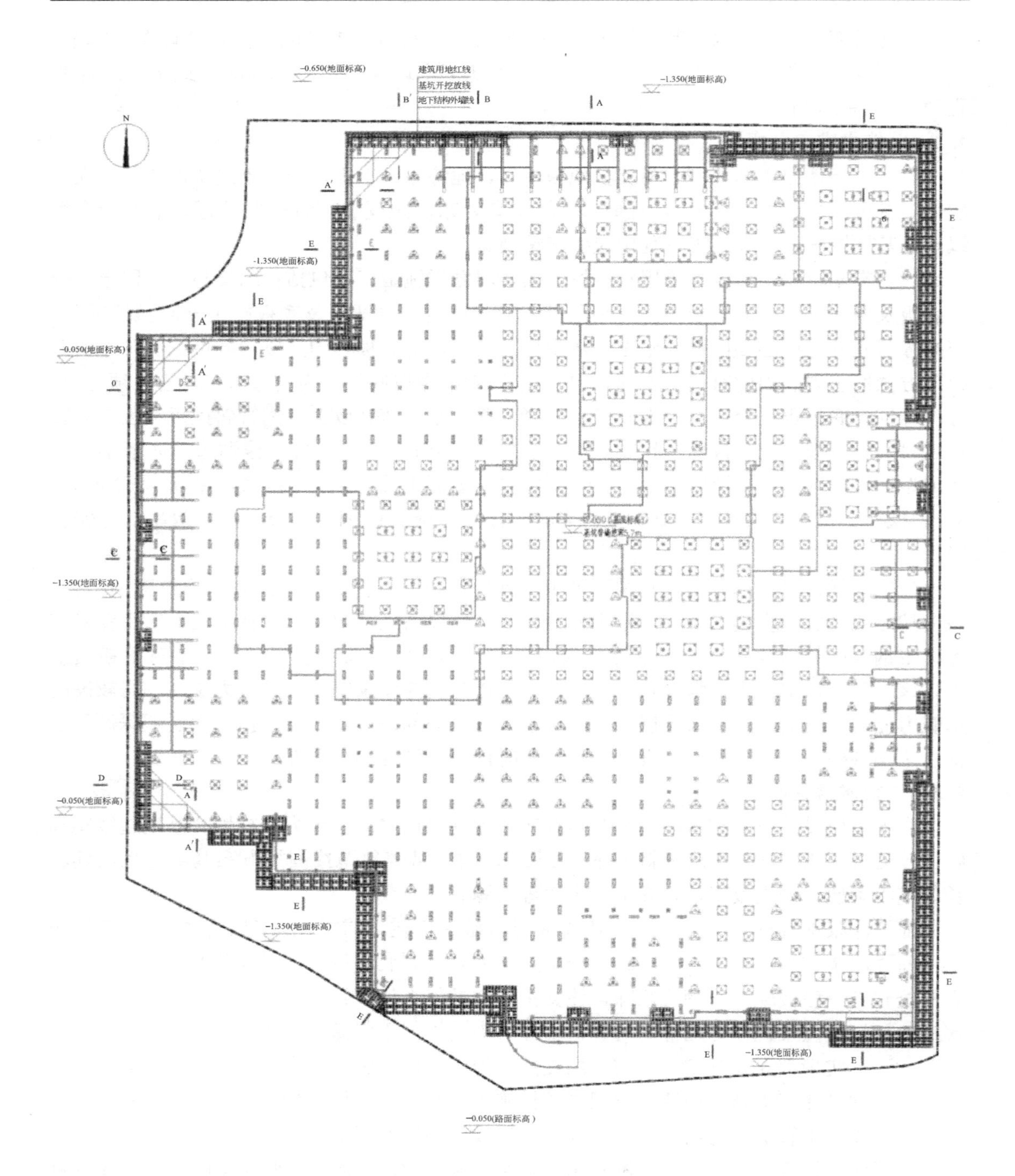

图 4.3.1 原设计方案

定增加，对本工程两方案支撑造价进行测算，前撑注浆钢管桩方案比原斜撑方案增加直接造价约 10%，但工期可节约 45d 以上，而如果与常规两道水平内支撑方案相比，根据数年来工程实践证明，可节约工程造价 25%以上，节省工期 90d 以上。

随后，基坑普遍开挖深度由5.7m调增至6.2m，基坑挖深超过6m，原设计方案中部分区域水泥土重力式挡墙围护结构形式也不能满足基坑施工安全要求，因此均采用SMW工法桩+前撑注浆钢管支撑，同时考虑到基坑在嘉松中路侧挖深达6.9m，本侧坑外绿化带上有1m高的堆土，加之本侧有需要保护的地下管线，将本工程基坑分为两个区先后施工，即将该地块分为A区和B区，如图4.3.2所示，A区采用灌注桩结合一道水平支撑形式，B区采用SMW工法桩+前撑注浆钢管支撑，如图4.3.3所示。先进行A区开挖施工，A区基坑开挖期间分隔桩以西5倍开挖深度范围内土方不可开挖，待水平支撑拆除后，开挖B区基坑剩余土方。

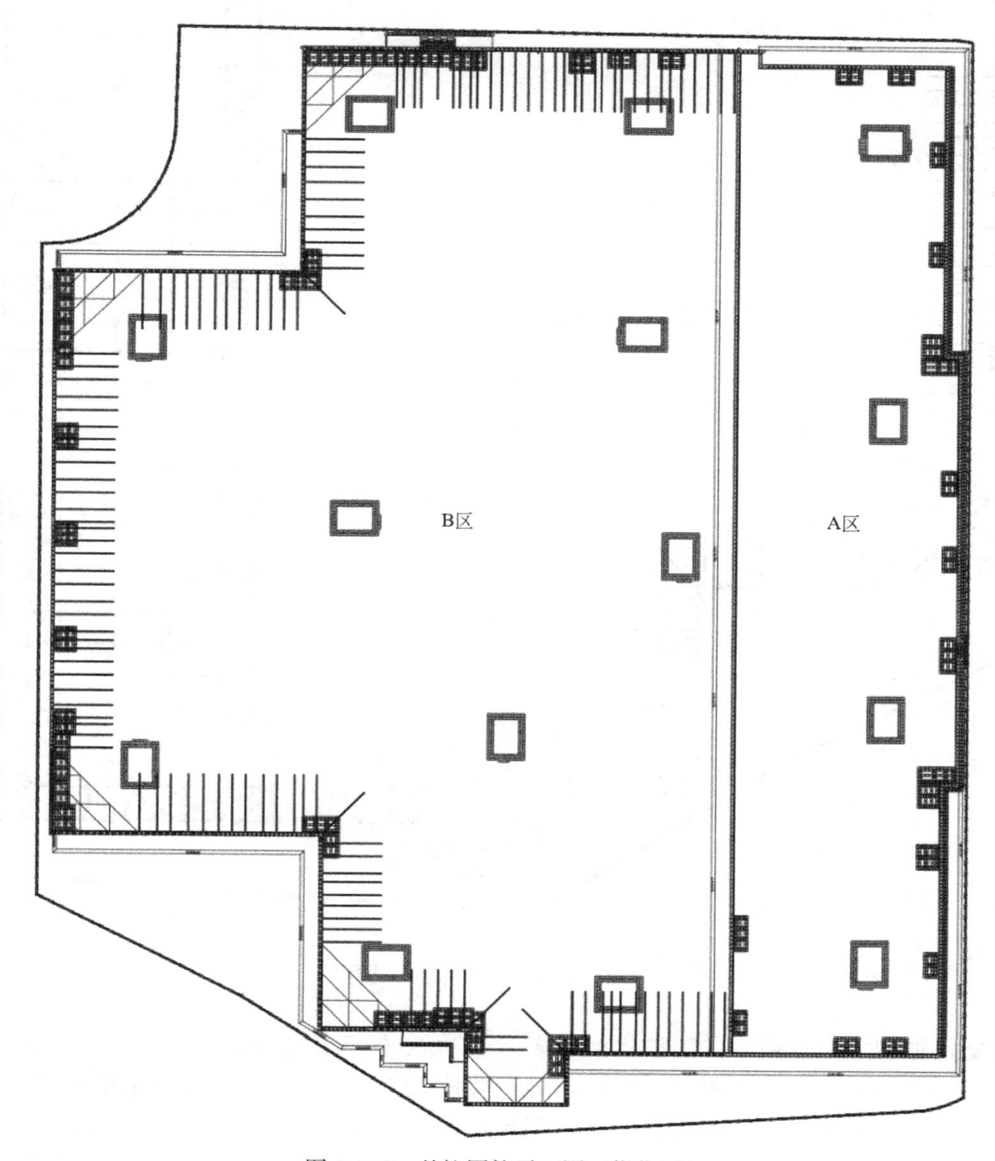

图4.3.2　基坑围护平面图（优化后）

A区东侧采用钻孔灌注桩+双轴搅拌桩+一道水平混凝土支撑、结合暗墩加固的围

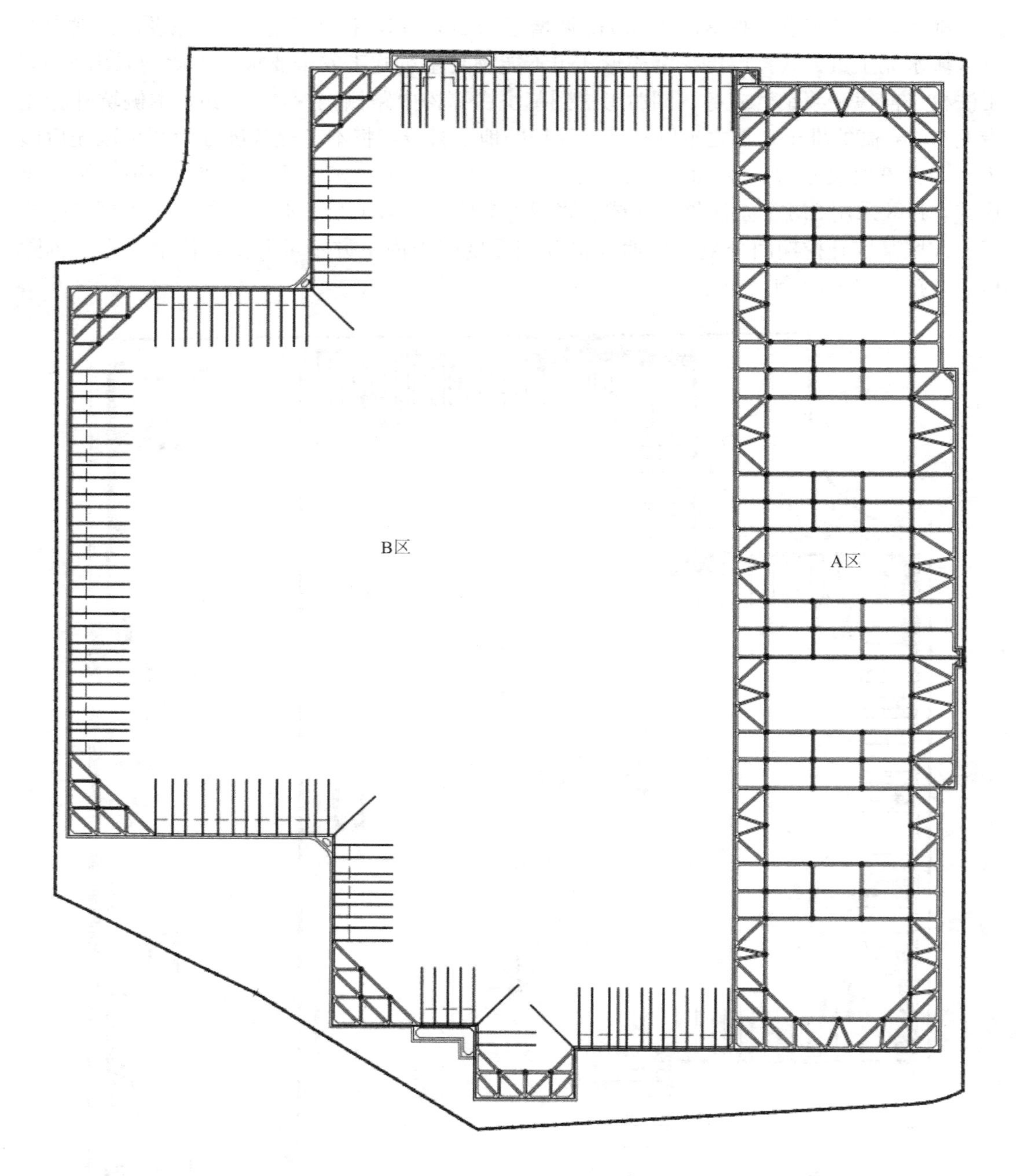

图 4.3.3　支撑平面布置图（优化后）

护方案，如图 4.3.4 所示。围护桩采用 ϕ800@1000 钻孔灌注桩，桩长 18.0m；止水桩采用两排 2ϕ700@1000 双轴水泥土搅拌桩，桩长 12.0m；A 区南北两侧采用 SMW 工法结合一道水平混凝土支撑的围护方案。围护兼止水桩采用 3ϕ850@1200 三轴水泥土搅拌桩，内插型钢 H700×300×13×21@1200，三轴搅拌桩桩长 16.2m，H 型钢长度 17.0m。

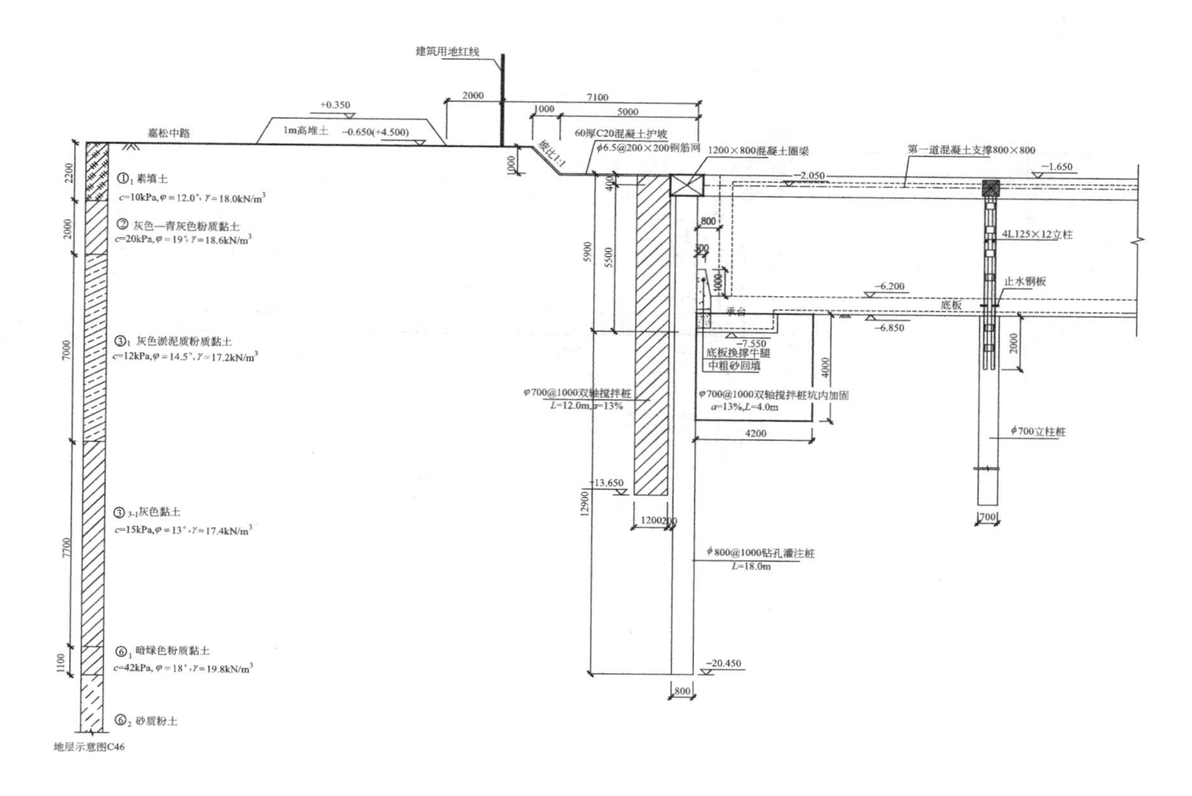

图 4.3.4　A 区典型剖面图

B 区普遍采用 SMW 工法+前撑注浆钢管支撑的围护方案，见图 4.3.5。采用 3ϕ850@1200 三轴水泥土搅拌桩，内插型钢 H700×300×13×21@600/1200 挡土，三轴搅拌桩桩长 16.2/17.2m，型钢长 17.0/18.0m；坑底 6.5m 宽度范围内设置 200 厚配筋垫层，内配 ϕ10@200×200 双层双向钢筋网片。前撑注浆钢管根据⑥层层顶起伏情况采用 ϕ325×8@3000/3600/4200/4800，水平倾角 45°，桩长 24.0/25.0m。局部⑥层缺失或基坑挖深局部落低较大处采用双排 SMW 工法+前撑注浆钢管支撑。前后排 SMW 工法中心距为 4.0/1.6m，前排采用 3ϕ850@1200 三轴水泥土搅拌桩，内插型钢 H700×300×13×21@600/1200 挡土，后排采用 3ϕ850@1200 三轴水泥土搅拌桩，内插型 H700×300×13×21@1200 挡土，三轴搅拌桩桩长 16.2/17.2m，型钢长 17.0/18.0m，前后排桩圈梁截面尺寸均为 1200mm×800mm；通过 400mm 厚钢筋混凝土面板使前后排围护桩连接成整体。

4.3.5　实施效果及效益

本项目前撑注浆钢管桩采用约束式注浆工艺，该注浆工艺为新型改进注浆工艺，在管体及管体底部形成多个约束体，采取全段分段注浆，注浆速度宜采取“低压、缓速、慢凝”，约束浆液注浆范围，起到扩大钢管桩直径的作用，保证注浆效果，大大提高前撑注浆钢管桩的承载能力，静载荷试验表明本项目桩端位于⑥层的前撑注浆钢管桩的单桩承载力极限值大于 1200kN。

A 区面积约 1.5 万 m^2，B 区面积约 4.4 万 m^2，A 区于 2019 年 6 月初开始施工内支

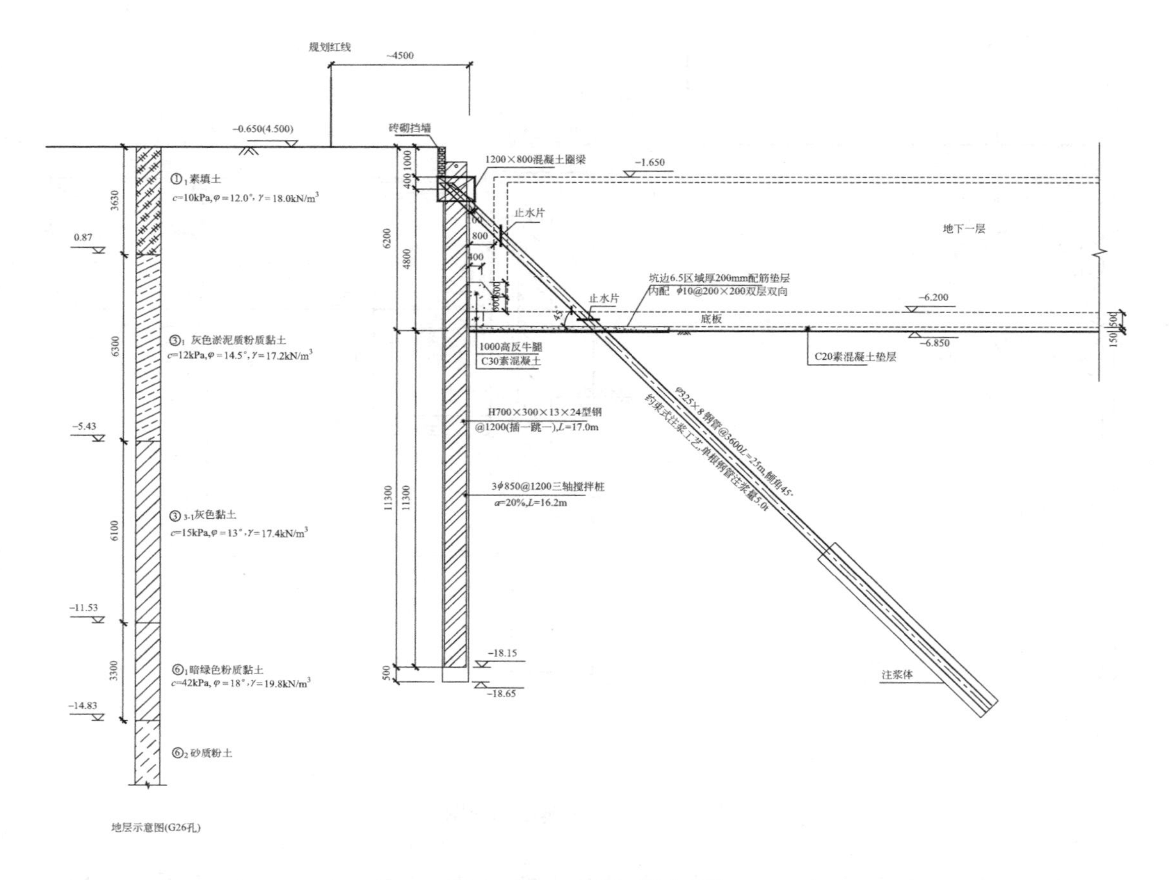

图 4.3.5　B区典型剖面图

撑，8月初至9月中下旬进行土方开挖，B区于2019年7月12日～2019年8月11日施工前撑注浆钢管，9月23日开始土方开挖，在11月8日前除南侧及西侧施工道路外基本开挖完成，可见，首先B区施工前撑注浆钢管是与施工围护结构同步进行，在土方开挖前全部完成，不影响整体工期，可节约施工工期一个多月，其次B区开挖土方量接近A区的3倍，但2个分区开挖时长均为一个半月左右，该方案实现了土方的敞开式开挖，又可节约工期至少45d以上，总体节约工期近2.5个月。

施工过程中的监测（图4.3.6）显示A区普遍变形控制在2～3cm，最大测斜达到4cm，B区普遍测斜变形控制在2cm左右，最大测斜控制在4cm以内（该处⑥层层顶埋深较深且基坑坑边堆放钢筋），周边环境沉降均在规定控制范围内，前撑注浆钢管桩控制变形能力稳定可靠，此外，施工期间测试前撑注浆钢管轴力，如图4.3.7所示，开挖期间轴力约180kN，垫层浇筑后轴力迅速增长到约650kN。该基坑中新工艺的使用，社会、经济和环境效益良好，获得了业主方和专家们的一致好评，现场照片如图4.3.8和图4.3.9所示。

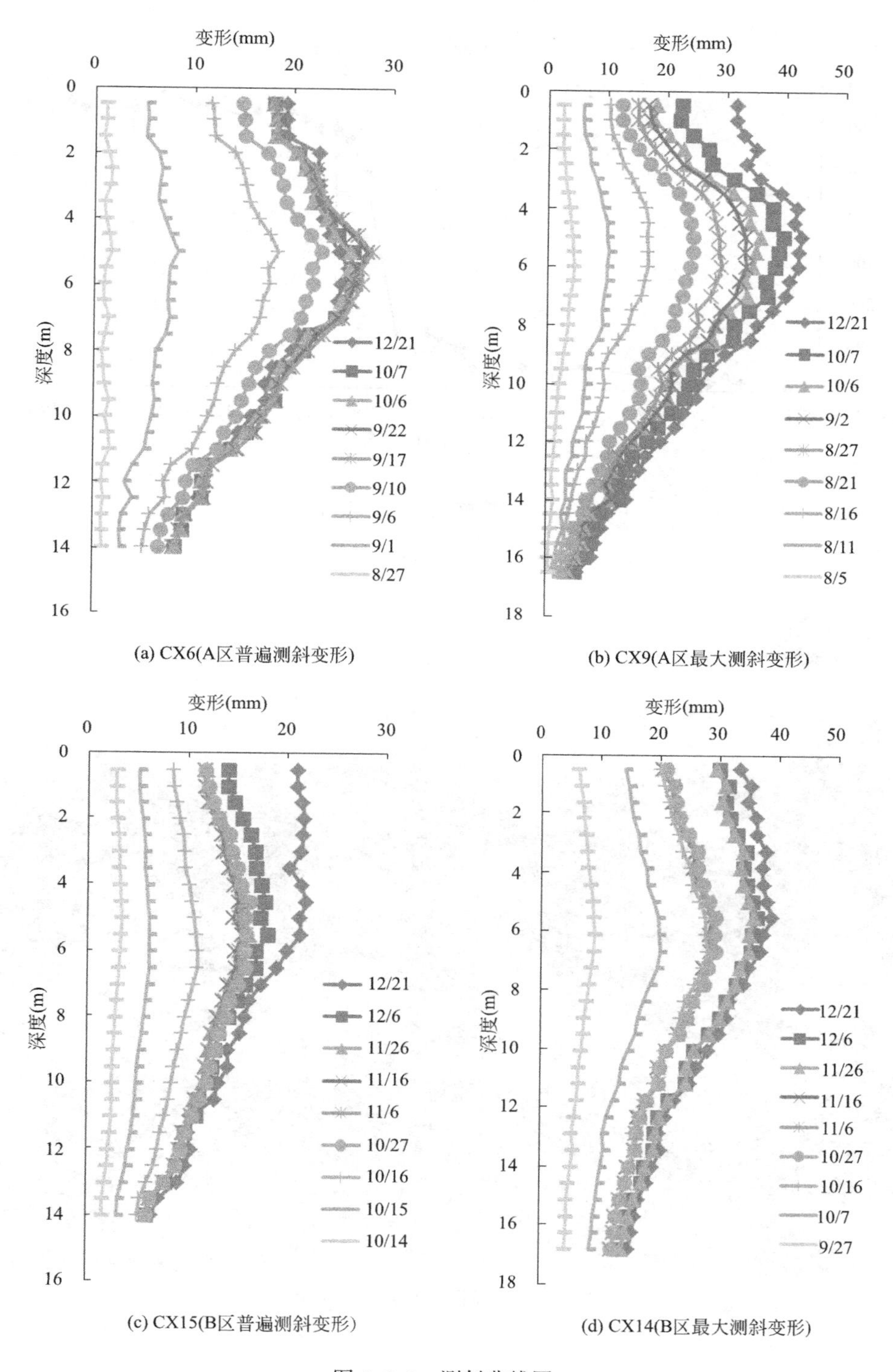
变形(mm)
深度(m)
12/21
10/7
10/6
9/22
9/17
9/10
9/6
9/1
8/27
(a) CX6(A区普遍测斜变形)
变形(mm)
深度(m)
12/21
10/7
10/6
9/2
8/27
8/21
8/16
8/11
8/5
(b) CX9(A区最大测斜变形)
变形(mm)
深度(m)
12/21
12/6
11/26
11/16
11/6
10/27
10/16
10/15
10/14
(c) CX15(B区普遍测斜变形)
变形(mm)
深度(m)
12/21
12/6
11/26
11/16
11/6
10/27
10/16
10/7
9/27
(d) CX14(B区最大测斜变形)

图4.3.6　测斜曲线图

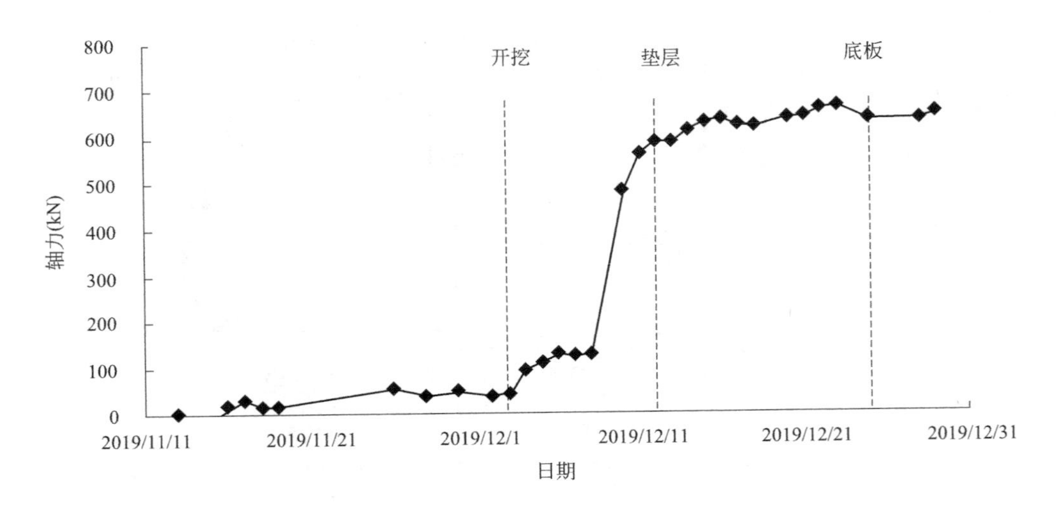

图 4.3.7 前撑桩桩身轴力历时曲线

图 4.3.8 前撑注浆钢管桩照片

图 4.3.9　航拍照片

4.4　上海天马再生能源利用中心二期

4.4.1　工程概况

本工程场地位于上海松江区青天路、东西干道，上海再生能源利用中心厂区内部，为该厂区的二期建设项目。本项目为扩建生活垃圾焚烧发电厂，处理规模为日焚烧处理生活垃圾 1500t，配置 2×750t/d 炉排焚烧炉，主要建设内容包括：主工房、烟囱、循环水泵房、旁路过滤器、机力通风冷却塔、渗滤液暂存池、宿舍等，以及配套的附属设施。

本项目单体垃圾坑、渣坑、烟囱基础、循环水泵房、冷却塔等设有地下室，共计大小基坑 5 个，基坑总面积合计约 7978m^2，周长合计约 900m。其中最深的垃圾坑基坑挖深 8.2～11.2m，其余基坑挖深一般在 4.1～5.0m，场地内基坑分布示意图见图 4.4.1。本工程基坑设计安全等级：垃圾坑为二级，其他均为三级；基坑环境保护等级按照二级控制。基坑围护重点保护对象包括周边道路、建筑及地下管线，主厂房区域还需重点保护基坑周边已建承载基础和桩基，本项目各单体均采用桩基础。其中，主工房用地面积约 1.7 万 m^2，最大单柱荷载约 20000kN；烟囱用地面积约 407m^2，采用桩筏基础，总荷载约 60000kN；其余单体体量、荷载均较小。

本项目在上海天马生活垃圾末端处置综合利用中心二期工程的不同阶段，提供了各类岩土工程技术服务，主要完成的内容包括以下几个方面：（1）对场地进行岩土工程勘察工作；（2）对场地内垃圾池、渣池、烟囱基础、循环水泵房、冷却塔等进行基坑围护设计工作；（3）针对本工程的特点，结合一期建设工程经验，为本工程提供桩基咨询服务工作。

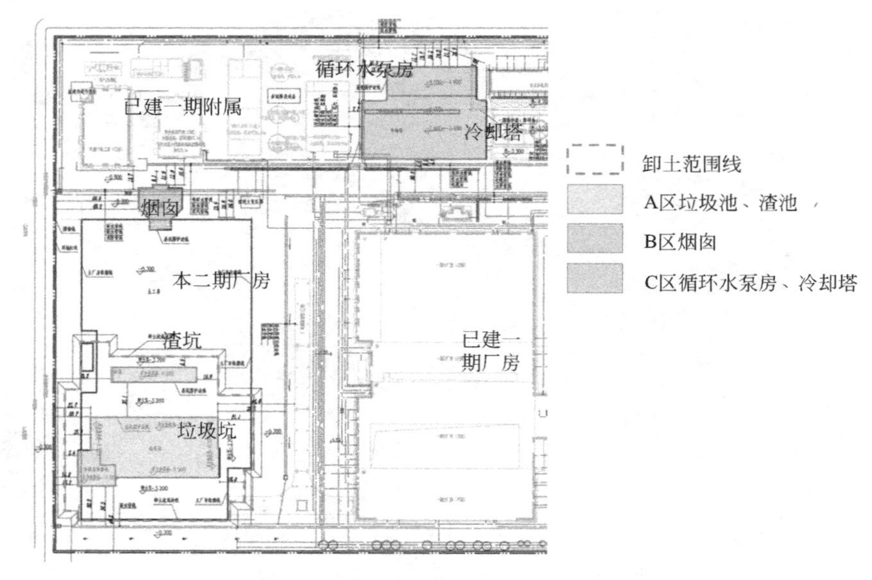

图 4.4.1　场地内部基坑分布示意图

4.4.2　地质条件

本工程场地位于上海市松江区佘山镇，湖沼平原地貌。场地现状为厂区内部空地，部分为地坪道路，地势稍有起伏。场地在 45.30m 深度范围内的地基土属第四纪全新世（Q_4）及上更新世（Q_3）滨河—河口相、滨海—浅海相、滨海—湖沼相和河口—滨海相沉积层，主要由饱和黏性土及粉性土组成，具水平层理，基坑设计影响范围内的土层特点：

①层填土，表层 1～2m 为本项目一期建设期间的新近回填土，底部 0.5～0.8m 为原耕植土；

②层黏土，土质由上至下逐渐变软，呈可塑—软塑状态，属高等压缩性；

③层黏土，呈软塑—流塑状态，属高等压缩性，具流变特性；

$⑥_{1-1}$ 层粉质黏土，可塑—硬塑状态，中等压缩性，埋深有一定起伏，在垃圾池、渣池区域一般为 7～8m，其他区域埋深较浅，一般在 4～5m；

$⑥_{1-2}$ 层粉质黏土，可塑状态，中等压缩性；

$⑥_3$ 层粉质黏土，软塑—可塑状态，中等压缩性；

$⑥_4$ 层粉质黏土，可塑—硬塑状态，中等压缩性。

主要土层参数表见表 4.4.1，静力触探曲线如图 4.4.2 所示。

主要土层参数　　　　**表 4.4.1**

土层编号	土层名称	天然重度 γ(kN/m^3)	抗剪强度(固快)建议值	
			c(kPa)	φ(°)
②	黏土	18.3	19.0	13.5
③	黏土	17.9	16.0	11.5
$⑥_{1-1}$	粉质黏土	19.2	42.0	14.5

续表

土层编号	土层名称	天然重度 $\gamma(\mathrm{kN/m^3})$	抗剪强度(固快)建议值	
			c(kPa)	φ(°)
⑥$_{1-2}$	粉质黏土	18.9	31.0	14.5
⑥$_3$	粉质黏土	18.5	17.0	16.5
⑥$_4$	粉质黏土	19.6	46.0	15.0

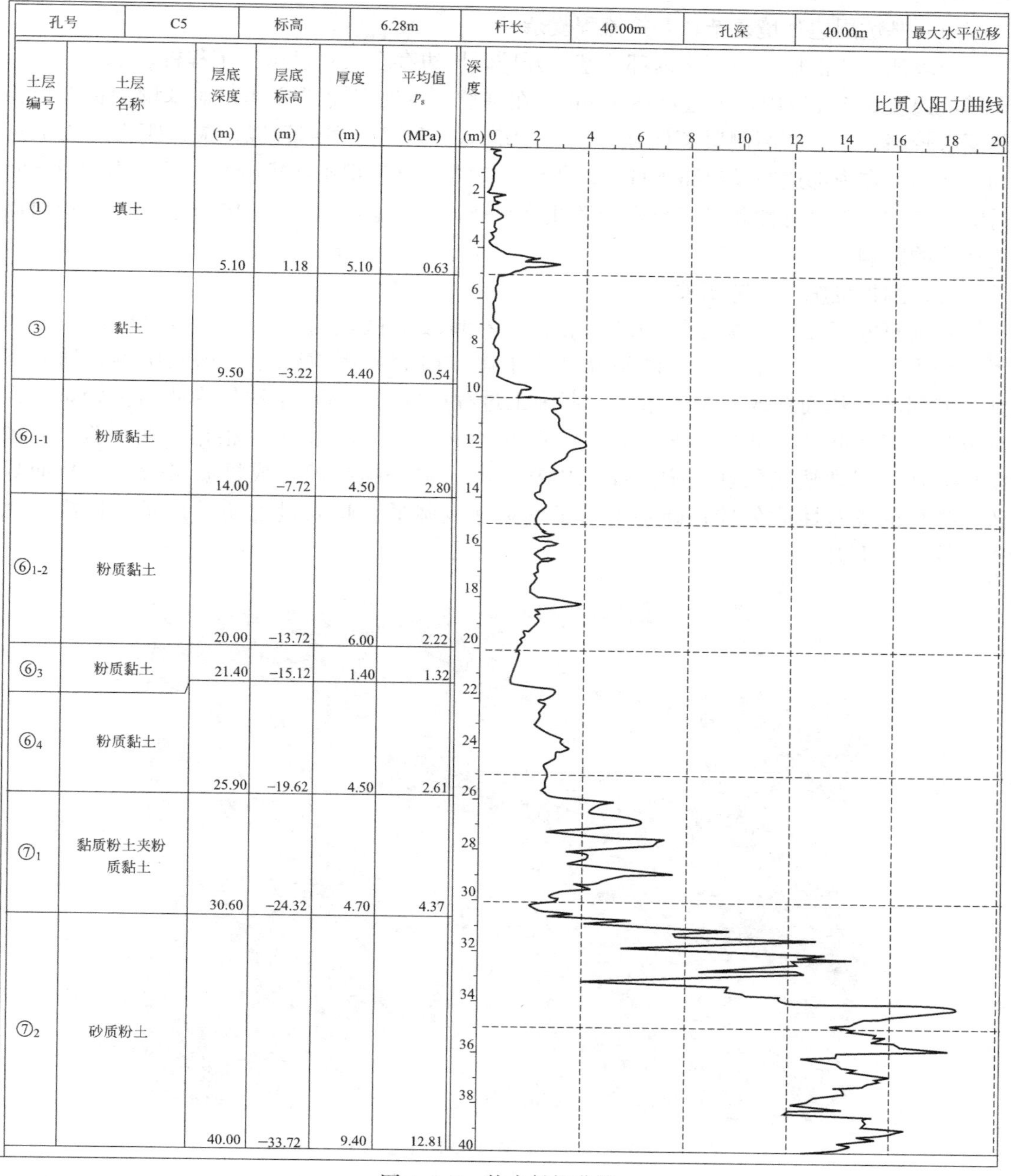

图 4.4.2　静力触探曲线

拟建场地浅部土层潜水埋深可按0.5m考虑，微承压水主要分布于⑥$_2$层（仅局部分布）砂质粉土中，承压水分布于⑦层粉性土层中，无突涌风险。

4.4.3 技术难点分析

1. 基坑围护设计难点

本项目基坑围护设计的重点和难点在于垃圾坑及其局部深坑（渗沥液池）的处理。根据常规做法，一般采用SMW工法+平面支撑的围护形式，然而采用常规方案面临以下问题需解决：

（1）基坑周边环境复杂，开挖流程复杂

垃圾池、渣池位于主厂房内部，基坑开挖时周边存在大量已施工工程桩、承台，一般在基坑边线3.5m以内，最近可达1.6m，在基坑开挖时已浇筑完毕，对基坑围护变形控制要求较高；东、西两侧紧邻已建一期冷却塔基础和部分内部管线，最近距离约1.7m，烟囱北侧存在内部道路及道路下埋设的管线，对周边环境保护要求较高。基坑围护设计时需综合考虑施工可行性和施工流程合理性等问题，并考虑深基坑围护施工、基坑开挖对周边环境的影响。

（2）围护桩施工工艺要求高

本项目⑥层硬塑状黏土层顶埋深较浅，在垃圾池区域遍布，型钢多采用机械手插入，动力较小，在⑥层可塑—硬塑黏性土中施工时容易因偏位导致插入困难、插入不到位的问题，从而构成安全隐患，一期施工过程中发生SMW工法桩内插型钢较难插入至设计标高的问题，部分型钢桩头出露近2m（图4.4.3）；此外，根据一期经验，三轴搅拌桩在⑥层硬塑状黏性土中，如采用常规的一喷一搅技术，成桩质量较差，从而导致搅拌桩的隔水性能欠佳；硬层中由于钻进速度降低，喷浆量远超设计量，造成费用比预算大幅上升。

图4.4.3 型钢桩头出露近2m

（3）型钢拔出困难，施工成本高，环境影响大

如采用SMW工法进行围护，基坑施工至±0.00后，周边桩基和承台都已施工完毕，较难留空间给型钢拔除设备进行作业，从而造成工程造价大幅提高。根据估算，如无法拔除型钢，造成的工程费用增加可达近150万元；此外，型钢拔除时对土体扰动较大，容易对周边桩基、承台等环境因素造成不良影响。

（4）设计对底板防渗特殊要求

本项目垃圾池对底板防渗要求较高，要求底板一次成型，不设接缝，围护不设立柱，对支撑选型有较高要求。

2. 桩基咨询难点

本项目工程桩桩顶埋深一般在2～3m，桩顶及桩的上段基本位于软弱的黏土层当中。在开挖暴露桩头及施工承台等地下结构时，受施工荷载影响及不均匀土压力影响，桩头容易产生偏斜。在本项目一期的施工过程中，就发生过部分工程桩桩顶发生位移和偏斜，最终需要采取手段进行纠偏。因此，在本期工程的施工过程中，如何控制施工荷载对工程桩的影响，防止桩头偏斜是本项目的难题之一。

此外，本项目为松江区重点项目，对项目工期有较高的要求，施工工期紧张，如无法及时完工，将影响二期电厂的投入运营，巨额投资无法发生效益。

4.4.4　技术咨询成果

1. 基坑设计方案

（1）为解决型钢难以拔除的问题，首次在上海应用PRC管桩，在本工程中采用PRC管桩有以下优点：①PRC管桩可采用静压、振动、锤击等多种沉桩工艺，动力大，速度快，所有桩均可插入预定标高，从而避免了型钢插入不到位的问题，防止工程隐患的发生；②管桩无需回收，回避了基坑完成后无法回收型钢的问题，也避免了回收振动对周围环境的不利影响，且节省了施工时间；③相对不拔除型钢的围护方案，PRC管桩的工程造价较低，可创造一定的工程效益。根据估算，仅此项就可节约工程造价约130万元；

（2）为解决本项目工期紧，任务重，且底板防渗要求高的问题，经过多方论证采用了自稳式注浆钢管桩前撑/后拉支撑专利技术（图4.4.4），首先，解决了平面支撑形成速度慢，挖土困难的问题，提高了施工速度。其次，新工艺支撑体系与围护排桩形成超静定结构，侧向变形控制好，可有效控制基坑变形对周边已建桩基承台的影响；再者，通过调整斜向支撑的角度和方向，可控制支撑不穿过底板，从而保证了底板浇筑的整体效果，满足了设计对底板抗渗性能的要求。

（3）为解决三轴搅拌桩在⑥层土中成桩质量的问题，开展现场对比试验，本项目⑥层可塑—硬塑状黏土埋深较浅，由于该层土黏性较大，采用常规的三轴搅拌桩设备时的成桩质量较难控制，桩体不成型，从而减弱搅拌桩的隔水效果；另一方面，在未搅拌均匀的桩体中进行PRC管桩沉桩施工，沉桩阻力较大。本项目围护桩在大面积施工之前对搅拌桩和PRC管桩的成桩工艺进行了试验，对比了一喷一搅、两喷两搅（水泥总掺量与一喷一搅一致）的施工方法。试验成果表明，当采取常规的一喷一搅工艺时，沉桩阻力较大，在插入PRC管桩时需辅助锤击15～20击方可施工至预定标高，搅拌桩成桩质量较差，沉桩挤土效应较为严重；而改用两喷两搅工艺后，管桩可自行沉桩到位，或辅助锤击小于5击，效果良好。因此本项目最终采用两喷两搅的施工技术，达到了预期的效果。

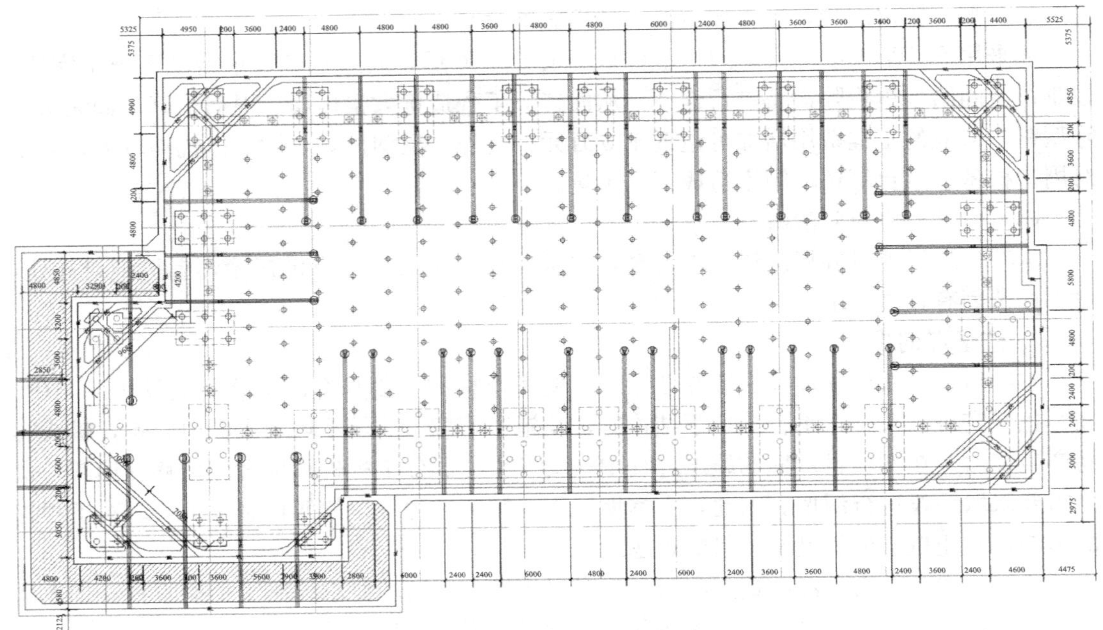

图 4.4.4　支撑平面布置图

(4) 为解决基坑环境复杂，环境保护要求高的问题，统一规划分区，结合结构施工调整施工循序，为保证基坑围护设计能切实有效地满足各施工节点，在保证安全的前提下节约造价和工期，在基坑围护施工前先根据各基坑的位置、开挖深度、周边环境等特性，将上述基坑按照区域和挖深分为 3 个区块进行设计。针对垃圾池所在区域的环境特点，考虑周边卸土至周边承台底标高后先施工周边承台，再进行基坑的开挖施工。采用该种方案，一方面将基坑的开挖和周边浅承台的建设有机地结合到了一起，节约了施工工期；另一方面，减少了基坑挖深近 3m，从而优化了围护桩长、桩径、支撑数量等设计要素，节约了围护的造价。

综上，本基坑采用如下基坑支护设计：

(1) 挖深在 5.30～6.30m（卸土后）的垃圾坑区域，采用单排 13.0m 长的 PRC-I 500B100（插一跳一）作为围护体的主要构件，采用单排自稳式前撑注浆钢管桩支撑专利技术，见图 4.4.5。

(2) 挖深在 8.30m（卸土后）的渗沥液池区域，采用双排 16.0m 长的 PRC-I 600B130（插一跳一）作为围护体的主要构件，采用双排自稳式前撑注浆钢管桩支撑专利技术，挖深在 11.30m 的区域，采用双排自稳式后拉注浆钢管桩支撑专利技术，见图 4.4.6。

(3) 其余基坑挖深一般在 4.1～5.0m，采用三轴水泥土搅拌桩重力坝或拉森钢板桩 11 道钢支撑的围护形式，见图 4.4.7。

2. 桩基咨询内容

本项目桩顶位于软弱的③层淤泥质黏土当中，根据一期的工程经验，在施工荷载的影响下容易产生桩顶倾斜、位移等现象，部分桩头偏移近半米。为了避免在本期施工中出现类似状况，在本次桩基咨询时提出了预先对桩周土体采用三轴搅拌桩加固的处理措施，同时在上部土体开挖期间合理设置临时道路的位置和走向的综合措施，在整个工程施工过程中，未出现桩头偏斜等情况的发生，取得了良好的效果。

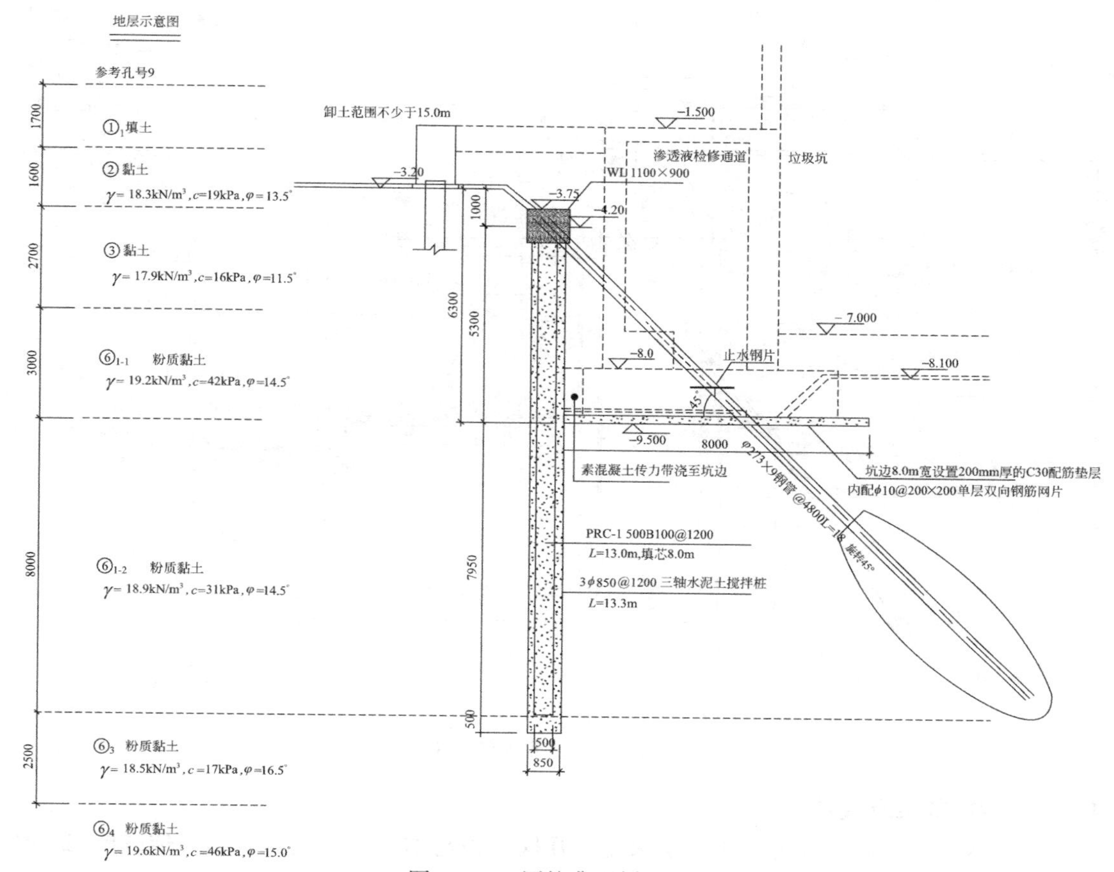

图 4.4.5 围护典型剖面（1）

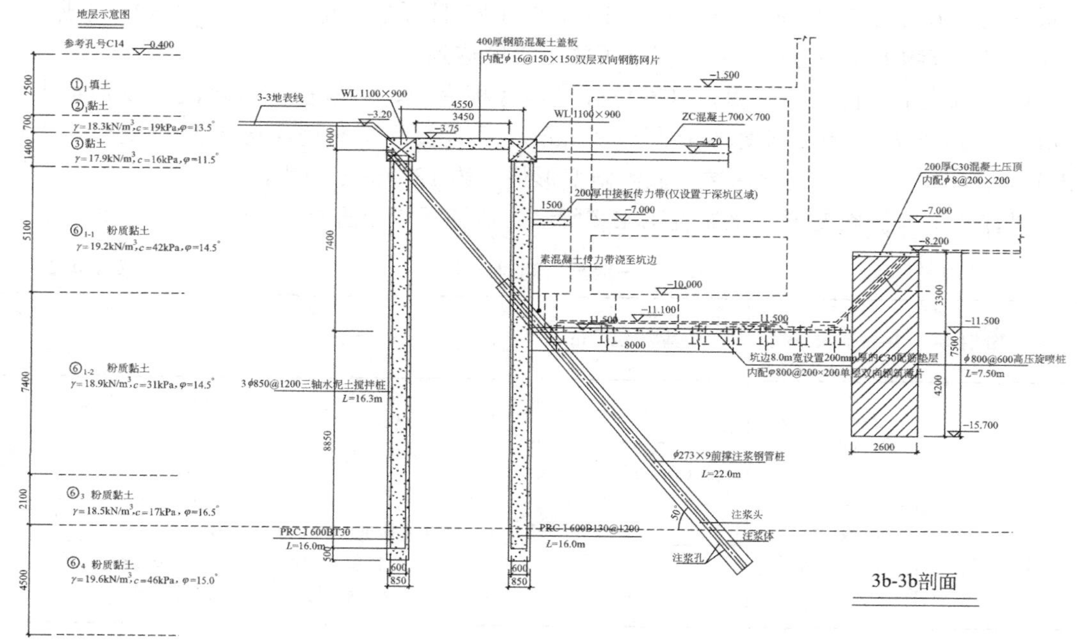

图 4.4.6 围护典型剖面（2）

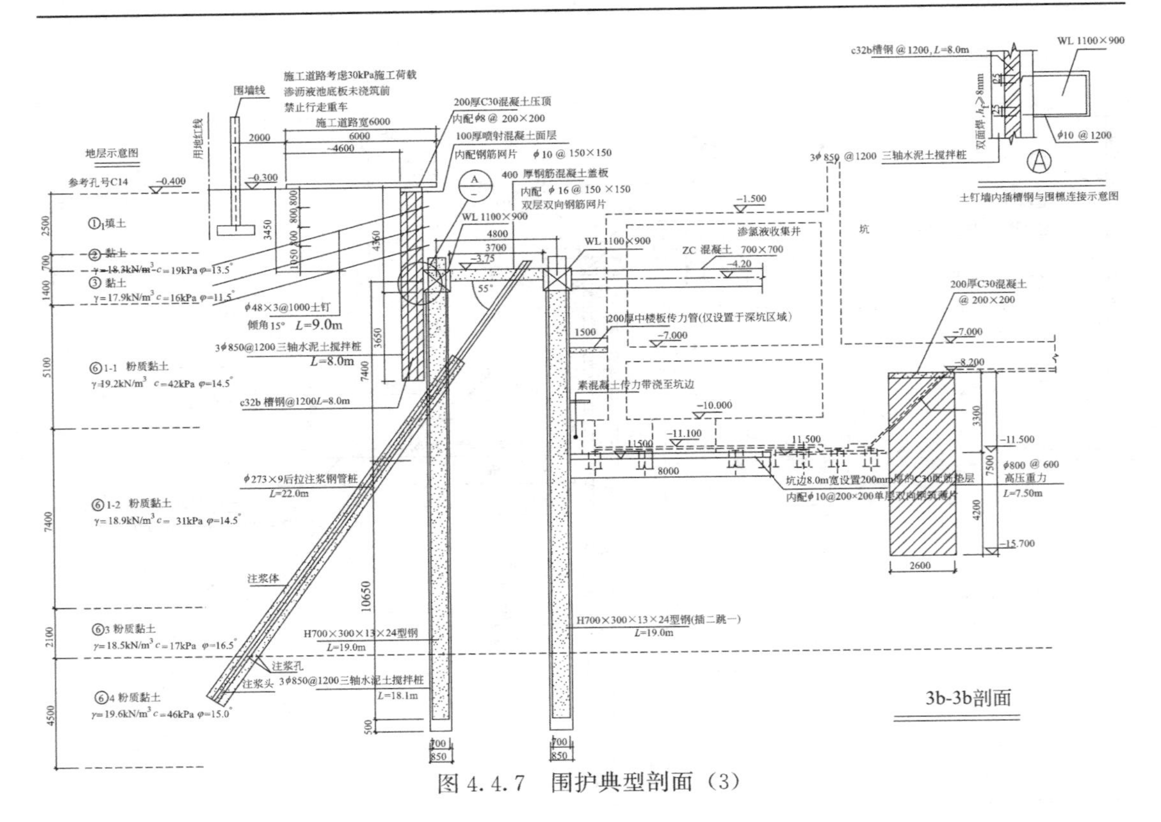

图 4.4.7　围护典型剖面（3）

4.4.5　实施效果及效益

（1）本项目一期垃圾坑基坑开挖深度、开挖面积与本项目相同，采用了传统的 SMW 工法＋一道型钢水平支撑的围护形式。一期工程自 2014 年 6 月 27 日开挖，至 8 月 20 日底板完成，共耗时 55d，而本项目自 2019 年 9 月 29 日开挖，至 10 月 18 日底板完成，共耗时 20d，节约工期超过一个月，保证了施工进度达到要求。

（2）对比本项目一期工程，自基坑开挖至底板完成，一般挖深区域测斜变形最大约 19mm，局部深坑区域测斜变形最大约 29mm，而本项目一般挖深区域测斜变形最大约 12.1mm（图 4.4.8），局部深坑区域测斜变形最大约 12.5mm（图 4.4.9）。

具体工期及测斜变形对比如表 4.4.2 所示。现场照片如图 4.4.10～图 4.4.12 所示。

一期与二期对比表　　**表 4.4.2**

项目分期	基坑面积(m^2)	基坑挖深(m)	围护形式	工期	测斜变形(mm)
一期	3300.0	5.2～6.2(普遍挖深)	SMW 工法＋一道型钢水平支撑	2014.6.27～2014.8.20 总计 55d	19.0
		8.20(卸土后)(局部深挖)			29.0
二期本项目	2925.3	5.30～6.30(普遍挖深)	三轴搅拌桩内插 PRC 管桩＋自稳式前撑/后拉注浆钢管	2019.9.29～2019.10.18 总计 20d	12.3
		8.30(卸土后)～11.20(局部深挖)			13.4

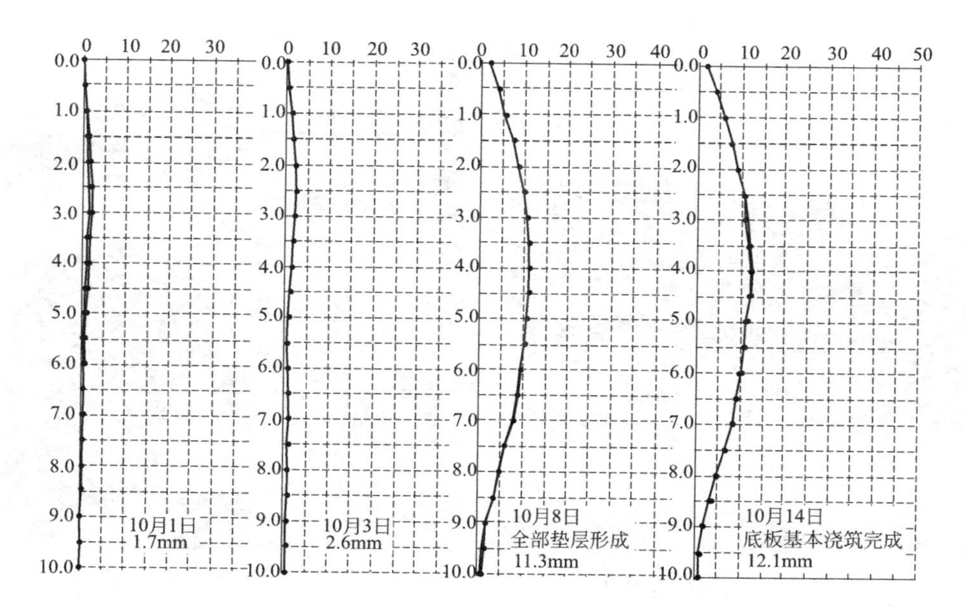

图 4.4.8　典型围护体测斜曲线图（开挖深度 6.30m 处，测点编号 T6）

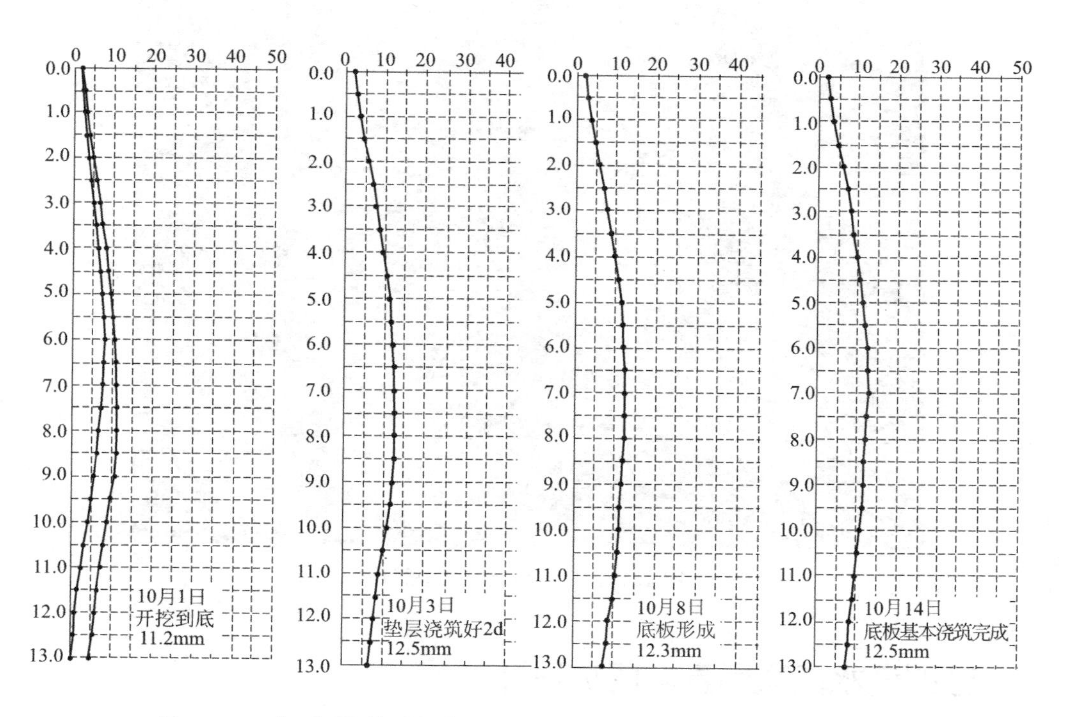

图 4.4.9　典型围护体测斜曲线图（开挖深度 8.30m 处，测点编号 T7）

（3）设计院采纳部分桩基咨询意见，形成桩基评审图纸，节约造价共计约 137.9 万元。

图 4.4.10　前撑注浆钢管现场照片

图 4.4.11　PRC 管桩现场照片

图 4.4.12　天马二期航拍照片

4.5　苏州湾水街项目基坑围护设计

4.5.1　工程概况

苏州湾水街项目位于苏州市吴江区，开平路以北、水秀街两侧，项目位置见图 4.5.1。项目由东、西两个区组成，地上为高层办公楼（最高 100m）、多层商业用房；地下设置两层地下车库，两个区的地下车库由地下连通道连接项目效果图见图 4.5.2。地下车库区域采用桩+承台基础，承台厚度800mm，主楼区域采用桩+筏板基础，筏板厚度1500mm。基坑呈规则矩形，开挖面积约13.4万m^2，基坑周长1669m；普遍开挖深度为14.25～15.25m，坑内集水井、电梯井等局部深坑落深1.50～4.20m。

图4.5.1　项目地块位置示意图

图4.5.2　本项目建成后效果图

基坑东侧边线距离红线约3.9m，红线外为河道，基坑施工前作回填处理，河道外为风清街，距离基坑边线约53.4m，风清街下设电信、有线等管线。基坑南侧基坑边线距离用地红线约为3.1m，红线外为绿化带，绿化带宽约35m，绿化带外为开平路，距离基坑边线约为38.1m。开平路下有雨污水管线，管线距离基坑边线的距离大于40m。基坑西侧边线距离红线约为4.4m，红线外为预留规划河道用地，外侧为规划映山街，道路红线距离基坑边线的距离约为49.5m。基坑北侧基坑边线距离红线的距离约为3.8m，红线外为规划道路，道路红线距离基坑边线的距离约为17.8m。本基坑分布在水秀街两侧，由连通道将两基坑连为一体，水秀街宽约35m，施工期间将封路并破除，下设的污水、供电、燃气管线也将作移位处理。

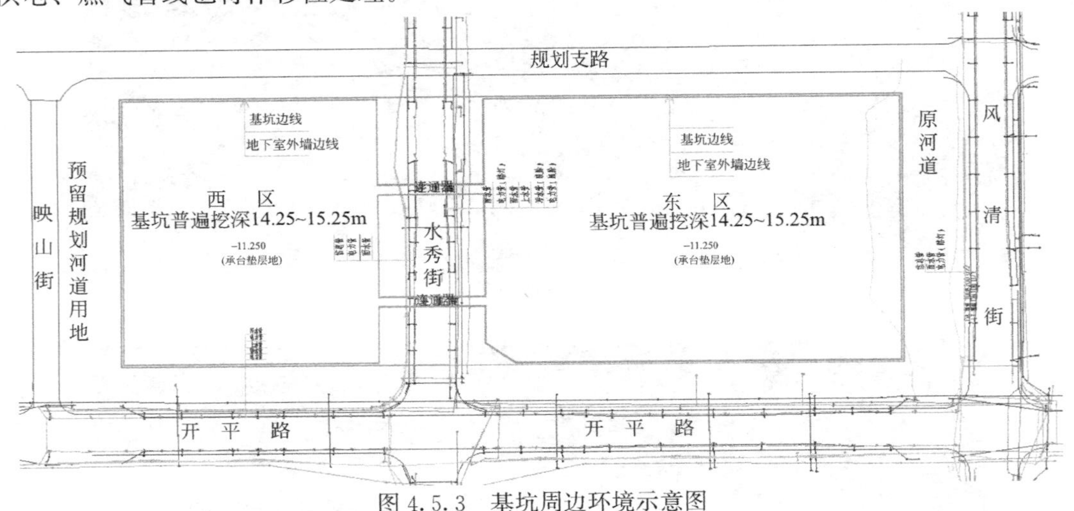

图4.5.3 基坑周边环境示意图

4.5.2 地质条件

本工程场地位于太湖边，地貌单元属长江三角洲冲—湖积平原。基坑围护有影响的地层分布特点：

①素填土，新近堆积，欠固结，软塑—可塑，不均匀，由粉质黏土组成，工程性能差，层厚5.20～0.50m；

②淤泥质粉质黏土，流塑，含腐殖物，属高灵敏度，为高压缩性土，工程性能差，层厚8.90～0.50m，为重点围护土层；

③黏土，可塑，为中压缩性土，工程性能较好，层厚3.80～0.80m，局部缺失；

④粉质黏土，软塑—可塑，中压缩性；

⑤粉土夹粉质黏土，中密，层厚6.40～0.70m，位于坑底附近；

⑥层粉质黏土，软塑—可塑，夹薄层粉土，中压缩性，层厚13.30～3.90m，主要位于坑底以下；

⑦层黏土：暗绿—褐黄色，可塑—硬塑，为中压缩性土，层厚3.90～1.40m，局部缺失；

⑧层粉质黏土，软塑—可塑，中压缩性土。

潜水含水层为①层素填土及②层淤泥质粉质黏土，弱富水性；微承压水含水层为⑤层粉土夹粉质黏土，由于土层厚度一般不大，且夹粉质黏土，富水性弱。

主要土层参数如表4.5.1所示，典型地层分布及典型静力触探曲线如图4.5.4所示。

主要土层参数表　　表 4.5.1

地层编号及名称	重度 γ_0 (kN/m³)	含水量 w (%)	静力触探指标(平均值)		固结快剪	
			锥头阻力 q_c(MPa)	侧壁摩擦力 f_s(kPa)	c(kPa)	φ(°)
①素填土	19.0	31.8	0.7	31.8	26	14
②淤泥质粉质土	17.4	47.4	0.4	16.4	12	7
③黏土	19.6	28.7	1.9	77.3	45	15
④粉质黏土	19.2	30.8	1.3	47.8	32	14
⑤粉土夹粉质黏土	19.2	30.4	4.7	89.4	10	28
⑥粉质黏土	19.2	30.9	1.1	24.8	29	18
⑦黏土	19.7	28.3	2.6	103.9	46	15
⑧粉质黏土	19.4	29.8	3.2	128.3	32	18

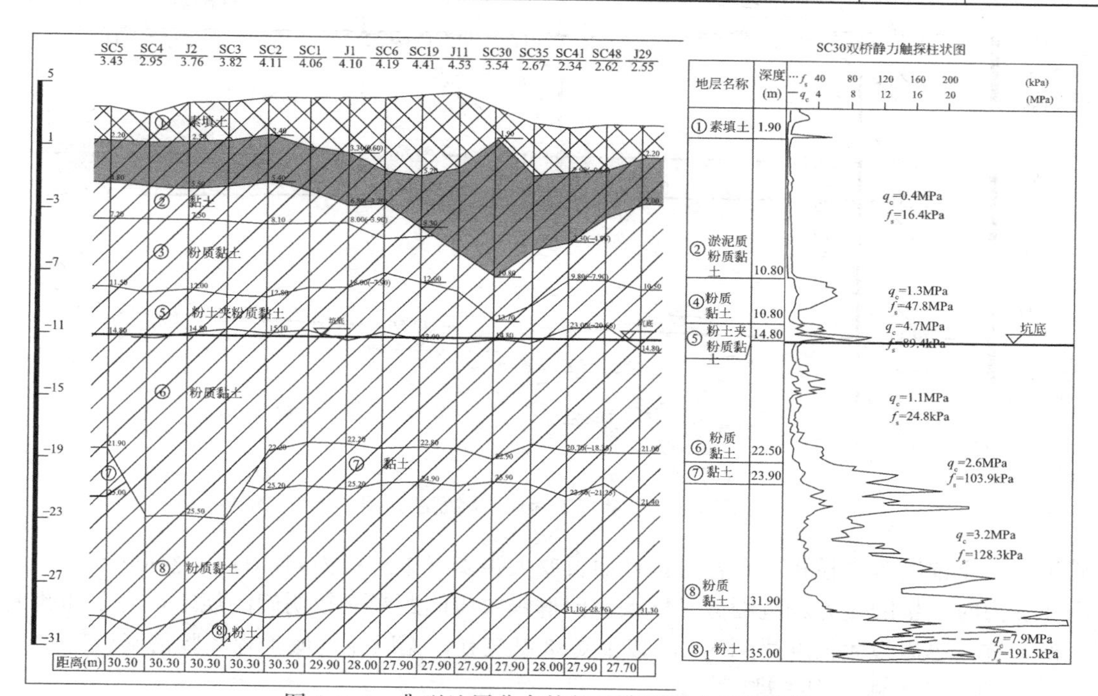

图 4.5.4　典型地层分布特征及典型静力触探曲线

4.5.3　技术难点分析

1. 项目基坑规模超大，地质条件复杂

本基坑开挖面积约 13.4 万 m²，基坑周长 1669m，基坑单边延长最大达 620m；普遍开挖深度为 14.25～15.25m。基坑位于吴江太湖边，属新近沉积形成的典型软土地层，表层沉积厚层的软弱土，土质较差，地层层位起伏，地质条件复杂，设计难度大。本方案实施阶段，软土类似规模的基坑尚不多见，缺乏可借鉴的工程经验。

2. 围护桩桩端土体软弱

本工程基坑坑底影响范围内为黏性土，粉性土埋藏较深不适合作为置入层，且坑底以下黏性土土性较好的⑦层层位变化较大甚至缺失，见图 4.5.5，桩端入土深度确定困难。

3. 锚杆体间距较小易发生群锚效应

锚杆体间距较小时易于出现群锚效应，抗拔能力降低，同时位移增大。国标规范中对普通锚杆（锚固体直径为 100～150mm）群锚效应提出间距 1.5m 的界定值对于桩锚无法

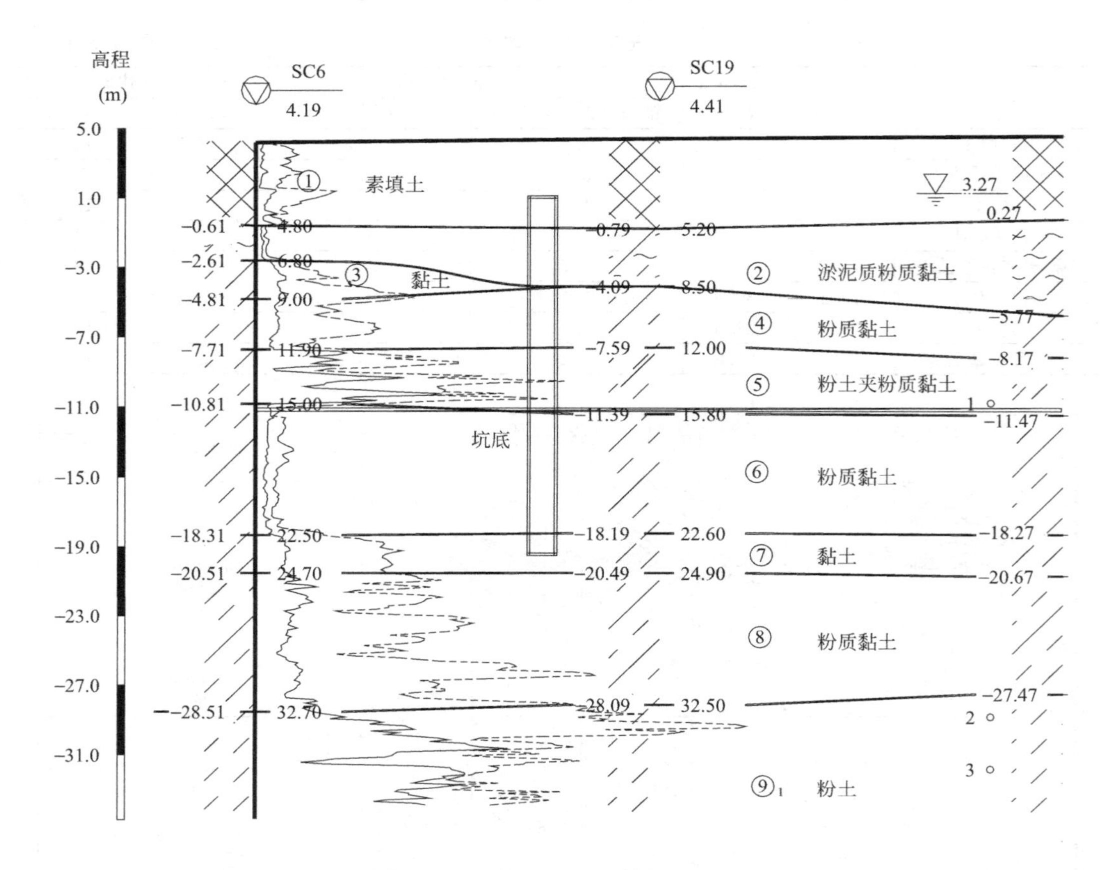

图 4.5.5　基坑工程地质剖面展开图

满足，由于锚固体直径相对于普通锚杆而言要大很多（本工程锚固体直径为 500mm），锚固体受力时产生的应力场范围势必增大，但群锚效应间距尚无较明确的规定，对于如此大规模基坑，单边最大长度达到 600m 以上更难以控制，无以往类似工程经验借鉴。

4. 厚层软土侧壁围护难

西区软土厚度较大，最大层底埋深达 11.3m，厚度最大达到 9m。该层软土土性极差，土的抗剪强度参数为 $\varphi=6.8°$，$c=11.9\text{kPa}$，土性比上海④层淤泥质黏土更差，现场清障时可见到该层显著的塑性流动，厚层软土侧壁的围护成为本次难点。

5. 厚层软土中桩帽张拉预应力损失较大

西区张拉锁定阶段，当桩锚张拉后发现预应力损失量较大，通过分析，认为很可能是由于锚固体受到厚层软土蠕变影响而导致应力松弛，减小软土蠕变，提高锚的承载力很有必要。

6. 基坑开挖时空效应明显

本项目基坑开挖面积非常大，时空效应明显，本工程坑底土为⑥层黏性土，可塑状态，大面积的开挖，隆起量较大将是不可能避免的，对基坑地表沉降控制不利。

4.5.4 技术咨询成果

本项目为解决以上技术难点，主要从下列几方面进行：

1. 围护结构入土深度合理优化

坑底以下土层中，⑦层黏土土性较好，考虑作为围护桩端置入层，但该层层位变化较大甚至缺失，根据地层情况，确定三种入土深度：第一种，进入或者刚刚穿过⑦层，入土深度24m，插入比为0.75；第二种，厚层软土分布，桩端入土深度适当加深至26m，穿过⑦层一定深度，插入比0.70；第三种，⑦层缺失区域，进入⑧层，入土深度28m，插入比0.84，如图4.5.6所示。

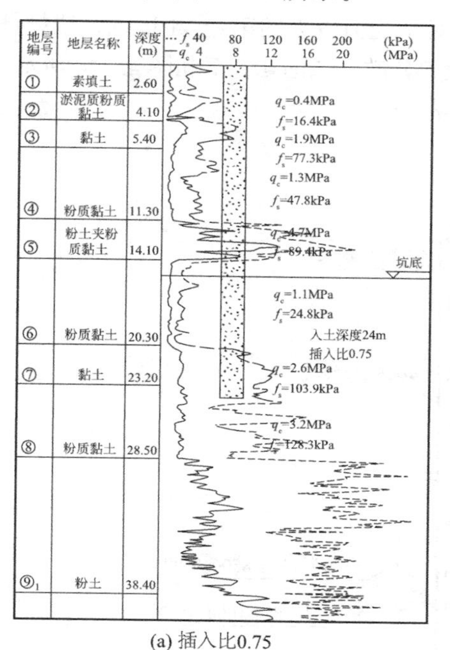

(a) 插入比0.75

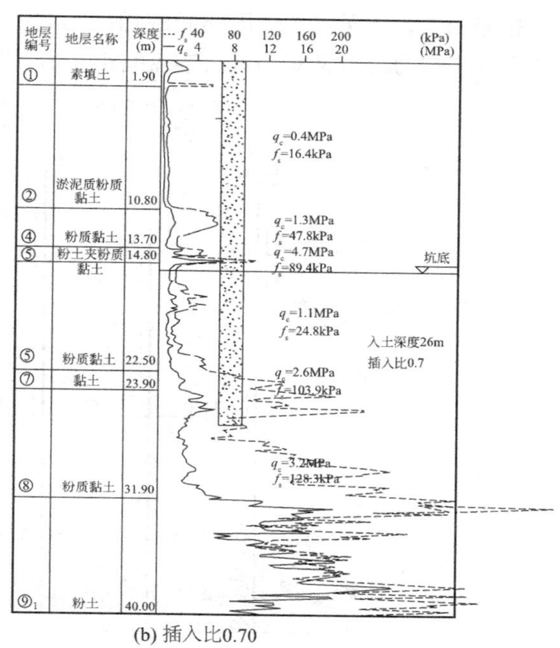

(b) 插入比0.70

(c) 插入比0.84

图4.5.6　根据地层条件确定围护灌注桩入土深度

苏州地区经验插入比在1∶1左右，本工程插入比在0.70～0.84，在本方案评审期间，专家曾指出插入比为0.70偏小，但本工程插入比为0.70的围护延长约为390m，且在厚层软土区域也得以应用，通过现场的成功实施，实践证明此插入比安全可行，实际节约工程成本近千万元。

2. 多种措施并举，有效避免群锚效应

为了避免出现群锚效应，本工程采用了多项保障措施：(1) 水平间距上，采用两桩一锚的形式（桩锚间距 2.4m)，尽量拉大桩锚间距；(2) 每道桩锚杆长“一长一短”间隔设置，杆长相差 4m，从而减少锚固体间的相互影响；(3) 对于受力较大的第 2～4 道锚，锚杆体内还设置了拉力分散型双锚盘，锚盘间距 4m，以使拉力分散。如图 4.5.7 和图 4.5.8 所示。

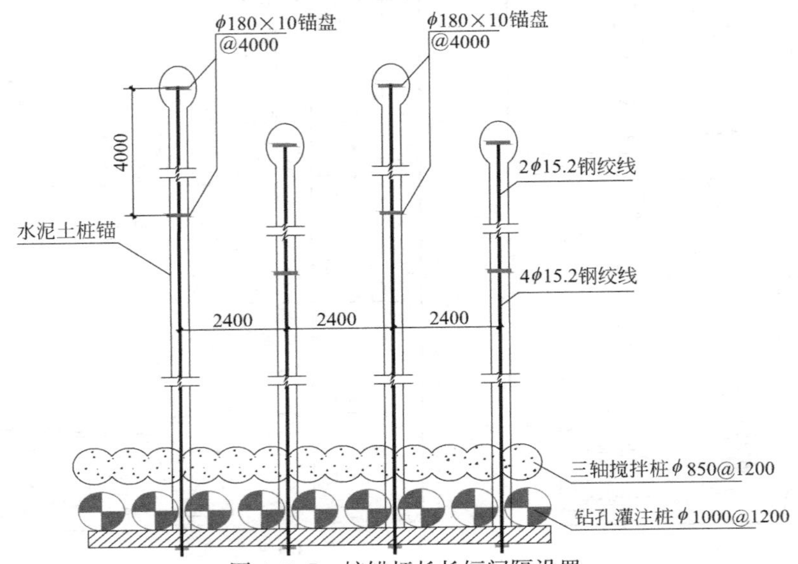

图 4.5.7　桩锚杆长长短间隔设置

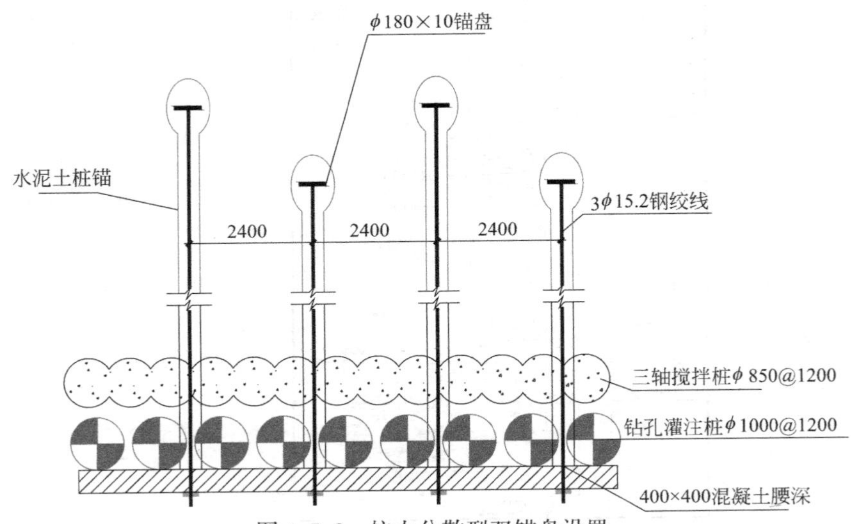

图 4.5.8　拉力分散型双锚盘设置

3. 针对厚层软土的专门性处理措施

西区软土厚度较大，最大层底埋深达 11.3m，厚度最大达到 9m。该层软土土性极差，厚层软土侧壁的围护是本次难点。对此进行了多次方案讨论，曾考虑东区采用桩锚支护，西区土性软弱采用内支撑体系，但由于西区基坑面积仍较大，工程造价将较高，按三道支撑粗略估算造价约 1.25 亿元，采用现有桩锚方案造价约 8220 万元，造价节约 40%。为进行针对性设计，专门绘制了地层剖面展开图（图 4.5.9），基于展开图，对软土分布实施差别化设计。最后确定在西区西侧和南侧，采用 5 道桩锚。由于锚固体置于软土中承载力低，为了获得较大承载力，将锚杆体角度由 15°调整到 20°，局部软土厚达 9m，锚杆体角度再增加至 25°，对第一道锚的自由段加长以使锚固体进入较好土层，最后实施下来证明是成功可行的。

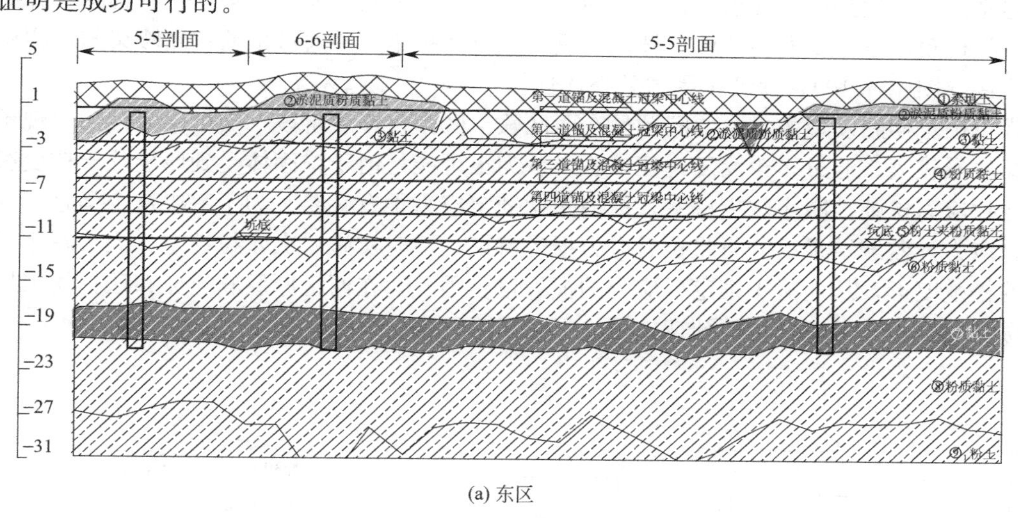

(a) 东区

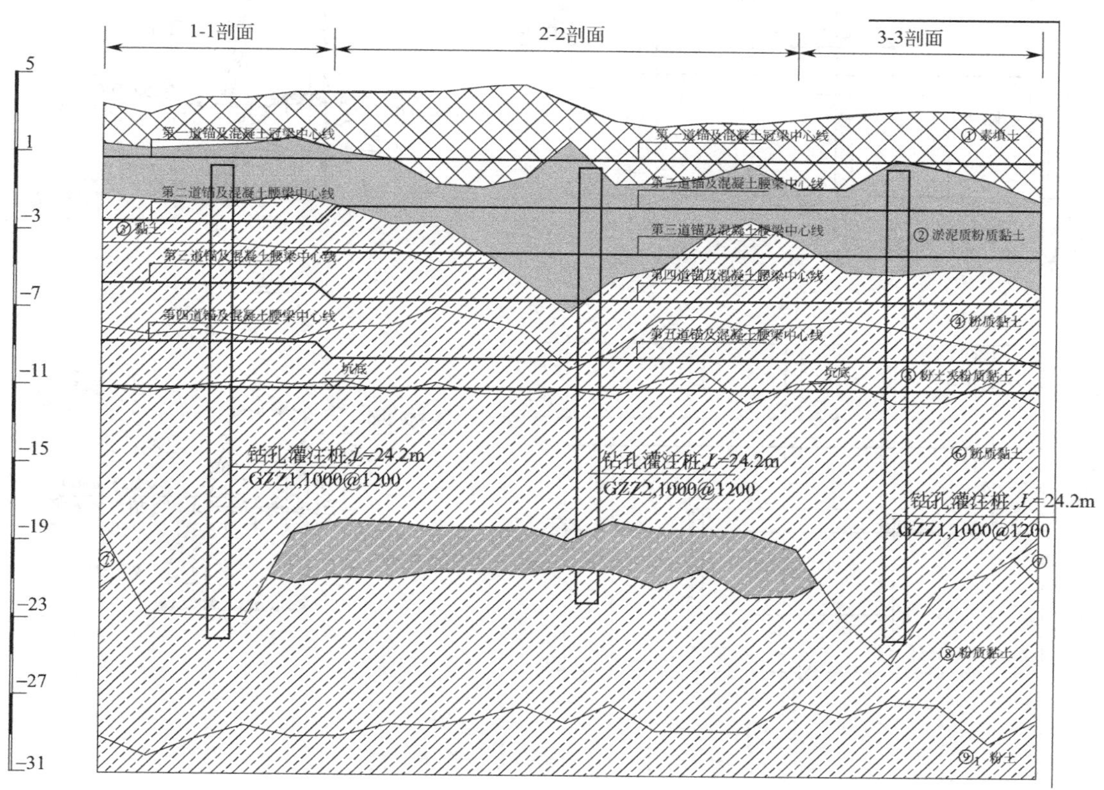

(b) 西区

图 4.5.9　结合地层剖面展开图设计

4. 通过现场巡视进行质量管控，通过二次张拉提高桩锚承载力

现场实施阶段，工程人员经常到现场巡视并解决遇到的问题，桩锚张拉初期时常遇到因钢绞线断裂而导致张拉不到超张拉值的情况，经过现场反复张拉试验并分析总结，认为主要是由于锚索张拉时应力分配不均，从而导致单根钢绞线断裂。通过施加超张拉值30%的预张拉力，再重新张拉，从而使问题得以解决。由于场地地质条件复杂，现场部分桩锚超张拉值未达到设计要求，针对此种情况，在原有桩锚上或下相邻位置补锚桩，并适当调整补桩角度以减少群锚效应，补桩后重新浇筑新腰梁，并通过植筋将新腰梁与原腰梁进行连接（图 4.5.10），保证了受力的整体性。

张拉锁定期间发现的最主要问题是在西区软土区张拉锁定阶段，当桩锚张拉后发现预应力损失量较大。通过多轮反复论证试验，认为很可能是由于锚固体受到厚层软土蠕变影响而导致应力松弛，减小软土蠕变，提高张拉锁定应力很有必要。为了解决这个问题，现场结合应力计监测结果，分析张拉后应力损失特征，适时实施二次张拉锁定，大大减小了杆体的松弛变形，从而减小锁定后应力的损失量。因此，在西区厚层软土分布区，均采用了二次张拉措施，保证了设计预期效果，保障了基坑安全。

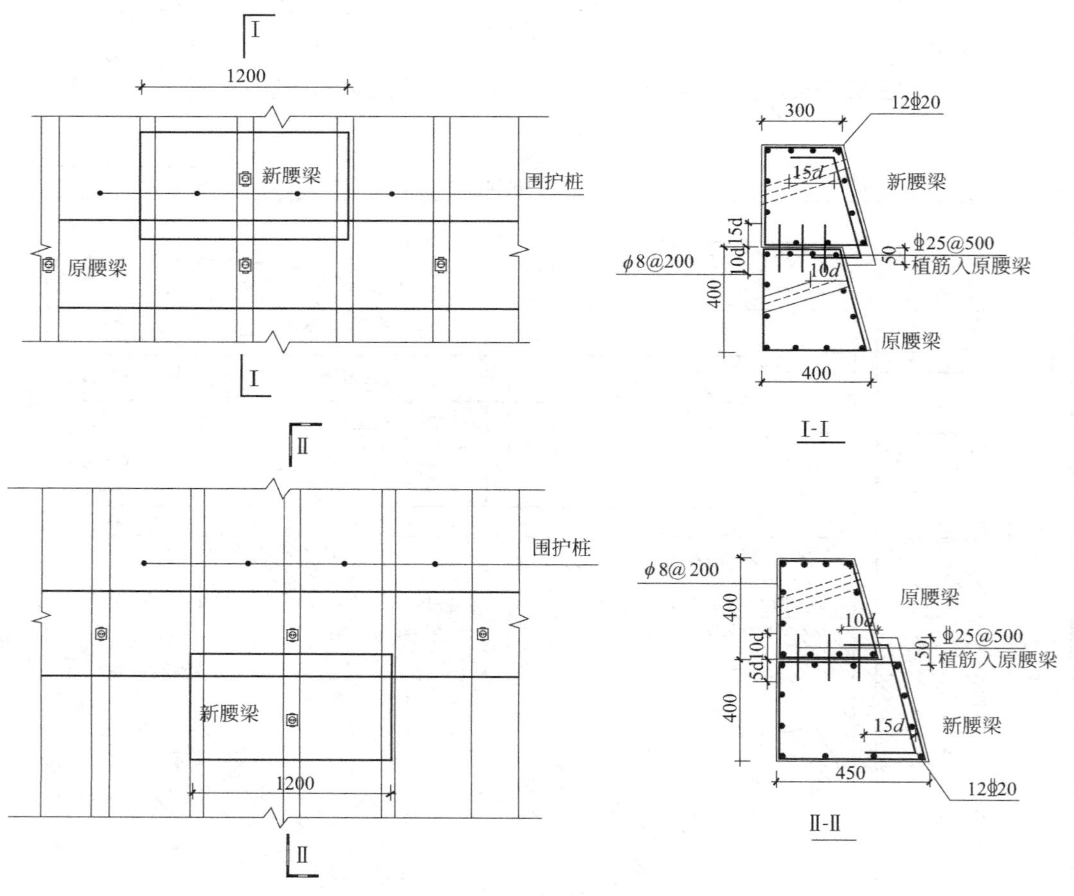

图 4.5.10　补桩锚及新老腰梁连接

5. 土方开挖效率高，时空效应同时得到有效控制

基坑内无立柱，不存在支撑和栈桥下掏土问题。东、西两个区通过设置土方开挖坡道，同时挖土，土方开挖效率非常高，日最大出土量超万方。后期不需拆撑和设置换撑养护等，极大地保证了业主对工期进度要求和安排。结合分块实施，土方开挖现场作业有条不紊。

基坑开挖面积非常大，时空效应明显，本工程坑底土为⑥层黏性土，可塑状态，大面积的开挖，隆起量较大将是不可能避免的，对基坑地表沉降控制不利。经研究讨论拟分块开挖，但分块开挖对工期影响较大，最后确定对10m以下实施分块开挖，变形得到有效控制的同时也保证了工期。采用岛式挖土，有效地控制了坑底土体的隆起。通过严格控制分块，底板跳仓施工，有效控制了超大基坑的周边地表沉降问题。

针对业主提出南侧20号塔楼先期开挖施工的问题，经讨论认为，南侧设计5道桩锚对业主的工期确有影响，等完成第5道锚的施工并张拉锁定，势必造成工期的延后。在安全的基础上，为了更好地着眼于业主的需求，采取坑边留土的措施，即在第5道桩锚以下至坑底之间，坑边15m范围内留土，进而可同时进行主楼的开挖和第5道锚的施工，待张拉锁定后再挖除余土，后续工程进展顺利，变形控制也较为理想。

本工程基坑开挖面积大，影响范围大，施工周期长，工期要求紧，造价指标低，逆作法施工等围护方案无法满足业主的要求。经技术经济方案多方面比选，最终基坑全部采用排桩＋旋喷桩锚支护方案（图4.5.11）。

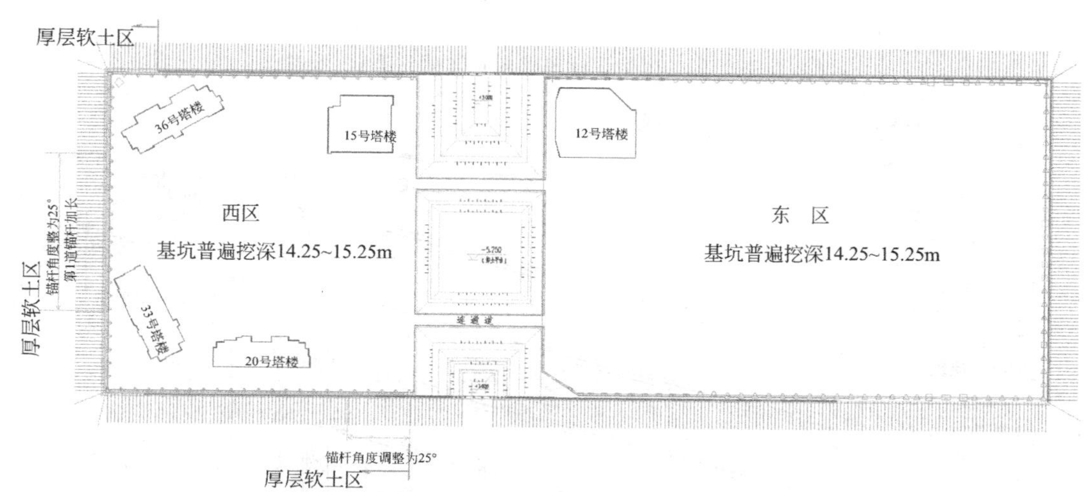

图4.5.11　基坑围护平面示意图

（1）厚层软土区侧壁：主要位于西区西侧和南侧，采用5道桩锚支护，围护结构采用ϕ1000@1200钻孔灌注桩，入土深度24～28m，灌注桩混凝土设计强度等级为水下C30；锚杆间距2.4m，锚固体均为ϕ500旋喷搅拌体，倾角为20°或25°，内置3～4根ϕ15.2预应力钢绞线，钢绞线抗拉强度标准值为1860MPa。厚层软土区侧壁支护典型断面见图4.5.12。

（2）其他普通侧壁：主要位于东区及西区北侧，采用4道桩锚支护，围护结构采用ϕ1000@1200钻孔灌注桩，入土深度24～26m，灌注桩混凝土设计强度等级为水下C30；锚杆间距2.4m，锚固体均为ϕ500旋喷搅拌体，倾角为15°，内置3～4根ϕ15.2预应力钢绞线，钢绞线抗拉强度标准值为1860MPa，东区及西区北侧侧壁支护典型断面见图4.5.13。

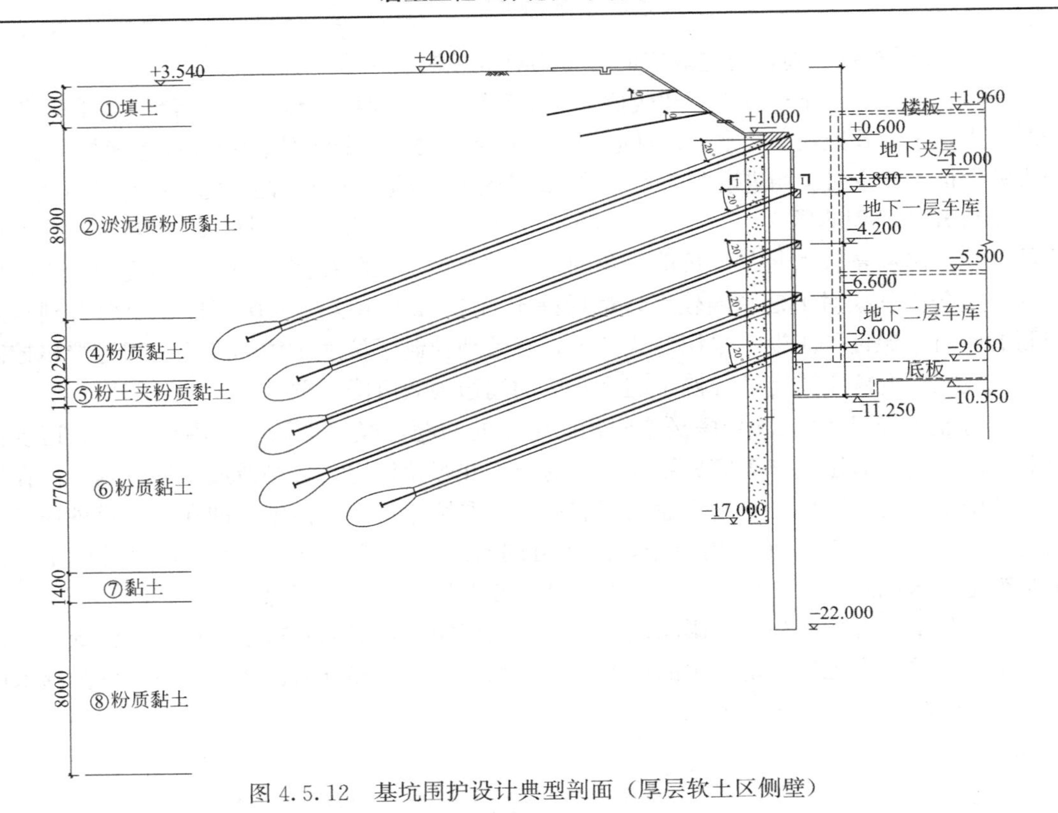

图 4.5.12　基坑围护设计典型剖面（厚层软土区侧壁）

图 4.5.13　基坑围护设计典型剖面（其他普通侧壁）

水秀街因在施工期间作为进出场地的通道，按业主要求在原市道路基础上保留约24m路面宽度，原有的1号、2号桥作为保护对象，另对两个区分别开设出土马道，因临时道路两侧空间有限，水秀街两侧基坑边坡需要加固处理（图4.5.14和图4.5.15），同时对保护桥梁及出土马道进行土钉加固，此间设计过程复杂。

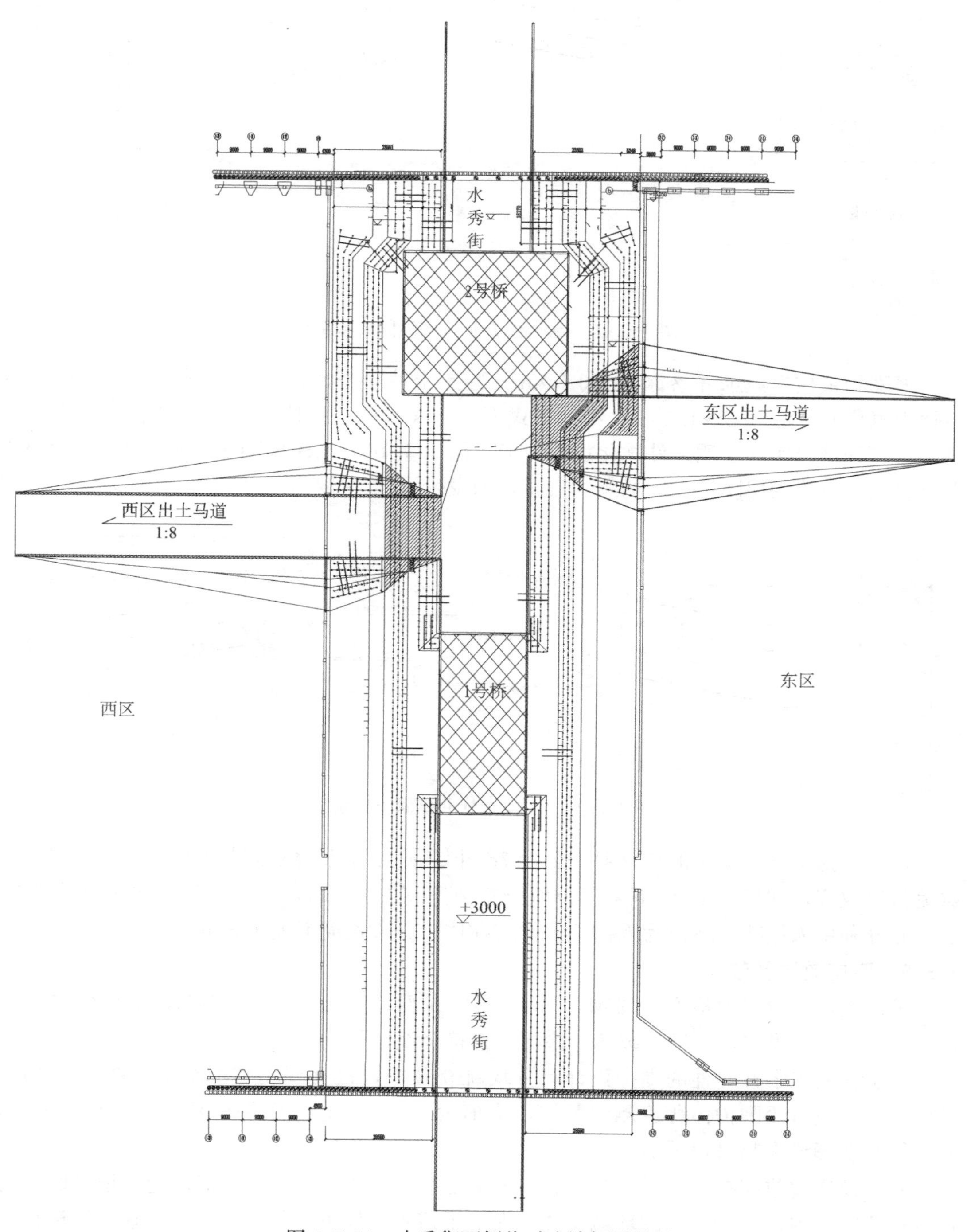

图4.5.14　水秀街两侧临时边坡加固平面

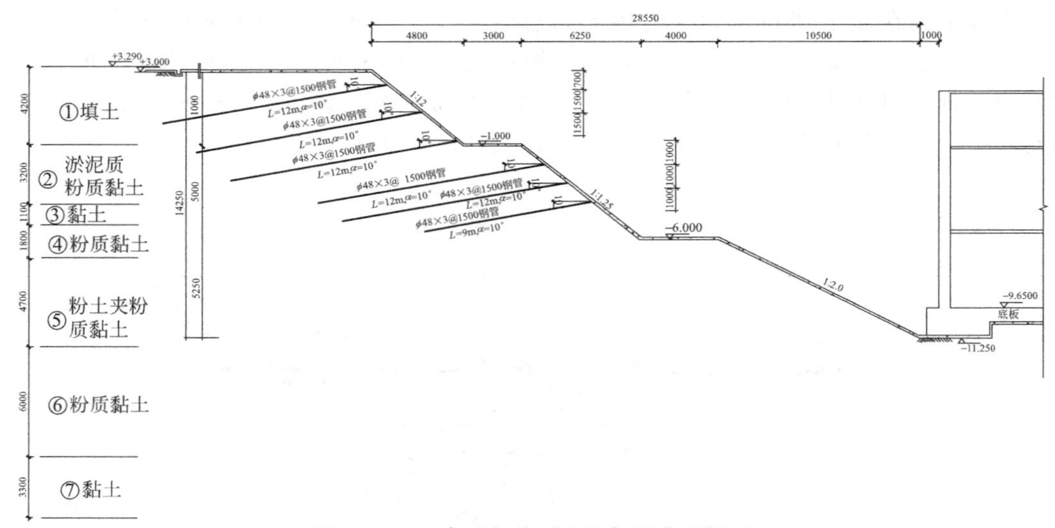

图 4.5.15 水秀街临时边坡加固典型剖面

地库和主楼内集水井落深 1.5～1.8m，鉴于土性较好，结合结构形式放坡开挖；但主楼内电梯井落深 3.2～4.20m，结构形式为直立式，如按搅拌桩或旋喷桩加固，造价较高，本工程结合实际土质条件优化加固方案（图 4.5.16），采用了土钉围护，坡比 1∶0.3 近于直立，设置面层防护，现场顺利实施，未发生滑塌。

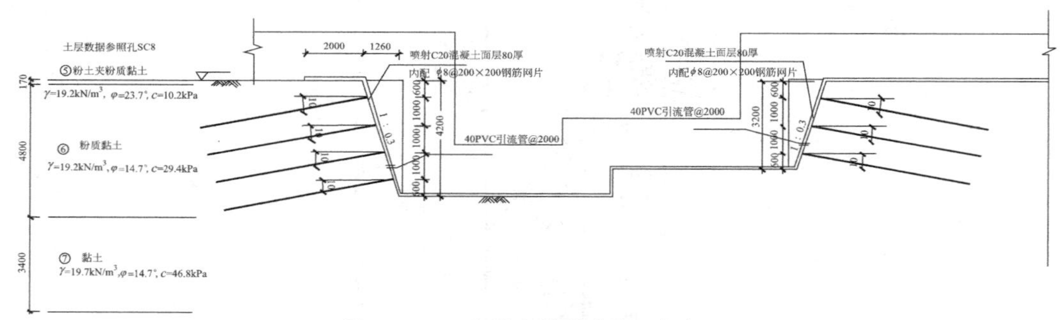

图 4.5.16 主楼电梯井落深土钉加固

正式开挖阶段，上层的锚杆养护至少 7d 开始张拉锁定，然后进行下层土方开挖。为避免长边效应，现场 10m 以下采用分块开挖方案（图 4.5.17），根据后浇带分块交叉施工，充分利用未挖除土体作为围护结构的支撑体，分段长度不大于 50m。

4.5.5 实施效果及效益

桩锚经抗拔承载力检测（图 4.5.18），最大试验荷载为 450～825kN，最大位移不超过 30mm，位移稳定，未发生破坏，检测结果符合设计预期。

本工程实施了针对性的围护设计和分块跳仓开挖，根据现场监测结果（图 4.5.19），底板施工完成阶段围护体普遍测斜数据最大值为 50mm，东区水平位移最大值仅 25mm，周边管线变形均未超过报警值。

基坑及周边位移控制效果较为理想，充分证明了围护安全可靠，对周边环境的影响均在可控范围之内，保护了周围环境安全，保证了该项目地下工程部分安全、顺利地进行，

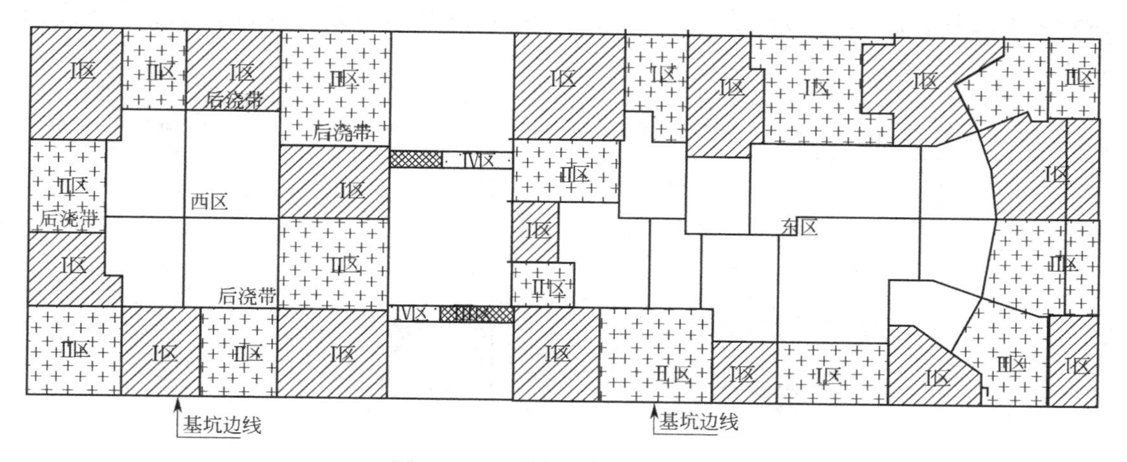

图4.5.17　基坑开挖分区示意图

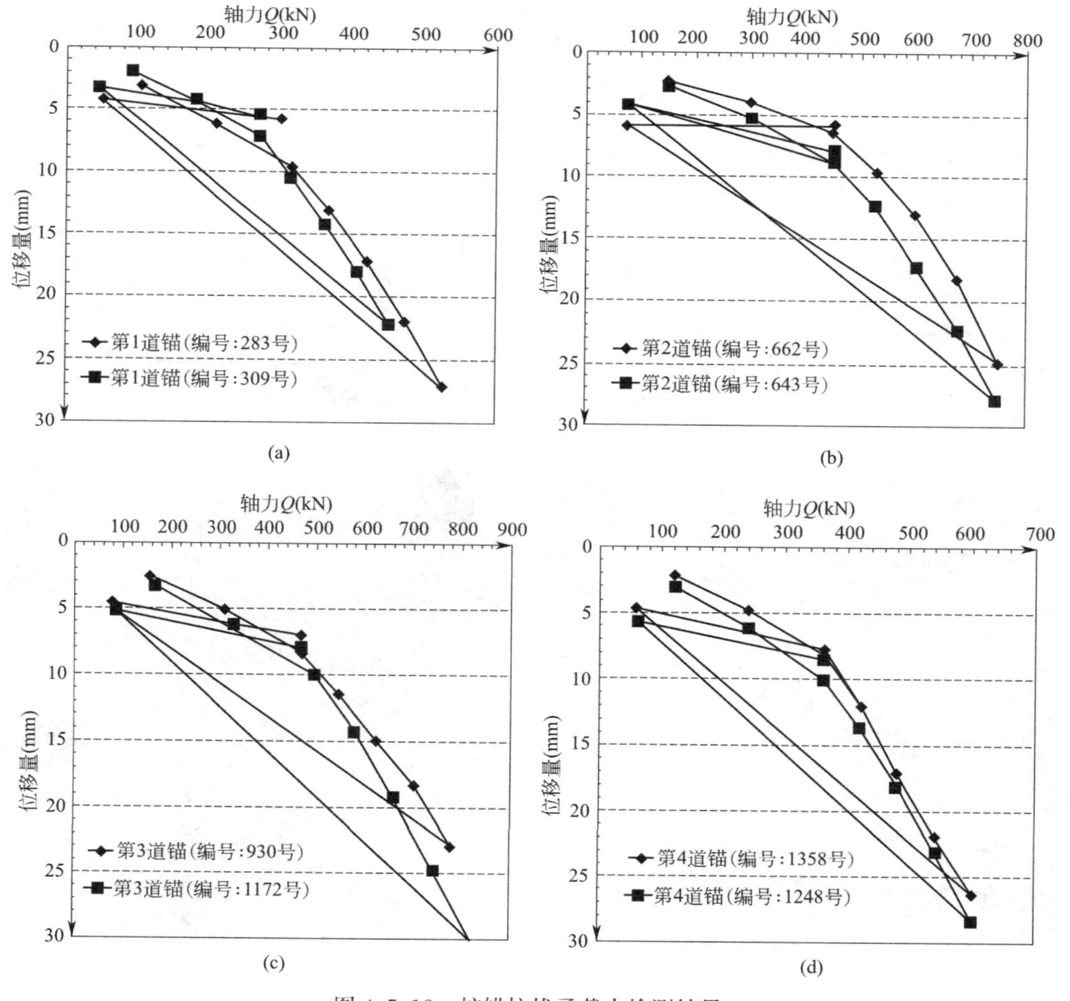

图4.5.18　桩锚抗拔承载力检测结果

现场施工照片如图 4.5.20～图 4.5.23 所示。结合良好的服务，得到了业主及各方的认可。

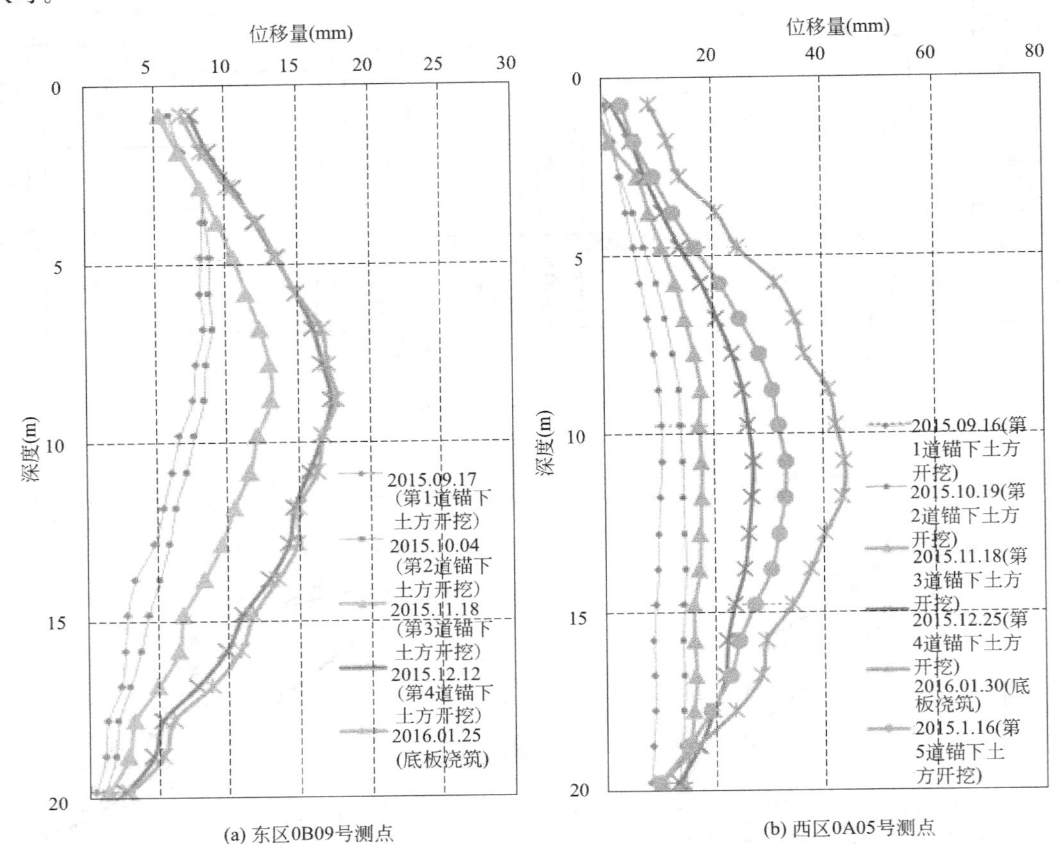

图 4.5.19　围护结构深部水平位移代表性监测结果

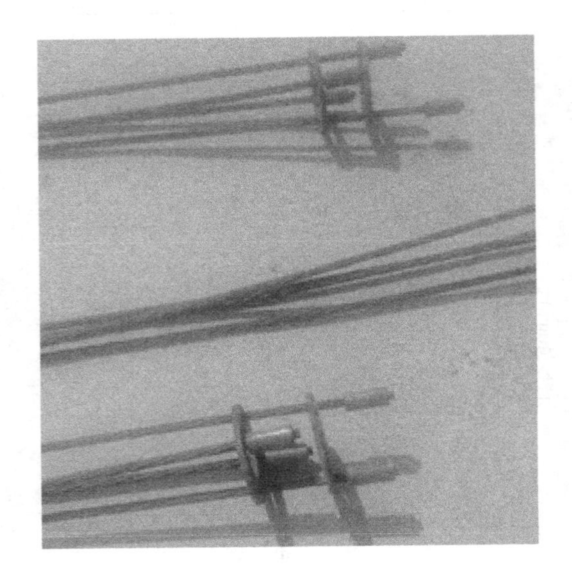

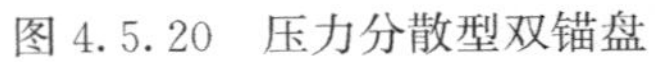

图 4.5.20　压力分散型双锚盘

图 4.5.21　桩锚的张拉锁定

图 4.5.22　张拉后围护体及开挖

图 4.5.23　底板浇筑

第 5 章　地基处理咨询

5.1　浙石化 4000 万 t/a 炼化一体化项目二期地基处理咨询

5.1.1　工程概况

舟山绿色石化基地围填海工程东区成陆位于舟山市大小鱼山东侧海域（图 5.1.1），建设内容包括：A 区成陆、B 区成陆、D 区成陆、大桥接线成陆拓宽、蓄水湖、东随塘河道。本项目 A、D 区总面积约 444 万 m^2，共分为 11 个地块，采用吹填砂形成出水陆域，然后分区陆上打设塑料排水板，再回填开山石进行堆载预压地基处理，待具备卸载条件后卸载整平形成最终陆域。本次咨询评估主要针对 A 区的 D1～D7 地块。

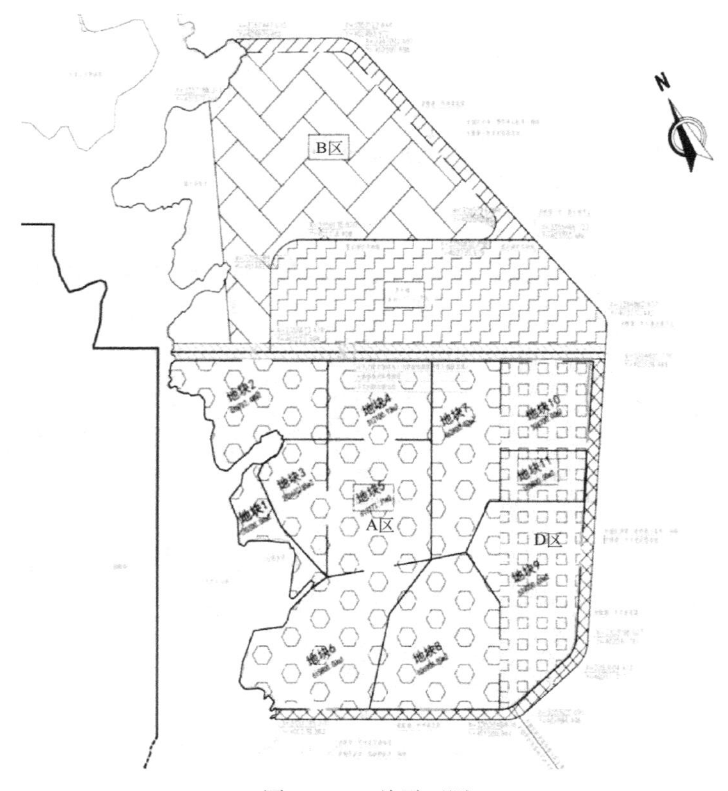

图 5.1.1　总平面图

本项目根据勘察、设计、施工、监测、检测等相关资料，对地基处理效果进行评估，对工后沉降及桩基负摩阻力计算等作出明确的、有针对性的结论与建议，提升后续桩基设计方案的合理性、安全性。

5.1.2　地质条件

场地属于海岛前缘滨海淤积滩涂和水下浅滩地貌，场地原为海域，经过回填平整，场地地势总体较平整，局部稍有起伏。土层主要为第四纪海相沉积的软弱土、冲洪积形成的含黏性土砾石、砂土及风化层，本项目地基处理前后相关岩土层物理力学参数见表5.1.1，地基处理前后的典型工程地质剖面见图5.1.2、图5.1.3。

地基处理前后相关岩土层物理力学参数　　表5.1.1

统计项目	编号	土层名称	重度 γ (kN/m³)	渗透系数		压缩模量 $E_{s0.1\text{-}0.2}$ (MPa)	标贯 N	静力触探	
				K_v (cm/s)	K_h (cm/s)			锥尖阻力 q_c(MPa)	侧壁阻力 f_s(kPa)
处理后	①$_{0\text{-}0}$	素填土	*20.0						
处理后	①$_{0\text{-}1}$	冲填土	*19.5						
处理前	Ⅲ$_1$	淤泥							
处理前	Ⅲ$_2$	淤泥质粉质黏土	17.3	3.38E-7	7.60E-7	2.6	2		
处理后	②$_1$	淤泥质粉质黏土	18.4			3.70		1.12	23.54
处理后	②$_{1a}$	粉土					19	7.99	67.27
处理后	②$_2$	淤泥质粉质黏土	17.8			3.09		1.02	17.49
处理前	Ⅲ$_{2t}$	粉砂	18.8			9.3	15		
处理后	②$_3$	粉砂	19.6			8.57	20	8.71	105.57
处理前	Ⅳ$_1$	粉质黏土	17.4	4.39E-7	9.70E-7	3.9	6		
处理后	②$_{3a}$	粉质黏土	18.6			4.60		1.35	25.61
处理前	Ⅴ	粉质黏土	19.1			7.7	13		
处理后	③$_2$	黏土	19.8			8.27		2.64	73.76

5.1.3　地基处理方案

A、D区区整个场区呈由岛侧向海域倾斜的趋势，泥面标高一般为+0.7～−7.3m，按以下步骤进行地基处理：

（1）吹填至标高+2.0m，作为塑料排水板排水垫层；

（2）分区打设C型塑料排水板，正方形布置，间距1.2m，陆上施工，地块1塑料排水板顶标高为+2.0m，底标高为−20.0m，单根板长22.2m，地块2～地块11塑料排水板顶标高为+2.0m，底标高为−28.0m，单根板长30.2m；

（3）堆载，开山石标高+8.0～+10.0m，A、D区堆载预压分区如表5.1.2所示；

（4）卸载标高：+3.5m（稳压≥90%、沉降速率<1mm/d），因用海问题B区暂无法按计划回填，1000万m³暂时多余石料需要处置，决定将地基处理后高程抬高至4.8m。

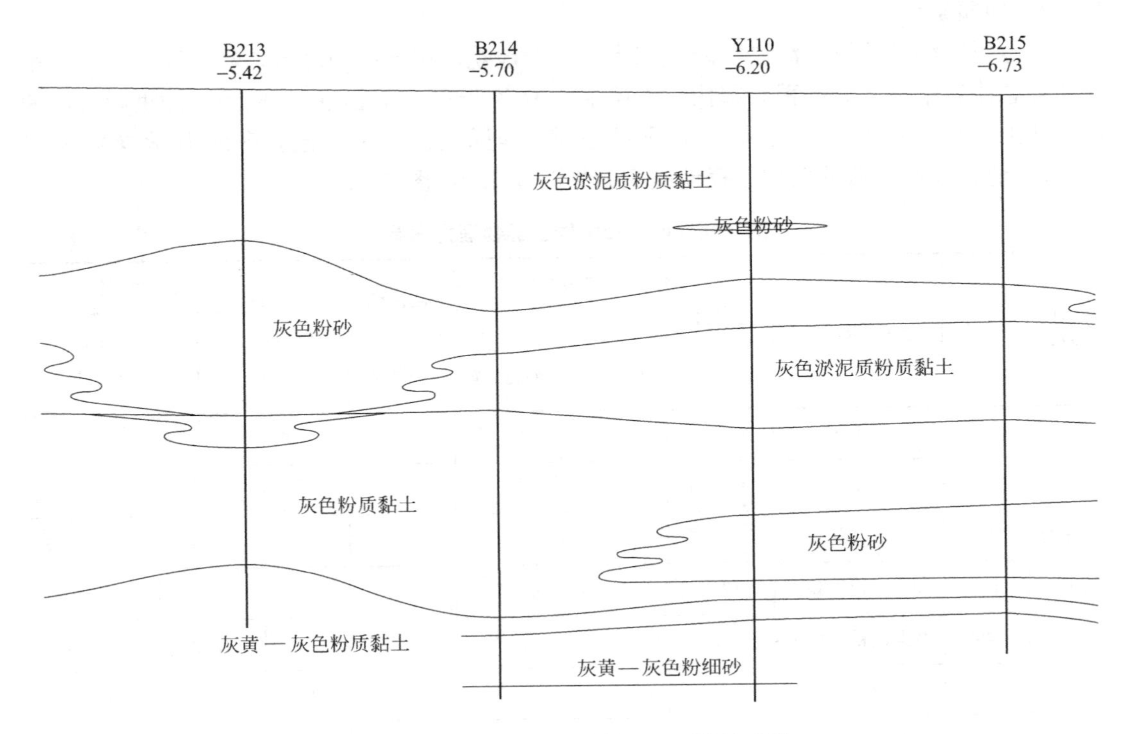

图 5.1.2 典型工程地质剖面（地基处理前）

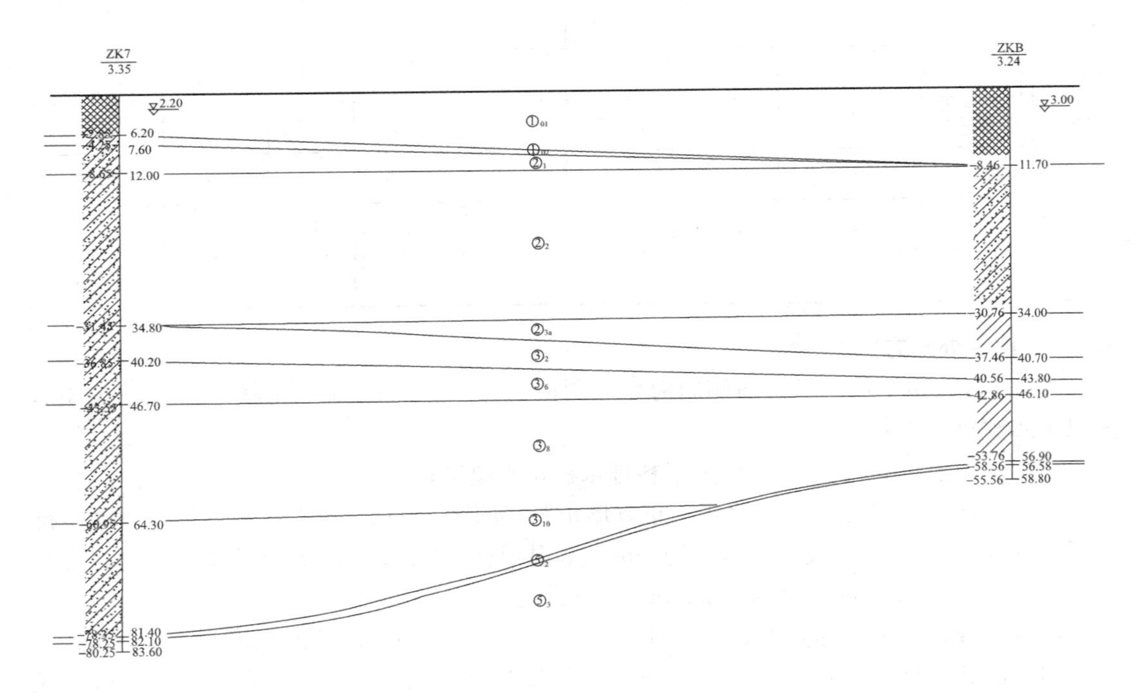

图 5.1.3 典型工程地质剖面（地基处理后）

A、D区堆载预压分区　　表5.1.2

分区	D1～D6	D7、D8、D11	D9、D10
堆载顶标高(m)	+8.00	+9.00	+10.00

5.1.4 技术难点分析

(1) 本项目场地条件复杂，分区众多，各分区的天然泥面标高、堆载高度、土层条件、塑料排水板设置、施工时间等条件不尽相同，且地基处理前、中、后由不同的勘察单位进行场地勘察，土层划分定名标准也不同，首先要求对场地地基处理方案及施工资料进行详尽的梳理与分析。

(2) 本项目通过堆载再卸载对场地进行超载预压，减少地基处理工后沉降，全场分布有近30m厚度的淤泥质粉质黏土，淤泥质粉质黏土层下卧软弱的粉质黏土，该层土的最大厚度可达20m，塑料排水板未能打穿淤泥质粉质黏土层，且场地超载高度可达8～17m，卸载后相比原始泥面的堆载高度也将近5～12m，荷载大，对于“软土厚度大、堆载面积大、加载荷载大”的地基处理工程，如何准确预测地基处理工后沉降，评价地基处理效果，对于后续设计、施工及正常使用十分关键。

(3) 巨厚软土上进行大面积堆载，土体下沉对施工的桩基础产生负摩阻力，对工程安全不利，负摩阻力受到桩土相互作用的各种因素影响，作用机理十分复杂，并表现为动态发展过程，过低评估负摩阻力作用，一旦桩基因负摩阻力受损将严重影响上部结构的安全，过高评估负摩阻力则会导致造价增加、承载力检测要求过高致使施工难度大大增加等问题和风险，因此桩基负摩阻力问题专项研究是本项目的难点与重点。

(4) 本项目前期开展了桩基负摩阻力现场试验，通过桩周土顶施加堆载使地基产生固结，同步测量桩身轴力，进而得到不同堆载高度、不同桩型的负摩阻力值和中性点，试验结果汇总如表5.1.3所示，基于试验结果，采用《建筑桩基技术规范》JGJ 94—2008规定的桩基负摩阻力估算方法，并根据勘察得到的土体参数进行计算，承载力特征值仅为按静载试验取值的20%～30%，另外，基于现场实测桩基负摩阻力，通过规范桩基负摩阻力计算方法估算，当工后沉降为800mm时，承载力特征值甚至出现负值，不合理，如表5.1.4所示。

桩基负摩阻力现场试验结果　　表5.1.3

桩号	桩型	第一级堆载预压(4.9m)		第二级堆载预压(8m)	
		下拉荷载	中性点	下拉荷载	中性点
1	预应力管桩端承桩	1498	0.65	3640	0.97
2	预应力管桩摩擦桩	1250	0.43	2157	0.65
3	钻孔灌注桩端承桩	1955	0.61	3178	0.81
4	钻孔灌注桩摩擦桩	1281	0.45	2043	0.5

负摩阻力计算对比表　　表 5.1.4

编号	类型	桩长(m)	规范方法(依据勘察得到的土性参数进行计算)			基于桩基负摩阻力现场试验结果(负摩阻力与工后沉降相关)		
			不考虑负摩阻力(kN)	负摩阻力下拉荷载(kN)	承载力特征值减掉负摩阻力(kN)	工后沉降值(mm)	负摩阻力下拉荷载(kN)	承载力特征值减掉负摩阻力(kN)
桩 1	管桩端承桩	56.2	8981	1573	2131	100/300/500/800	420/1261/2102/3363	3860/2599/1338/−544
桩 2	管桩摩擦桩	50	6204	786	1923	100/300/500/800	249/747/1245/1993	2728/1981/1234/113
桩 3	灌注桩端承桩	57.4	9795	1797	2202	100/300/500/800	367/1101/1835/2936	4347/3246/2145/494
桩 4	灌注桩摩擦桩	50	4500	701	1199	100/300/500/800	236/708/1180/1887	3210/2503/1795/733

本项目的两家主体设计单位面临负摩阻力如何取值计算的难题，以 Z305 孔为例，若不考虑负摩阻力，单桩承载力特征值为 1100kN，如果按软土层以上侧阻力为零考虑，则单桩承载力特征值为 633kN，如还考虑负摩阻力引起基桩的下拉荷载，所得单桩承载力特征值甚至为负值。负摩阻力的取值与计算争议不下，将极大地影响桩基设计，乃至整个工程项目的造价。

5.1.5 技术咨询成果

本项目基于现有勘察、设计、施工、监测、检测等相关资料，分别从地基处理效果、工后沉降预测、桩基负摩阻力三大方面开展研究，为后续桩基设计提供建议：

1. 综合物理力学指标对比及 *OCR* 评估地基处理效果

综合对比地基处理前后原位测试力学指标（图 5.1.4）和土体物理性质指标(图 5.1.5)，标高−30m 以上的淤泥质粉质黏土，经过超载预压处理后，土体物理力学指标得到有效提高。

根据地基处理前后的静力触探 p_s 值可确定土体的不排水抗剪强度，进而得到土体的 *OCR* 值，计算结果如图 5.1.6 所示，可以看到，当考虑使用期标高+4.8m 时，软黏土基本已达到超固结状态。

2. 大面积堆载预压-卸载后工后沉降计算

本项目首先采用规范方法（e-p 曲线分层总和法）预测地基处理工后沉降，超载工况下的平均固结度考虑竖向排水和径向排水，径向排水考虑塑料排水板作用，此外尚需考虑加载过程中发生的沉降、卸载回弹作用、软黏土的次固结沉降以及使用期场地荷载引起的回弹再压缩（图 5.1.7），全面考虑地基处理工后沉降的影响因素进行评估分析。

其次，大面积堆载预压是典型的土体固结过程，根据固结理论，在不同条件、不同时刻下固结度可表示为指数函数，沉降按指数曲线变化规律发展。为提高结果精度，采用数

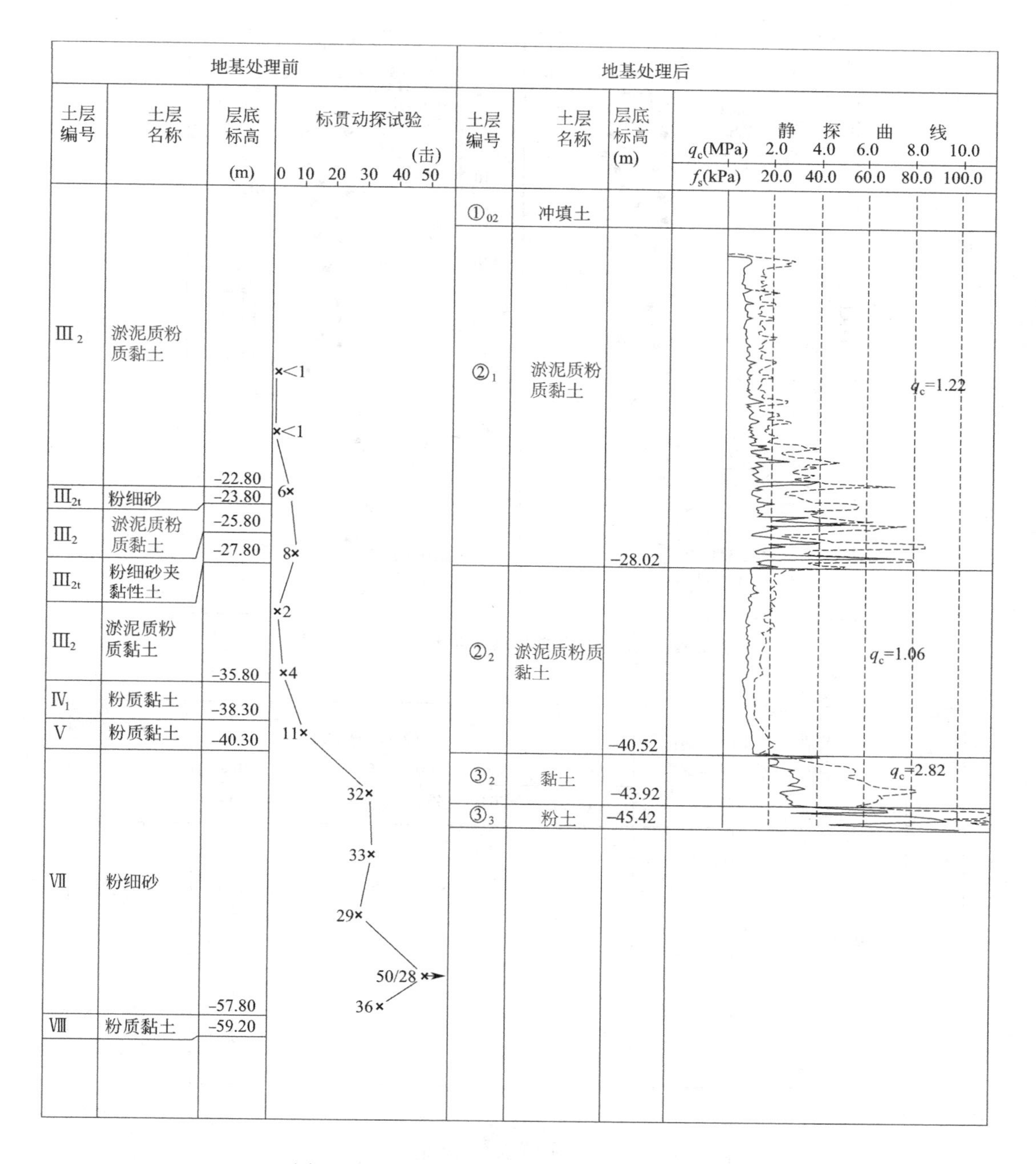

图 5.1.4 地基处理前后土体原位测试指标对比

学拟合软件代替三点法求解参数；本项目淤泥质粉质黏土层打设塑料排水板，直接采用监测数据预测淤泥质粉质黏土层的固结度随时间变化，因此粉质黏土⑤$_1$ 在卸载后的固结度通过竖向排水固结度公式估算，两层土层的指数曲线拟合结果叠加即为预测地表沉降值，通过全场地监测数据拟合计算（图 5.1.8），该方法预测工后沉降与规范方法结果较为吻合。

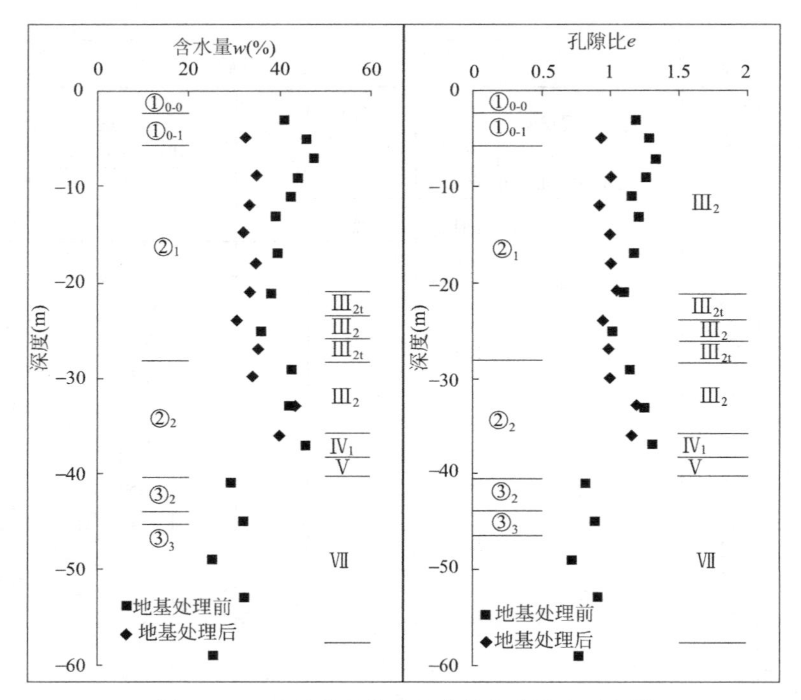

图 5.1.5　地基处理前后含水量和孔隙比对比图

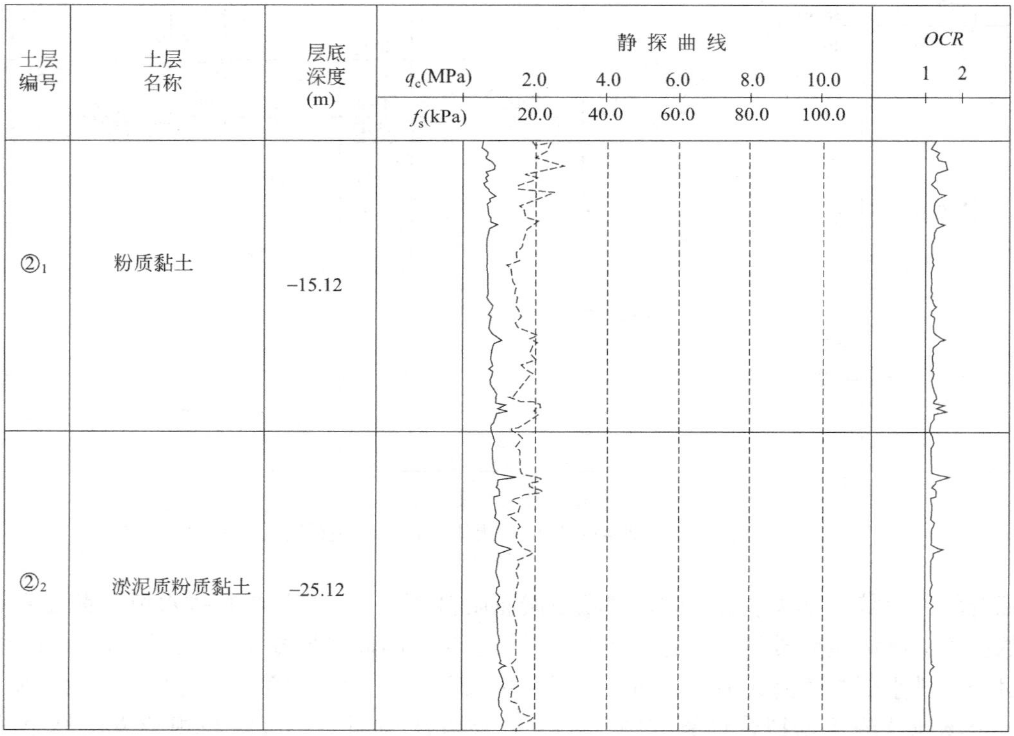

土层编号	土层名称	层底深度(m)	静探曲线 q_c(MPa) 2.0 4.0 6.0 8.0 10.0；f_s(kPa) 20.0 40.0 60.0 80.0 100.0	*OCR* 1 2
②1	粉质黏土	−15.12		
②2	淤泥质粉质黏土	−25.12		

图 5.1.6　软土层固结状态判定（使用期标高＋4.8m）

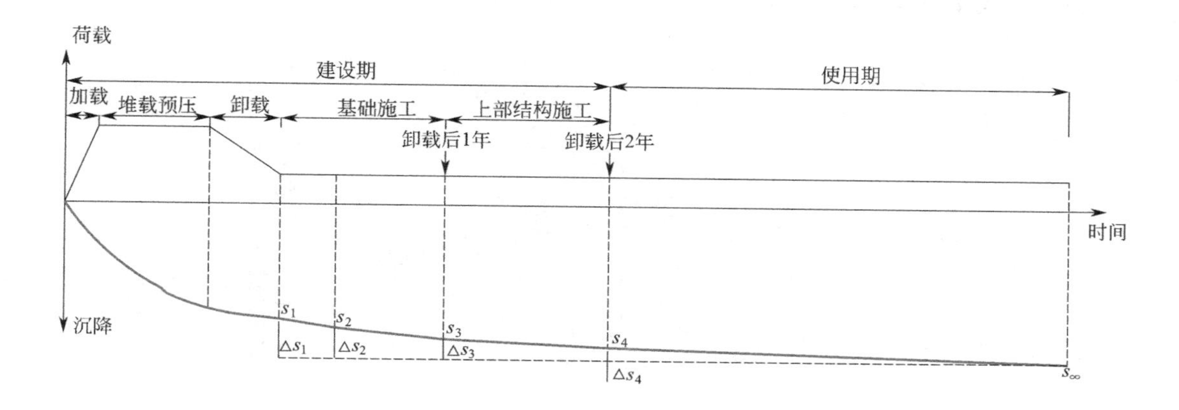

图 5.1.7 堆载预压加固沉降过程曲线

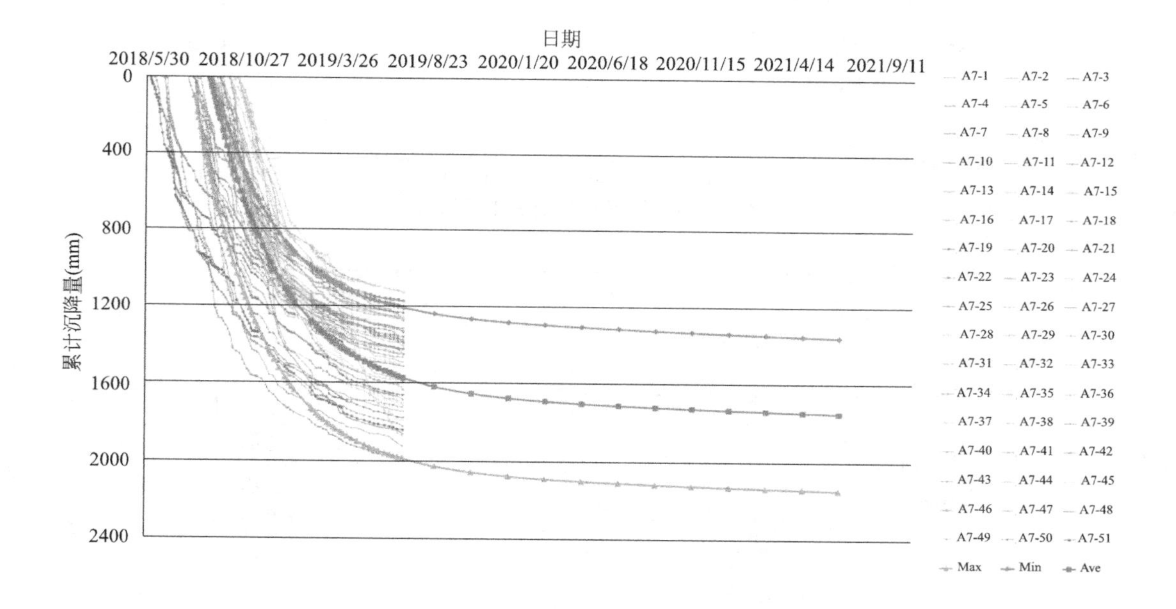

图 5.1.8 地块7地表沉降监测拟合曲线

图 5.1.9～图 5.1.11 为地表工后沉降等值线图，从图中可见，D1～D3 地层变化不大，夹砂少，泥面标高比较平缓，差异沉降较小。D4～D7 泥面标高存在一定的起伏，局部夹砂、下层粉质黏土⑤$_1$ 的厚度也在逐渐增大，具有一定的沉降差异，但是在卸载1～2 年后地表沉降差异逐步减小，由于每个地块面积较大，对于单个地块的差异沉降可在单体设计时加以考虑。

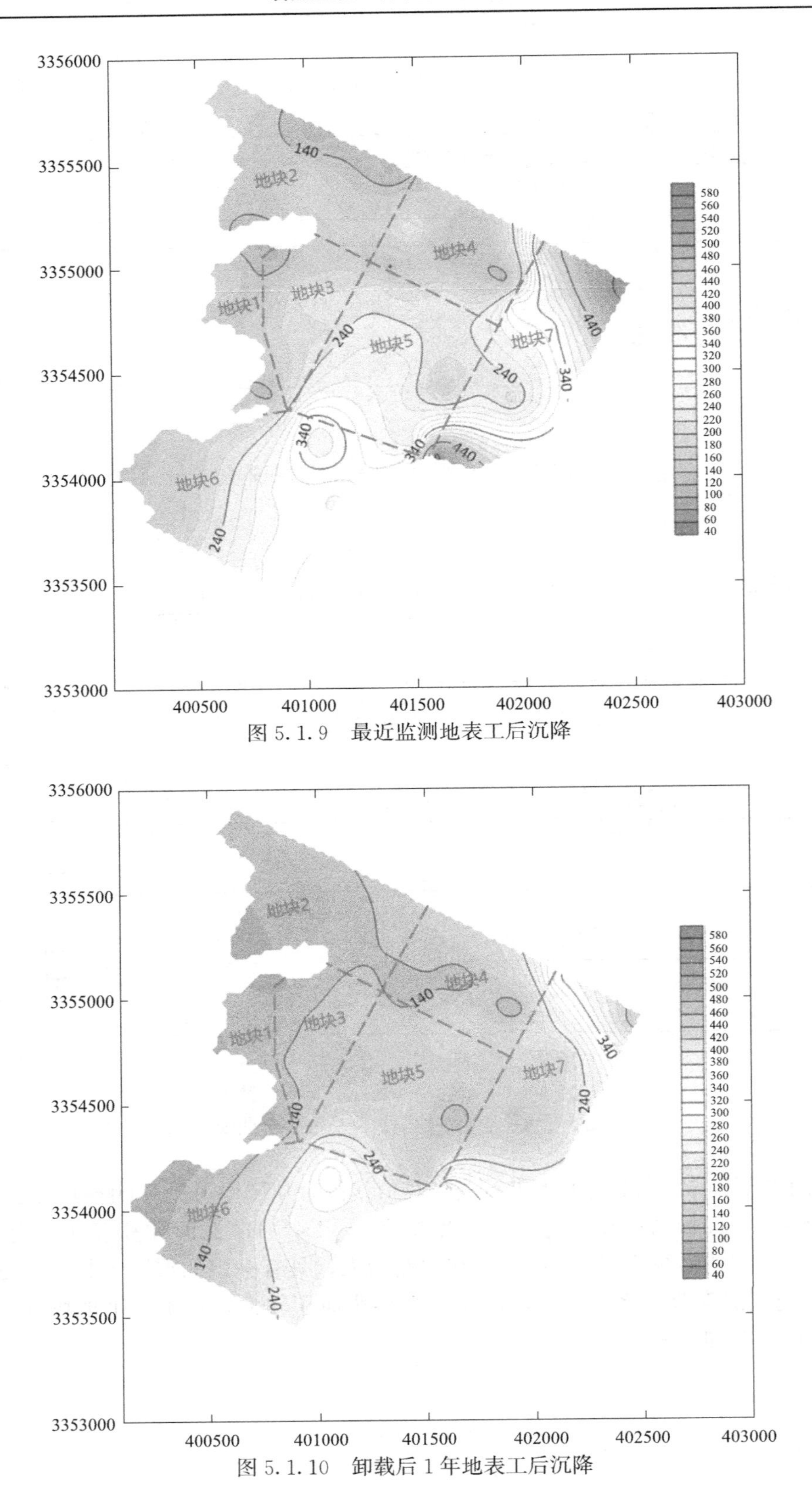

图 5.1.9　最近监测地表工后沉降

图 5.1.10　卸载后 1 年地表工后沉降

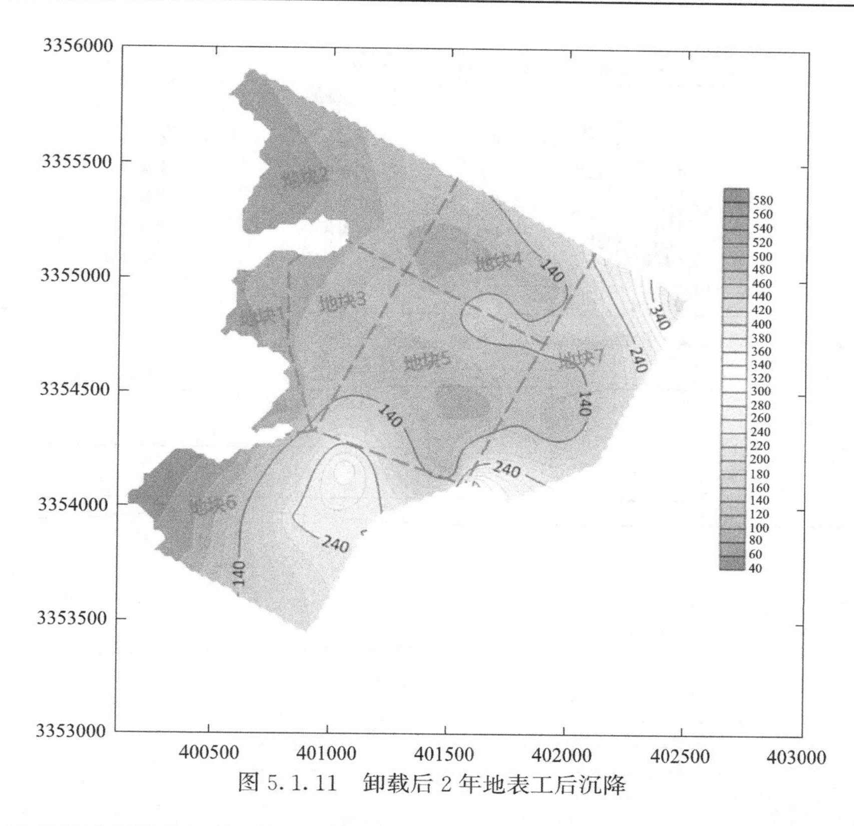

图 5.1.11　卸载后 2 年地表工后沉降

3. 大面积堆载预压-卸载后桩基负摩阻力研究

负摩阻力根据加卸载过程，土体不同的固结阶段而不同，是随时间变化的，本次咨询基于地质条件、监测数据及地基处理方法综合分析，充分考虑时间因素（图 5.1.12）：

A. 卸载后桩基施工阶段，不论是否固结稳定，施工上部结构前，上部荷载尚未施加，桩基承载力及桩身强度满足安全要求；

B. 上部结构施工阶段，桩基开始承担荷载后，桩基发生沉降，侧摩阻力均为正摩阻力；

C. 上部结构竣工后，根据竣工后的工后沉降及竣工后的沉降速率分析是否存在负摩阻力；

D. 最终负摩阻力消散，桩基承载力提高，不是最不利阶段，可不考虑其影响。

因此，A 阶段虽然沉降速率较大，但上部结构未施工，桩基承载力及桩身强度满足安全要求；D 阶段虽然有上部荷载，但工后沉降应从上部结构竣工后起算，且此时沉降速率小。

本项目通过指数曲线法预测沉降速率（图 5.1.13），根据指数模型预测卸载后 1 年及卸载后 2 年的地表沉降速率，卸载 1 年后的地表沉降平均速率约 0.08～0.18mm/d，卸载 2 年后的地表沉降平均速率约为 0.04～0.12mm/d，沉降趋于稳定。

原咨询单位前期是在土体堆载的情况下测试桩基下拉荷载，此时沉降速率较大，与卸载后施工桩基的受力状态不符，于是卸载完成后进行第二组试验，试验区域于 2019 年 3 月左右完成卸载，5 月 6 日进行桩顶加载 2000kN，之后稳压 55d，在此期间测得土体沉

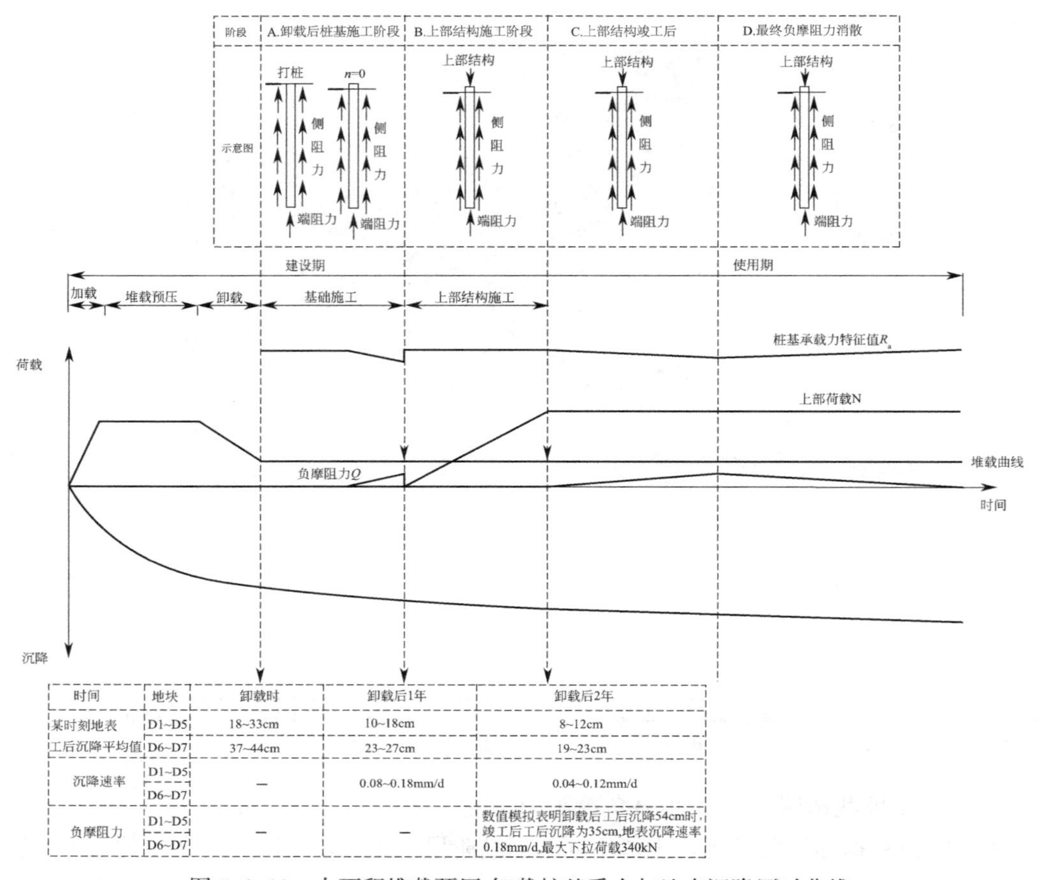

图 5.1.12　大面积堆载预压-卸载桩基受力与地表沉降历时曲线

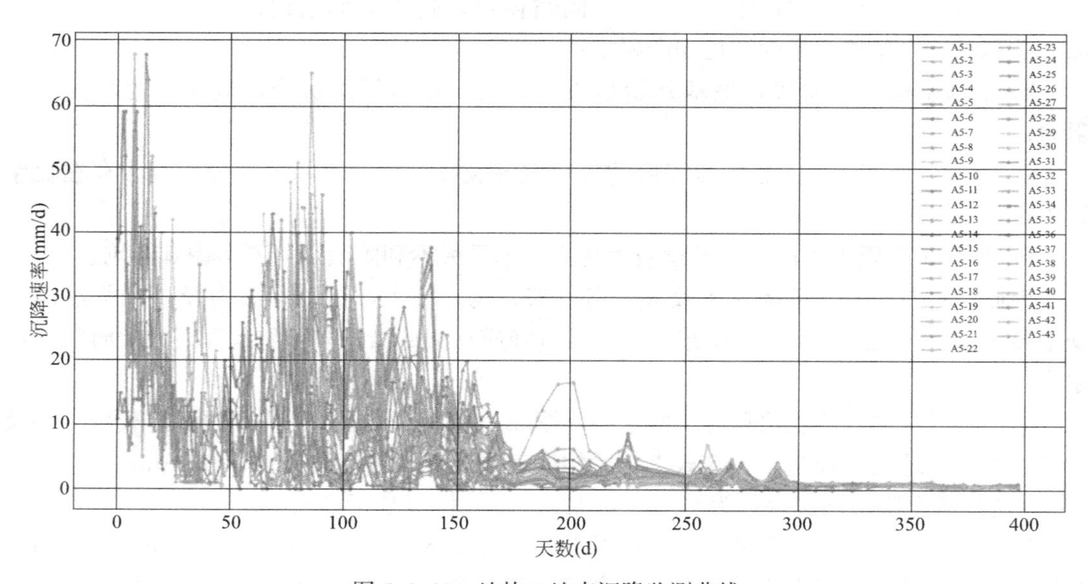

图 5.1.13　地块 5 地表沉降监测曲线

降速率约0.7mm/d，桩顶沉降速率约0.01mm/d，稳压期间下拉荷载增量约100kN，见图5.1.14，地表沉降约39mm，下拉荷载增长速率约2.5kN/mm，对比土体堆载期间下拉荷载增长速率（表5.1.5），可见下拉荷载不仅与工后沉降有关，也与沉降速率有关，并且随着时间推移，地表沉降速率越小，下拉荷载增长速率越小。

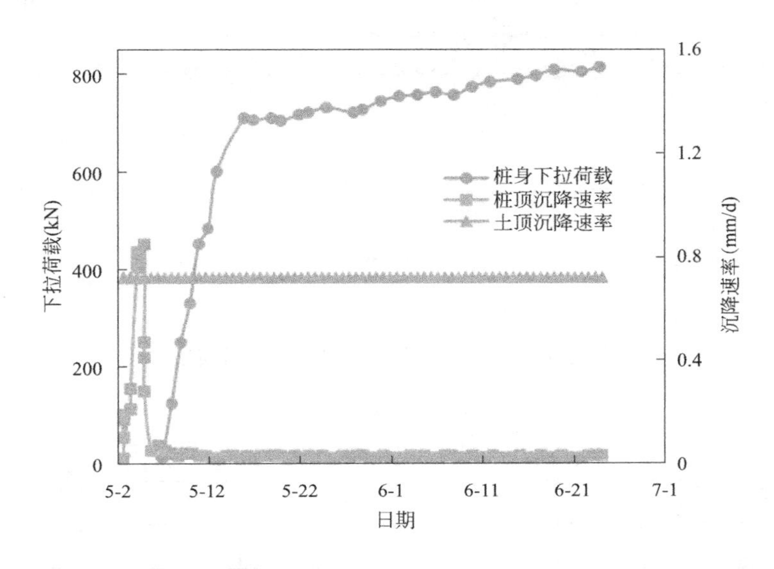

图5.1.14 预应力管桩端承桩（1号）下拉荷载、桩顶沉降、土体沉降历时曲线

实测地表沉降与下拉荷载 **表5.1.5**

测试日期	2018/12/25	2019/1/2	2019/3/7	稳压55d
实测地表沉降(mm)	374	495	866	39(增量)
实测下拉荷载(kN)	2040	2610	3630	100(增量)
平均地表沉降速率(mm/d)	—	15.12	5.79	0.7
下拉荷载阶段增量/地表沉降阶段增量(kN/mm)	—	4.70	2.75	2.5

本项目借助有限元进行堆卸载过程的模拟（图5.1.15），通过与监测数据对比验证方法和参数的准确性（图5.1.16），并进行长期固结分析，预测工后沉降（图5.1.17）；根据负摩阻力机理分析，最不利阶段为竣工后，在卸载后工后沉降26cm的情况下，考虑单桩与群桩，不同埋深，得到桩身轴力沿深度变化曲线，图5.1.18左图为单桩，右图为群桩，以单桩（桩顶标高4.8m）为例，竣工10年后淤泥质粉质黏土层中轴力斜率减小，土体固结沉降将增加工程桩的桩身轴力，但不存在反弯点，未出现负摩阻力，此外，群桩随着土体固结沉降，桩土承担应力重分布，边桩桩顶轴力增大，同时土体固结沉降对中心桩的桩侧摩阻力的影响更小。为分析较大工后沉降是否会在竣工后引起负摩阻力，增大下卧软土层厚度，当上部结构竣工50年时，卸载后累计地表沉降54cm，下拉荷载最大值仅为340kN，见图5.1.19、图5.1.20。

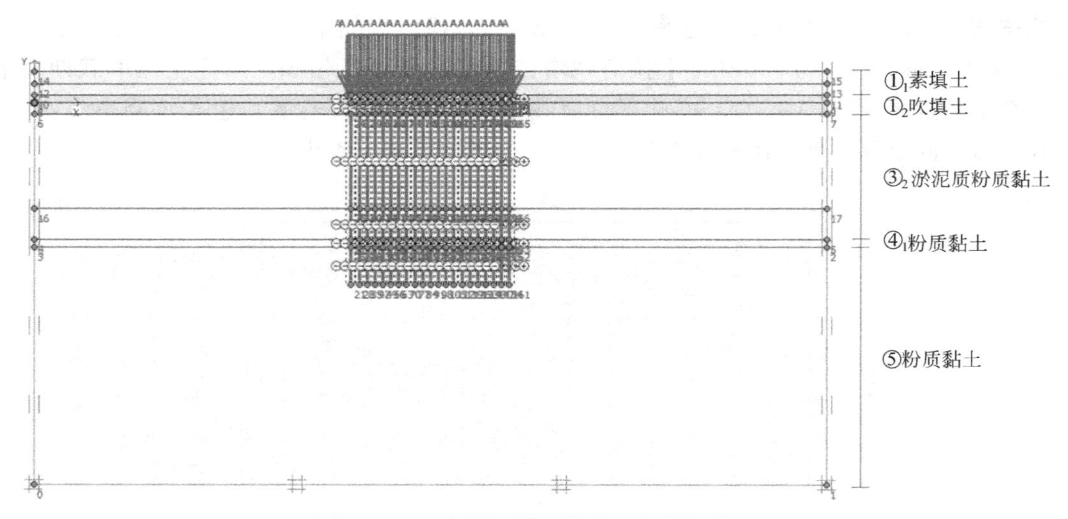

图 5.1.15　有限元桩基负摩阻力分析模型

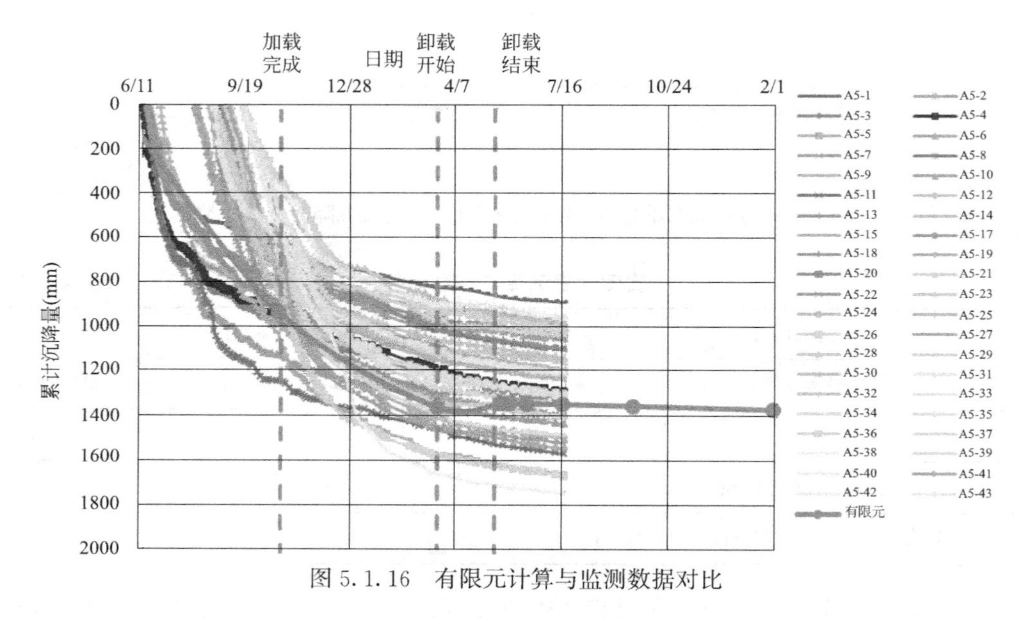

图 5.1.16　有限元计算与监测数据对比

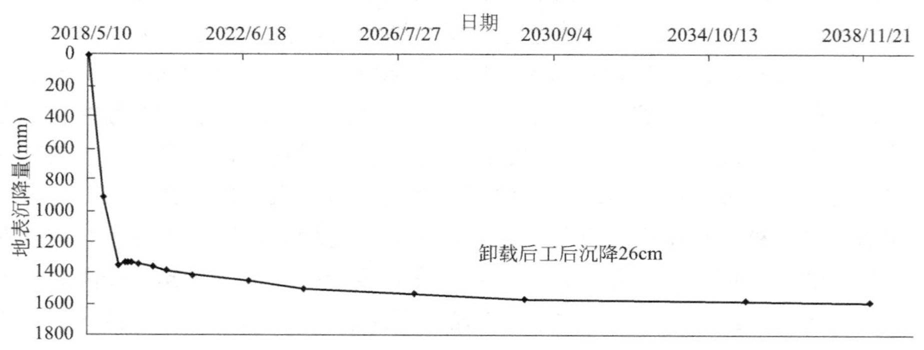

图 5.1.17　卸载后地表沉降历时曲线

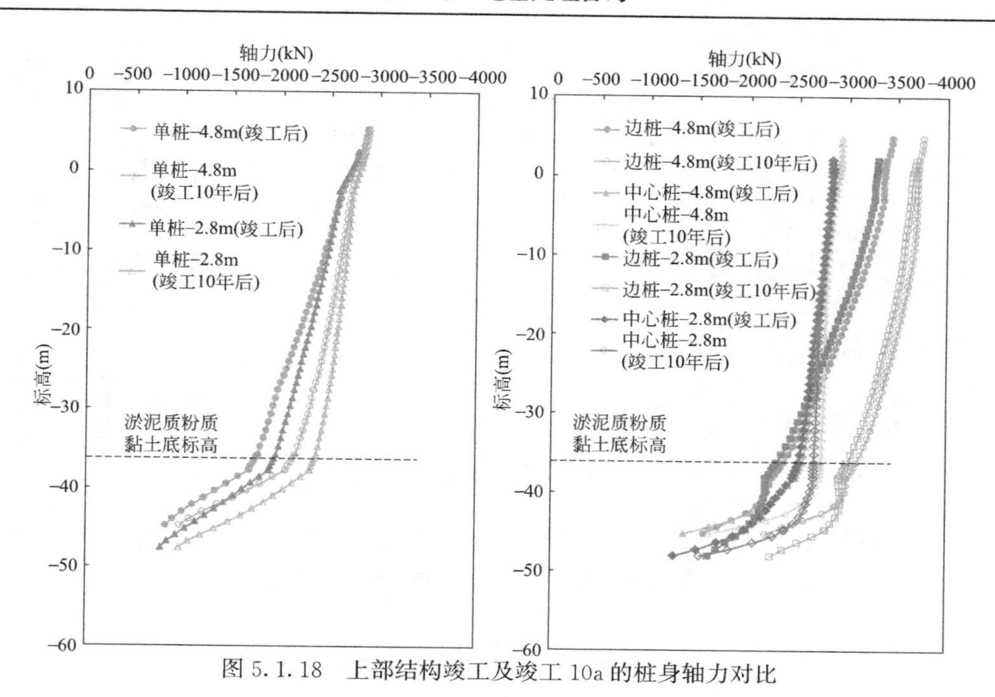

图 5.1.18　上部结构竣工及竣工 10a 的桩身轴力对比

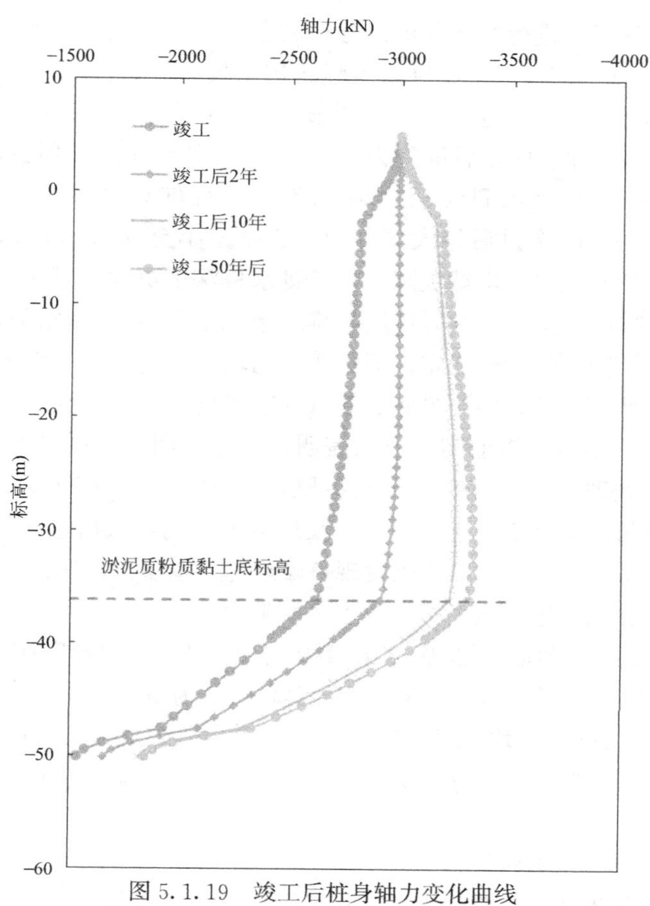

图 5.1.19　竣工后桩身轴力变化曲线

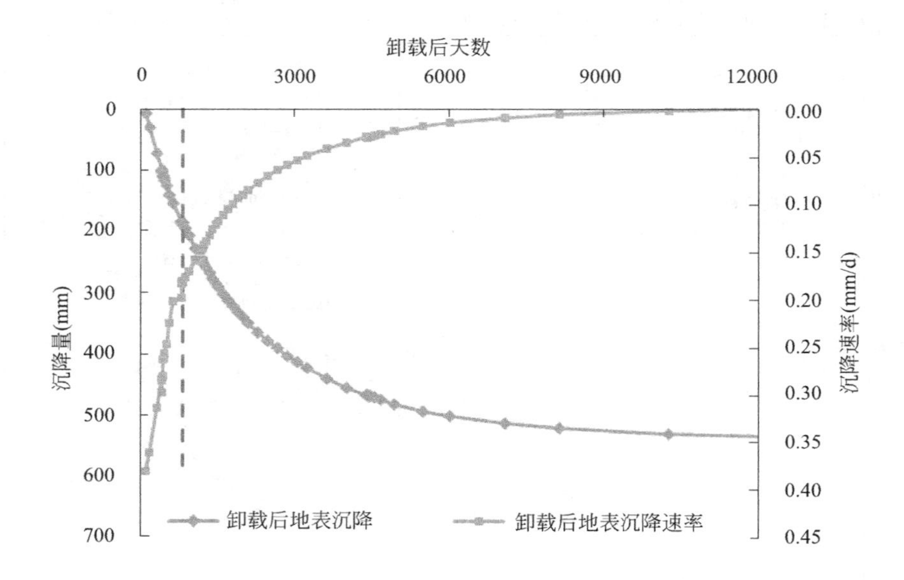

图 5.1.20　卸载后地表沉降及地表沉降速率历时曲线

最后与同类工程案例进行类比分析：与某试车场项目相比，该项目未进行地基处理，4 年后累计沉降才达到 1.4m，本项目采用塑料排水板＋堆载预压，1 年内浅层固结度达到 90%以上，最大沉降 2m，地基处理效果显著。某国际机场场道工程软土厚度最厚达 65m，采用堆载预压，卸载后工后沉降为 35～40cm，某滩涂圈围项目，堆载结束 2 年后最大工后沉降 20cm，两个项目工后沉降均不大，且堆载结束 7 个月速率为 0.09～0.38mm/d，堆载结束 16 个月后绝大部分测点速率减小至 0.15mm/d，一年内地表沉降速率明显减小。对比本项目，堆载更高，塑料排水板深度更深，且 19 号地块塑料排水板下卧 5～15m 淤泥质粉质黏土，本项目塑料排水板以下仅 0～5m 淤泥质粉质黏土，厚度较小，因此本项目沉降更快趋于稳定。浙石化一期软土厚度较小，塑料排水板打穿淤泥质粉质黏土，部分地块不卸载，但可见卸载后沉降速率更快趋于稳定。本项目超载更高，堆载持续时间大于一期项目，当前实测数据表明，相比一期、本项目地表沉降速率减小更快。其他相似地基处理方法，堆载完成并卸载后，地面沉降速率减小显著，部分工程在卸载后一段时间内变形进入稳定状态。此外，某垃圾填埋场堆载后进行桩基负摩阻力测试，土体沉降速率 0.17mm/d，桩基监测未发现负摩阻力，本项目预测桩基施工阶段土体沉降速率 0.08～0.18mm/d，桩基施工不会产生负摩阻力。

综合地表沉降速率预测、桩基负摩阻力试验、有限元分析和同类案例对比，卸载 1 年后场地（地面标高＋4.8m）平均沉降速率为 0.08～0.18mm/d，卸载后 2 年（地面标高＋4.8m）平均沉降速率为 0.04～0.12mm/d，D1～D5 地块软弱土层对工程桩产生的负摩阻力可忽略不计，D6～D7 地块软弱土层对工程桩产生的负摩阻力较小。

综上，本项目提出以下建议：

（1）经过地基处理达到验收标准后，在保证桩身强度和良好桩基持力层、沉桩阶段地表沉降速率小于 0.5mm/d 的前提下，为考虑负摩阻力对单桩承载力的影响，建议工程桩承载力特征值按静载试验确定的单桩竖向极限抗压承载力标准值除以 2.2～2.5 的系数进行取值，同时对桩身强度同比验算。

(2) 经过地基处理达到验收标准后，当沉桩阶段地表沉降速率为 0.5～1.0mm/d 时，建议复核中性点深度。

(3) 室内模拟及分析会受不同边界条件影响判定结果，现场长期载荷试验(图 5.1.21) 是检验桩侧是否存在负摩阻力最可靠的手段。建议现场开展基桩长期下拉荷载试验，采用测力计现场测试是否存在负摩阻力；也可加载至桩基极限承载力，再按 2.2～2.5 系数卸载，观测桩基持续变形。

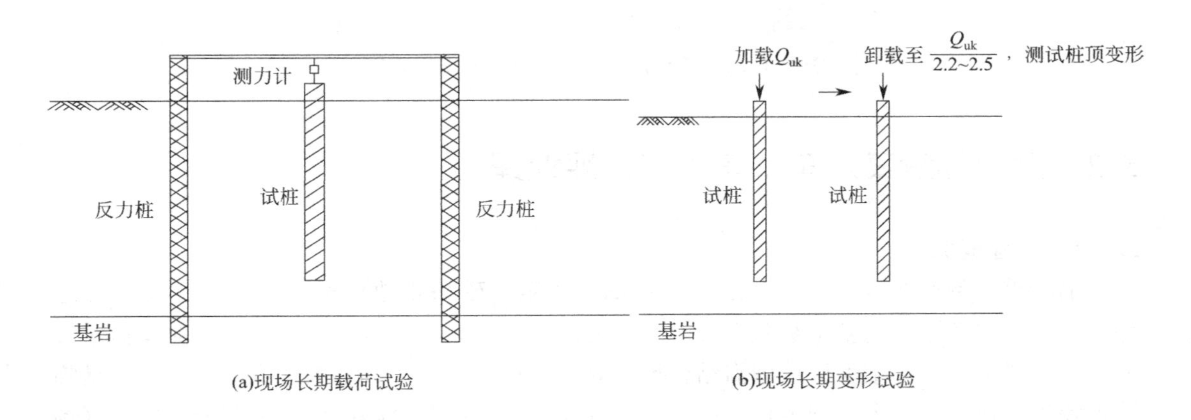

图 5.1.21　现场试验示意图

(4) 目前地表沉降速率为 0.23～0.79mm/d，变形尚未进入稳定状态，应继续加强监测。

(5) 在结构设计可行、造价可控前提下，建议适当增加基础埋深，以减少地面可能存在的不均匀沉降对基础及桩基影响。

(6) 在预估后期沉降较大区域，可利用群桩边桩效应，适当增加边桩，以应对群桩中心变形与周边地面变形不协调造成的桩身摩阻力下降影响。

(7) 应注意基础施工阶段开挖后回填不密实造成的地坪沉降、开裂问题，切实做好回填压实工作，并避免地面大范围超载。

(8) 建议选择中密、压缩性低的土层作为持力层。

(9) 在工程桩周边设置遮拦桩，保护工程桩。

5.1.6　实施效果及效益

本项目通过地基处理前后效果分析、地基处理工后沉降及桩基负摩阻力专项研究，为桩基设计方案提出科学、合理的结论和建议，解决业主、勘察、设计、施工、监测、检测及研究单位的争议问题，结论和建议最终获得评审专家的一致认可，并指导桩基设计，使得原设计桩径 1.0m 的灌注桩可按 0.8m 的灌注桩进行优化，节约工程造价。实施后现场如图 5.1.22 所示。

图 5.1.22　浙石化二期地基处理后现场照片

5.2　上海临港某汽车整车项目地坪处理

5.2.1　工程概况

临港重装备产业区超过三分之二区域属于砂嘴、砂岛相地貌类型，对于常规厂房地坪，由于砂层较厚，地基土承载力较高，仅需简单整平处理即可满足要求，而对于荷重较大，变形要求严格的重型厂房则需结合地坪要求进行专门处理。临港某汽车整车项目是临港重装备产业区第一个大型项目，位于南汇区泥城镇，南芦公路以南、兴黄公路以东（场地位置如图 5.2.1 所示）。厂房南北长约 1200m，东西宽约 800m，由油漆、总装、车身、冲压车间及附属建筑物组成，地坪使用荷载 5t，对地面沉降敏感，要求在 50kPa 长期荷载作用下地面沉降不超过 2cm。为此需对地坪处理方案进行专门论证、设计。

5.2.2　工程地质条件

本工程区域属于河口、砂嘴、砂岛相。典型地层剖面如图 5.2.2 所示，静探曲线如图 5.2.3 所示。根据地基土的特征、成因及物理力学性质，勘探深度内的土层可划分为 6 个主要层次（其中⑤层可分为 2 个亚层，底部夹有$⑤_2$层砂质粉土，呈透镜体状，仅在场地内东南角局部分布；⑦层根据土性特征可分为 2 个亚层，其中$⑦_1$层又可分为 2 个次亚层）。根据地基土的成因、年代和性质、特征，把地基土综合归纳为四个主要层组：

（1）表层土组：深度为 0.00～0.90m。

①层素填土系近代形成，形成时间短，属欠固结土，具有含水量高、孔隙比大、强度低等不良特性。

（2）浅部层组：深度为 0.90～14.00m。

$②_1$层，俗称“硬壳层”，地质年代为 Q_4^3，成因类型为滨海—河口相沉积，夹较多砂质粉土，土质不均匀。

$②_3$层，地质年代为 Q_4^3，成因类型为滨海—河口相沉积，以粉（砂）性土为主，含云母、贝壳碎屑，夹黏性土，土质不均匀。从静探 p_s 值和标贯试验分析，该层上部土质呈稍密—中密，该层厚度较大（一般在 12m 左右），该层土具有较高的透水性，有利于土体排水固结。

图 5.2.1　大众项目场地地理位置示意图

（3）中部层组：深度为 14.0～24.0m。

④、⑤层，地质年代为 $Q_4^2 \sim Q_4^1$，成因类型为浅海—滨海相沉积，以黏性土为主，含黑色有机质条纹、钙质结核，见半腐烂植物根茎，土质自上而下渐变好。土性特征：高含水量，大孔隙比，呈软塑—流塑状态，强度低，具高等—中等压缩性。

⑤层土层厚度较大，且随深度增加土性渐变好，根据土层上、下部土质不同把该层分为$⑤_{1-1}$层黏土和$⑤_{1-2}$层粉质黏土。

$⑤_2$层砂质粉土，为稍密—中密状态，土质较好，可作为一般建筑物的桩基持力层，但该层呈透镜体状，仅分布在场地内东南角位置。

中部层组的黏性土是在设计选用天然地基时，在附加应力作用下产生压缩沉降的主要土层。

（4）深部层组：深度 24.0～60.0m。

⑥层，地质年代为 Q_3^2，成因类型为河口—湖沼相沉积，深度约 24～27m，为暗绿色粉质黏土，含氧化铁斑纹，土质可塑—硬塑，是上海市划分 Q_3 与 Q_4 的标志层，土性较佳，可作为一般建（构）筑物的桩基持力层。

$⑦_{1-1}$、$⑦_{1-2}$、$⑦_2$层，地质年代为 Q_3^2，成因类型为河口—滨海相沉积，层顶埋深约 27m，砂性土，矿物成分以石英和长石为主。该两层呈中密—密实状态，是重要建（构）筑物良好的桩基持力层。

$⑦_{1-1}$层及$⑦_{1-2}$层顶埋深基本平稳。$⑦_2$层层顶埋深，从东西方向来看呈西低东高的趋势，从南北方向来看呈北低南高的趋势。

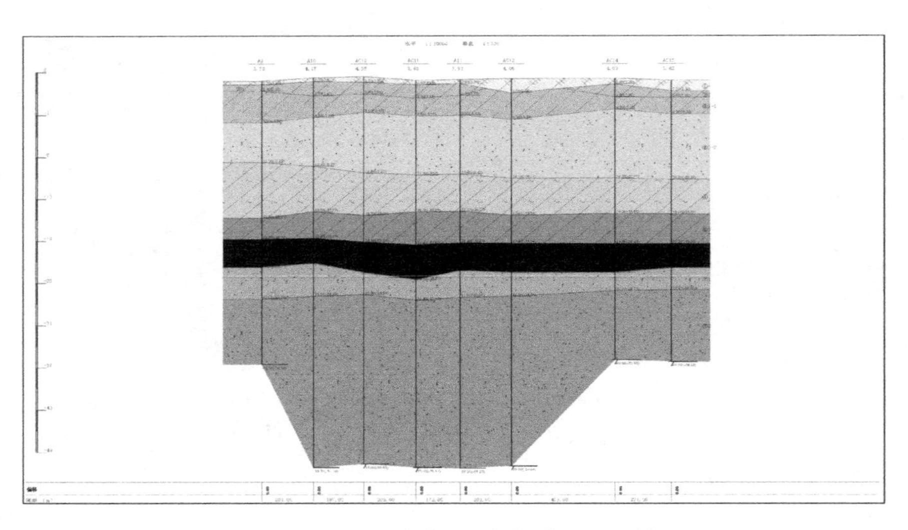

图 5.2.2 河口、砂嘴、砂岛相典型地层剖面图

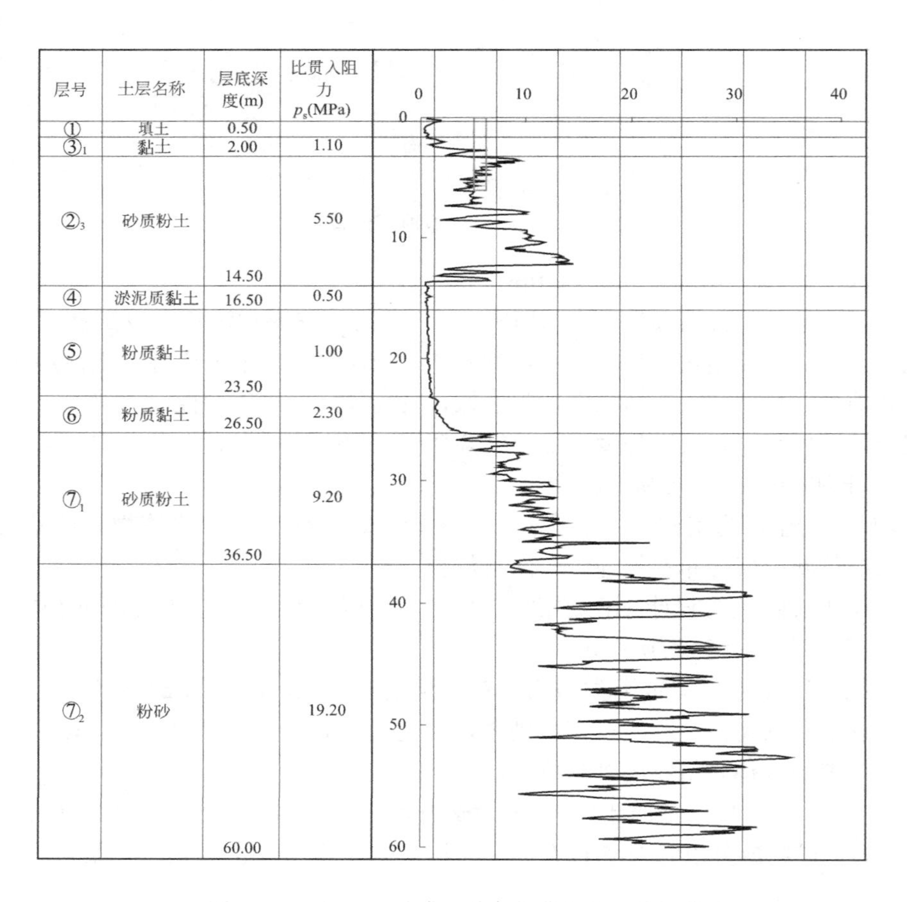

层号	土层名称	层底深度(m)	比贯入阻力 p_s(MPa)
①	填土	0.50	
③$_1$	黏土	2.00	1.10
②$_3$	砂质粉土	14.50	5.50
④	淤泥质黏土	16.50	0.50
⑤	粉质黏土	23.50	1.00
⑥	粉质黏土	26.50	2.30
⑦$_1$	砂质粉土	36.50	9.20
⑦$_2$	粉砂	60.00	19.20

图 5.2.3 河口、砂嘴、砂岛相典型地层静探曲线

5.2.3　技术难点分析

本项目浅部沉积厚层密实砂层。河口、砂嘴、砂岛地貌区域②$_3$层砂质粉土与市区故河道区域砂层相比更密实，厚度更大，个别区域超过15m，静探p_s值达到15MPa，对预制桩沉桩构成一定难度。在排水不畅情况下，极易形成“橡皮土”和流砂现象。

不同厂房对地基处理效果、工期、造价控制差别显著。各厂房因生产工艺差异，地坪荷载差异较大，同一厂房内不同区域对地坪要求也不一样，对治理要求差别较大，增加了处理难度。如地坪使用荷载较大的厂房，地面荷载值约为50kPa，且对沉降控制极为敏感，要求在50kPa长期荷载作用下地面沉降不超过2cm。

5.2.4　技术咨询成果

为了满足不同荷载下的地坪要求，针对地质情况，分别对天然地基、短桩基础及复合地基进行计算分析，并通过现场试验加以论证。

1. 天然地基分析

(1) 持力层选择

①层填土，厚度不一，结构松散，且均匀性差，一般不宜作为天然地基持力层。第②$_1$层褐黄—灰黄色粉质黏土，含水率w=31.2%，孔隙比e_0=0.88，p_s值为1.08MPa，土质较好，其下卧层为②$_3$层砂质粉土夹粉砂，土质很好，含水率在25.5%～34.6%，孔隙比在0.72～0.96，比贯入阻力平均值在4.06～7.30MPa之间。由于②$_3$层分布均匀，并有一定厚度，总厚度达11.7m，有利于地基土附加应力的消散，且排水固结条件好，能有效地控制基础沉降。如在此类地基上建造的真源小区近十多幢6跃7层民用住宅楼(土层条件差于本工程)，建筑物外包尺寸为55m×11m，基底附加压力约为75kPa，采用片筏基础，基础埋深为1.2～1.5m（自然地面以下），地基土承载力特征值为115kPa，结构封顶时，基础实测沉降量约3.5cm，竣工后一年半基础实测沉降量约6.2cm，其沉降量趋于稳定，推算基础最终沉降量约10.0cm。

根据本工程岩土工程勘察报告，②$_3$层为砂质粉土夹粉砂，在抗震设防烈度为7度时为不液化土层。故在不考虑地震效应作用时，该类型地基土是良好的天然地基持力层或下卧层。

(2) 天然地基沉降估算

根据本工程岩土工程勘察报告，天然地基沉降计算压缩模量$E_{s0.1\text{-}0.2}$以及土层埋深按表5.2.1取值。

天然地基沉降计算参数　　表5.2.1

层号	土层名称	层底埋深(m)	重度 γ(kN/m^3)	$E_{s0.1\text{-}0.2}$建议值 (MPa)
②$_1$	粉质黏土	2.0	18.6	6.6
②$_3$	砂质粉土	14.4	18.7	12.7
④	淤泥质黏土	17.9	16.8	2.6
⑤$_{1-1}$	黏土	22.0	17.7	3.3

则分层沉降见表 5.2.2，沉降计算结果见图 5.2.4。

天然地基分层沉降 s（cm） **表 5.2.2**

层号	层厚(m)	附加应力 p(kPa)				
		40	50	60	80	100
②$_1$	1.2	0.2	0.4	0.5	0.9	1.3
②$_3$	12.4	0.7	1.2	1.7	3.1	4.4
④	3.5	0.1	0.1	0.5	0.9	1.8
总沉降 s(cm)		1.0	1.7	2.7	4.9	7.5

按类似工程经验，以上计算一般大于实测沉降，该结果具有一定的安全度。

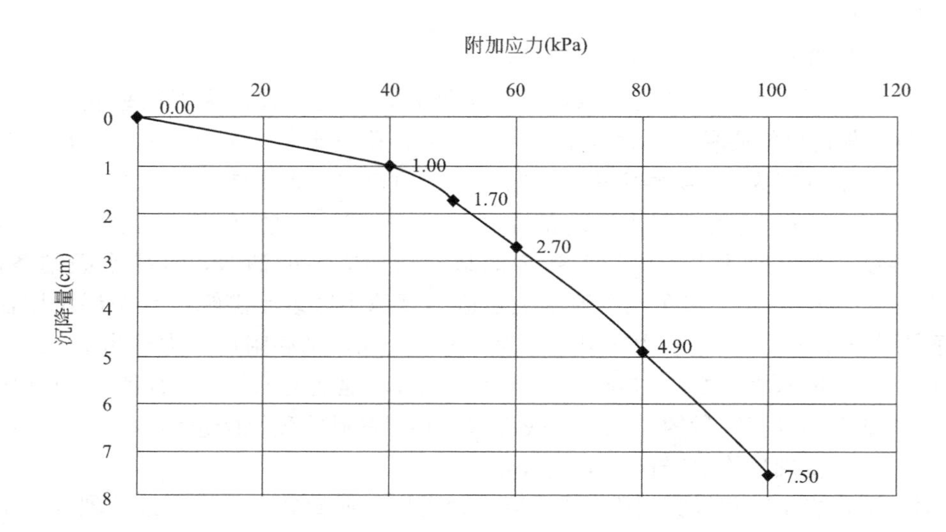

图 5.2.4 天然地基沉降量曲线（p-s）

由以上计算和分析，如地坪有效附加压力为 50～60kPa 时，其相应地基的最终沉降量为 1.7～2.7cm。

2. 短桩基础分析

(1) 桩基持力层选择

本场地②$_3$ 层砂质粉土土性均较好，该层层顶埋深一般约为 2.4m，厚度为 10.0～13.2m，比贯入阻力 p_s 值为 4.06～7.30 MPa，如遇暗浜或大面积鱼塘等不良地质作用时，则可采用短桩处理，桩型可选择 200mm×200mm×6000mm 或 250mm×250mm×8000mm 的钢筋混凝土小方桩。

(2) 单桩极限承载力标准值及沉降估算

考虑到桩长较短，入土深度较小，桩侧以及桩端承载力按常规桩基方案进行适当折减。按静力触探试验估算的单桩竖向承载力见表 5.2.3。

单桩极限承载力标准值　　　　表 5.2.3

桩型	规格（mm）	桩长（m）	送桩（m）	桩端入土深度（m）	持力层	单桩竖向极限承载力标准值 R_k（kN）
预制桩（C35）	200×200	6	1.0	7.0	$②_3$	360
	250×250	8	1.0	9.0	$②_3$	570

根据地质条件，拟建场地在深度2.4～14.1m范围为砂质粉土，对小桩沉桩有一定难度，据邻近工程经验，宜适当加强桩身强度（混凝土强度等级宜为C40），当选用打入式时，对于200mm×200mm断面小桩，宜采用1.2t锤，对于250mm×250mm断面，宜采用1.8～2.5t锤；当选用静力压入式时，对于200mm×200mm断面小桩，宜采用100t压桩机，对于250mm×250mm断面，宜采用150t压桩机。

沉降量估算值见图5.2.5和图5.2.6。

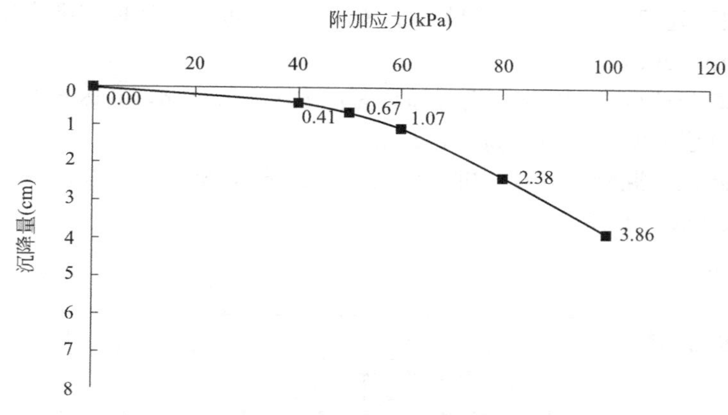

图5.2.5　桩基（桩长 $L=6$m）沉降量曲线（p-s）

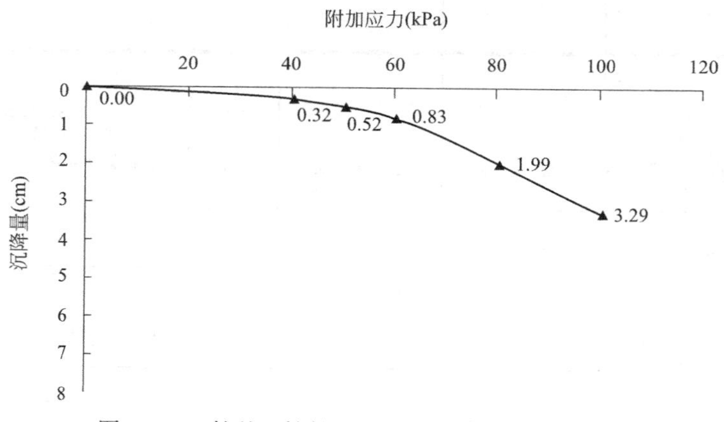

图5.2.6　桩基（桩长 $L=8$m）沉降量曲线（p-s）

3. 复合地基分析

水泥土搅拌法（湿法施工）如仅为减少地基沉降量而进行处理，则采用ϕ500mm搅拌桩，桩长4m，间距2000mm，其沉降量估算值见图5.2.7。

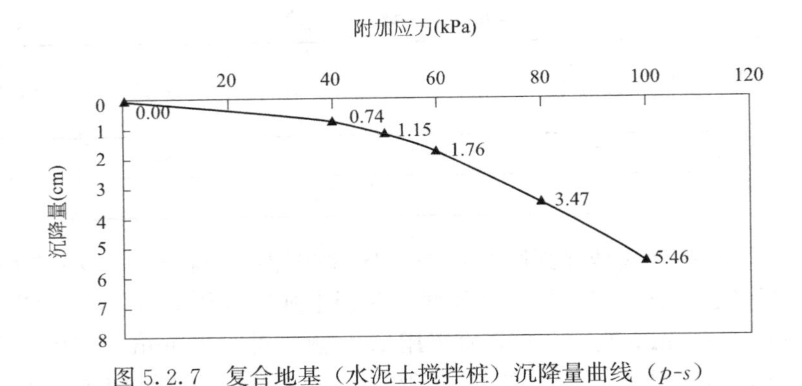

图 5.2.7　复合地基（水泥土搅拌桩）沉降量曲线（p-s）

4. 现场试验论证

(1) 地基处理加固试验方案

本次地基加固处理试验分二个区域（Ⅰ区、Ⅱ区）进行，处理范围为 12m×20m，Ⅰ区、Ⅱ区各为 6m×20m。

1）天然地基开挖至②$_1$ 层顶，绝对标高为：Ⅰ区+3.40m，Ⅱ区+3.68m。

2）填碎石分层夯实至绝对标高+4.28m。

3）打入预制钢筋混凝土方桩，桩规格为 ZH-20-6B，桩间距为 2m，桩顶绝对标高为：Ⅰ区+3.50m，Ⅱ区+3.78m。

4）埋设测量元件。

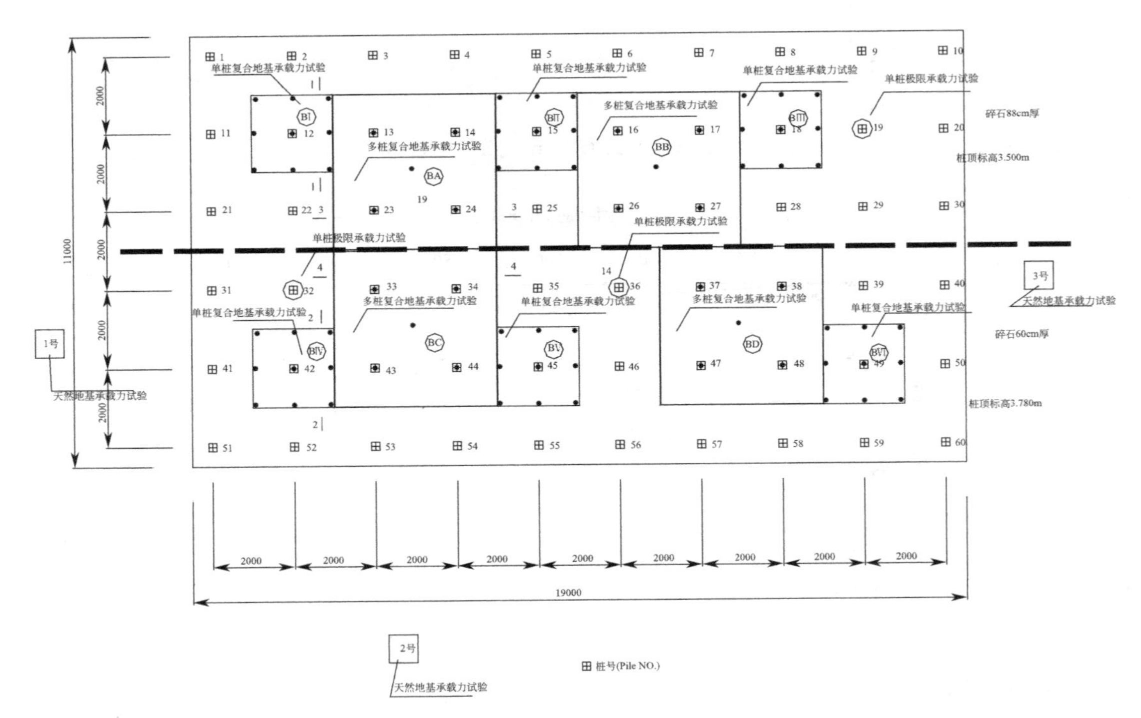

图 5.2.8　试验平面布置图

（2）试验内容

根据设计要求，本次试验共包含四大类内容，详见图5.2.8。表5.2.4。

现场试验内容　　表5.2.4

序号	试验项目	技术要求	主要工作量
1	单桩静载荷试验	堆载法、快速法，试验至极限状态	3根
2	桩间土平板试验	地锚法、慢速法，试验至极限状态	3点
3	$4m^2$复合地基平板试验（载荷板2m×2m）	堆载法、快速法，试验至270kPa。同时需测定载荷板下土与桩各自的荷载分担比例	6点（Ⅰ区、Ⅱ区各3点）
4	$16m^2$复合地基平板试验载荷板（4m×4m）	堆载法，恒载至800kN，研究在800kN长期荷载作用下，地基土的沉降规律	4点（Ⅰ区、Ⅱ区各2点）

（3）试验结果与分析

1）天然地基持力层②$_1$层粉质黏土夹砂质粉土的极限承载力准值为204kPa（图5.2.9a）。

2）桩基持力层为②$_3$层砂质粉土，桩型为200mm×200mm×6000mm（含桩尖）钢筋混凝土预制桩，沉桩休止期约为15天，单桩竖向抗压极限承载力标准值为326kN（图5.2.9b）。

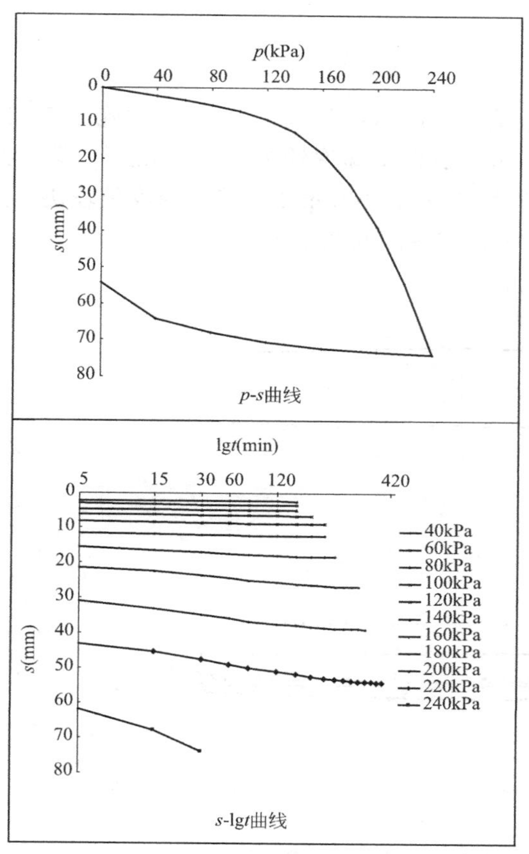

(a) 天然地基

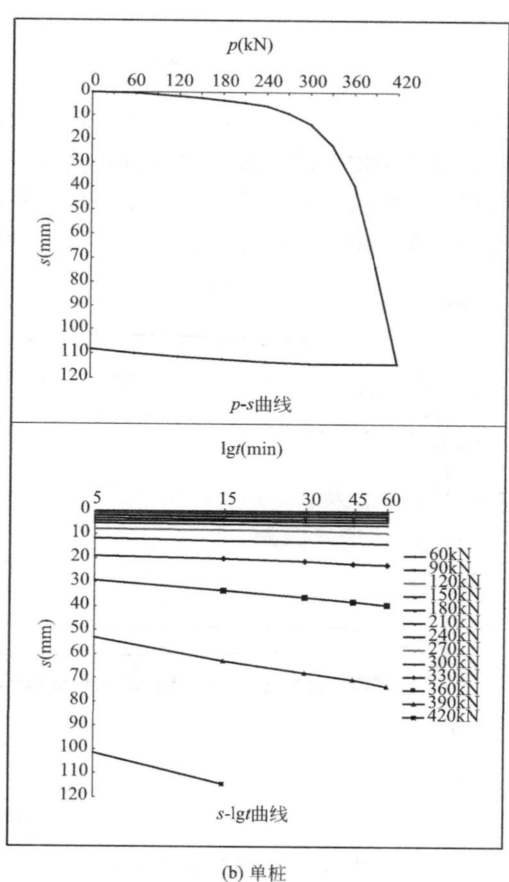

(b) 单桩

图5.2.9　典型天然地基和单桩静载荷试验曲线

3）2m×2m（1桩复合）Ⅰ区（碎石厚度为88cm）三组试验地基抗压极限承载力均不小于270kPa，Ⅱ区（碎石厚度为60cm）三组试验地基抗压极限承载力均不小于270kPa，两者之间无明显差异（图5.2.10），从沉降曲线分析，随荷载增加其碎石垫层的压缩量明显较大。

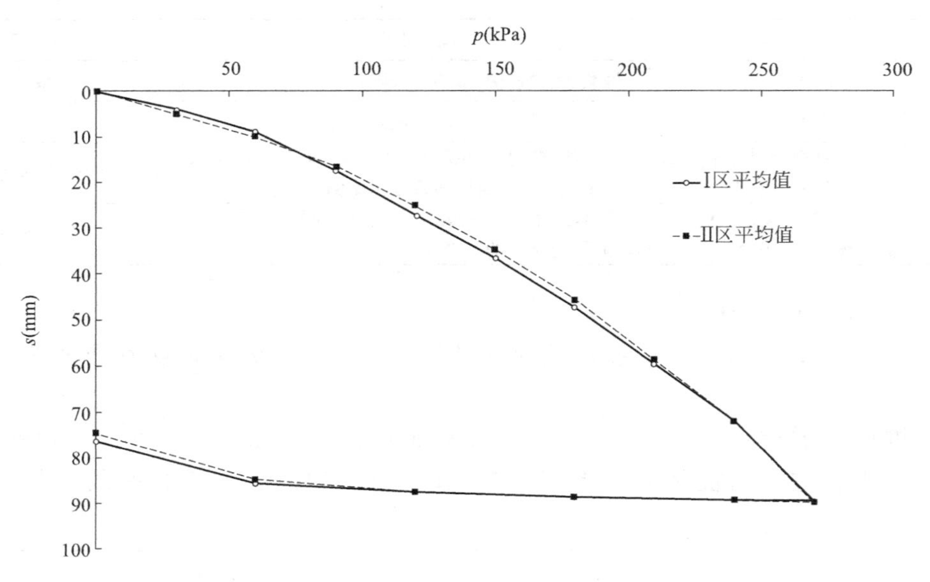

图5.2.10　Ⅰ区、Ⅱ区 p-s 对比曲线

4）4m×4m（4桩复合）Ⅰ区（碎石厚度为88cm）两组试验，采用一次施加50kPa荷载，第1组加载后80h的总沉降量为6.30mm，其沉降速率约为0.019mm/h，第2组加载后72h的总沉降量为6.02mm，其沉降速率约为0.016mm/h，其沉降收敛较快，按其规律推测，沉降量可控制在8mm以内（图5.2.11～图5.2.13）。

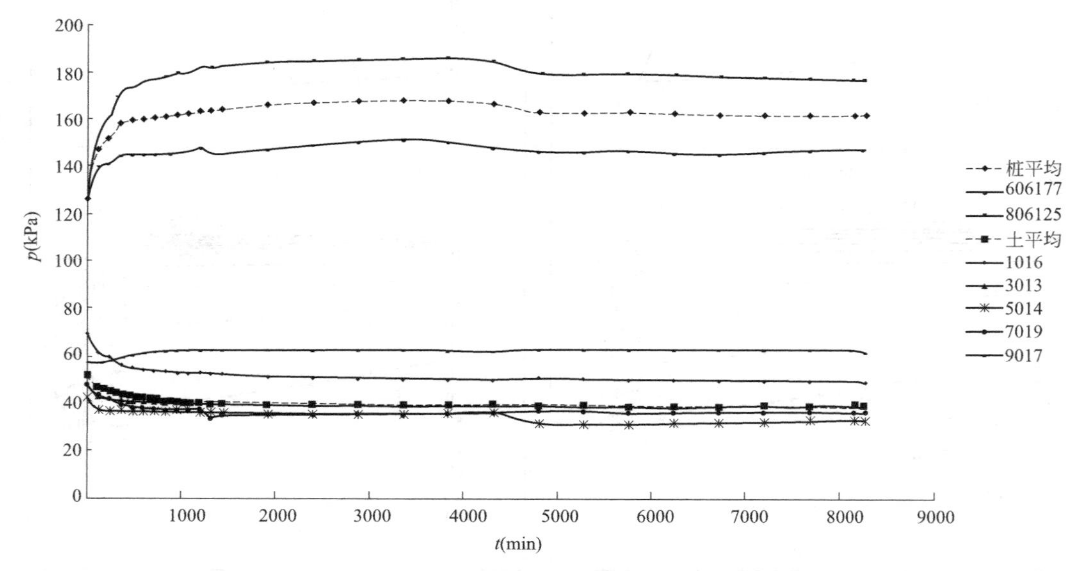

图5.2.11　复合桩基桩顶及地基土压力随时间变化曲线（第2组，50kPa）

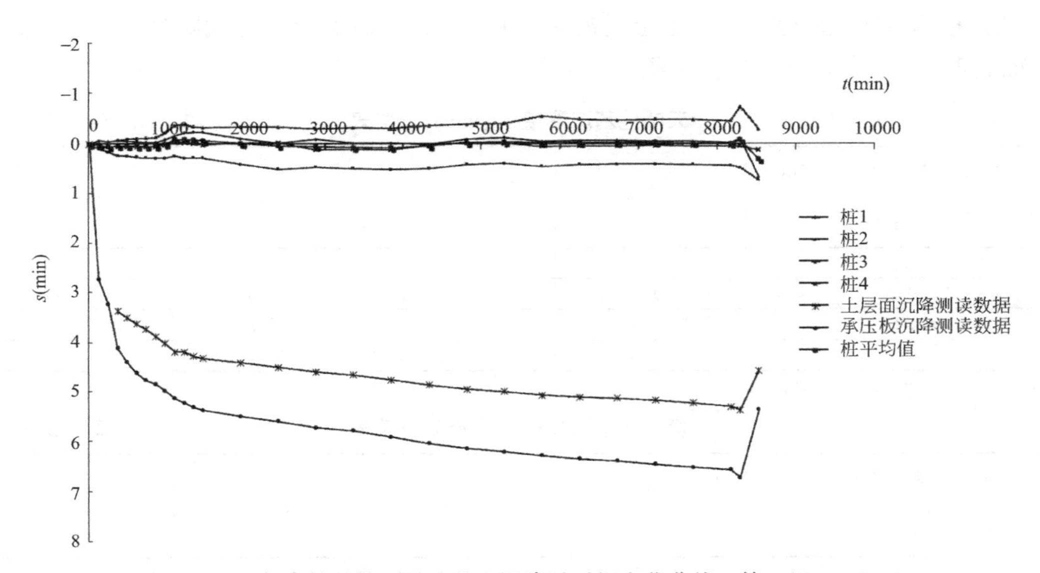

图 5.2.12　复合桩基桩顶及地基土沉降随时间变化曲线（第2组，50kPa）

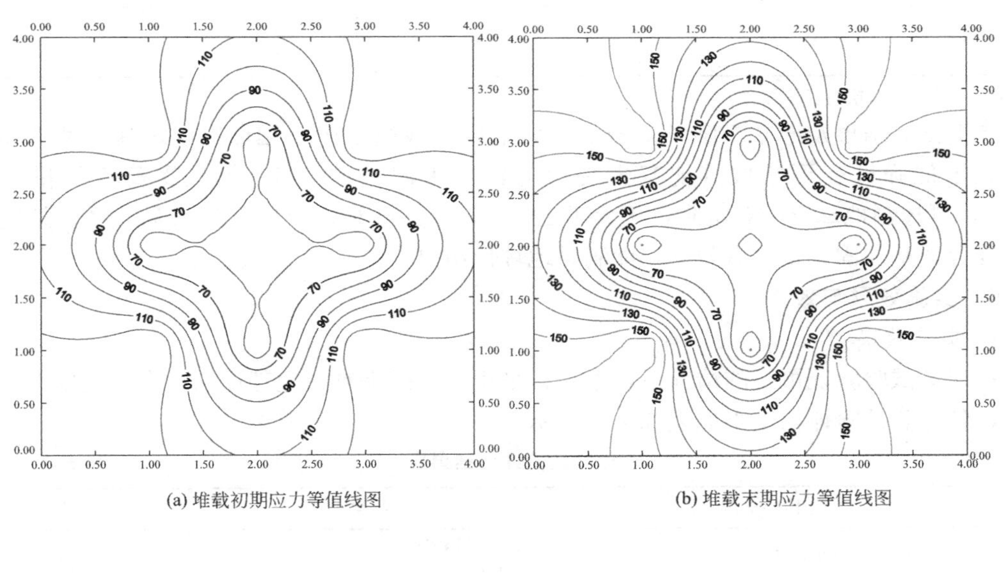

(a) 堆载初期应力等值线图　　(b) 堆载末期应力等值线图

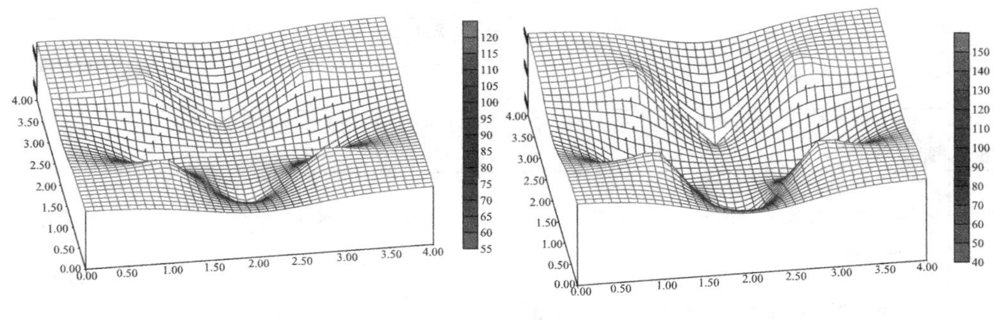

(c) 堆载初期应力立体图　　(d) 堆载末期应力立体图

图 5.2.13　第二组堆载初期与末期板顶压力与桩顶压力对比图（单位：kPa）

5）根据本次试验结果、场地土层条件、上海地区工程经验及上勘院科研成果，其地基沉降量预测结果如表 5.2.5 和表 5.2.6 所示。

天然地基沉降量 s（mm）一览表　　表 5.2.5

基础尺寸(m×m) 基底附加压力(kPa)	4×4	6×6	8×8	10×10
30	9.8	10.6	11.6	12.4
40	13.4	15.1	16.8	18.1
50	17.4	20.1	22.7	25.1
60	21.6	25.6	29.3	33.9

注：不计碎石垫层自身压缩量。

复合地基沉降量 s（mm）一览表　　表 5.2.6

基础尺寸(m×m) 基底附加压力(kPa)	4×4	6×6	8×8	10×10
30	3.7	4.0	4.5	4.9
40	5.4	5.9	6.6	7.3
50	8.4	9.0	10.0	11.3
60	11.4	12.2	13.5	15.6

注：不计碎石垫层自身压缩量。

综上试验结果及地基沉降预测分析，如地坪荷载控制在 50kPa 以内，其地基土和单桩均处于似弹性变形阶段（地基土受荷为比例极限值的 0.5，单桩受荷变形量小于 6mm），可控制地基土的总沉降量不大于 12mm，其沉降稳定时间较短且易收敛，拟定采用的复合地基加固方案是有效的，能满足地坪使用要求。

5.2.5 实施效果与效益

1. 实施效果

在现场试验验证可行的情况下，本项目采用咨询所提复合地基加固方案，实施大面积施工，各检测试验评估结果如表 5.2.7 所示。

分项试验评估结果表　　表 5.2.7

内容	检验标准	结果	评估结论
桩身质量	不出现断桩（Ⅲ或Ⅳ类桩）	抽检 515 根，Ⅰ类桩 450 根，Ⅱ类桩 65 根	全部合格
回填土质量	与原状土层 p_s 值相对比，回填土的土性应与原状土基本一致	经 130 只 CPT 统计，各标段 p_s 值均大于原状土，未出现小于 0.5MPa 的填土	符合要求
碎石级配	2004 年 3 月 23 日共同确定的级配曲线范围内	经各标段统计，均在给定级配曲线范围内	符合要求
压实度	3.95～4.10m 标高压实度≥0.97，3.80～3.95m 标高压实度≥0.95，不合格部分不超过 5%，且不合格部分最小值不小于要求指标的 95%	经各标段统计，达到检验标准	合格
$16m^2$ 载荷试验	依据先期试验，堆载 50kPa 时，平均沉降量为 8.5mm，板块间最大差异沉降为 5.6mm	堆载 50kPa 时，平均沉降量为 4.9mm，板块间最大差异沉降为 3.5mm	与先期试验相比，平均沉降减少 42%，差异沉降减少 37%，加固效果显著

根据试验得到变形模量计算，当地坪工作荷载为50kPa时，其各区沉降量见表5.2.8。

分项试验评估沉降结果表 **表5.2.8**

分区	河道部位1	河道部位2	正常土层
A	4.4mm		3.6mm
B	3.6mm		5.4mm
C	5.4mm	7.1mm	

由表5.2.8数据，其正常土层与河道部位绝对沉降均相当小，考虑长期荷载作用效应，按表中数据预测最终沉降量小于0.9cm，板块间差异沉降小于0.2～0.4cm。

综合试验结果及结合已有工程经验，当地坪工作荷载为50kPa时，考虑后期长桩施工对土体扰动、基础开挖后产生回弹及再压缩、地下水下降等不利因素，按最保守方法预估，地坪最终沉降量可控制在2cm以内，差异沉降可控制在0.3～0.5cm（倾斜值1‰～1.5‰）（如考虑地基变形的连续性及水泥地坪整体性，以及目前临港项目工地已建道路变形情况，其差异沉降可能会更小），其地基土强度的安全系数不小于3。

2. 经济效益

根据地基处理前投资方估算费用，单位处理费用达到375元/m^2，经咨询优化，最终实施的方案费用降至165元/m^2，处理面积超过60万m^2，实际节省费用达1.2亿元，实际节省工期超过4个月。地基处理费用对比见表5.2.9。

临港大众项目地坪处理方案比较 **表5.2.9**

方案号	1	2	3	4	5	6
方案	水泥搅拌桩	碎石桩	大地桩	短桩	长桩	短桩
桩间距(m)	1.0	1.5	2.0	1.0	4.0	2.0
桩长(m)	4.50	4.00	4.00	5.00	35	6.00
桩截面尺寸(cm)	50	50	50	20×20	40×40	20×20
承重层(碎石)(cm)	20	20	20	50	无	50
制桩费用(元/桩)	160～200	348	600	—	—	—
打桩费用(元/m^2)	1桩/m^2	0.5桩/m^2	0.25桩/m^2	1桩/m^2	0.07桩/m^2	0.25桩/m^2
	180	160	131	300	588	90
碎石承重层费用(元/m^2)	30	30	30	75	无	75
钢筋费用(元/m^2)	无	无	无	无	100	无
综合费用(元/m^2)	210	190	161	375	688	165
费用	理想	理想	理想	贵	最贵	最理想
	+	+	+	—	—	++
工期	快	慢	快	快	最慢	最快
	+	—	+	+	—	++

续表

方案号	1	2	3	4	5	6
风险/效果	质量风险/施工过程中风险	重型施工机械，上海地区不用，加强质量管理	上海地区不用，加强质量管理	问题是否能起到挤密作用，对将来管线铺设有影响	只针对场地地坪，对设计变更将来扩容及对道路，停车场，站台管线铺设有一定的影响	问题是否能起到挤密作用，对将来管线铺设有影响

5.3 某乐园地基处理咨询

5.3.1 工程概况

上海某乐园场地形成工程位于浦东新区川沙黄楼镇，北临迎宾大道（S1），西临沪芦高速（S2）公路，东临唐黄路，南邻规划航城路，总用地面积约 7km^2。拟建为拥有轨道、道路、综合娱乐设施以及后勤保障设施的综合大型主题公园。

本工程项目主要针对主题乐园区、酒店区、零售餐饮娱乐、公用事业区、停车场区及 PTC 区，采用真空预压进行地基处理。根据使用功能不同，场地分为高等级、中等级（Ⅰ）、中等级（Ⅱ）和低等级处理区。见图 5.3.1。

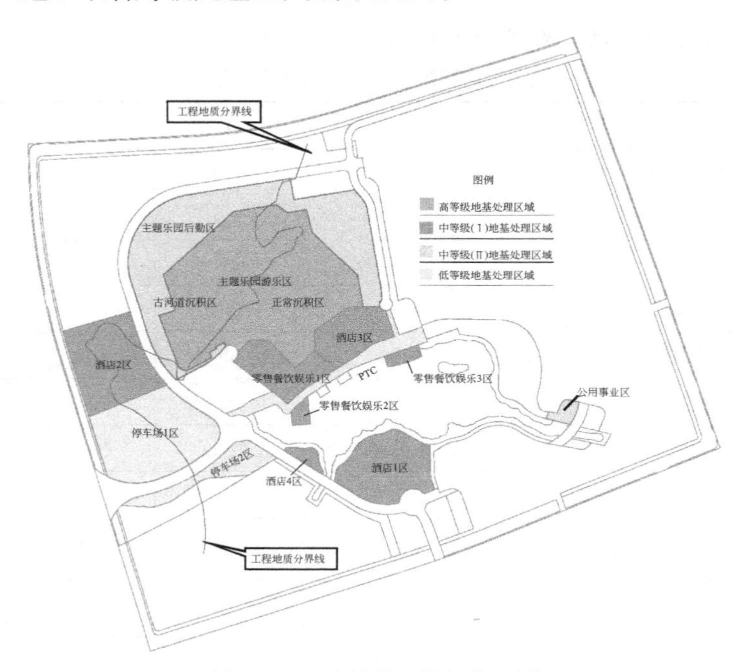

图 5.3.1 地基处理等级分区图

5.3.2 工程地质条件

本工程场地为平原水网地区，地貌类型为长江三角洲滨海平原，属于典型的软土地基，其软弱地层的厚度大，压缩性大，含水量高。场地范围内地层为第四纪全新世至上更新世长江三角洲滨海平原型沉积土层，主要由黏性土、粉性土及砂土组成。按地层沉积时代、成因类型及其物理力学性质指标的差异，场地土层自上而下可分为7个主要层次。场地地表一般分布有厚度0.5～1.5m的填土，农田地段以素填土为主，表层为厚约0.3～0.4m的耕植土，原村庄、厂房及现状道路范围内，局部地表为以建筑垃圾为主的杂填土，其下部为素填土；场地浅部填土以下沉积有俗称“硬壳层”的②层褐黄—灰黄色粉质黏土；其下为③层灰色淤泥质粉质黏土、③$_{夹}$层灰色黏质粉土夹淤泥质粉质黏土及④层灰色淤泥质黏土；⑤层灰色黏性土埋深约16.50～19.00m，根据土性差异从上往下可分为：⑤$_1$层灰色黏土、⑤$_3$层灰色粉质黏土及⑤$_4$层灰绿色粉质黏土，其中⑤$_3$、⑤$_4$层分布于古河道沉积区且厚度及层面起伏较大；场地东部正常沉积区第⑥层暗绿—草黄色粉质黏土层顶埋深约24.50～27.60m，⑦层草黄—灰色粉（砂）性土层顶埋深约26.80～30.30m；场地西部受古河道切割缺失⑥层土，⑦层粉（砂）性土层顶起伏大，层顶埋深约30.00～51.00m。土层参数见表5.3.1。

土层参数表　　表5.3.1

土层序号	土层名称	平均层厚(m)	含水率 w (%)	重度 γ (kN/m^3)	固结快剪		标贯平均击数 $N_{63.5}$	静探比贯入阻力 p_s(MPa)
					c (kPa)	φ (°)		
②	粉质黏土	1.8	31.4	18.5	21	17	4.81	0.67
③	淤泥质粉质黏土	3.0	40.5	17.5	12	16.5	3.26	0.44
③$_t$	黏质粉土	2.3	35.4	18.0	8	26.5	7.45	0.97
④	淤泥质黏土	9.0	50.9	16.6	12	12.0	2.25	0.54
⑤$_1$	黏土	9.0	40.9	17.5	16	13.0	3.15	0.77
⑤$_3$	粉质黏土	11	33.5	18.2	15	19.5	13.5	1.45
⑤$_4$	粉质黏土	3	23.6	19.6	45	17.5	—	2.46
⑥	粉质黏土	2	24.8	19.3	45	17.0	14	2.47
⑦$_{1-1}$	黏质粉土夹粉质黏土	3	29.2	18.8	13	27.0	22.0	4.39
⑦$_{1-2}$	砂质粉土	3.4	30.2	18.6	3	31.0	31.4	7.54
⑦$_2$	粉砂	未钻穿	29.1	18.7	1	32.5	39.6	11.36

本项目主题乐园区西部及酒店2区西、北部位于上海地区滨海平原型古河道沉积区，其余区域位于滨海平原型正常沉积区。正常沉积区勘探深度范围内地基土层分布基本稳定；古河道沉积区25m以上地基土层分布基本稳定，25m以下地基土层分布及性质变化较大。古河道沉积区与正常沉积区的工程地质分区见图5.3.2。古河道沉积区和正常沉积区的典型地质剖面见图5.3.3和图5.3.4。

5.3.3 地基处理方案

根据使用功能不同，场地分为高等级、中等级（Ⅰ）、中等级（Ⅱ）和低等级处理区，共计44个施工区块。其中低等级处理区采用分层碾压法处理，其余区块均采用真空预压

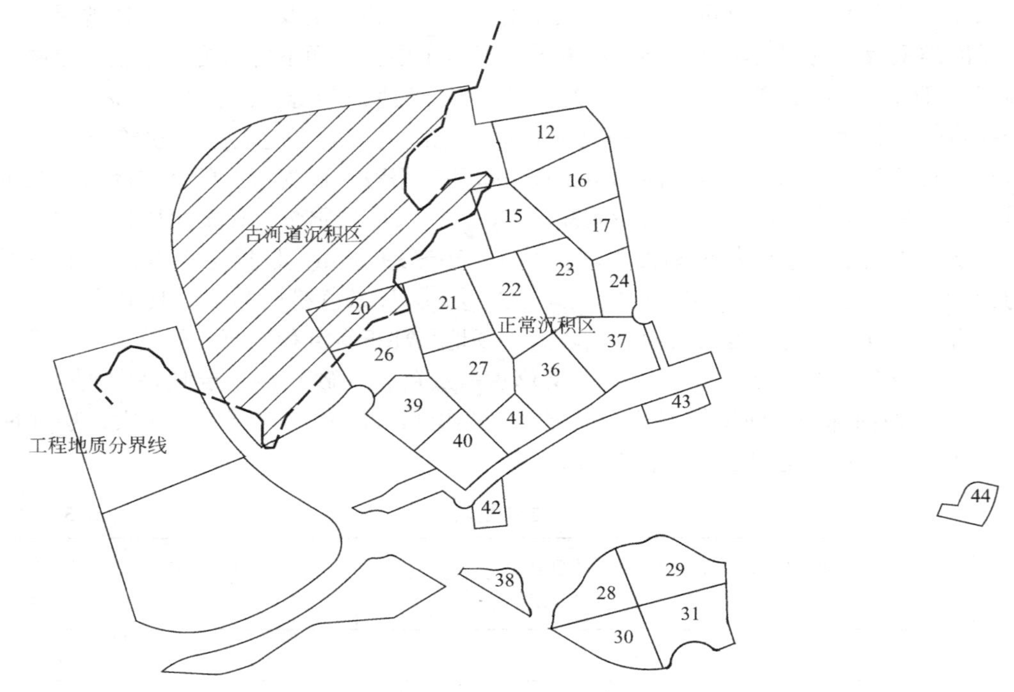

图 5.3.2 古河道与正常沉积区工程地质分界图

地基处理，真空预压的真空度大于 80kPa；密封墙采用双轴水泥黏土搅拌桩（掺 0.8%膨润土），搭接 200mm，直径 700mm，长 10m；排水设计采用 SPB-C 型塑料排水板，板宽 100mm，插入深度 14.5～24.0m，间距 1.1～1.4m；真空预压周期为 12 个月，目标沉降值最低 300mm，最高 900mm。典型设计剖面如图 5.3.5 所示。

为了解地基处理阶段地质环境相关变化情况，掌握地基加固土体在各工艺阶段下土体变化特征，对 24 个地块的地基处理过程进行全过程监测，包括地表沉降、分层沉降、孔隙水压力、真空度和深层土体水平位移监测。

5.3.4 技术难点分析

上海某乐园项目具有“难、严、紧、广”的特点，本项目地基处理场地范围达 7km^2。以往工程经常出现真空预压后累计沉降量满足设计要求，但承载力不足或后期沉降仍然非常大等问题，严重时甚至影响建构筑物使用，需要重新地基处理或结构加固。项目难点主要体现在：

1. 大面积真空预压变化机理尚不完全明确

目前，总的来说，真空预压加固机理研究在不同程度上采用堆载预压的思想，现有的研究成果难以解释目前工程实践中遇到的一些问题，如真空预压加固软土地基的有效深度大小，抽真空作用强度对真空预压加固效果的影响，场地条件对真空预压加固效果的影响等。真空预压不同于堆载预压，因此对真空预压的解释也不能沿用堆载预压的思路。

2. 孔隙水压力计测试精度相对较低

真空预压法处理地基过程是土体等向固结过程，加固的效果依赖于真空度的稳定维持和有效传递，因此，孔隙水压力观测成为地基处理监测的重要内容之一，在工程监测中，

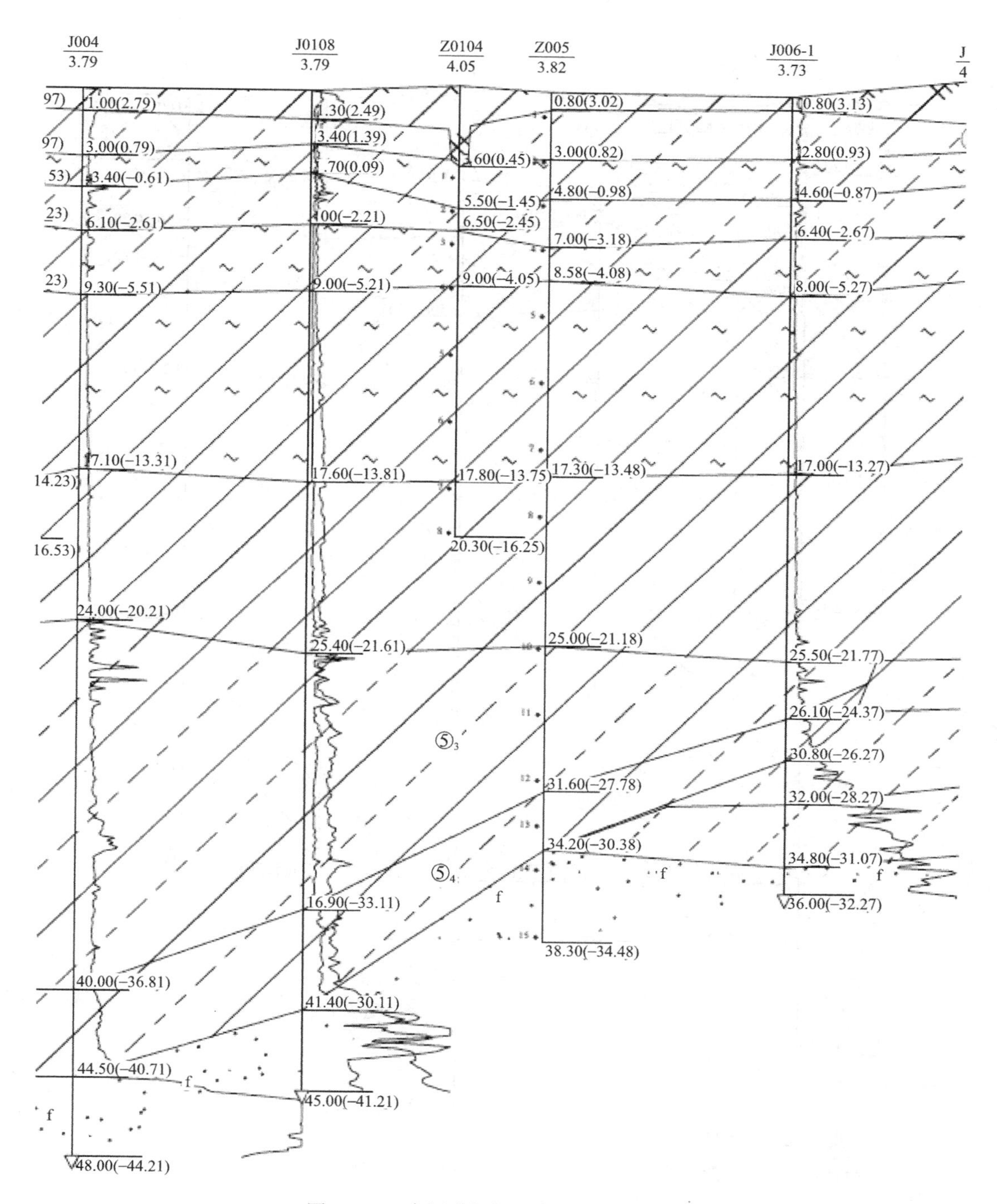

图 5.3.3　古河道切割正常沉积地层剖面

由于国产监测元件价格相对进口仪器便宜、供货快捷，工程运用中国产监测元件采用较多，但国产仪器产品质量参差不齐，测试精度相对较低，而实际使用过程中常常出现监测元件埋设后成活率不高的问题。

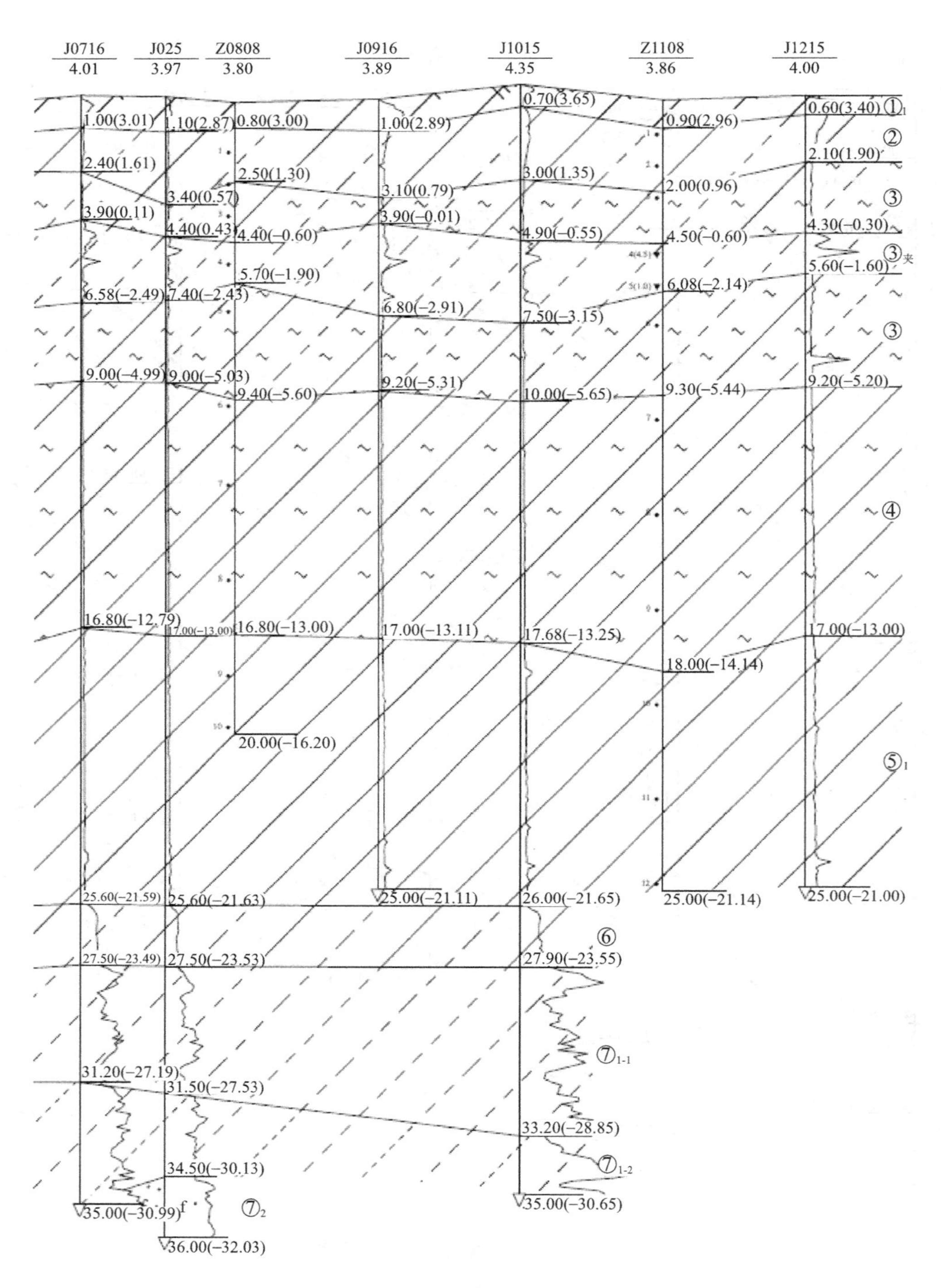

图 5.3.4 正常沉积地层剖面

3. 大面积真空预压加固效果评价不完善

真空预压地基处理是土体排水固结过程，土体中超孔隙水压力降低，有效应力增加，

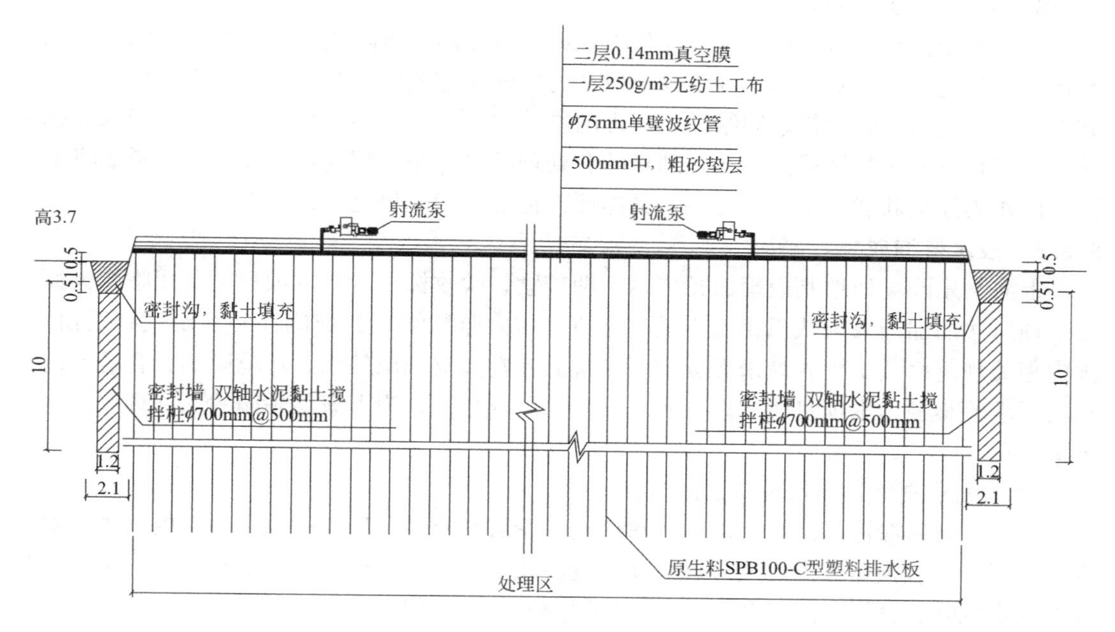

图5.3.5　真空预压地基处理典型剖面

土体除了发生沉降变形外，土体强度也有变化。因此，在评估真空预压地基处理效果时，除了考虑总沉降量外，土体强度和变形指标变化也是不可忽视的方面，而这方面可供借鉴的实测对比资料很少。

4. 大面积真空预压对周边环境的影响不甚明确

大面积真空预压地基处理过程中势必会对周边环境产生影响，本工程地基处理面积广，目标沉降值大，对周边环境，尤其是邻近道路和管线等产生影响不可忽略，甚至可能影响其正常使用，工程界在这方面的研究成果较少。

5. 大面积真空预压沉降计算与预测方法缺乏经验

软黏土在基础荷载作用下的沉降由机制不同的三部分沉降组成，分别为瞬时沉降（初始沉降）、固结沉降和次固结沉降。三种沉降很难严格区分且它们的发生往往在时间上是交叉进行的，加上实际工作中积累的经验比较少，特别是真空排水预压法中瞬时沉降、次固结沉降的计算还有待研究。目前对于地基沉降量的理论计算方法多是基于分层总和法，由于该方法的局限性和近似性，各规范的计算公式中均加入沉降经验系数进行修正，但是对于经验系数的取值并没有明确规定，目前一般是根据地区经验得到，在无地区经验的情况下，国家标准《建筑地基基础设计规范》GB 50007—2002及上海地方规范《地基基础设计规范》DGJ 08-11—2010给出基于基底附加压力及土体压缩模量的参考对照表格，无论是地区经验值和参考对照表格，均带有很大的经验成分，其准确性和可靠性一直亦未得到证实，同时，由于土体的分层特性，各层土的强度和变形特性并不相同，这在计算过程中对于各层土沉降经验系数取值就更加困难；另一方面，在真空预压总沉降量计算过程中，由于真空预压为等向固结过程，土体变形量也与常规荷载作用下的沉降特性不同。

6. 真空预压卸载标准确定难

目前对于真空预压卸载标准主要集中在沉降量控制和沉降速率控制两个方面，但沉降量指标的制定以及沉降速率达到多少可以认为沉降稳定依然没有统一的认识和标准；另一方面，与真空预压同为排水固结加固机理的堆载预压法一般同时将平均固结度纳入卸载标准，由于真空预压与堆载预压在处理目的和处理结果上基本相同，因此，是否考虑将平均固结度作为停泵卸载评价指标之一，具体评判标准的确定仍是一大难点。

5.3.5 技术咨询成果

上海某乐园场地地基处理面积广，工期较紧，验收标准严格，项目更是面临超大面积真空预压法的加固效果认识相对不足、孔隙水压力监测结果的准确性和稳定性缺乏研究、国内相关规范以及工程界尚未形成较为完善的评判真空预压效果、环境影响、合适卸载时机的标准等难题，本项目通过以下 6 个方面的研究分析，为上海某乐园地基处理项目提供咨询意见。

1. 大面积真空预压机理和监测数据分析

在多孔介质渗流基础上运用真空渗流场理论解释真空预压加固软土地基的机理，对比真空预压与堆载预压在土体变形规律及强度变化上的不同；通过正常沉积区和古河道沉积区的地表沉降、分层沉降、孔压监测数据研究其变化规律：

（1）地表沉降规律

绘制地表累计沉降历时曲线（图 5.3.6）、地表沉降速率曲线（图 5.3.7）、累计沉降等值线图（图 5.3.8），地表沉降呈指数或双曲线形式增长，抽真空初期（约 5～7d）地表沉降速率最大（可达 70～80mm/d），随着真空度上升并趋于稳定后，地表沉降速率逐渐减小，向相对稳定的平均速率缓慢收敛，卸载时沉降速率一般在 2～3mm/d。

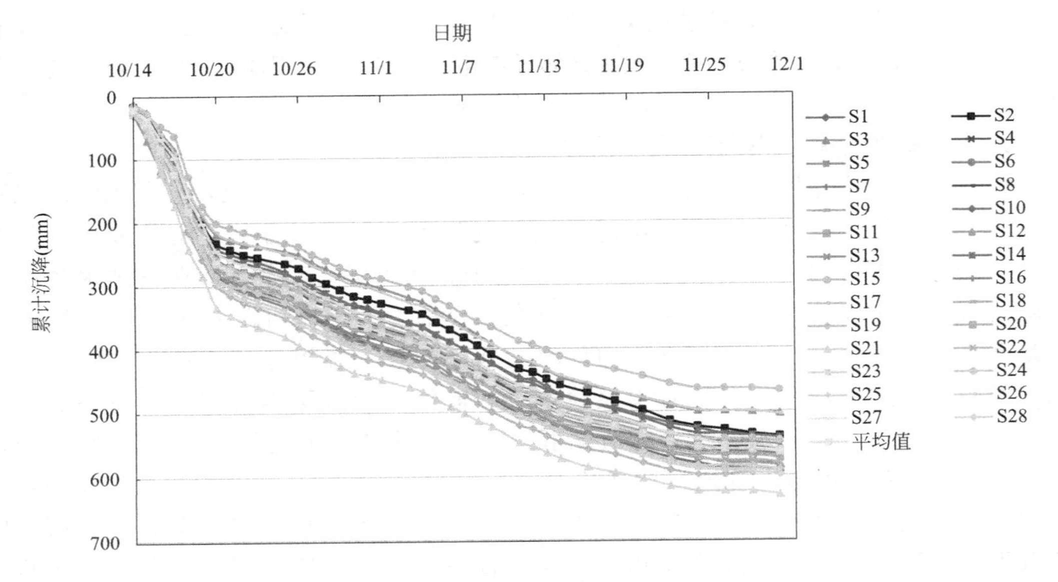

图 5.3.6　22 号地块监测点地表沉降历时曲线

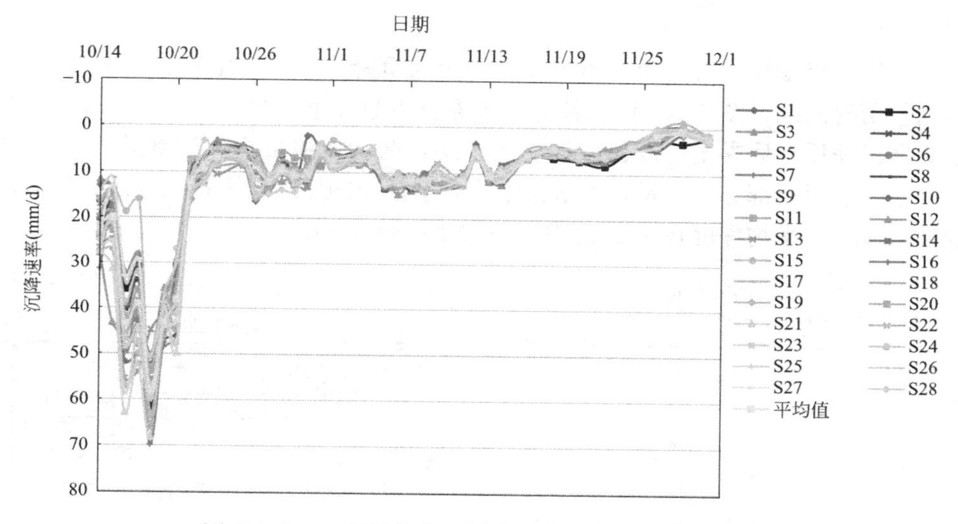

图 5.3.7　22 号地块各监测点地表沉降速率历时曲线

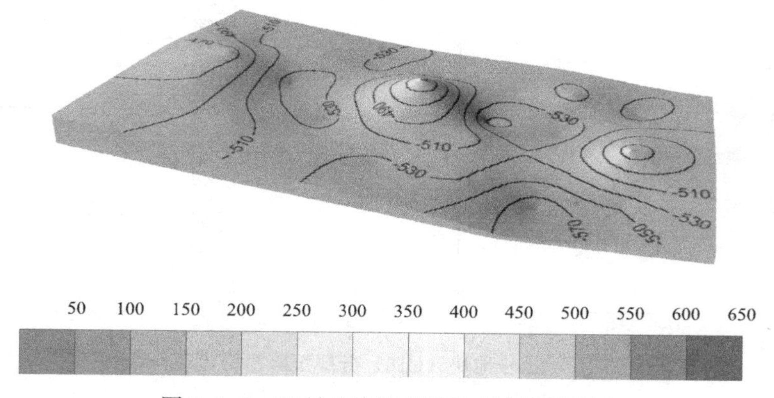

图 5.3.8　22 号地块地表沉降三维等值线图

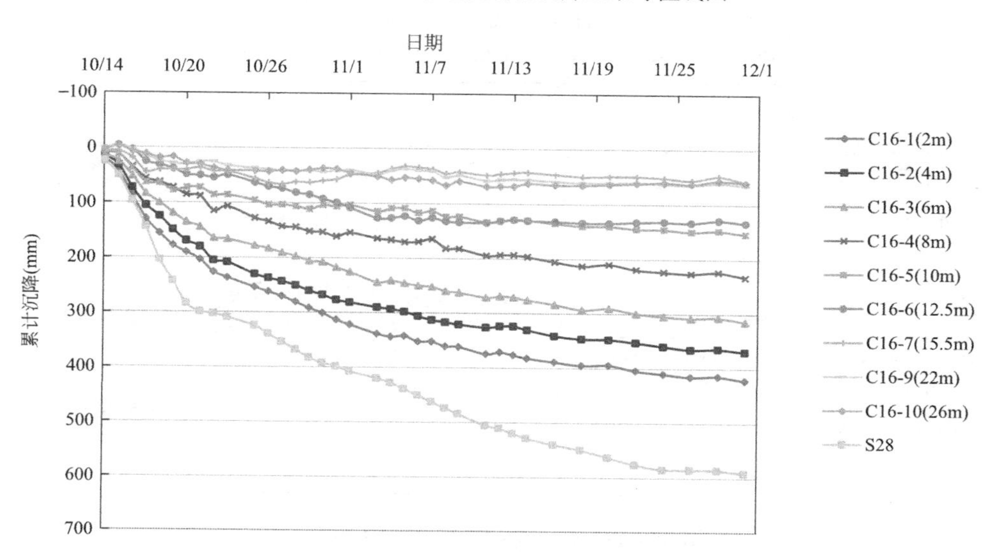

图 5.3.9　22 号地块（C16）分层沉降历时变化曲线

（2）分层沉降规律

绘制分层沉降变化历时曲线（图 5.3.9）、分层沉降沿深度变化曲线（图 5.3.10）、各土层压缩量历时曲线（图 5.3.11）、各土层压缩量占总压缩量比重（图 5.3.12）、主要的压缩层为③淤泥质粉质黏土层和④淤泥质黏土层，两者压缩量之和达到总压缩量的 80% 以上，一般⑤层仍有部分压缩量，可认为本次真空预压的压缩层未达到⑤层，层底深度视排水板插入深度，平均深度在 18m 左右，一般不超过 25m。

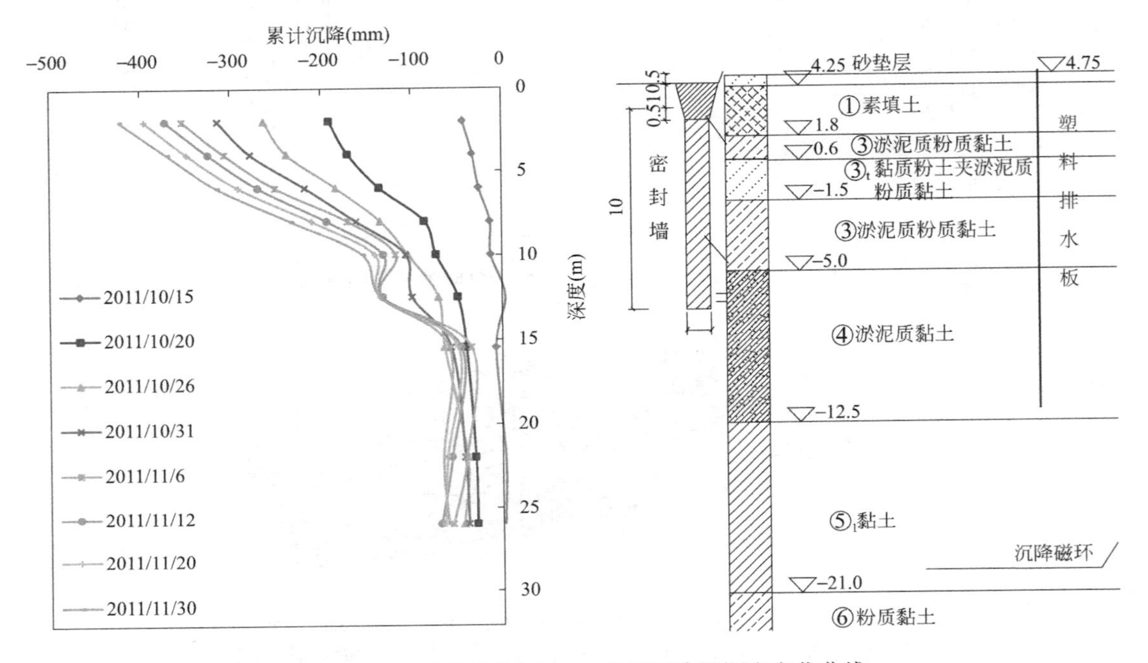

图 5.3.10　22 号地块（C16）分层沉降沿深度变化曲线

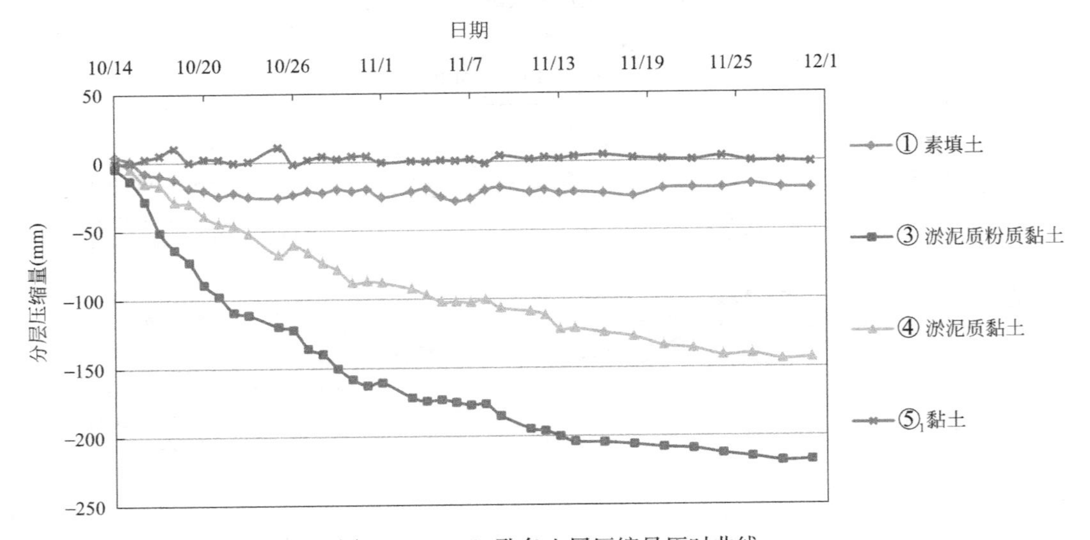

图 5.3.11　C2 孔各土层压缩量历时曲线

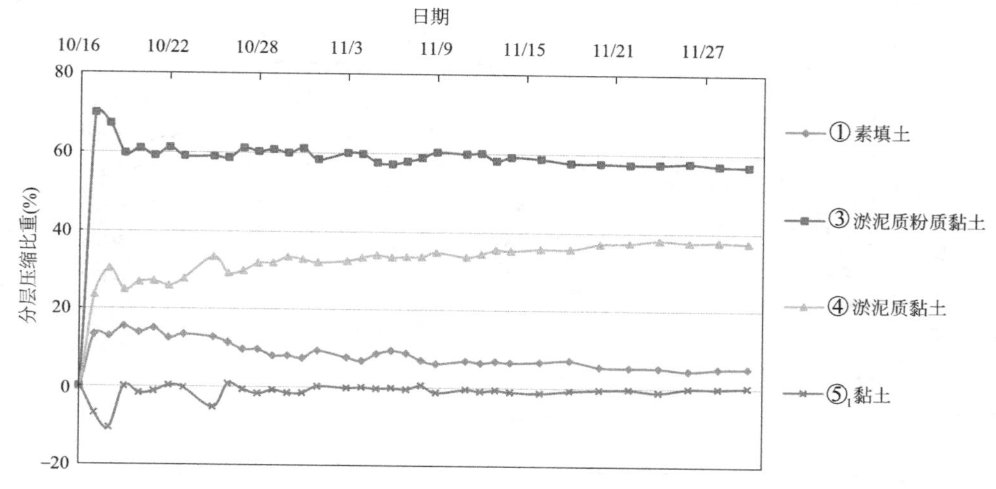

图 5.3.12 C2 孔各土层压缩量占总压缩量比重

（3）孔隙水压力规律

绘制孔压变化量历时曲线（图 5.3.13）、孔压变化率历时曲线（图 5.3.14），最大负压一般可达 80kPa 甚至以上，一般在 5d 后明显降低并趋向稳定，孔压随深度的变化规律与分层沉降相似，所不同的是孔压的衰减与密封墙关系密切。

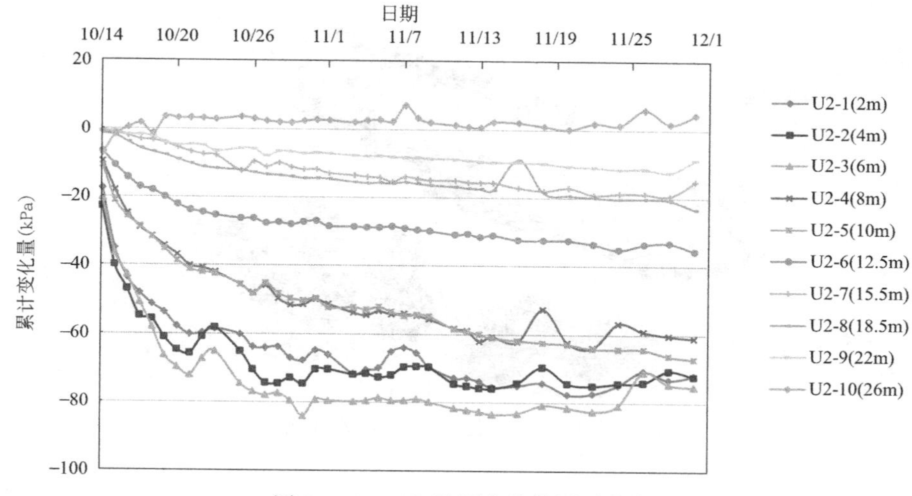

图 5.3.13 U2 孔压变化量历时曲线

2. 进口和国产振弦式孔隙水压力计精度及稳定性对比

本项目对比的两款孔隙水压力计分别为国产的三立 KYJ-30 型振弦式孔隙水压力计（图 5.3.15）及进口的基康（BGeokon）BGK4500S 振弦式孔隙水压力计（图 5.3.16）。首先在理想的水中环境进行对比测试（图 5.3.17），然后，以上海某乐园场地形成工程为依托，在常规国产孔隙水压力计监测孔旁另成孔，埋设进口孔隙水压力计（图 5.3.18），监测结果对比见图 5.3.19 和图 5.3.20，从仪器本身性能来说，进口仪器在精度和分辨率方面要略优于国产仪器，而从实际使用效果来看，在理想的水中环境，进口仪器与国产仪器的测试结果差别不大，规律性相似，进口仪器的测试结果较理论值小，而国产仪器的测

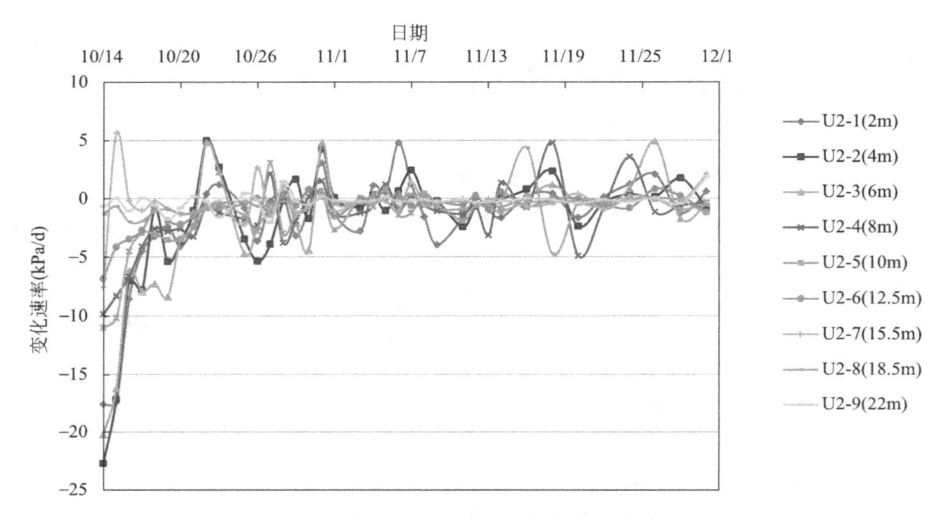

图 5.3.14　U2 孔压变化率历时曲线

试结果较理论值大；在实际土体中，进口仪器和国产仪器的测试结果有较大的差异性，在真空预压开始前，进口仪器的测试结果较国产仪器小，真空预压加载后，进口仪器测得的负孔压较国产仪器大，并且受真空预压影响范围更深。

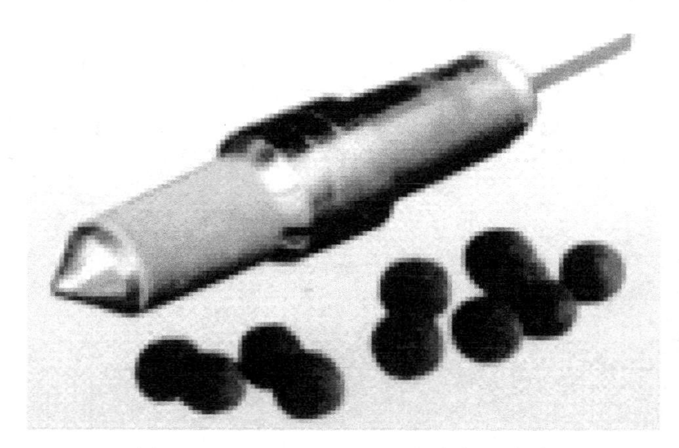

图 5.3.15　三立 KYJ-30 孔隙水压力计

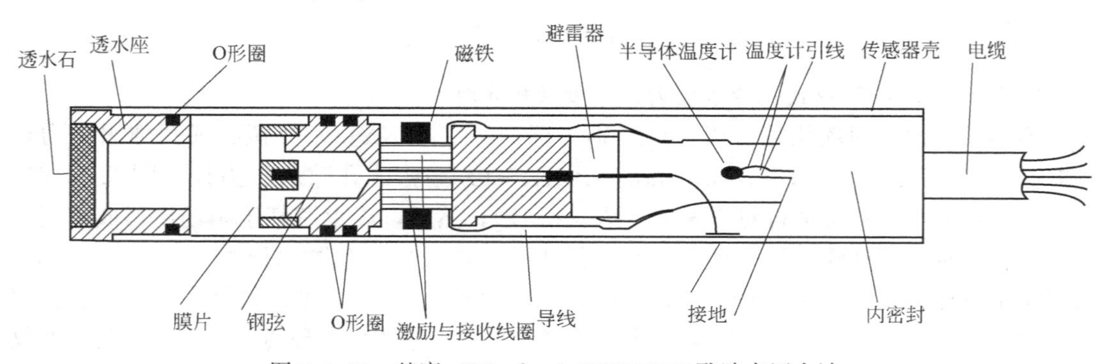

图 5.3.16　基康（BGeokon）BGK4500S 孔隙水压力计

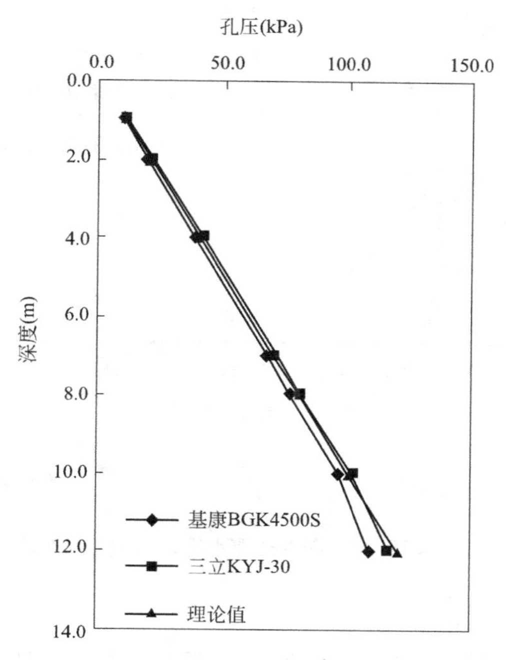

图 5.3.17　进口和国产孔隙水压力计试验结果对比

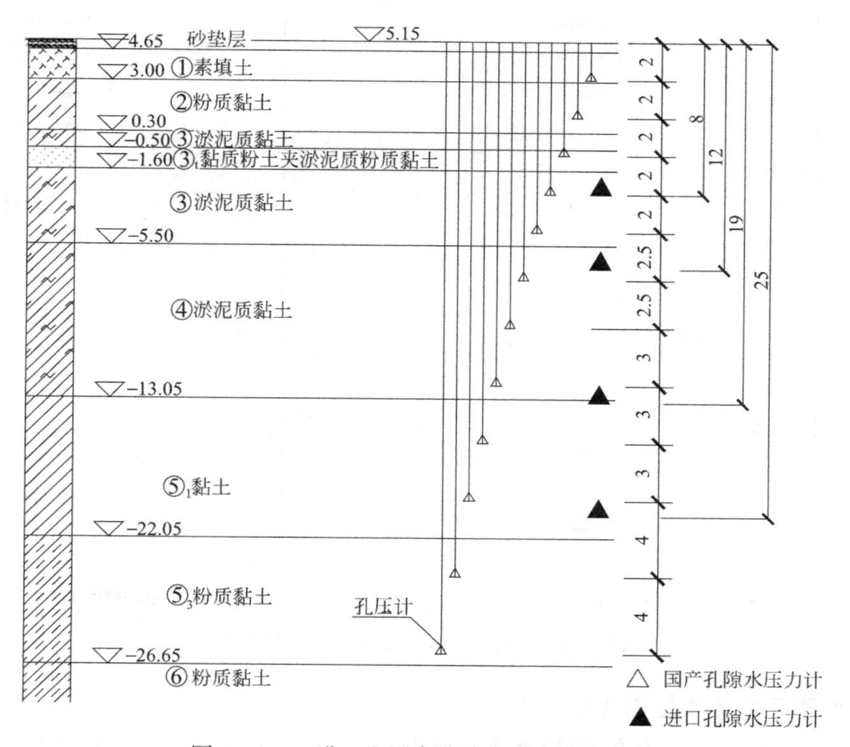

图 5.3.18　进口和国产孔隙水压力计埋设图

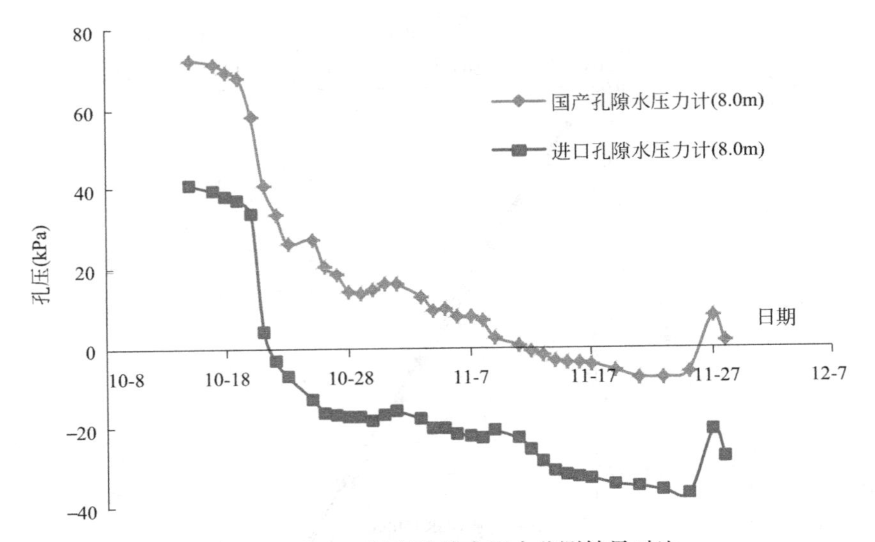

图 5.3.19　8m 深度孔隙水压力监测结果对比

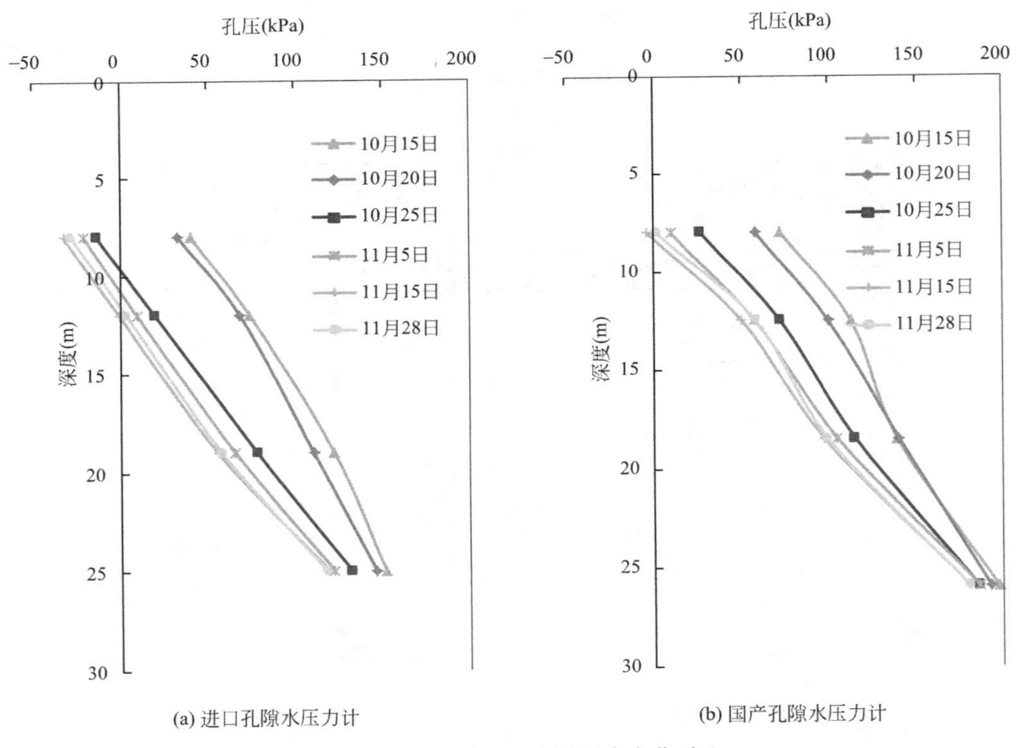

图 5.3.20　孔隙水压力沿深度变化对比

3. 大面积真空预压加固效果分析

为了评估真空预压地基处理对土体强度和变形指标的影响，分别将处理前的勘察结果、地基处理后原位试验（静力触探见图 5.3.21、标准贯入见图 5.3.22 和载荷板试验（2011.9））和详勘阶段测试（2012.5）的数据进行对比。

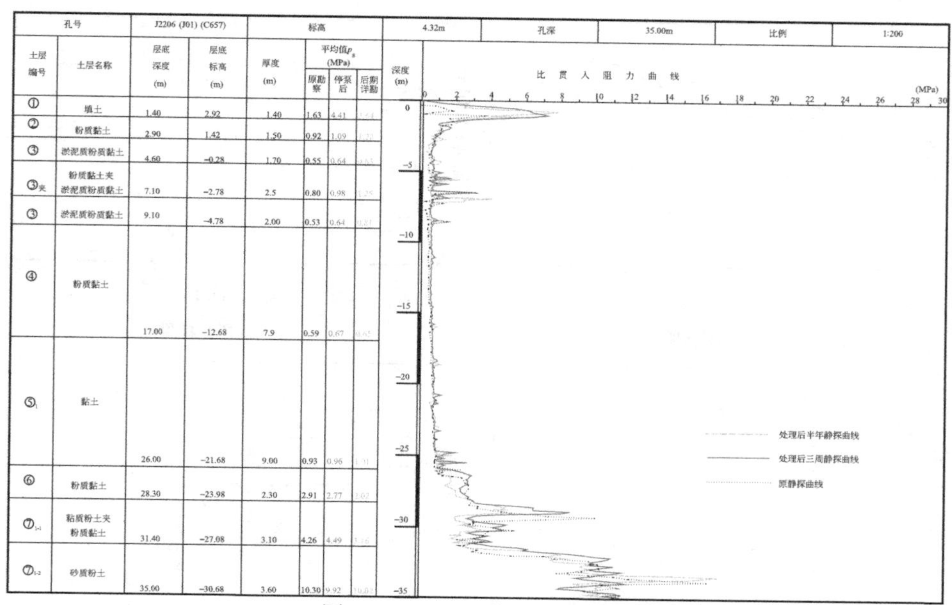

孔号		J2206 (J01) (C657)		标高				4.32m
土层编号	土层名称	层底深度 (m)	层底标高 (m)	厚度 (m)	平均值 p_s (MPa) 原勘察	停泵后	后期详勘	
①	填土	1.40	2.92	1.40	1.63	4.41	[illegible]	
②	粉质黏土	2.90	1.42	1.50	0.92	1.09	[illegible]	
③	淤泥质粉质黏土	4.60	−0.28	1.70	0.55	0.64	[illegible]	
③夹	粉质黏土夹淤泥质粉质黏土	7.10	−2.78	2.5	0.80	0.98	[illegible]	
③	淤泥质粉质黏土	9.10	−4.78	2.00	0.53	0.64	[illegible]	
④	粉质黏土	17.00	−12.68	7.9	0.59	0.67	[illegible]	
⑤1	黏土	26.00	−21.68	9.00	0.93	0.96	[illegible]	
⑥	粉质黏土	28.30	−23.98	2.30	2.91	2.77	[illegible]	
⑦1-1	粘质粉土夹粉质黏土	31.40	−27.08	3.10	4.26	4.49	[illegible]	
⑦1-2	砂质粉土	35.00	−30.68	3.60	10.30	9.92	[illegible]	

图 5.3.21　J01 静力触探曲线

工程编号:2011-CB-005

分图编号:2-1

孔深	35.45m	标高	4.24m	比例	1:200	水位埋深	0.22m	日期	2011-9-24

地质时代	土层层号	土层名称	层底深度 (m)	层底标高 (m)	厚度 (m)	柱状图	土层描述
Q_4^3	①	吹填土	0.90	3.34	0.90		
	②1	粉质黏土	2.00	2.24	1.10		
	②2	粉质粘土夹黏质粉土	2.70	1.54	0.70		
			4.00	0.24	1.30		
Q_4^2	③1	淤泥质粉质黏土					
	③2	淤泥质粉质黏土夹黏质粉土	6.00	−1.76	2.00		
	③3	淤泥质粉质黏土	7.90	−3.66	1.90		
	④	淤泥质黏土	18.70	−14.46	10.80		
Q_4^1	⑤	黏土	25.50	−21.26	6.80		
Q_3^2	⑥	粉质黏土	27.60	−23.36	2.10		
	⑦1-1	砂质粉土	31.50	−27.26	3.90		
	⑦1-2	砂质粉土	35.45	−31.21	3.95		

标准贯入试验

编号 No.	起始深度 (m)	击数 $N_{63.5}$
1	1.15	7.0
2	2.15	4.0
3	4.15	4.0
4	5.15	6.0
5	6.15	3.5
6	8.15	2.0
7	10.15	1.5
8	12.15	2.0
9	14.15	2.5
10	16.15	2.5
11	18.15	2.5
12	20.15	3.0
13	22.15	3.0
14	24.15	3.5
15	26.15	11.0
16	30.15	24.0
17	32.15	25.0
18	35.15	33.0

标 贯 曲 线　0　10　20　30　40　击

图 5.3.22　Z01 标贯曲线

(1) 真空预压前后土体物理力学性质对比，如图 5.3.23 所示，处理后土体静力触探平均值 p_s 值较处理前有提高，但浅部砂性土体提高较明显，③淤泥质粉质黏土层以下黏性土体 p_s 曲线处理前后基本无变化，p_s 值提高比例沿深度方向提高比例降低。通过处理前后土体压缩模量、孔隙比及含水量变化对比可以看到，处理前后土体压缩模量有一定变化，其中③夹淤泥质粉质黏土夹黏质粉土层提高较明显，其他土层变化较小；而对于孔隙

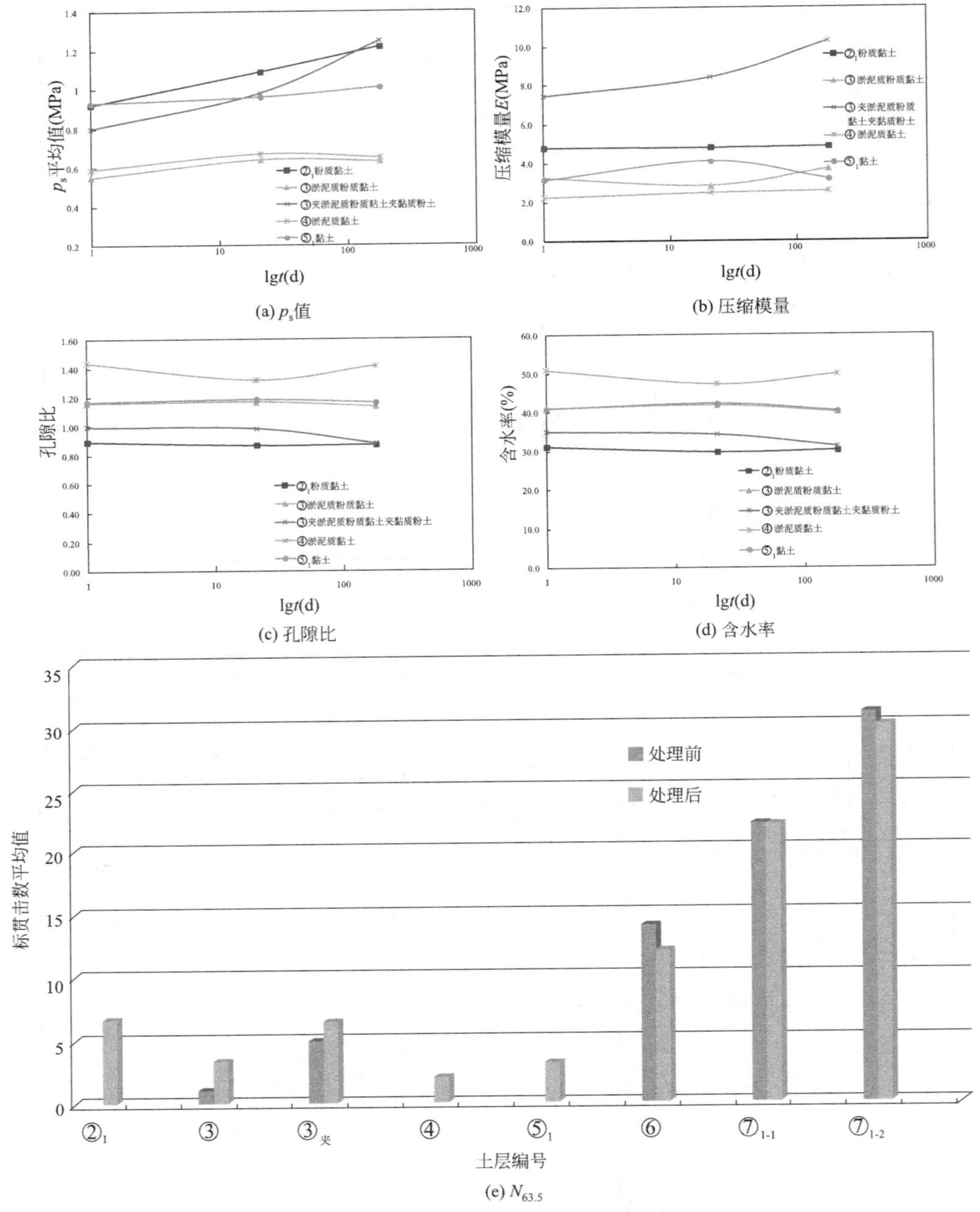

图 5.3.23　地基处理前后土体指标对比

比和含水量，处理前后变化不明显。

（2）真空预压后载荷板试验分析：平板载荷试验采用 1m×1m 的钢板，测试深度为大面积平整后场地标高下 1m，根据场地不同的处理等级，高等级处理区测试压力为 120kPa，中等级处理区测试压力为 100kPa，低等级处理区测试压力为 80kPa，试验点加载曲线见图 5.3.24，通过 p-s 曲线计算得到变形模量 E_0 最大 40.5MPa，最小 25.6MPa，平均 32.9MPa。由于试验荷载较小，不能完全反映加载后地基土极限承载力，承载力特

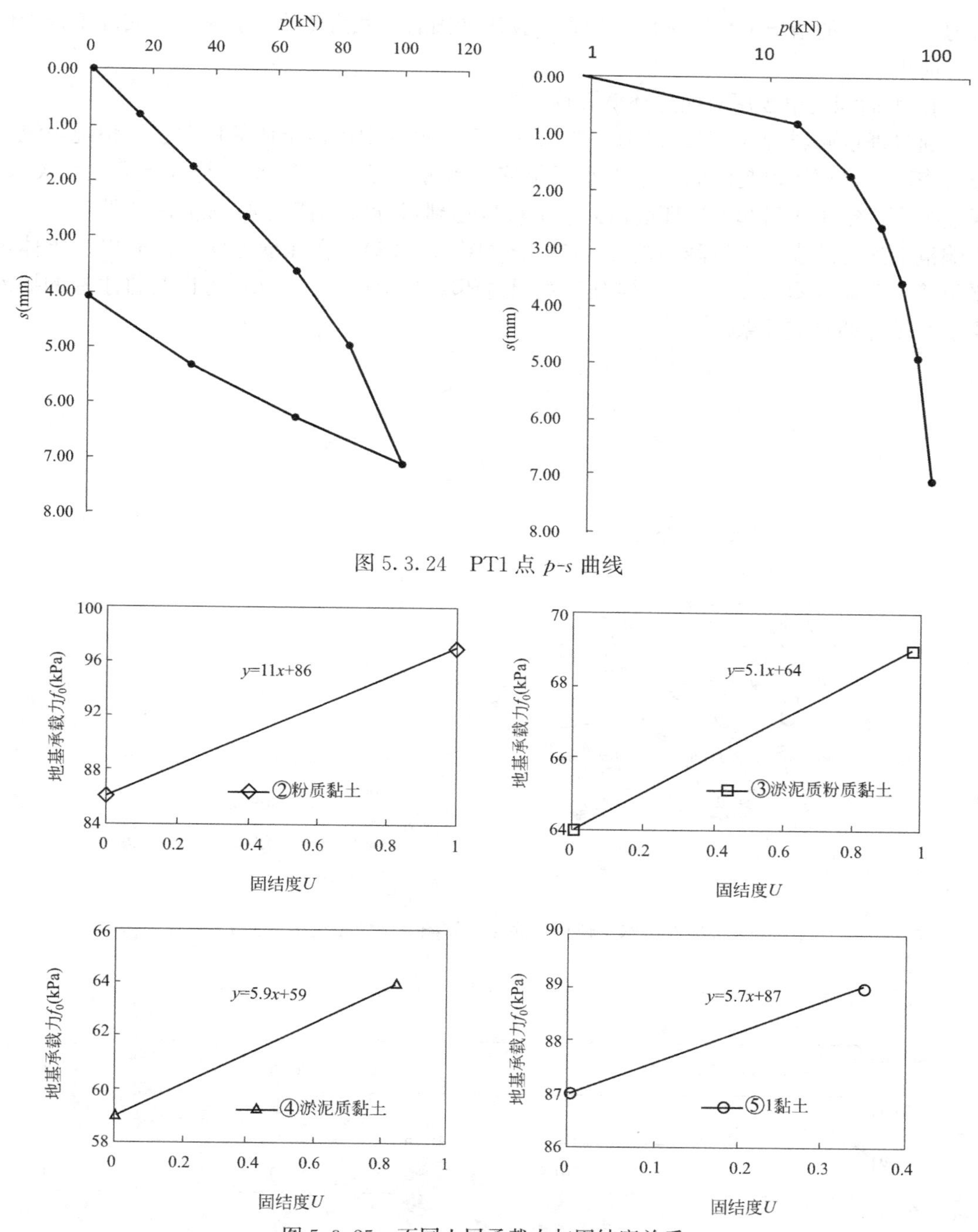

图 5.3.24　PT1 点 p-s 曲线

图 5.3.25　不同土层承载力与固结度关系

征值不小于 100kPa。

（3）真空预压土体承载力研究：根据不同土层沉降曲线，分别采用拟合曲线法和理论公式法计算土体固结度，分析不同土层承载力受固结度影响程度，同时，通过真空预压前后土体静力触探 p_s 值变化，结合地区经验公式，计算真空预压加固后土体承载力变化，从而建立真空预压加固后土体承载力与固结度之间经验公式（图 5.3.25），以便在不采用抗剪强度指标的情况下估算不同土层真空预压加固后承载力变化，有利于在实际工程中借鉴与应用。

4. 大面积真空预压对周边环境影响分析

通过埋设测斜管（图 5.3.26），监测真空预压过程中周边土体的侧向变形情况，统计分析表明真空预压引起的周边最大水平位移 Y 与距地块边界距离 D 符合指数函数关系，通过拟合真空预压引起周边环境最大水平可以达到目标沉降值的 40%左右（图 5.3.27），影响范围达到地表最大沉降值的 60～70 倍（图 5.3.28）。在深度方向，10m 以下土体水平位移不明显（图 5.3.29），真空预压对周边环境的影响范围在深度方向与排水板的插入深度有较好的对应关系。

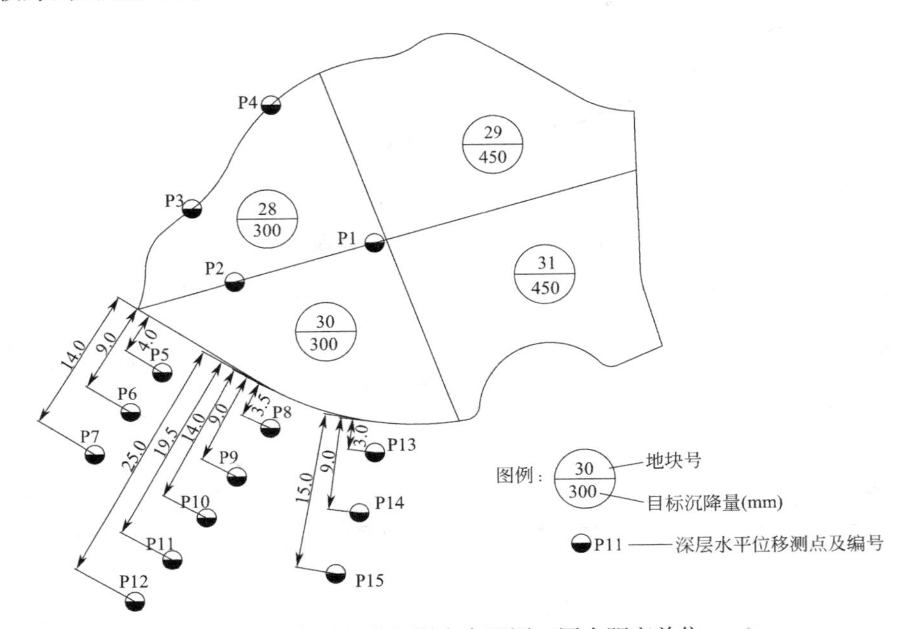

图 5.3.26 水平位移监测点布置图（图中距离单位：m）

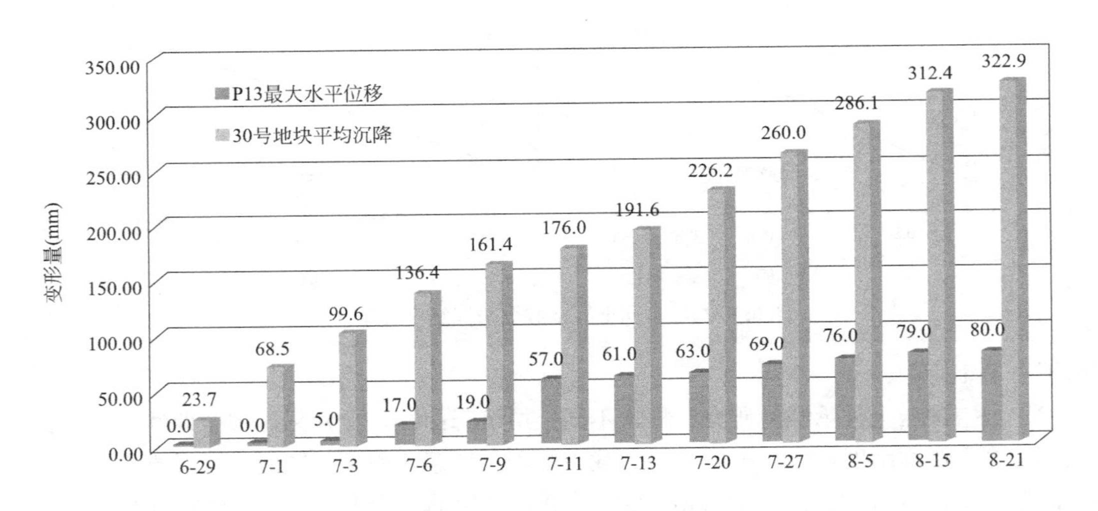

图 5.3.27 30 号地块平均沉降与 P13 最大水平位移对比图

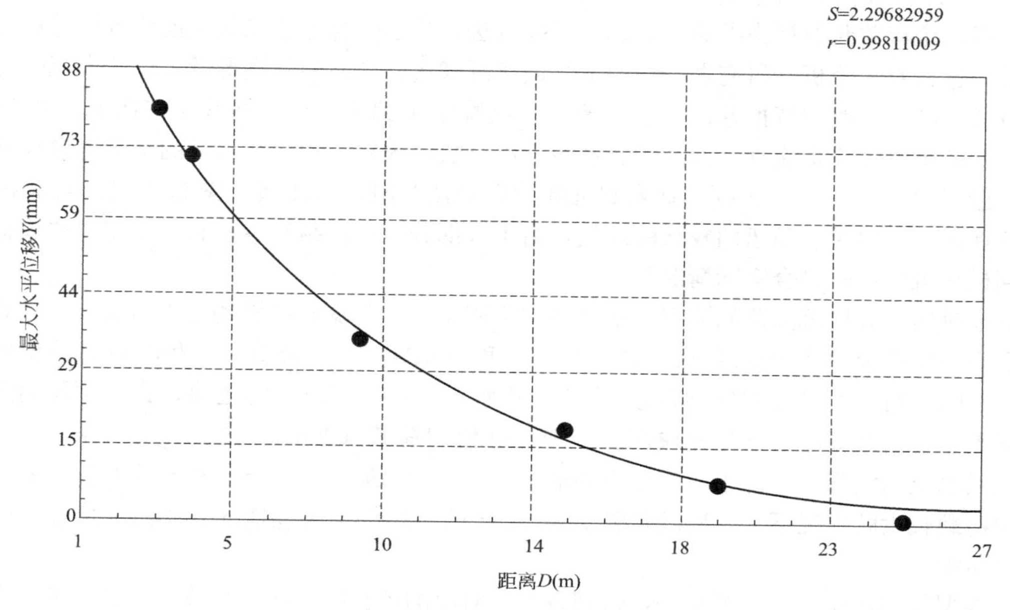

图 5.3.28　最大水平位移 Y 与距边界距离 D 关系

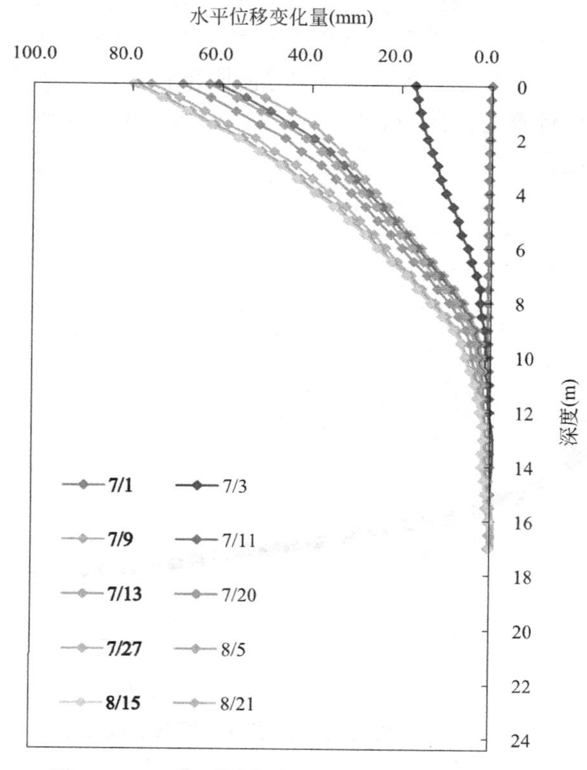

图 5.3.29　典型测点水平位移沿深度变化曲线

5. 大面积真空预压沉降计算与预测

以本工程监测数据为参照，分别对规范方法，数学拟合方法和数值模拟方法计算方法的结果进行对比分析，研究真空预压地基最终沉降量、卸载回弹变形及工后残余沉降的预估方法，结果表明规范推荐的方法计算最终沉降结果偏小；指数曲线法（图 5.3.30）预测得到的最终沉降量应乘以沉降经验系数，以反映次固结沉降对总沉降的贡献，该经验系数一般可取 1.1～1.2；根据早期实测沉降数据来预测时，双曲线（图 5.3.31）计算沉降量往往偏大。但对于预压期较长的地块，由于大部分地层固结基本完成，采用双曲线拟合得到最终沉降比较符合实际情况。

通过实际分层沉降监测数据，估计各层土固结度，并据此推算场地工后沉降，计算表明真空预压已消除使用荷载（20kPa、35kPa 和 50kPa）下②粉质黏土和③淤泥质粉质黏土的沉降。对于④淤泥质黏土和$⑤_1$黏土，排水板插打深度较深的地块，真空预压消除的沉降大，工后沉降小，部分地块甚至完全消除使用荷载（20kPa、35kPa 和 50kPa）下④淤泥质黏土的沉降。在使用荷载较小的情况下，工后沉降主要为$⑤_1$黏土的变形压缩；在使用荷载较大的情况下，工后沉降除了$⑤_1$黏土的压缩外，还包括部分④淤泥质黏土的回弹再压缩。

根据孔隙水压力的监测结果，得到各土层对应的负孔隙水压力数值，将负孔隙水压力等效为各土层所受荷载（图 5.3.32），根据实测各土层的分层压缩量及固结度计算，可以推算各土层的总沉降量，从而根据沉降计算公式反演出各土层的沉降经验系数，根据反演结果对比，反演得到的沉降经验系数较常规经验系数大，均大于 1.0，并且根据土层不同而不同（在 1.2～1.6），由于真空预压本身的等向固结特性以及基于分层总和法的理论公式的局限性，真空预压计算总沉降量较实测值小，而通过反演得到的沉降经验系数修正则可以较好地解决该问题。

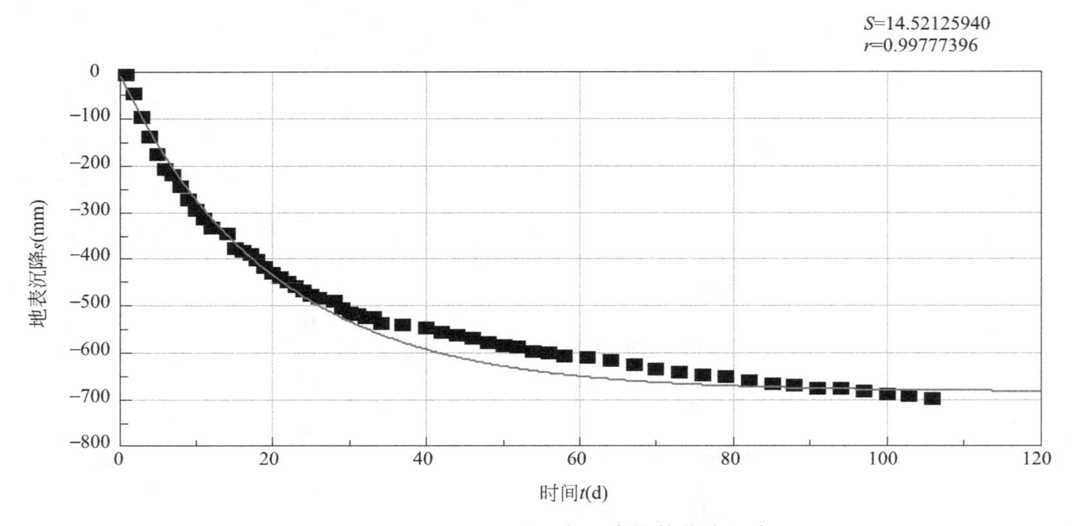

图 5.3.30　40 号地块地表沉降指数曲线拟合

6. 真空预压停泵卸载标准

本项目分别从沉降量、沉降速率及固结度三个方面分析真空预压停泵卸载标准。研究

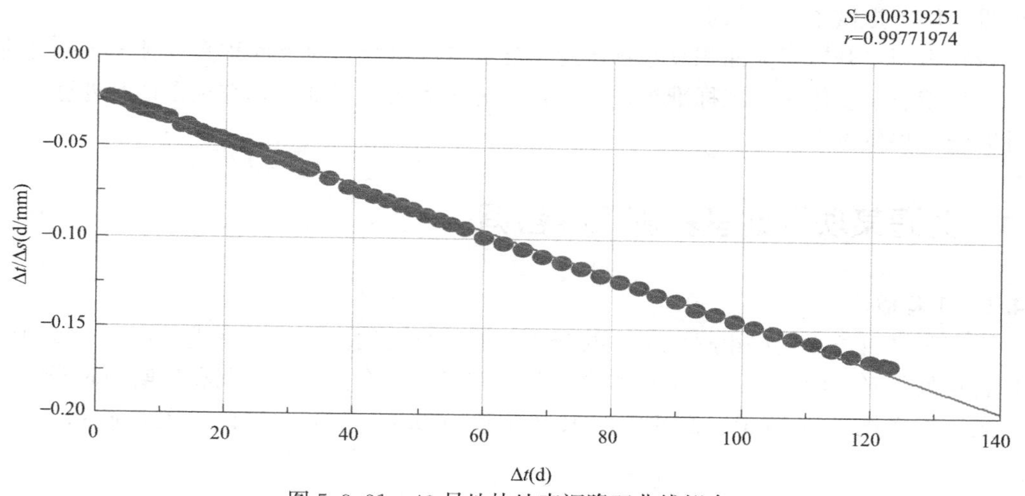

图 5.3.31　40 号地块地表沉降双曲线拟合

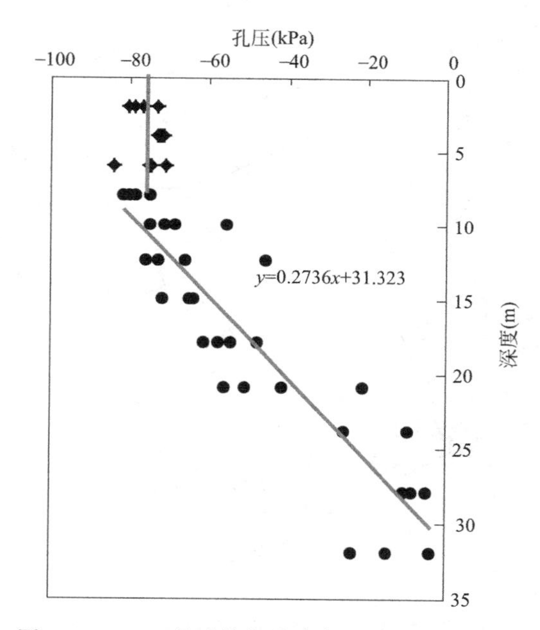

图 5.3.32　21 号地块负孔隙水压力沿深度分布图

认为，在真空预压地基处理过程中，应采用以平均固结度/沉降量控制为主，沉降速率控制为辅的控制标准，并根据实际沉降发展规律及时修正设计目标沉降量和平均固结度；对于沉降速率，亦根据不同土层和真空预压参数分别计算，不同地块和土层参数差异较大的情况应分别采用不同的沉降速率控制指标，只有如此，才能在满足地基处理要求的情况下，做到经济高效。

5.3.6　实施效果及效益

本项目在整个标段真空预压施工过程中，通过监测数据的同步分析，提出了有针对性的施工参数调整建议，为后期地块的施工提供了参考；同时，通过多种原位测试手段对比分析了真空预压地基处理的效果，分析了地基的工后残余沉降和差异沉降，为后续类似工程的设计施工提供了一定依据。

依托本项目开展了大面积真空预压地基处理课题研究，对大面积真空预压地基处理的效果、环境影响及停泵卸载标准等进行分析，为今后大面积堆载真空预压地基处理方案的设计和施工提供参考。

5.4 上海某项目地基基础工程咨询

5.4.1 工程概况

上海某项目位于上海市松江区，共分为三期进行开发。一期已完成开发，主楼现已封顶，且均处于轻微液化范围，不在本次地基基础工程咨询范围；二期和三期同时开发，项目规划用地面积 120440m^2，总建筑面积约为 339000m^2，项目分期图见图 5.4.1。

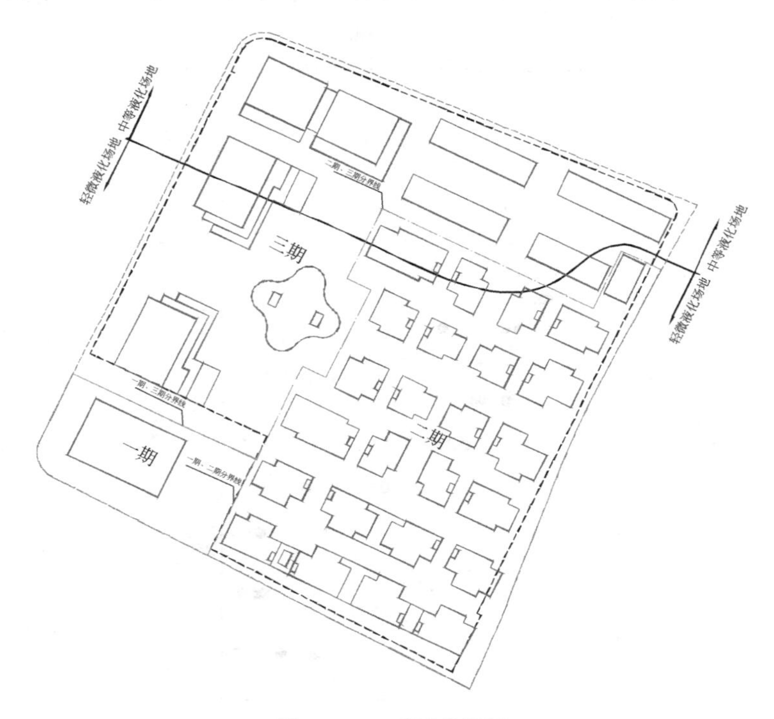

图 5.4.1　项目分期图

本项目由 28 幢多层楼（3F～6F）、6 幢小高层楼及地下车库等建筑组成，多层楼均采用框架结构，小高层楼采用框架剪力墙结构。设置地下一层地下室，埋深在设计标高完成面以下 7.05m，现状地面以下 6.15m。基础形式采用桩筏基础，二期桩基已施工完成（22 号楼和 23 号楼基础平面布置图如图 5.4.2 和图 5.4.3 所示），三期尚未开工。

二期和三期同时开挖，基坑围护设计和施工同时考虑，基坑东、南、西侧挖深 6.15～6.45m，拟采用双轴搅拌桩重力坝的支护形式，局部增设角撑控制变形。基坑北侧大面积开挖深度达 6.85m，开挖深度较深，拟采用钻孔桩＋双排双轴搅拌桩止水帷幕，竖向设置一道内支撑（斜抛撑结合水平角撑）的支护形式，钻孔灌注桩直径 ϕ700m，钻孔桩桩长 15.0m。本工程二期和三期地下室周边围护封闭，目前已施工二期基坑围护，三期基坑围护施工尚未进行。因本工程基坑开挖深度均较深，为控制重力坝变形，重力坝区域开挖至坑底后贴边增设 9m 宽 200mm 厚 C20 配筋垫层。围护结构平面布置图见图 5.4.2 和图 5.4.3，支撑系统及重力坝压顶布置图见图 5.4.4，围护结构典型剖面图见图 5.4.5。

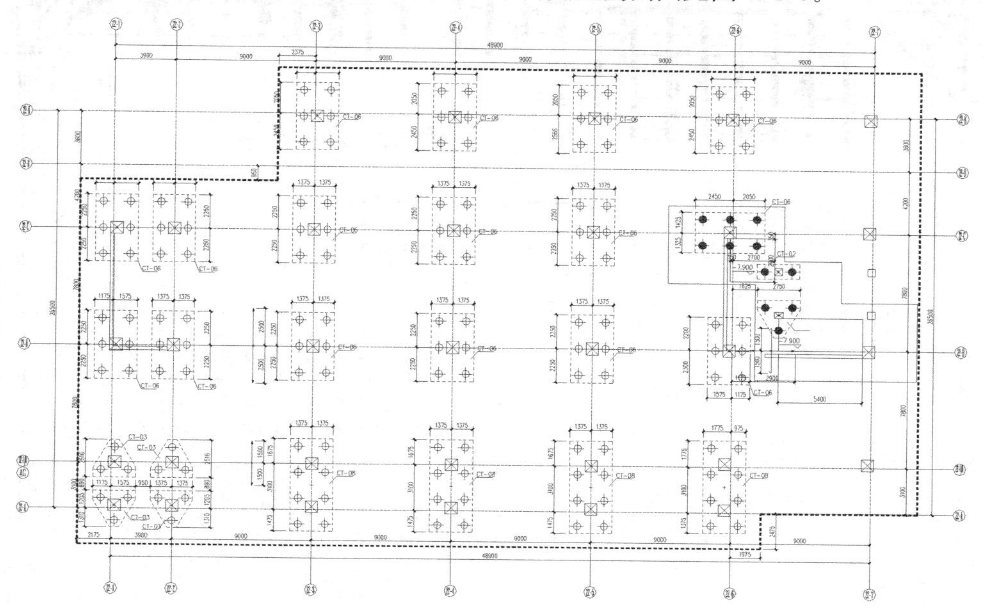

图 5.4.2　22 号楼基础平面布置图

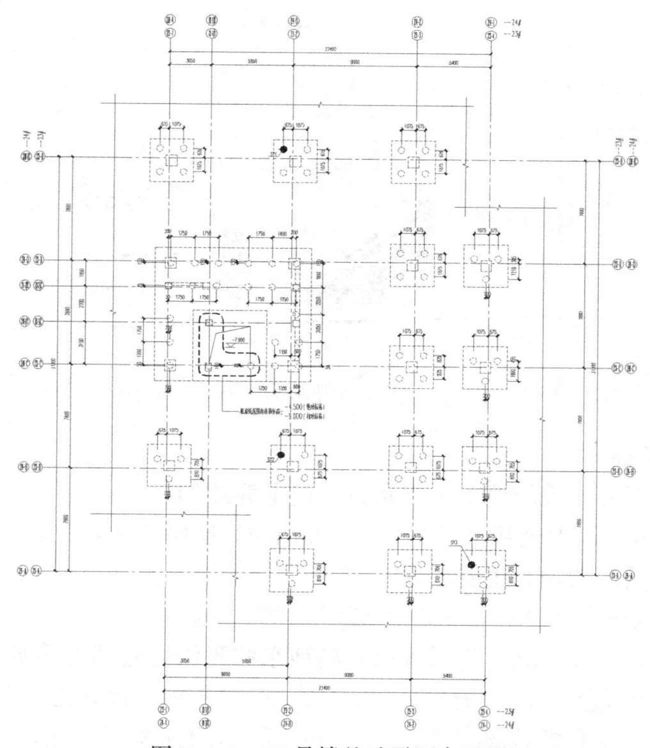

图 5.4.3　23 号楼基础平面布置图

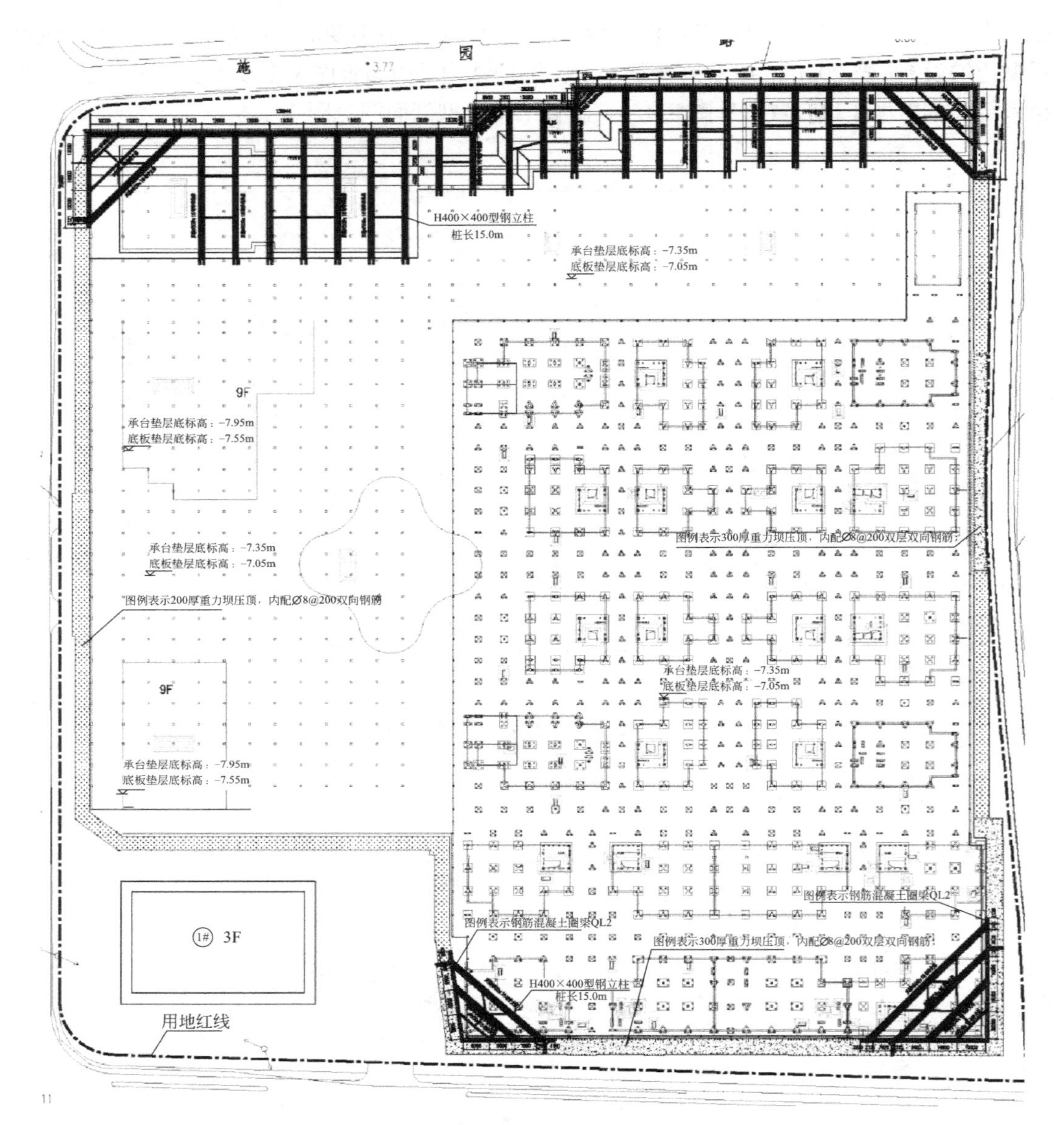

图 5.4.4 支撑系统及重力坝压顶布置图

5.4.2 工程地质条件

拟建场地与本工程相关的地基土分布自上而下详述如下：

①$_1$ 层杂色素填土，为全新世第四系 Q_4^3 沉积物，层厚约 0.4～3.3m，以黏性土为主，含植物根茎、有机质等杂物，土质松散不均匀。

①$_2$ 层灰黑色浜土，为全新世第四系 Q_4^3 沉积物，层厚 0.4～1.5m，含大量有机质及腐殖物，土质软弱，局部浜底含生活垃圾，场地东侧张泾河底部为浜淤泥。

②$_1$ 层灰黄—蓝灰色黏土，为全新世第四系 Q_4^3 沉积物，含氧化铁斑点及铁锰质结核，土质自上而下渐软。层顶标高约 2.90～0.98m，层厚约 0.3～2.7m，详勘阶段静力触探 p_s 最小平均值为 0.57MPa。呈可塑—软塑状态，属中等—高等压缩性。该层在场地内暗

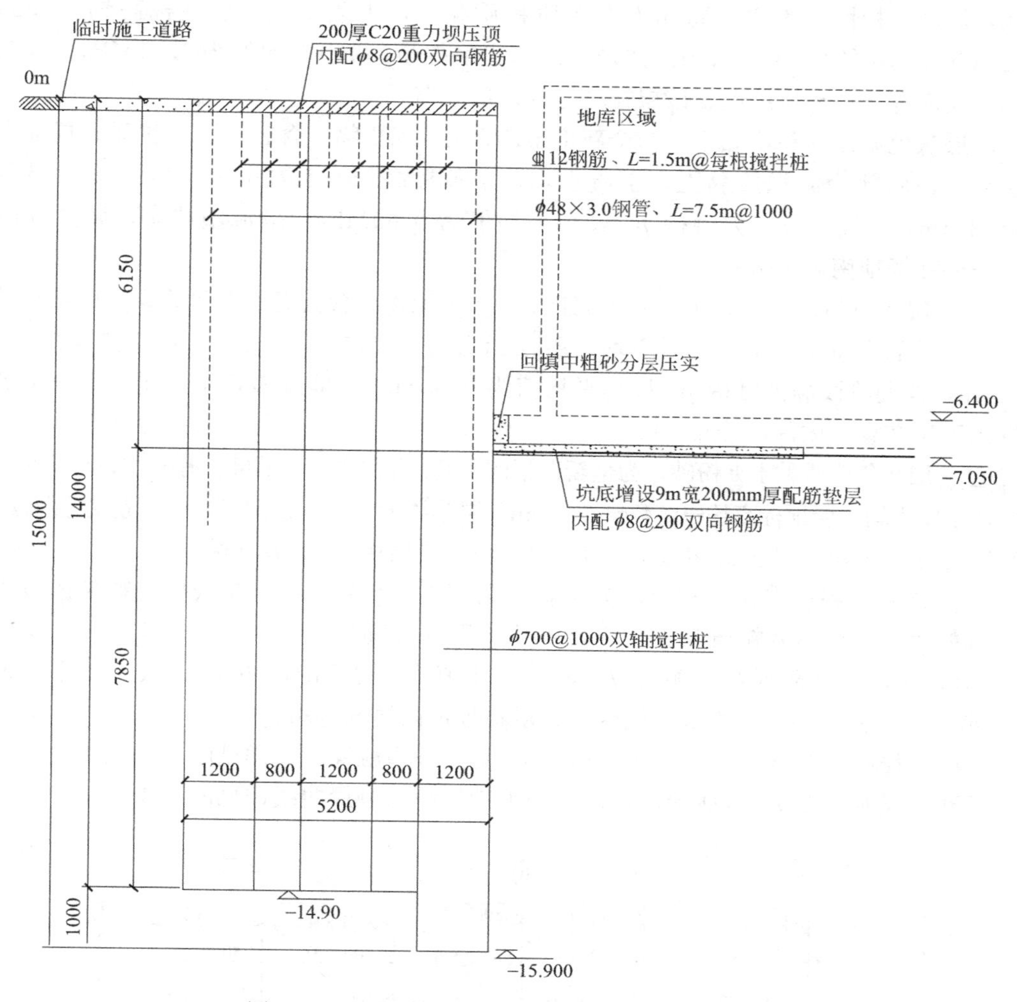

图 5.4.5　围护结构典型剖面图（东、西、南侧）

浜分布区及局部填土较厚区缺失。

②$_2$ 层灰色粉质黏土，为全新世第四系 Q_4^3 沉积物，含云母、有机质，夹粉性土，土质不均。层顶标高约 1.48～−0.21m，层厚约 0.7～3.8m，详勘阶段静力触探 p_s 最小平均值为 0.68MPa。呈可塑—软塑状态，属中等压缩性。该层在场地内局部分布。

③$_1$ 层灰色淤泥质粉质黏土，为全新世第四系 Q_4^2 沉积物，含云母、有机质，局部为淤泥质黏土，土质不均。层顶标高约 1.30～−1.97m，层厚约 0.7～5.5m，详勘阶段静力触探 p_s 最小平均值为 0.45MPa。呈流塑状态，属高等压缩性。该层在场地内局部分布。

③$_2$ 层灰色粉砂，为全新世第四系 Q_4^2 沉积物，含云母，颗粒成分以石英、长石为主，局部夹粉性土及黏性土，土质不均。层顶标高约−0.37～−7.25m，层厚约 3.5～13.2m，详勘阶段静力触探 p_s 最小平均值为 2.53MPa，标准贯入击数平均值为 9.2 击。呈松散—稍密状态，属中等压缩性。该层在场地内遍布，厚度变化较大。

③$_3$ 层灰色粉质黏土夹粉砂，为全新世第四系 Q_4^2 沉积物，含云母、有机质，具层状

特征，局部以粉性土为主，局部为淤泥质粉质黏土，土质不均。层顶标高约－6.25～－13.37m，层厚约0.8～8.3m，详勘阶段静力触探 p_s 最小平均值为1.41MPa。呈软塑状态，属高等—中等压缩性。该层在场地内局部分布。

④层灰色淤泥质粉质黏土，为全新世第四系 Q_4^2 沉积物，含云母、有机质，局部夹极薄层粉砂，局部为淤泥质黏土，土质不均。层顶标高约－5.72m～－11.37m，层厚约1.4～8.5m，详勘阶段静力触探 p_s 最小平均值为0.69MPa。呈流塑状态，属高等压缩性。该层在场地南侧有分布。

$⑤_{1-1}$ 层灰色粉质黏土，为全新世第四系 Q_4^1 沉积物，含云母、有机质，夹腐殖物及钙质结核，局部为粉质黏土，土质不均。层顶标高约－10.56～－15.40m，层厚约1.00～18.30m，详勘阶段静力触探 p_s 最小平均值为0.93MPa。呈流塑状态，属高等—中等压缩性。该层在场地内局部分布。

$⑤_{1-2}$ 层灰色粉质黏土夹粉砂，为全新世第四系 Q_4^1 沉积物，含云母、有机质，局部夹多量粉砂，土质不均。层顶标高约－9.47～-20.59m，层厚约1.8～10.9m，详勘阶段静力触探 p_s 最小平均值为1.88MPa。呈软塑状态，属中等压缩性。该层在场地内局部缺失。

$⑤_{2-1}$ 层灰色粉砂夹粉质黏土，为全新世第四系 Q_4^1 沉积物，含云母，颗粒成分以长石、石英为主，局部夹粉质黏土，土质不均。层顶标高约－12.25～－22.80m，层厚约1.3～10.5m，详勘阶段静力触探 p_s 最小平均值为3.85MPa，标准贯入击数平均值为13.0击。呈稍密状态，属中等压缩性。该层在场地内局部分布。

二期工程典型地质剖面见图5.4.6，典型地层静力触探曲线详见图5.4.7。

三期工程典型地质剖面见图5.4.8，典型地层静力触探曲线详见图5.4.9。

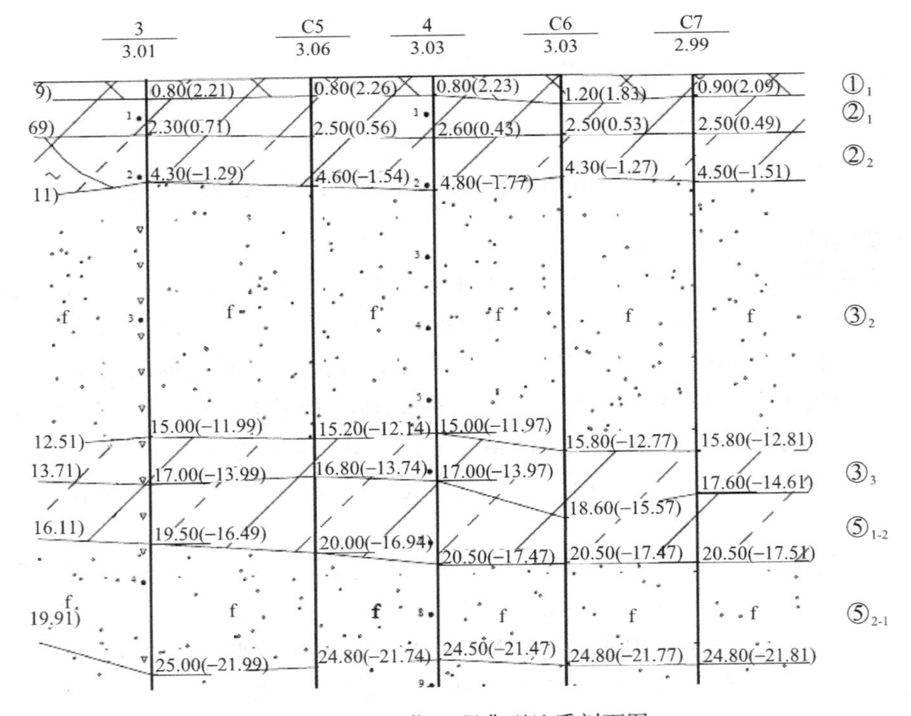

图5.4.6　二期工程典型地质剖面图

5.4.3 技术难点分析

根据本场地原液化土判别：在 20.0m 深度范围内有③$_2$ 层饱和粉砂以及第⑤$_{2-1}$ 层饱和粉砂夹粉质黏土分布，在抗震设防烈度 7 度时，根据上海市《建筑抗震设计规程》DG/TJ 08-9—2013 有关条文，采用标贯试验进行判别。拟建场地为Ⅳ类场地，在抗震设防烈度 7 度时，拟建场地北部为中等液化场地，拟建场地中南部为轻微液化场地，液化土范围及分界线详见图 5.4.10，液化判别结果见表 5.4.1。

液化判别结果 表 5.4.1

场地位置	统计孔号	平均液化指数 I_{l_c}	液化等级	液化强度比 N/N_{cr}
场地北部	3 号、39 号、40 号、41 号	14.37	中等	③$_2$ 层 0.81
				⑤$_{2-1}$ 层 0.83
场地中南部	2 号、8 号、14 号、22 号、60 号	4.40	轻微	③$_2$ 层 0.90

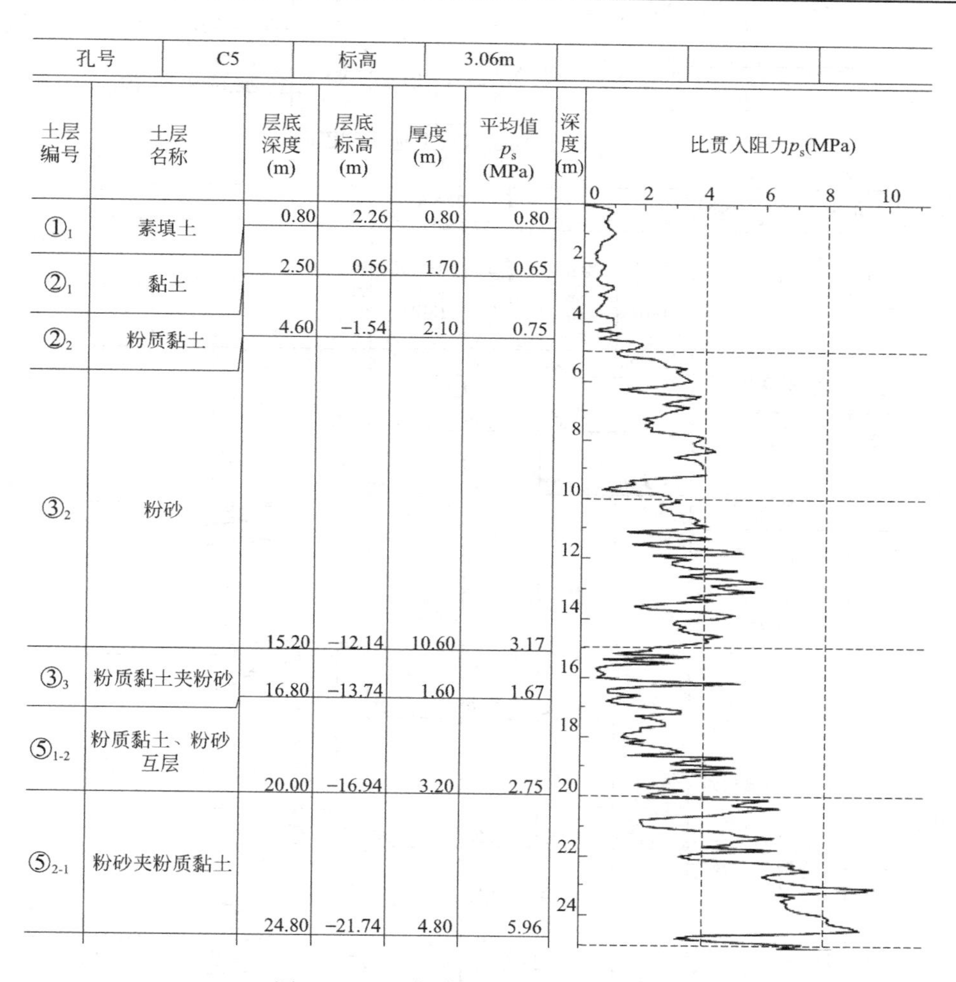

图 5.4.7 二期典型地层静力触探曲线

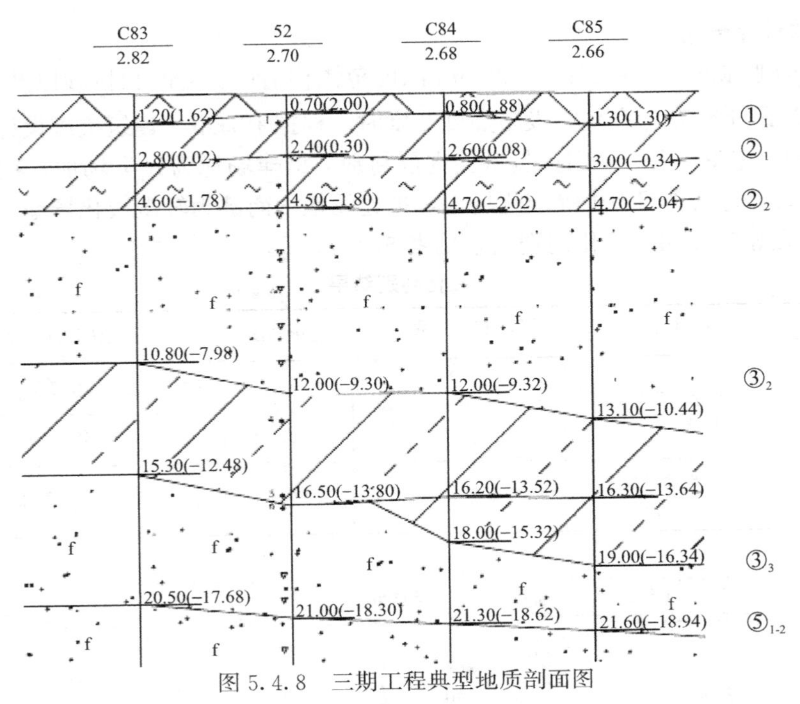

图 5.4.8　三期工程典型地质剖面图

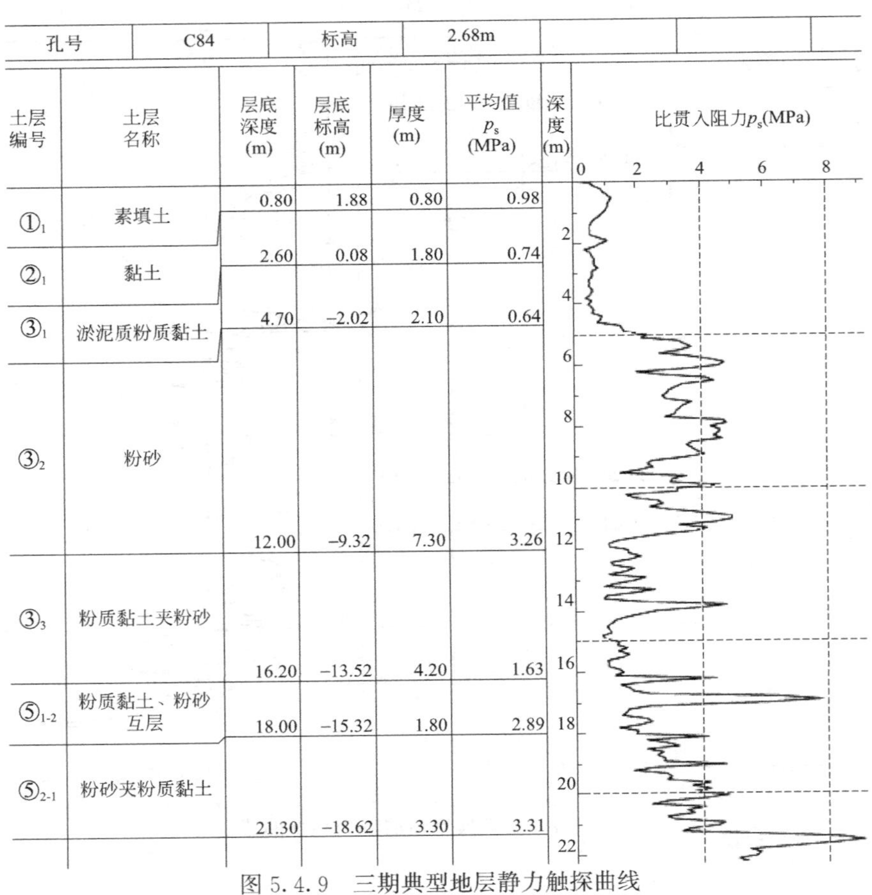

孔号	C84	标高	2.68m

土层编号	土层名称	层底深度(m)	层底标高(m)	厚度(m)	平均值 p_s (MPa)
①1	素填土	0.80	1.88	0.80	0.98
②1	黏土	2.60	0.08	1.80	0.74
③1	淤泥质粉质黏土	4.70	−2.02	2.10	0.64
③2	粉砂	12.00	−9.32	7.30	3.26
③3	粉质黏土夹粉砂	16.20	−13.52	4.20	1.63
⑤1-2	粉质黏土、粉砂互层	18.00	−15.32	1.80	2.89
⑤2-1	粉砂夹粉质黏土	21.30	−18.62	3.30	3.31

图 5.4.9　三期典型地层静力触探曲线

根据审图公司提供的二期结构施工图审查意见第18条：中等液化场地区域，地库周边存在液化土层，当计算基础抗水平承载力时，不宜考虑基础被动土压力有利作用。因此，所有水平荷载均需由桩承担，造成布桩按水平承载力控制，布桩数量将大幅增加，导致造价大幅提高。

准确合理地判别地基土的液化可能性及液化危险等级直接影响到工程建设投资与安全度，土体的地震液化的影响因素有土性条件、初始应力条件、地震作用和排水条件等，本项目原液化判别未考虑沉桩对土体的挤密作用，液化判别的准确性有待商榷，并且，对于标准贯入试验，其成孔直径大小、钻进方式（清水钻进、泥浆护壁和套管护壁等几种工艺）以及取样代表等因素，加之上海地区饱和砂土或砂质粉土层中往往夹有薄层黏性土，导致对于同一土层的试验结果离散较大。上海地区工程统计资料表明，同一场地、同一土层、同一深度、相邻勘探孔之间标准贯入击数的变异系数达到30%～50%，甚至更大，往往导致判别结果的离散性和不稳定性，因此如何控制标准贯入试验的施工工艺，确保液化判别试验指标的可信度也是难点之一。

图5.4.10 液化土范围及分界线

5.4.4 技术咨询成果

本项目针对二期和三期的原勘察中等液化区域，考虑大面积预制桩沉桩挤密影响，对预制桩沉桩后的地基土液化情况进行复判，并根据复判情况，结合抗震设防要求，对地基基础抗震设计方案提供设计依据及咨询建议。

（1）本项目为有效判断沉桩施工对地基土特性的改变，于 2018 年 12 月 31 日～2019 年 1 月 1 日进场重新进行岩土工程测试，布置 3 个静力触探测试及 3 个标准贯入孔，采用标准贯入试验、静力触探试验以及室内土工试验等多种勘察技术手段进行场地液化综合复判。

1）原位测试：22 号区域布置 2 个钻探孔，23 号区域布置 1 个钻探孔，静探孔在钻探孔旁施工。液化判别勘探点平面布置图见图 5.4.11。钻探成孔根据规范要求，当采用标贯方法进行液化判别时，应严格控制标贯成孔及泥浆质量，因此本次复判采用 SH-30 型钻机，成孔直径不大于 90mm，使用 200 目膨润土配置泥浆，泥浆相对密度为 1.15 左右，黏度不小于 28s。选用 63.5kg 穿心锤及 75cm 长贯入器，自由落距为 76cm，预打 15cm 后，每 10cm 计数一次，最后以 30cm 计总击数。室内土工试验按照国家标准《土工试验方法标准》GB/T 50123 实施，标贯样不得剔除土样中的薄层黏土，将土样进行均匀粉碎，加入 4%六偏磷酸钠，进行颗粒分析试验。

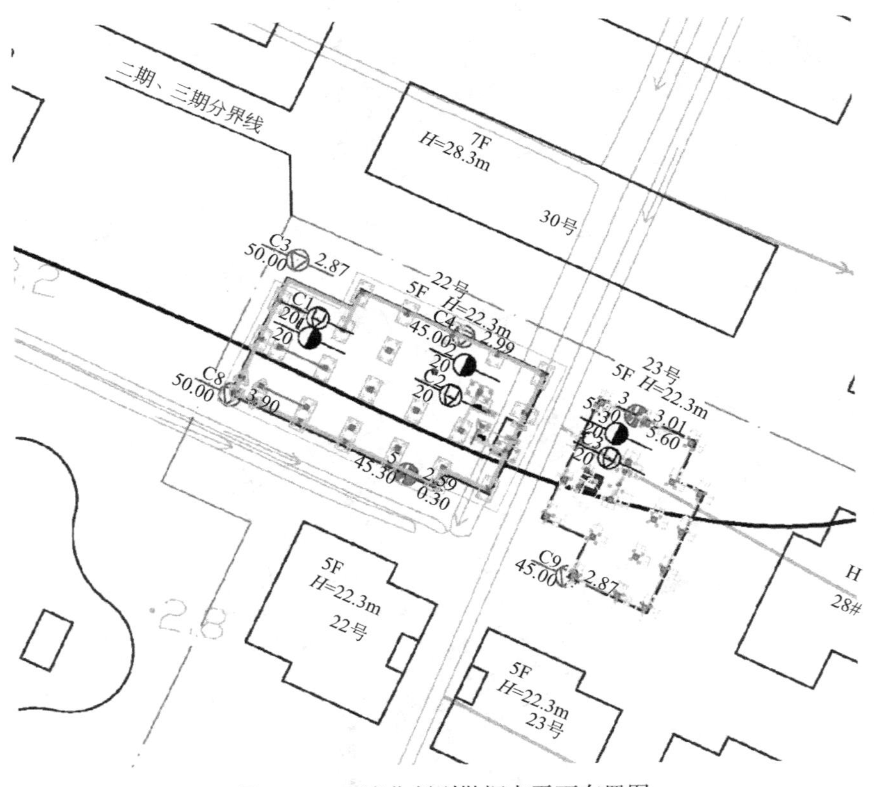

图 5.4.11 液化判别勘探点平面布置图

2）液化土层分析：从本次复测成果分析，第③$_2$ 层粉砂土工试验和野外鉴别与原详勘报告定名一致，但沉桩挤密后土层密实度有一定提高。

3）标贯液化复判：本工程抗震设防烈度为7度，拟建场地在20m深度范围内，分布有第③$_2$层饱和粉砂。本次岩土工程测试选择在原勘察中等液化区域布置3个孔，按照上海市《建筑抗震设计规程》DG/TJ 08-9—2013，采用标准贯入试验对该层土进行液化判别，判别公式见式（5.4.1），判别结果显示③$_2$层在工程桩沉桩后，两钻孔判为不液化，一钻孔判为轻微液化，液化指数仅为$I_{le}=1.42$。

$$N_{cr}=N_0\beta[\ln(0.6d_s+1.5)-0.1d_w]\sqrt{3}/\rho_c \tag{5.4.1}$$

4）静探液化复判：采用标准贯入试验进行液化判别时，试验结果受试验条件、试验方法和试验人员主观经验等的影响较大，而静力触探试验可以反映原位土体的力学性质，用于液化判别时，结果可靠。根据《上海地区地基液化判别方法及精度研究》（上海勘察设计研究院（集团）有限公司，2003）课题研究成果，结合上海市《建筑抗震设计规程》DG/TJ 08-9—2013，本项目建议采用式（5.4.2）进行静探液化判别，判别结果显示③$_2$层在工程桩沉桩后为不液化土层：

$$p_{scr}=p_{s0}\left[1-0.06d_s+\frac{(d_s-d_w)}{a+b(d_s-d_w)}\frac{\sqrt{3}}{\rho_c}\right] \tag{5.4.2}$$

5）综合判定：根据上海市《建筑抗震设计规程》DG/TJ 08-9—2013，标贯液化复判与静探液化复判同等有效，结合《上海地区地基液化判别方法及精度研究》科研成果，从工程安全角度综合判定，本场地二期地块③$_2$层在工程桩沉桩后液化等级为轻微液化。三期采用相同设计、施工参数时可参考本次复判结论。

6）沉桩前后静力触探指标对比：根据表5.4.2，工程桩沉桩后，拟建场地浅部土层③$_2$层p_s值提高了约26.3%，说明预制桩沉桩有挤密作用，在沉桩2个月后进行复测，超静孔隙水压力消散后，浅层土性得到了一定的提升，静力触探沉桩前后对比见图5.4.12。

拟建场地22号楼、23号楼区域沉桩前后静力触探数据对比一览表　　表5.4.2

项目 \ 层序			③$_2$粉砂
比贯入阻力	p_s(MPa)	沉桩前	3.73
		沉桩后	4.71
		变化幅度(%)	26.3

（2）结合场地液化复判，对基础和基坑支护方案的液化控制措施提出优化建议。

结合场地液化复判，本项目根据上海市《建筑抗震设计规程》DG/TJ 08-9—2013判定抗震设防类别为丙类，沉桩挤密后地基液化等级为轻微，可采取减小不均匀沉降的基础和上部结构处理；当不采取其他措施时，应考虑单桩水平承载力问题，防止预制桩出现水平剪切破坏。

原设计已采用措施：

1）本工程采用桩基，穿过液化土层，且桩端进入可液化土层下稳定土层较深，在原中等液化区的主楼PHC 500 AB 125采用全长填芯处理，在原中等液化区的地库YFZ-350-B桩身全长箍筋直径由4.0mm增大为5.0mm，可有效提高桩基础对地震作用的水平抗力。

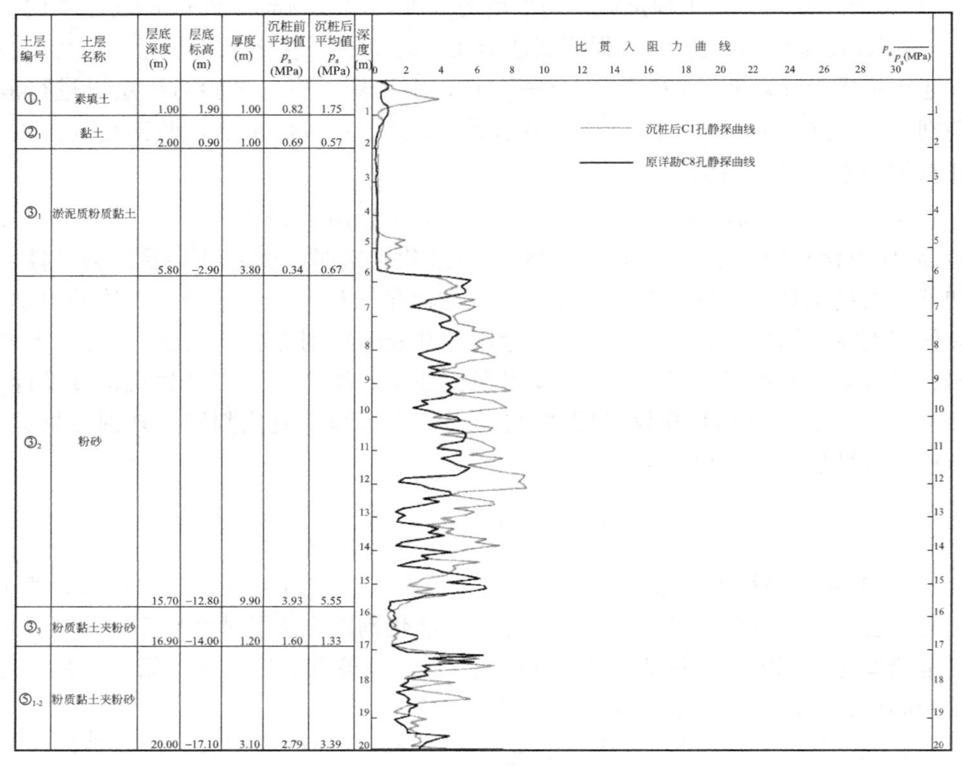

图 5.4.12　静力触探沉桩前后对比

2）地库和 6 层单体基础筏板厚度为 500mm，承台厚度 1200mm；三期高层区域高层筏板厚度暂定为 1000mm，承台厚度暂定为 1400mm。本工程桩筏基础，筏板厚度较厚，基础的整体性和刚性好，对抗液化和不均沉降较为有利。

3）基坑东、南、西侧采用水泥土搅拌桩重力式挡墙的支护形式。基坑北侧采用钻孔桩＋双排双轴搅拌桩止水帷幕的支护形式，基坑围护对液化土层形成闭合空间，将本工程范围内的可液化土层加以围封，可减轻喷水、冒砂的现象，一定程度上减轻液化影响；并由于本工程周边临时围护结构穿越液化土层，可一定程度上提高桩基础对地震作用的水平抗力。

在原设计采用措施的基础上，提出以下建议：

1）建议承台和地下室外墙与基坑侧壁间隙采用压实性较好的素土分层夯实回填，其压实系数不宜小于 0.94，形成地下室外墙与周边临时围护结构之间的可靠连接，在采用此方案回填后，根据上海市《建筑抗震设计规程》DG/TJ 08-9—2013，在水平抗震验算中可考虑承台和地下室正侧面的水平抗力。

2）考虑填芯和桩顶设置钢筋等措施对桩上段刚度的有利影响，对单桩水平承载力进行重新复核分析，并在三期桩基设计时，PHC 管桩填芯处理长度建议满足 $6D$（D 为桩身直径）即可。

5.4.5　实施效果及效益

根据原场地液化判别结论，中等液化场地区域，地库周边存在液化土层，当计算基础抗水平承载力时，不宜考虑基础被动土压力有利作用。本项目通过考虑预制桩沉桩挤密对地基土特性的改变，综合静力触探、标准贯入试验和室内试验，综合判定本场地二期地块③$_2$层在工程桩沉桩后液化等级为轻微液化，采用全长填芯处理及加大箍筋等结构措施，结合承台和地下室外墙与基坑侧壁间隙采用压实系数不小于0.94的素土分层夯实回填的措施，在水平抗震验算中可考虑承台和地下室正侧面的水平抗力，单桩水平承载力满足抗震设计要求，节约桩基设计费用。

根据现有结构资料三期相较于二期而言主楼和地库桩型均不变，二期和三期土性相似，且基坑挖深和围护形式较为一致，若三期在布桩系数不小于二期及施工工艺不变的情况下，可考虑场地三期地块③$_2$层在工程桩沉桩后液化等级为轻微液化，对后期工程地基基础设计具有指导意义。

与本项目相似咨询成果已在曹杨中学、国康科技创业园、丝绸之路大饭店、中国烟草博物馆、外高桥贵宾楼等项目中得到广泛的应用。

第6章　既有建筑加固咨询

6.1　昆山某建筑PHC管桩纠偏加固

6.1.1　工程概况

本项目位于昆山市，项目商住楼为28～32层的高层建筑，结构采用剪力墙结构。其桩基采用PHC管桩，桩顶相对标高－5.00m（绝对标高－2.13m），桩径600mm，壁厚110mm，桩长为55m和43m，单桩极限承载力分别为5140kN和3680kN。

项目基坑在开挖过程中发现局部管桩存在倾斜和偏位现象。根据建设工程检测单位检测结果，发现Ⅲ、Ⅳ类桩约90根。经现场测量，桩的最大单侧倾斜量为1850mm，大部分在800～1000mm，超过规范允许的范围。桩身缺陷位置最浅位于垫层以下1.37m，最深位于13.3m，大部分在4～5m。为了保证工程安全，需对PHC管桩进行纠偏加固。

6.1.2　工程地质条件

本项目地层特性如表6.1.1所示。

商住楼土层参数　　表6.1.1

层号	土层名称	层厚(m)	层顶标高(m)	f_{ak} (kPa)	p_s (MPa)	土层描述
①	素填土	0.50～1.20	—	—	—	灰—灰黄色，松软
②	粉质黏土	1.10～2.60	0.90～2.17	87	0.66	灰黄色，可塑，局部软塑，压缩性中等偏高
③	淤泥质粉质黏土	5.40～14.90	－1.35～－0.17	61	0.42	灰色，流塑，高压缩性
$④_1$	黏土	0.20～5.50	－13.93～－6.26	189	2.02	暗绿—灰黄色，可塑，压缩性中偏低，局部缺失
$④_2$	粉质黏土	0.60～4.00	－15.96～－8.04	230	2.56	灰黄色，可塑，局部软塑，压缩性中等，局部缺失
⑤	粉土	1.00～7.40	－17.93～－9.14	138	4.40	灰黄色，稍密，很湿，压缩性中等，局部缺失
⑥	粉质黏土夹粉土	0.50～6.30	－16.17～－12.44	115	1.71	灰色，流塑，局部软塑，压缩性中等偏高
$⑦_1$	淤泥质粉质黏土	0.40～2.50	－18.83～－17.04	96	0.92	灰色，流塑，压缩性高
$⑦_2$	粉土	0.50～2.30	－20.23～－18.84	149	4.99	灰色，稍密—中密，很湿，压缩性中等偏低
$⑦_3$	淤泥质粉质黏土	9.80～12.00	－21.63～－19.84	105	1.05	灰色，流塑，压缩性中等偏高
$⑧_1$	粉质黏土夹粉土	3.50～5.80	－32.43～－30.64	120	1.84	灰色，流塑，局部软塑，压缩性中等偏高
$⑧_2$	粉质黏土夹粉土	—	－36.94～－35.52	162	3.13	灰色，软塑，压缩性中等

该工程浅部土层存在平均厚度约10m的淤泥质粉质黏土，该层土的 p_s 值仅为0.42MPa，呈流塑状态，经调查为挖土过程中由于堆土造成该层软弱土层的侧向移动，从而导致周边管桩出现了大面积偏斜。

6.1.3 技术难点分析

（1）本项目桩基Ⅲ、Ⅳ类桩数量达到了90根，数量多，范围广，事故情况在当时较为少见。

（2）本项目桩身单侧倾斜量最大达到了1850mm，偏斜量超过了3倍桩径，纠偏难度在2005年事故发生的时间属难度较高的情况。

（3）项目桩基长度为55m和43m两种，桩的长度长，单桩承载力要求高，且桩基密度较大，对纠偏方案的合理性和施工可靠性要求高。

6.1.4 技术咨询成果

预制桩主要纠偏方法有锚杆静压桩补桩和顶推法。

锚杆静压桩是借助于锚杆桩来弥补桩偏位所丧失的部分承载力，在浇筑承台时预留好锚杆桩桩孔，其余按原设计进行施工。但该法处理费用比较高，且受施工条件限制，对于承载力要求较高的高层建筑桩基较为困难，因此该法不适合于本工程。

顶推法是采用千斤顶在桩顶施加水平推力，并卸除桩侧部分土压力，以此使桩基复位的一种方法。该法较适用于软土地基，且具有施工快捷、简便以及成本较低的优势，因此顶推法更适合于本工程中桩基的纠偏。但应确保顶推施工的可靠性，并确保桩身质量满足设计要求。

（1）针对本工程特点，并结合以往处理经验，对未倾斜的Ⅲ、Ⅳ类桩进行填芯加固，填芯厚度应超过裂缝位置一定深度；对倾斜的Ⅲ、Ⅳ类桩，先进行扶正，再进行填芯加固。

填芯加固钢筋笼的主筋为6Φ25，并在断裂位置上下1.5m加密6Φ25，钢筋笼下至断裂位置下3m，并在钢筋笼底焊接5mm厚薄钢板托板，最后在桩管中浇筑C45微膨胀混凝土，如图6.1.1所示。

（2）本项目采用顶推法进行纠偏处理，施工简便、处理费用低、纠偏原理合理，对本项目处理偏斜管桩效果显著，且对于本项目偏斜量达到甚至超过3倍管径时，其处理效果仍比较理想。

（3）本项目采用了先卸载桩侧土压力，加固桩身再进行顶推施工的方法，降低了顶推力，并确保了桩身承载力，确保了顶推施工的安全性；制定了标准化的施工流程，控制施工速度，并以垂直度作为控制指标，防止了纠偏过程中产生新的裂缝。

纠偏加固的施工设备主要采用GXY-1型钻机、高压水枪、纠桩桩架、100t千斤顶、50t千斤顶和一些辅助设备。施工步骤如下：

（1）纠偏定位。首先在垫层上确定基桩纠正后的位置，并定位相应的机械。在倾斜桩和纠正位置之间开一导向槽。

（2）钻孔（冲水）取土。在导向槽侧用钻机（或高压水枪）冲水取土，孔的深度根据偏位来定，宽度宜在800mm，并插入注浆管，注水造浆，同时排浆清除桩身前侧土体，以有利于用较小的水平推力恢复桩位。

（3）就位千斤顶，推桩移位。在桩的另一侧用千斤顶推桩移位，要严格控制推挤桩顶

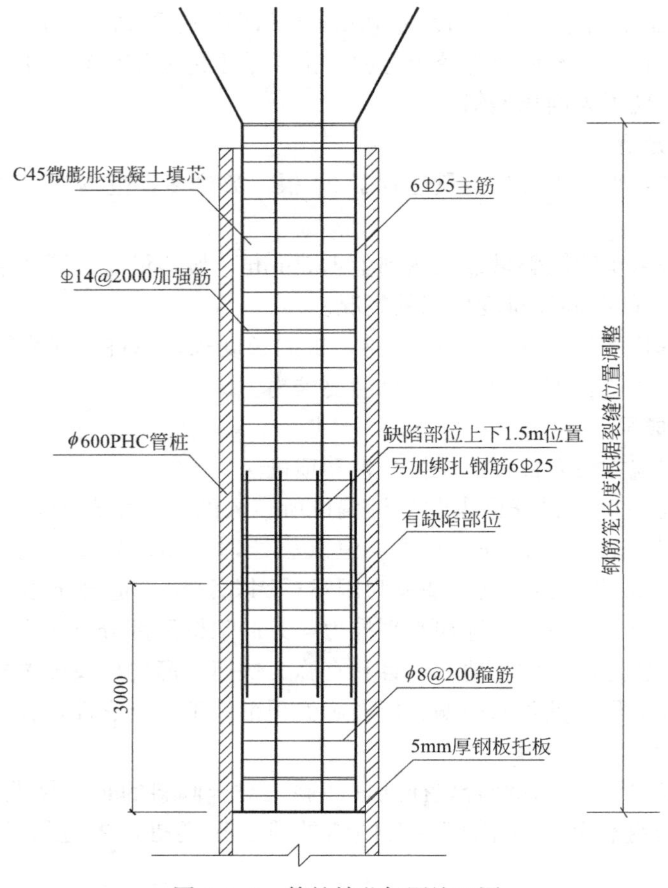

图 6.1.1　管桩填芯加固施工图

移位的速率。

（4）混合料填筑。待管桩就位后，在桩侧的孔穴内，灌入直径 5～25mm 碎石和细砂，振捣致密，注入速凝水泥浆，使桩侧和桩底虚土中的孔隙部分被浆液所充填，散粒被胶结，并较大幅度的增加桩侧一定范围内的土体强度和变形模量，提高桩底土的抗偏荷载能力。

（5）桩内填芯。填芯前清洗桩管，然后在管桩内壁涂刷水泥净浆，以提高填芯混凝土与管桩桩身混凝土的整体性。然后下钢筋笼，配筋主筋为 6Φ25，在断裂位置另加 6Φ25，钢筋笼下至断裂位置下 3m，并在钢筋笼底焊接 5mm 厚薄钢板托板。

（6）桩内浇灌 C45 微膨胀混凝土。

6.1.5　实施效果及效益

1. 桩基偏位复测结果

经纠偏处理后的复测桩位结果见图 6.1.2，所有的偏位量均在 $1/2D$ 范围内即 300mm，其中 50%的管桩偏位量在 100 mm 以内，且桩身垂直度都在 1%以内，经纠偏处理后的管桩满足规范验收要求。

2. 静载荷检测

为检验纠偏施工效果。在发生偏斜的 90 根管桩里选取 3 根偏斜量具有代表性的试桩

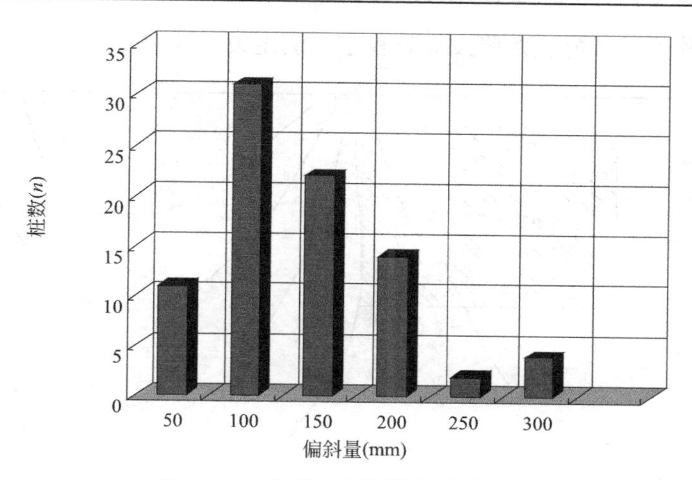

图 6.1.2 纠偏后复测桩位偏位结果

进行静载荷测试，对比结果见表 6.1.2。检测结果都满足原设计承载力要求。试桩曲线显示沉降量都在 10mm 左右，图 6.1.3 为 355 号试桩的沉降曲线，说明桩身承载力仍有一定发挥余地。

试桩纠偏前后偏斜值 表 6.1.2

桩号	355 号	285 号	158 号	124 号
纠偏前(mm)	—	2016	467	1205
纠偏后(mm)	—	64	64	163

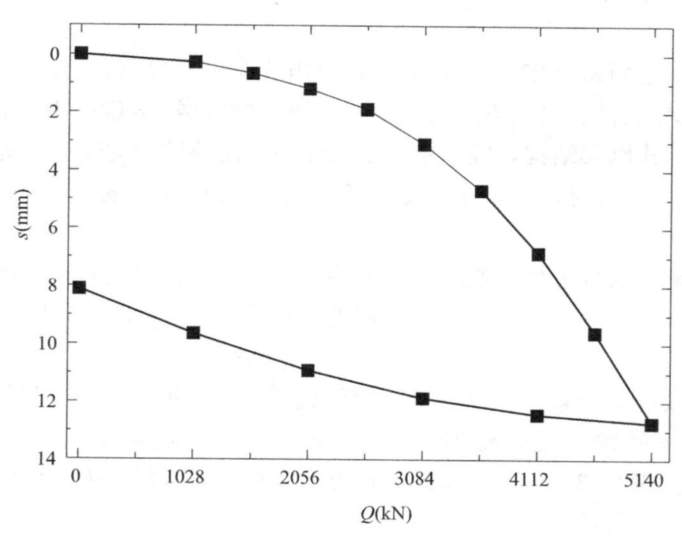

图 6.1.3 355 号试桩 Q-s 曲线

为确保工程安全，检验经处理后的桩基使用情况，在整个建筑物的结构施工过程中进行了沉降监测，结构封顶（32 层）后实测的建筑物沉降云图见图 6.1.4，实测最大沉降仅 25mm，图中阴影区为偏斜桩集中出现的区域。该处的沉降小于 17mm，说明经纠偏加固处理后管桩的工作性状较好且沉降发展较稳定，满足设计要求。

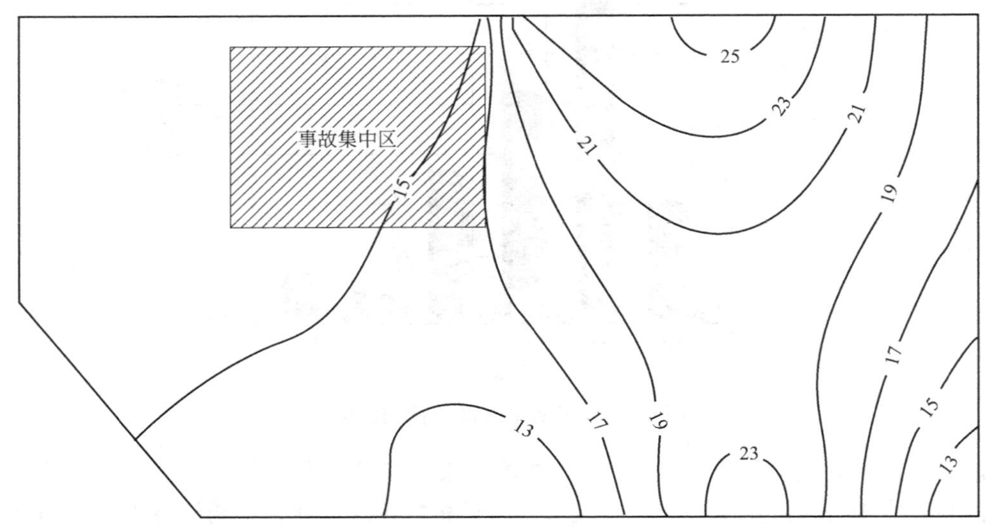

图 6.1.4　建筑物沉降云图（单位：mm）

6.2　台州市某物流中心仓库地基加固

6.2.1　工程概况

台州市某物流中心项目位于黄岩区，场地属湖沼平原区，地形开阔平坦，场地原为农田、菜地等，已进行宕渣填筑，一般厚度为 1.00～2.00m，地面高程一般为 3.50～4.56m。

项目建筑总用地面积 102117m^2，规划建设用地面积 86834m^2，总建筑面积 61621m^2，主要包括 1 幢高层综合楼、1 幢配套办公楼、1 幢变配电房、3 幢门卫、4 幢仓库。仓库建筑结构选型采用门式刚架结构，轻钢屋盖结构体系；建筑结构的安全性等级为二级，建筑设计使用年限为 25 年，抗震设防烈度小于 6 度。场地建筑标高 ±0.000 的绝对标高为 5.150m。

本工程基础形式大部分为 2 桩承台，局部为 4 桩承台，桩基采用 PC400（95）A 管桩，有效桩长 26m，单桩承载力 550kN，以⑤$_2$ 层黏土，⑤$_{2a}$ 层含黏性土圆砾和⑤$_{2b}$ 层粉细砂层为联合持力层。

场地地坪原设计采用素土夯实＋300 厚级配碎石＋180 厚 C30 混凝土面层的处理方式，边跨采用 ϕ500@1300 搅拌桩加固，梅花形布置，有效桩长 11m。内部采用 ϕ500@2000 搅拌桩加固，其中 2 号、3 号仓库为正方形布桩，4 号为梅花形布桩，桩长 10m。原设计方案如图 6.2.1 所示。

事故发生前项目 2 号、3 号、4 号仓库已基本施工完成，其中 2 号仓库尚未浇筑混凝土地坪，3 号、4 号仓库已浇筑混凝土地坪，施工时现场发现仓库地坪沉降和差异沉降较大（最大约 20cm），因地坪沉降和差异沉降导致地坪开裂及不平，如图 6.2.2 所示，对结构安全和后期使用功能均可能产生不利影响，需对已完成 3 座仓库进行修复加固。

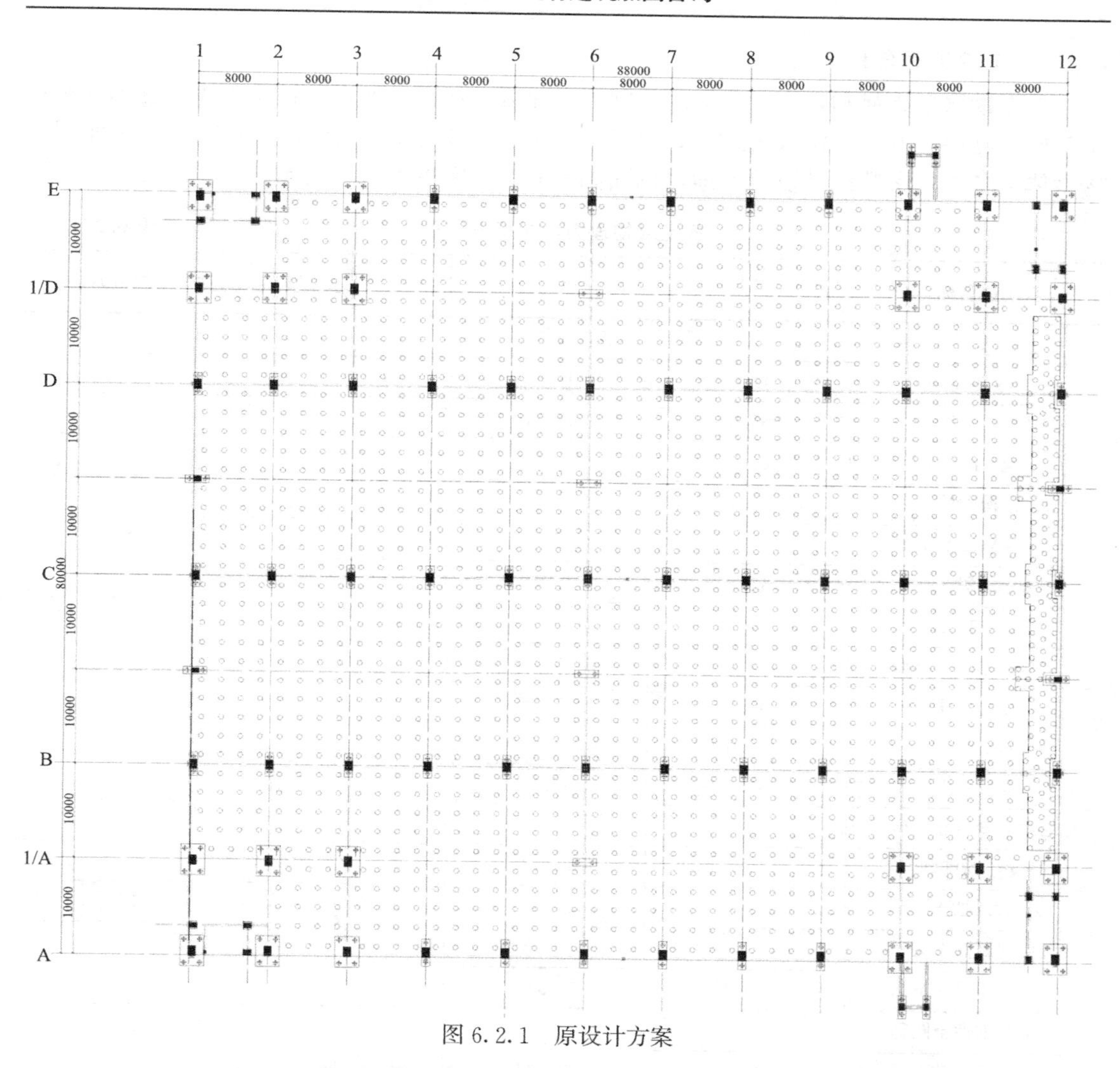

图 6.2.1 原设计方案

(a)

(b)

图 6.2.2 因沉降导致的地坪开裂及不平

6.2.2 工程地质条件

根据勘察报告显示，本工程场地属湖沼平原区，浅部主要以黏性土为主，深部为黏性土与砾石互层，基岩埋深大于50m；上部土层划分为9个地质层组，细分为21个亚层和透镜体。各土层参数统计及典型地层剖面如表6.2.1和图6.2.3所示。

各土层物理力学指标一览表　　表6.2.1

土层名称	含水率 w (%)	孔隙比 e	标贯平均值 N	动探平均值 $N_{63.5}$
①$_1$ 素填土				
①黏土	41.6	1.197	4	
②$_1$ 淤泥	65.0	1.851		
②$_2$ 淤泥	63.1	1.792		
③$_1$ 粉质黏土	27.4	0.800	5	
③$_2$ 含黏性土卵石				12
③$_{2a}$ 黏土	42.8	1.265		
④$_2$ 黏土	40.5	1.059	3	
④$_3$ 含黏性土圆砾			14	
④$_{2a}$ 黏土	40.8	1.196		
⑤$_1$ 黏土	32.3	0.918	5	
⑤$_2$ 黏土	39.2	1.109	4	
⑤$_{2a}$ 含黏性土圆砾				18
⑤$_{2b}$ 粉细砂	22	0.641	10	
⑤$_{2c}$ 含黏性土圆砾				17
⑥$_1$ 含黏性土圆砾				18
⑥$_2$ 粉质黏土	28.3	0.827	5	
⑦$_1$ 含黏性土圆砾				21
⑦$_2$ 粉质黏土	30.6	0.882	4	
⑨含黏性土角砾				25

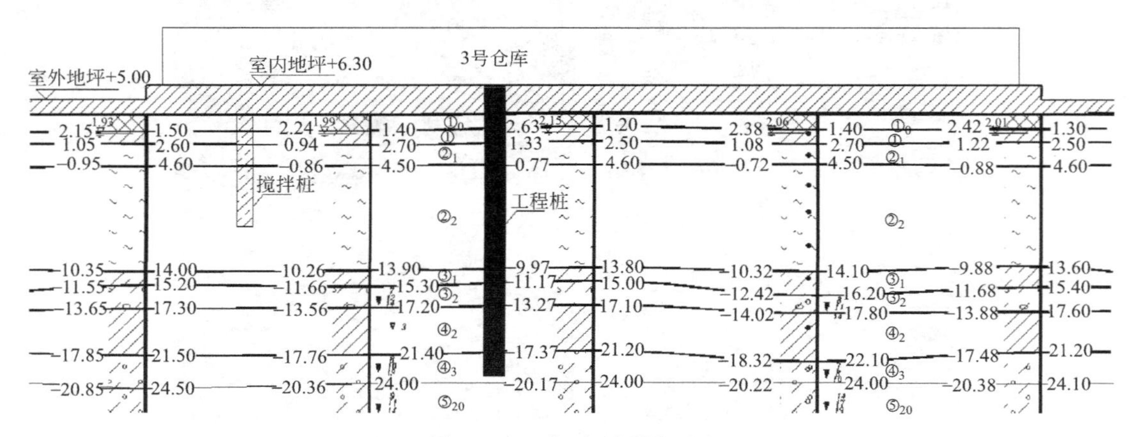

图6.2.3 典型地层剖面图

6.2.3 技术难点分析

本项目仓库在结构施工完成尚未投入使用就出现较大的沉降与差异沉降，分析原因，从场地地层条件来看，浅部②$_1$、②$_2$ 淤泥层呈流塑状，如图 6.2.4 所示，为高压缩性的欠固结土，土性极差，整个场地均有分布，厚度达到 10～15m，为仓库地坪的主要压缩层。在原设计方案中，采用搅拌桩加固，但未穿过②$_1$、②$_2$ 淤泥层。根据仓库使用期间的荷载情况，估算地坪的长期沉降约 40cm。而柱下沉降估算约为 2.5cm。从以上沉降预测可以看到，地坪沉降和柱的差异沉降较大，如果不采取措施，将对工程安全产生很大影响，因此，必须尽快进行加固处理，面临以下难点：

（1）浅部②$_1$、②$_2$ 淤泥层呈流塑状，为高压缩性的欠固结土，土性极差，整个场地均有分布，厚度较厚，达到 10～15m，地基沉降量大。

（2）3 幢仓库已完成结构封顶，仓库内部净高约 10m，搅拌桩满堂加固已施工完成，为地基处理加固方案的选择和施工带来了诸多限制与不便。

（3）在加固过程中，需要考虑其对仓库结构的影响，避免施工造成结构产生大的变形，影响正常使用。

图 6.2.4 场地内开挖出的流塑状淤泥层

6.2.4 技术咨询成果

（1）因地制宜，充分利用现场已施工的搅拌桩，采用预制方桩进行进一步的加固修复，形成预制方桩与搅拌桩联合处理的地基处理方法，有效减少加固修复的工程量，节约造价与工期。

根据沉降分析结果，在加固修复方案中，需重点考虑②$_1$、②$_2$ 淤泥层的压缩性，竖向增强体应穿过②$_1$、②$_2$ 淤泥层，才能有效控制地坪沉降以及和柱子的差异沉降。由于 3 幢仓库已完成结构封顶，现场施工条件受限，结合当地施工经验，采用预制方桩对地基进行进一步的加固在经济性和技术可行性上具有明显的优势。同时，地基已采用搅拌桩进行加固，在方案设计过程中考虑搅拌桩的加固作用可降低后续加固修复的成本，即形成预制方桩与搅拌桩联合处理的地基处理方法，如图 6.2.5 所示。在此基础上，采用有限元分析方法对该地基处理效果进行分析评价（有限元分析模型见图 6.2.6）。由计算结果可知，采用预制方桩与搅拌桩联合处理能够有效减小地基沉降与差异沉降，如图 6.2.7 所示，可满足工程建设要求。

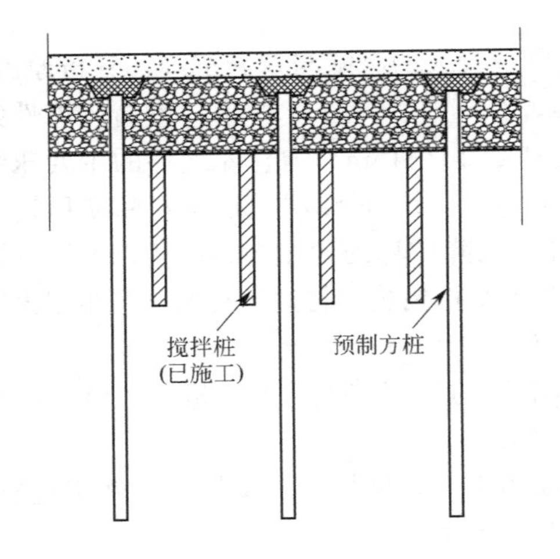

图 6.2.5 预制方桩与搅拌桩联合处理示意图

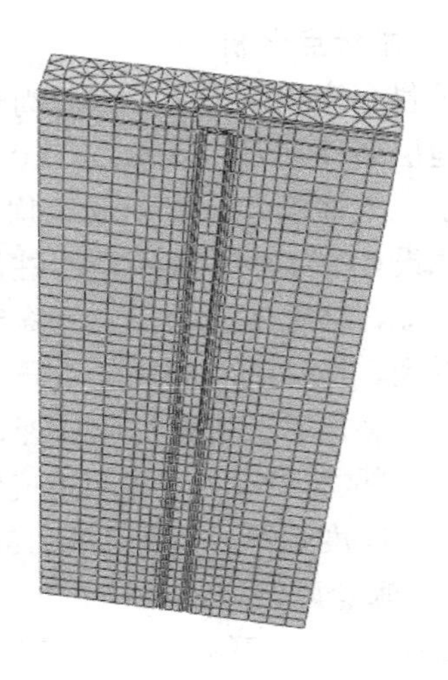

图 6.2.6 有限元分析模型

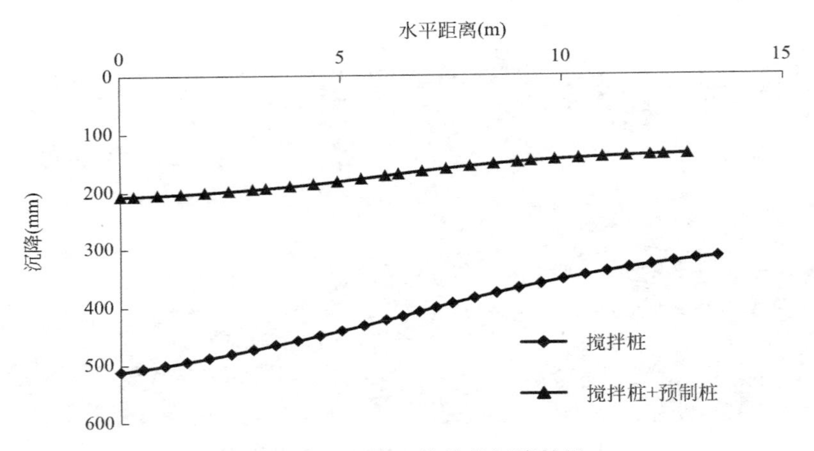

图 6.2.7 有限元估算的沉降结果

根据上述分析，对已施工的 3 幢仓库，采用混凝土预制方桩对地基进行进一步加固，形成预制方桩与搅拌桩联合处理的地基处理方法。预制方桩间距 4m×4m，设计桩长约 18～25m，以⑤$_{2c}$ 为持力层，加固修复方案如图 6.2.8 所示。

(2) 为避免加固方桩施工对已有桩及柱子的影响，严格控制施工顺序并在有限场地内设置应力释放孔，有效降低沉桩的挤土效应，厂房内加固方桩施工如图 6.2.9 所示，应力释放孔布置如图 6.2.10 所示。

(3) 在仓库设计时，不少方案考虑允许仓库使用期产生一定的变形或裂缝，在使用一段时间后需要进行再次修复。本次加固修复方案考虑一次处理到位，在平面及墙角处设置变形缝见图 6.2.11。避免后期使用过程中出现较大变形与裂缝而需要二次修复的情况，保证仓库正常使用。

6.2.5 实施效果及效益

根据项目的实际情况，通过提出合理的加固修复方案，保证了业主能够如期将仓库进行交付使用，避免了违约产生的经济损失。同时，仓库使用过程中的变形得到了有效地控

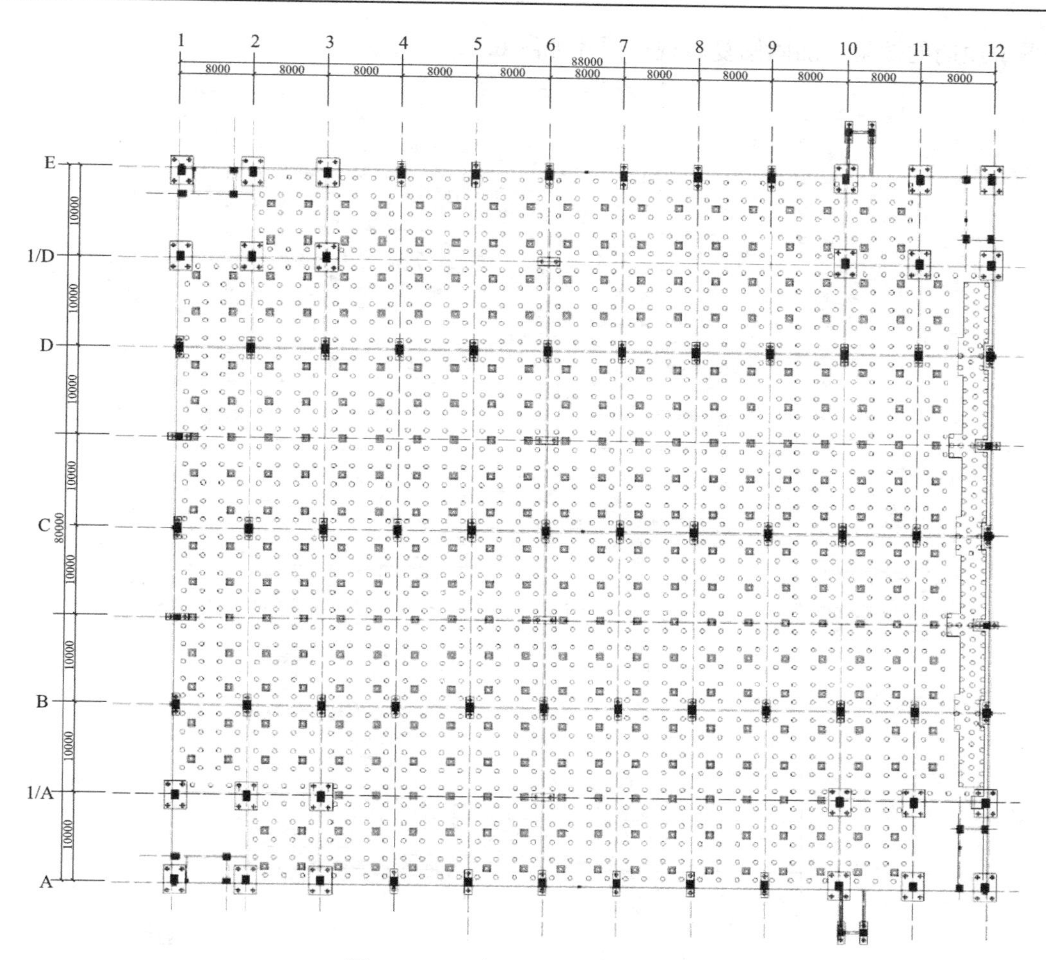

图 6.2.8 地坪基础加固修复方案

图 6.2.9 厂房内加固方桩施工

制，通过本次加固，避免了二次修复的情况，保证了仓库的正常使用。本次加固修复工作取得了预期的效果，加固修复后现场照片如图 6.2.12 所示。

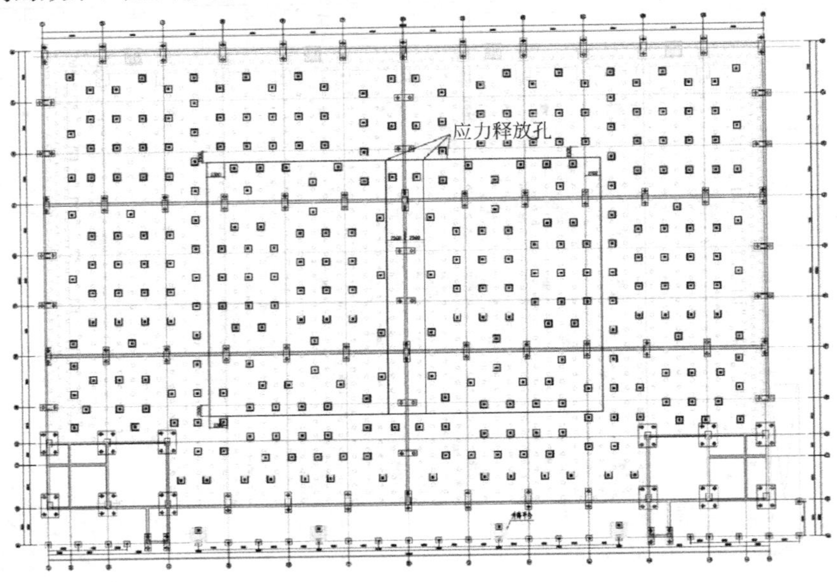

图 6.2.10 应力释放孔布置

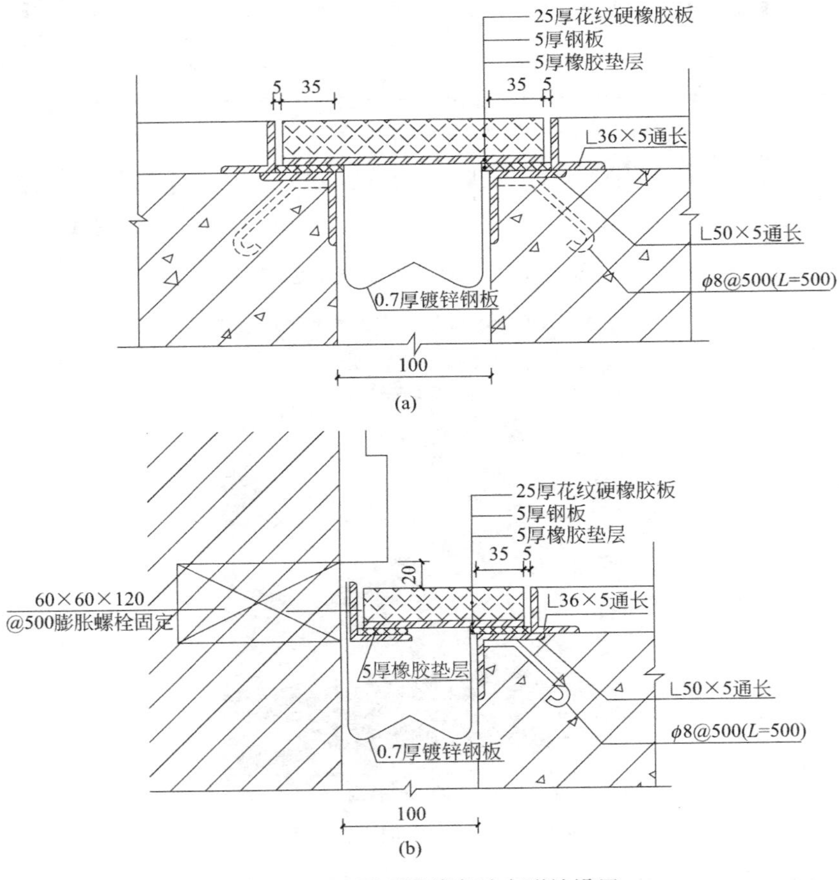

图 6.2.11 平面及墙角处变形缝设置

图 6.2.12　加固修复后现场照片

6.3　昆山某高层住宅楼地基基础加固设计与岩土工程治理

6.3.1　工程概况

本工程位于昆山市，2014 年 4 月交付，包括多幢 33～34 层住宅、2～3 层商业用房及地下车库。总平面示意图如图 6.3.1 所示。

10 号楼为剪力墙结构，地上 33～34 层，地下 1 层，灌注桩＋筏板基础，东西单元经连通道与地库连通。

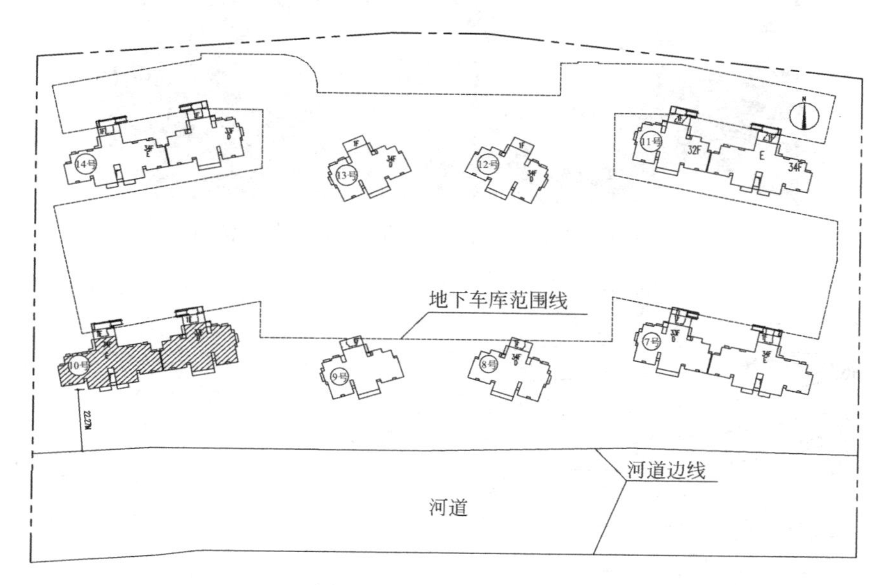

图 6.3.1　总平面示意图

5 号、10 号楼在竣工投入使用近 3 年后，因散水开裂和电梯维修发现有一定倾斜，为此建设单位于2017年1月起委托施工单位对5号、10号楼进行沉降及倾斜观测，并着手开展加固设计工作，在完成两根试沉桩后于2017年9月份起委托第三方监测单位继续进行观测，根据观测成果，至2017年11月，5号、10号楼两个月沉降及倾斜观测成果整理分析如下：

5号楼新增最大沉降为7.99mm，新增最小沉降为2.25mm，总倾斜率约为向北0.3‰～2.2‰，向东3.1‰～3.9‰，沉降速率约为0.026（沉降较小侧）～0.039mm/d（沉降较大侧）。两单元屋顶伸缩缝部位出现错动现象，导致面层拉裂。

10号楼新增最大沉降为19.5mm，新增最小沉降为1.47mm，总倾斜率约为向南3.5‰～4.9‰，向西0.6‰～1.5‰，沉降速率约为0.011（沉降较小侧）～0.087mm/d（沉降较大侧）。主楼西南侧外墙踢脚处出现裂缝，10号楼外立面照片及沉降云图如图6.3.2和图6.3.3所示。

图6.3.2　10号楼外立面（深色为墙角线，倾斜目测可分辨）

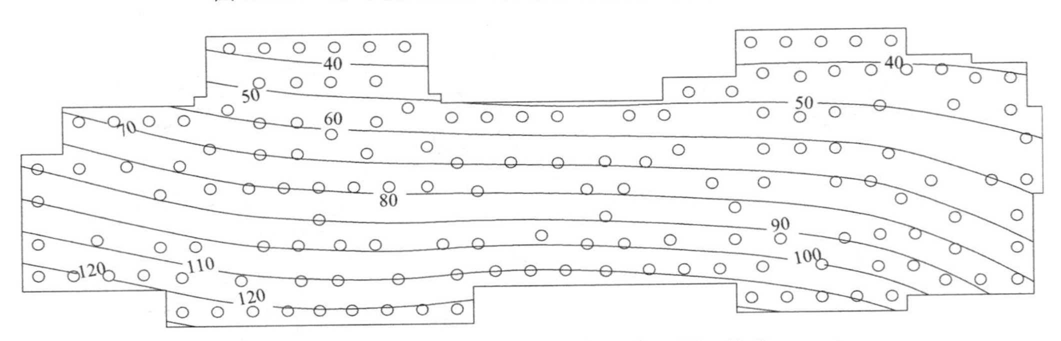

图6.3.3　10号楼倾斜情况及不均匀沉降云图（单位：mm）

6.3.2　工程地质条件

场地隶属于太湖湖荡平原地貌单元。根据详勘报告及勘探深度范围内地基土体岩性、结构、成因类型、埋藏分布特征及其物理力学性质指标的异同性，将土体划分为四个工程地质大层，土层自上而下依次为：①层杂填土、$②_1$ 层粉质黏土、$②_2$ 层淤泥质粉质黏土、$②_3$ 层粉质黏土、$③_2$ 层粉土、$③_3$ 层粉土夹粉砂、$④_1$ 层粉质黏土、$④_2$ 层粉砂夹粉土，5 号、10 号楼区域土层分布及部分物理力学性质参数统计表见表 6.3.1，典型地质剖面及静探曲线见图 6.3.4、图 6.3.5。

土层分布及主要物理力学性质一览表　　　　表 6.3.1

层序	土层名称	厚度(m)	重度(kN/m³)	p_s (MPa)	E_s (MPa)	预制桩		灌注桩	
						桩周土侧阻力(kPa)	桩端土端阻力(kPa)	桩周土侧阻力(kPa)	桩端土端阻力(kPa)
①	杂填土	0.80～5.30	18.6	—	—				
$②_1$	粉质黏土	0.50～3.30	18.5	0.553	—	42		40	
$②_2$	淤泥质粉质黏土	0.80～21.00	17.6	0.553	—	24		22	
$②_3$	粉质黏土	2.00～10.30	18.4	1.193	—	40		38	
$③_2$	粉土	2.20～17.00	18.9	5.440	—	78	2600	54	720
$③_3$	粉土夹粉砂	0.45～30.50	18.9	13.181	30	95	5000	78	1200
$④_1$	粉质黏土	1.00～9.50	19.4	3.986	20	—	—	—	—
$④_2$	粉砂夹粉土	1.10～14.45	19.5	—	35	—	—	—	—

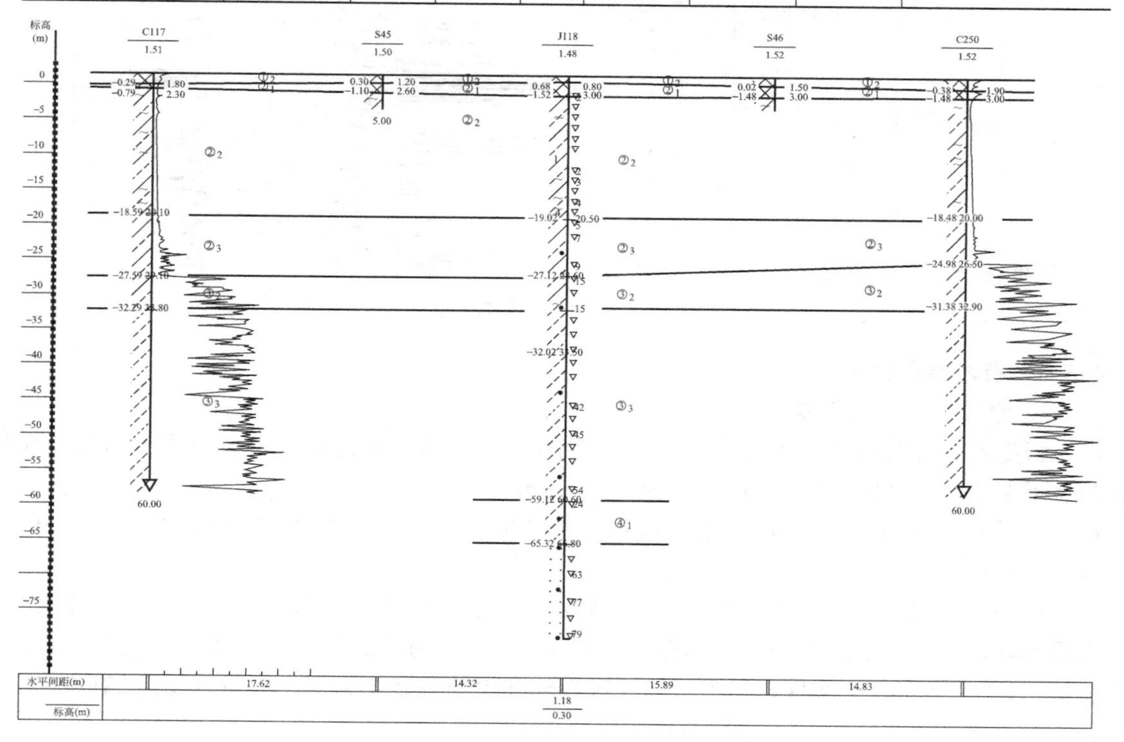

图 6.3.4　典型工程地质剖面图

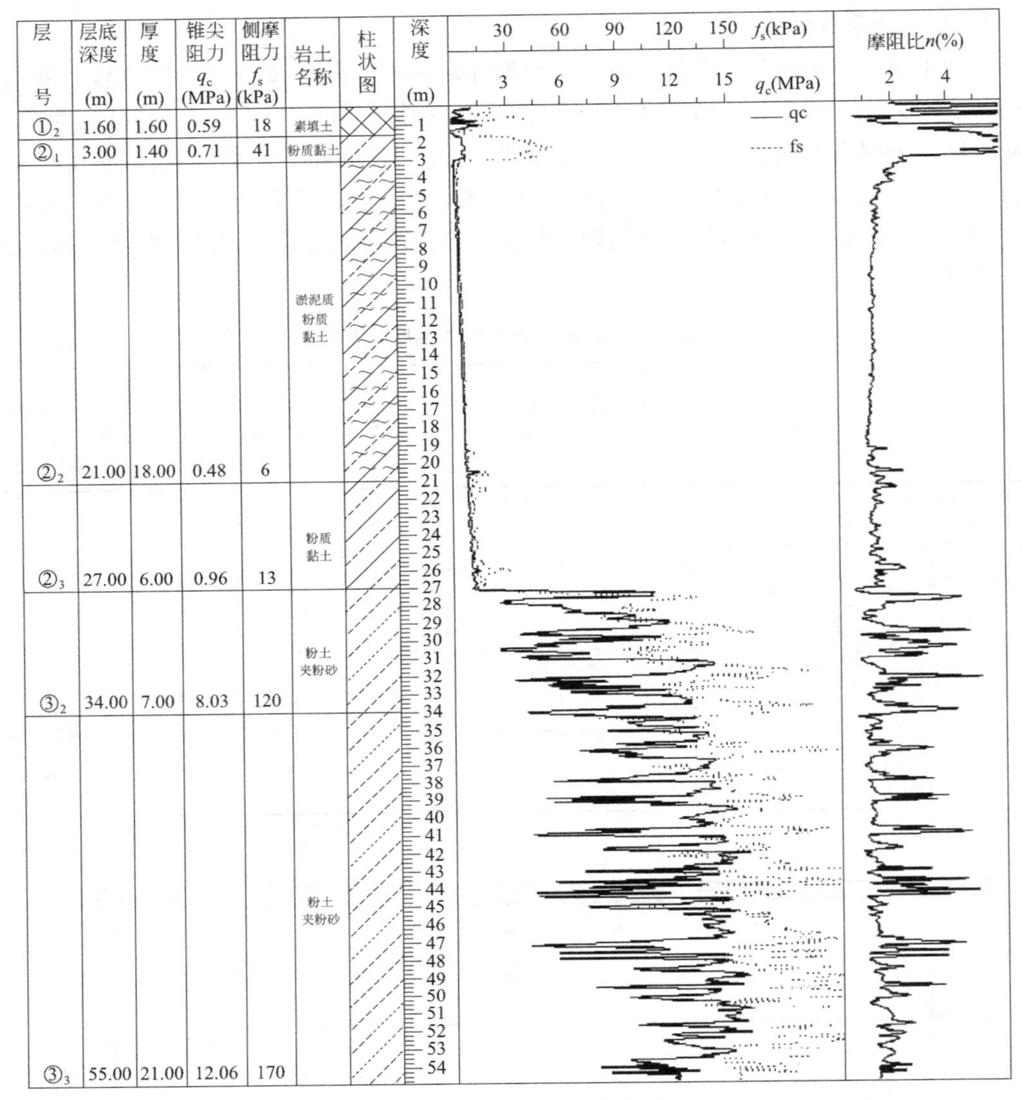

图 6.3.5 典型静探曲线图

6.3.3 技术难点分析

1. 原设计桩基沉降复核

根据本工程结构设计图纸，原桩基设计采用 ϕ700 钻孔灌注桩，桩身混凝土强度等级为水下 C35，工程桩长 51.5m（5 号楼）、52.0m（10 号楼），桩端持力层为③$_3$ 层粉土夹粉砂。单桩竖向抗压承载力特征值取 3200kN，单桩竖向抗压极限承载力标准值取 6400kN。

根据本工程岩土工程勘察报告，③$_3$ 层粉土夹粉砂，灰色，湿—很湿，中密—密实，土质不均，整个场地均有分布，其静力触探 p_s 平均值为 13.3MPa，标准贯入击数 N 平均值约为 43.7 击，土质佳，是本工程建筑物较理想的桩基持力层。同时，③$_3$ 层在 5 号、10 号楼位置分布较为均匀，无明显地层起伏现象。

根据行业标准《建筑桩基技术规范》JGJ 94—2008 中的第 5.5.14 条，对原设计桩基沉降进行复核计算。桩端平面以下地基中由基桩引起的附加应力根据桩径影响的明德林（Mindlin）解计算，桩基最终沉降量采用单向压缩分层总和法计算。

经复核计算，5号、10号楼桩基计算沉降较为均匀，桩基沉降最大值5号楼为4.0cm，10号楼为4.6cm，如图6.3.6、图6.3.7所示，桩基沉降量满足规范相关要求。

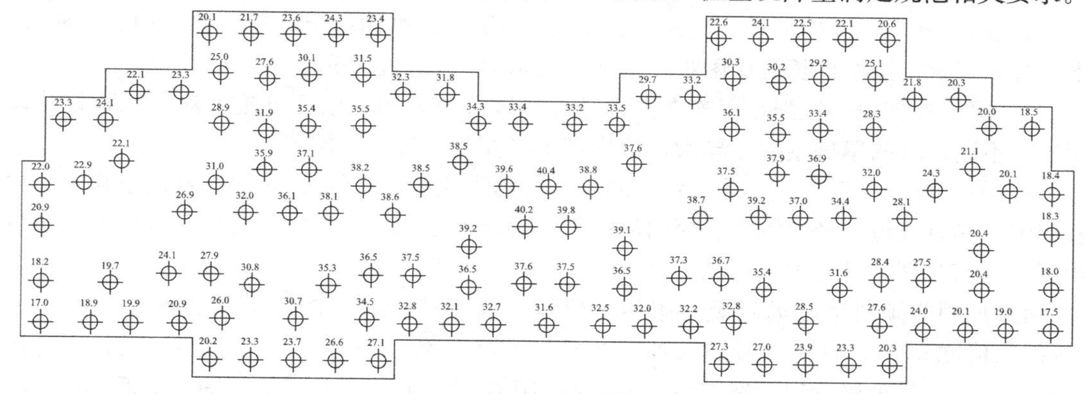

图6.3.6　5号楼原工程桩沉降计算结果（单位：mm）

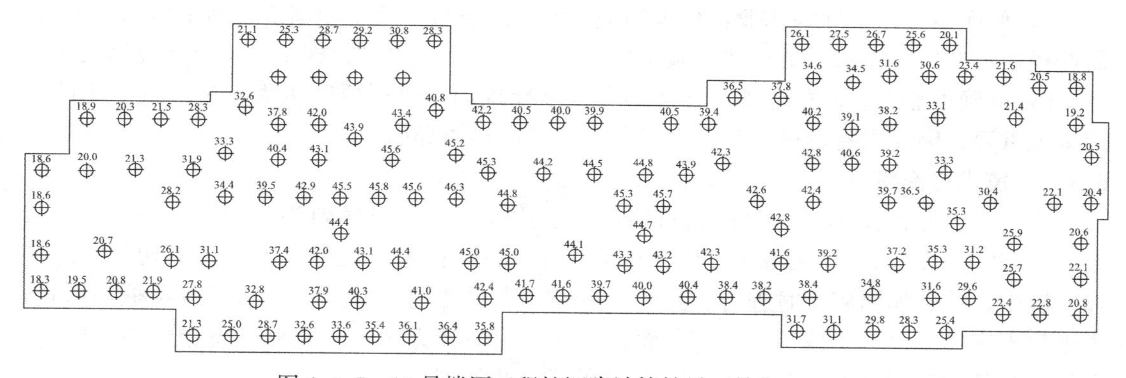

图6.3.7　10号楼原工程桩沉降计算结果（单位：mm）

综合以上，5号、10号楼场地地层较为稳定，桩基持力层选择合理，采用的桩基设计方案的桩基沉降量及不均匀沉降量均满足规范要求。

2. 倾斜原因分析

根据本工程地层、桩基施工工艺、检测报告及对原工程桩沉降的计算复核，5号、10号楼出现不均匀沉降和倾斜的原因分析如下：

（1）钻孔灌注桩桩底沉渣影响

工程桩为灌注桩，持力层为③$_3$层粉土夹粉砂层，中密—密实，土质不均，在灌注桩成孔时，容易出现坍孔，造成沉渣相对较厚。由于未进行后注浆处理，当桩底沉渣厚度过大或沉渣厚度不均，将导致部分灌注桩产生较大沉降，进而引起上部结构的不均匀沉降和建筑倾斜等问题。

（2）堆土影响

《建筑地基基础设计规范》GB 50007—2011第8.5.2条规定：由于欠固结软土、湿陷性土和场地填土的固结，场地大面积堆载、降低地下水位等原因，引起桩周土的沉降大于桩的沉降时，应考虑桩侧负摩阻力对桩基承载力和沉降的影响。本工程5号楼北侧和东侧、10号楼南侧存在1～2m的绿化堆土，建筑周围土体固结沉降，可能会引起桩的拖带沉降。

基于以上分析，如果需要进行纠偏加固处理，主要难点如下：

1）深厚砂层，沉桩困难：底板15m以下为约40m厚的粉土、粉砂层，中密—密实，土层分布稳定，按原桩长沉桩困难，预估压桩阻力约为400～500t。

2）原工程桩敏感性强：工前在本楼进行的试沉桩表明，锚杆桩施工对原工程桩扰动明显，不同区域的单桩刚度差异大，给拖带沉降控制带来极大挑战。

3）原工程桩施工质量不确定性：原工程桩为灌注桩，其约30m的桩身处于粉土、粉砂层中，具有成桩扩径、沉渣、侧向泥皮等不确定性因素，如何定性分析不同区域的单桩刚度，从而合理补桩是本工程难点之一。

4）加固前倾斜率已远超规范限值：建筑物高度达99m，沉降倾斜为3.3‰～4.5‰（规范限值2.5‰），且仍在发展（加固前差异沉降速率0.04～0.06mm/d）。设计应考虑两种工况：一是沉桩过程中拖带引起的不均匀沉降的控制；二是后期加固完成后不均匀沉降的控制。

5）低净空狭小空间内作业：建筑物地下室空间有限，施工净高低，施工操作面紧张，需选择适宜的压桩方式，满足狭小施工操作空间，避免产生过大施工噪声及环境污染。

6）准确可靠、实时的监测：诸多不利因素导致加固过程风险极大，施工过程中的监测至关重要，因此需有准确可靠、及时的全方位监测指导施工。

6.3.4 技术咨询成果

本工程5号、10号楼为高层建筑物，高度达99m，沉降倾斜为3.1‰～3.9‰（5号楼），3.5‰～4.9‰（10号楼），不均匀沉降引起的倾斜超过规范限值，且不均匀沉降仍在发展中，基础加固应及时进行。另外，主楼已交付使用，根据建筑物特点及桩基形式，本工程不宜进行主动纠偏处理措施。而且基础加固设计方案，应充分考虑相应施工措施，有效控制基础加固过程引起5号、10号楼的进一步倾斜。

综合分析本工程现状、结构特点，结合前期试沉桩经验，基础加固设计方案如下：

（1）在基础加固施工前，在5号楼西侧、10号楼北侧（沉降较小侧）设置泄水孔，减小不均匀沉降速率；

（2）根据上部结构荷载分布及倾斜状况，采用ϕ426×14锚杆静压钢管桩，以③$_3$层为持力层，桩长约40m，配合后注浆工艺进行基础加固；

（3）通过在沉降较大侧采用预应力封桩及在沉降较小侧采用后封桩或桩端注水措施，减缓两侧沉降速率差距及沉降差，同时，封桩过程中根据不同区域的差异沉降，在桩顶设置不同厚度的可压缩材料，材料厚度作为该区域的预留沉降量，从而进行建筑物的“被动纠偏”，有效控制建筑物后期倾斜进一步扩展。

5号楼共补桩41根，具体位置见图6.3.8。10号楼共补桩62根，具体位置见图6.3.9。

本项目基础加固施工期间，利用信息化监控技术对该住宅楼进行了自动化差异沉降及倾斜观测。结合设备特点和环境要求，将设备布设于主楼地下室内墙上部，其管线采用金属管槽进行防护。

本项目在5号楼东、西单元布置了8个测点，测点布置如图6.3.10所示。

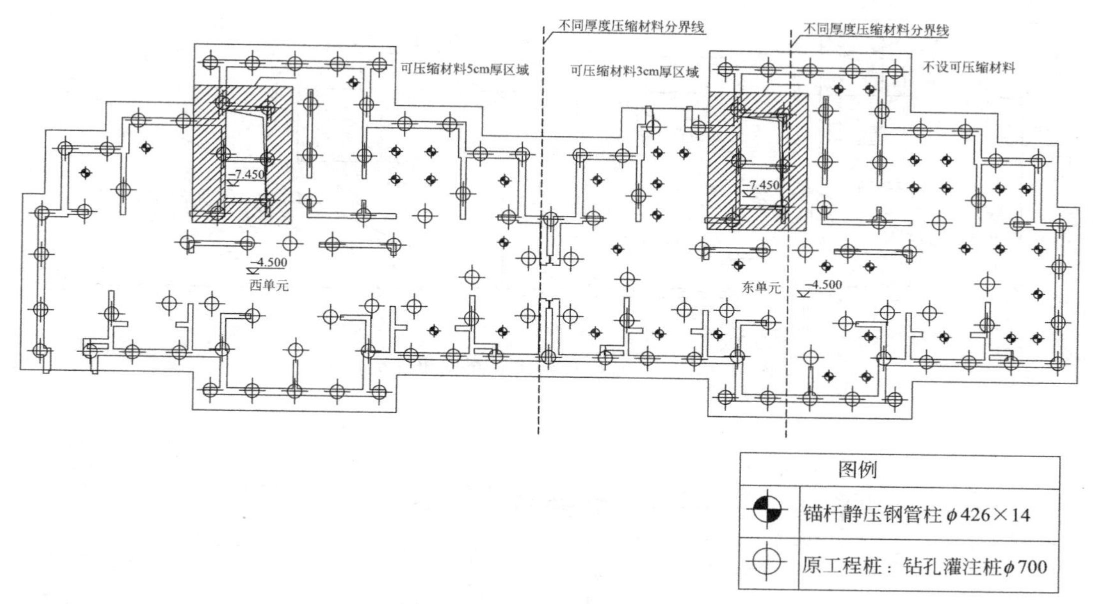

图 6.3.8 5 号楼补桩桩位图

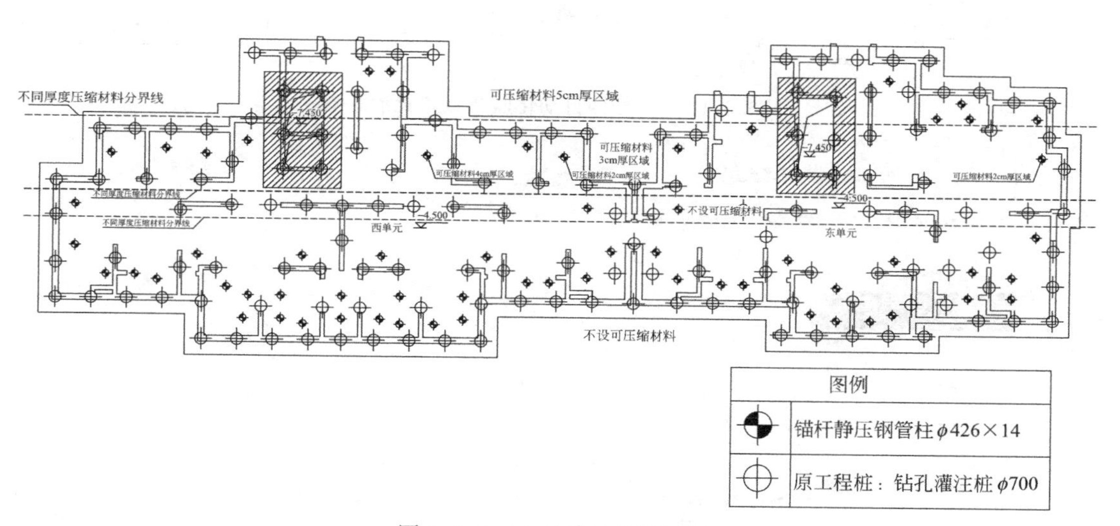

图 6.3.9 10 号楼补桩桩位图

在 10 号楼东、西单元主楼结构布置了 14 个监测点，测点布置如图 6.3.11 所示。

通过传感器自动化监测系统可以实现对布设在监测结构体内的监测设备实时的数据采集、传输和发布，通过系统内置的数据处理模块得到本次测量成果变化曲线图如图 6.3.12 所示。

本项采用的技术包括：

1. 高层建筑基础加固计算模式——“多桩型”变刚度调平计算理念

依托现有沉降监测数据，采用底板变刚度调平方法，通过反演分析，确定不同桩型的单桩刚度，将原工程桩分为 3 种刚度类型，利用底板变形间接分析桩基沉降。

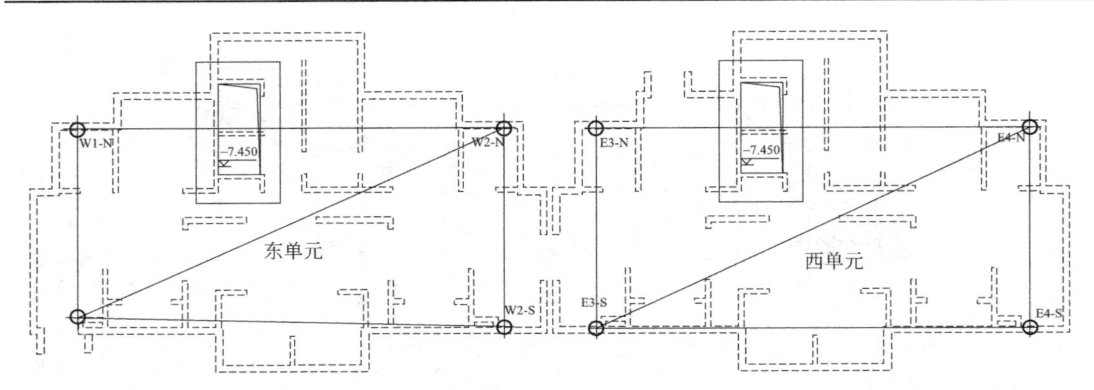

图 6.3.10　5 号楼自动化监测点布置示意图

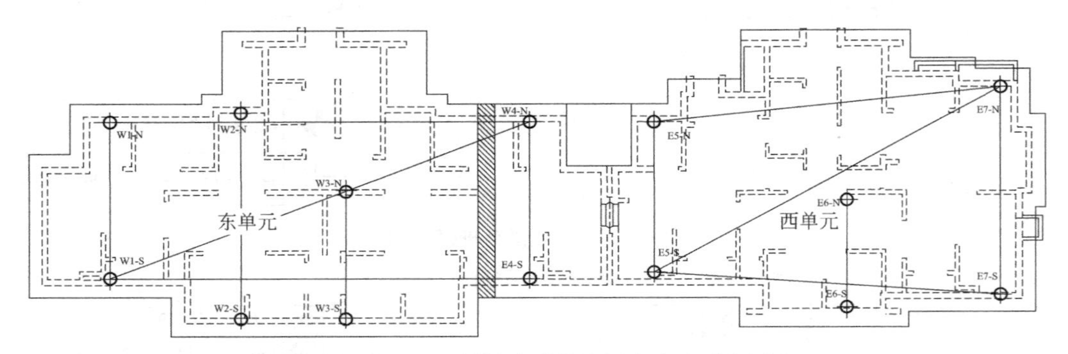

图 6.3.11　10 号楼自动化监测点布置示意图

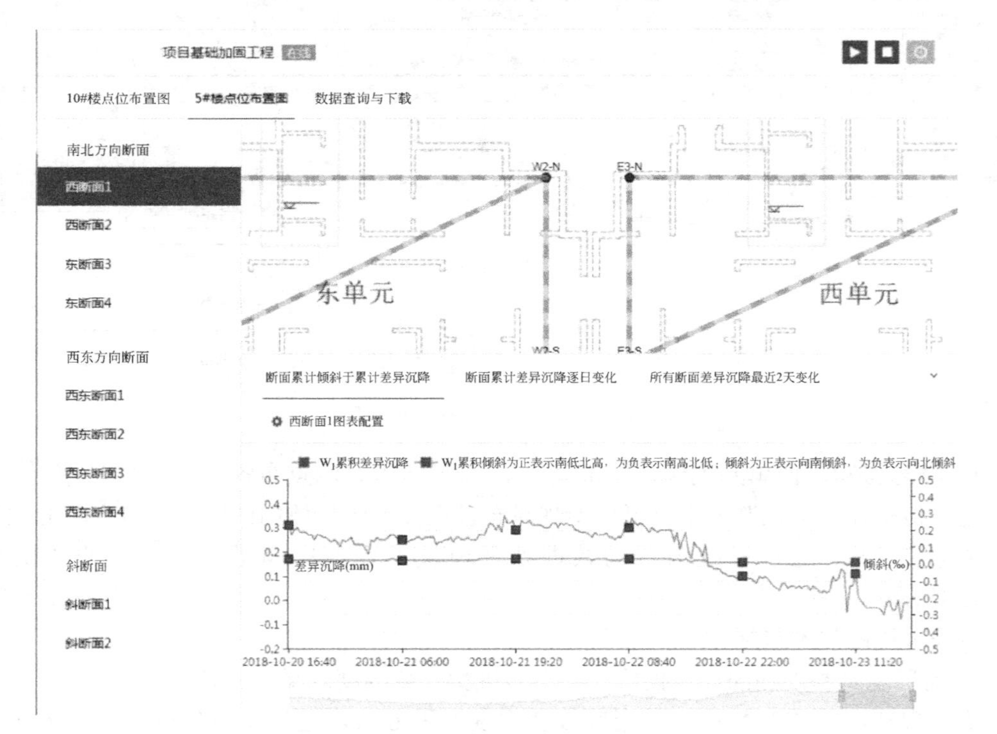

图 6.3.12　成果展示界面

2. 针对压桩动阻力大、施工空间狭小，采用多种针对性施工技术

（1）大吨位高强钢组合桩架

针对本项目压桩动阻力大，常规桩架无法满足要求，采用了 HRB500 高强钢定制组合式可拆卸桩架（图 6.3.11），一方面解决常规钢材桩架强度低、变形大的问题，另一方面便于在地下室有限空间里搬运及操作。

（2）变截面注浆钢管桩

采用变截面注浆钢管桩，常规桩尖改为小直径长钢管，并与大直径桩段连通，可以有效穿入砂层，使其与原工程桩入土深度接近，沉降更为协调；通过小直径段进行注浆，增大加固桩承载力的同时，还可修复相邻位置的原工程桩缺陷。

3. 控制拖带沉降及倾斜发展

沉降对压桩非常敏感，倾斜超过规范限值，进一步发展将影响建筑结构安全和正常使用及感官的不可接受性。项目实施过程中从设计及施工等多角度出发，综合采取各种技术手段，有效控制倾斜发展。

（1）带压停桩和预应力封桩

沉降较大侧桩为尽量减少压桩拖带沉降和桩发挥承载力过程中的沉降，压桩过程中采用带压停桩（即夜晚停压过程中维持桩顶一定压力），压桩完成后采用预应力封桩，见图 6.3.18 使其尽快发挥承载力。

（2）设置可压缩材料封桩

为实现工后回倾的目标，采用了“被动纠偏”的理念，即在沉降较大侧预应力封桩（及时达到托换作用），在沉降较小侧桩顶设置允许变形量的可压缩材料（厚度根据倾斜计算，分区确定），从而使沉降较小侧在工后稳定期产生有利沉降。

可压缩材料选取了一种特殊泡沫板，其易于加工成型并具有一定强度，不会在封桩时被 1m 多厚的混凝土压缩变形，使其后期在上部荷载作用下发生有利压缩变形。

（3）反压缓倾措施

为了平衡沉降较大侧的压桩拖带沉降，也为了抵消倾斜引起的附加弯矩，在沉降较小侧借助已施工锚杆桩的抗拔力在底板上利用千斤顶施加压力。

4. 基础加固施工中采用静力水准仪进行全过程实时监控，见图 6.3.19。

采用信息化网络技术，改进了沉降监测和成果递交的方式，其优点如下：

（1）精度高，数据实时采集、无线传输，无需全程值守。

（2）不受天气影响，避免人工测量误差。

（3）借助云端为参建各方及时提供实时成果，以便对现场情况作出快速反应。

5. 在确保建筑物正常使用的情况下完成加固

项目实施时，居民不搬离，为此项目采取了各类措施最大限度减少对居民生活影响，如低噪声薄壁钻机开孔，合理安排材料运输和施工时间，建筑垃圾集中处置等，减少施工扰民。

6.3.5 实施效果及效益

1. 静载荷试验

10 号楼基础加固施工完成后，选取三根桩进行静载荷试验，试桩静载荷试验成果如图 6.3.13 所示。5 号楼选取了两根桩进行静载试验，试桩静载荷试验成果如图 6.3.14 所示。

根据试桩成果，试桩单桩承载力极限值均能达到 4400kN，满足设计要求。

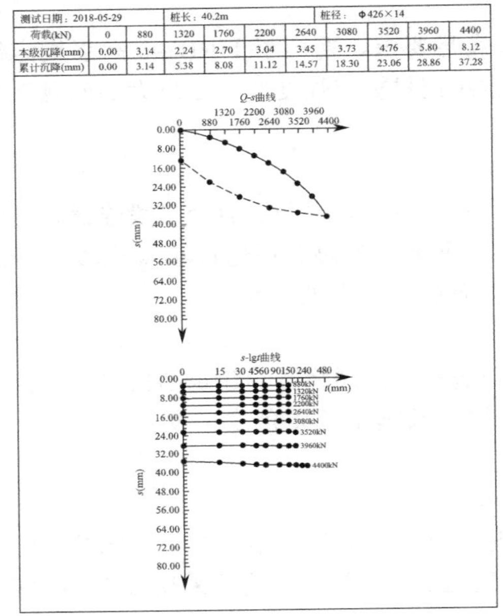

测试日期：2018-05-29			桩长：40.2m				桩径：Φ426×14			
荷载(kN)	0	880	1320	1760	2200	2640	3080	3520	3960	4400
本级沉降(mm)	0.00	3.14	2.24	2.70	3.04	3.45	3.73	4.76	5.80	8.12
累计沉降(mm)	0.00	3.14	5.38	8.08	11.12	14.57	18.30	23.06	28.86	37.28

(a) C-7(注浆桩)

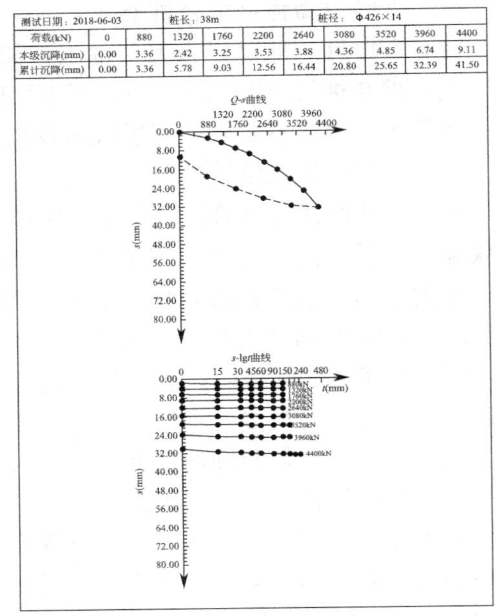

测试日期：2018-06-03			桩长：38m				桩径：Φ426×14			
荷载(kN)	0	880	1320	1760	2200	2640	3080	3520	3960	4400
本级沉降(mm)	0.00	3.36	2.42	3.25	3.53	3.88	4.36	4.85	6.74	9.11
累计沉降(mm)	0.00	3.36	5.78	9.03	12.56	16.44	20.80	25.65	32.39	41.50

(b) A2-4(实心桩)

图 6.3.13　10 号楼试桩成果示意图

测试日期：2018-11-27			桩长：40.0m				桩径：φ426			
荷载(kN)	0	880	1320	1760	2200	2640	3080	3520	3960	4400
本级沉降(mm)	0.00	3.03	2.51	2.84	3.11	3.37	3.67	4.12	5.55	7.25
累计沉降(mm)	0.00	3.03	5.54	8.38	11.49	14.86	18.53	22.65	28.20	35.45

(a) C-3(实心桩)

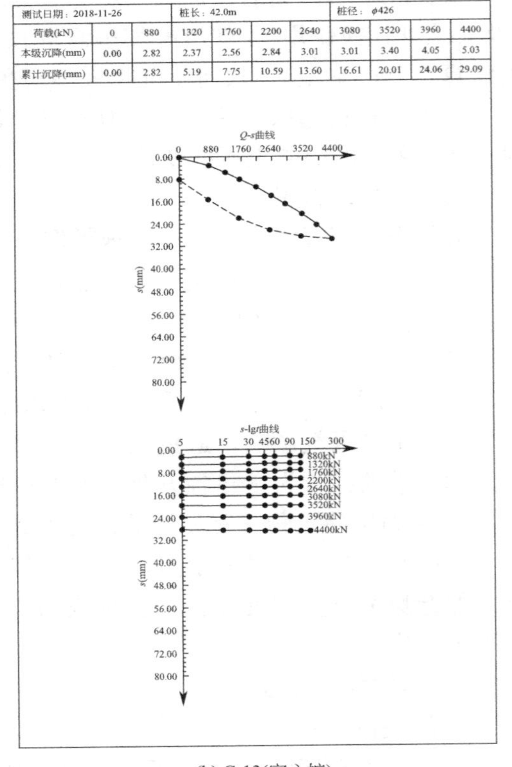

测试日期：2018-11-26			桩长：42.0m				桩径：φ426			
荷载(kN)	0	880	1320	1760	2200	2640	3080	3520	3960	4400
本级沉降(mm)	0.00	2.82	2.37	2.56	2.84	3.01	3.01	3.40	4.05	5.03
累计沉降(mm)	0.00	2.82	5.19	7.75	10.59	13.60	16.61	20.01	24.06	29.09

(b) C-13(实心桩)

图 6.3.14　5 号楼试桩成果示意图

2. 后续沉降监测

本项目自基础加固施工完成后建筑沉降发展趋势如下。

（1）5号楼沉降监测结果

自2018年11月5号楼加固施工完成以来，建筑物沉降速率显著降低，建筑差异沉降明显趋于稳定。如图6.3.15所示。

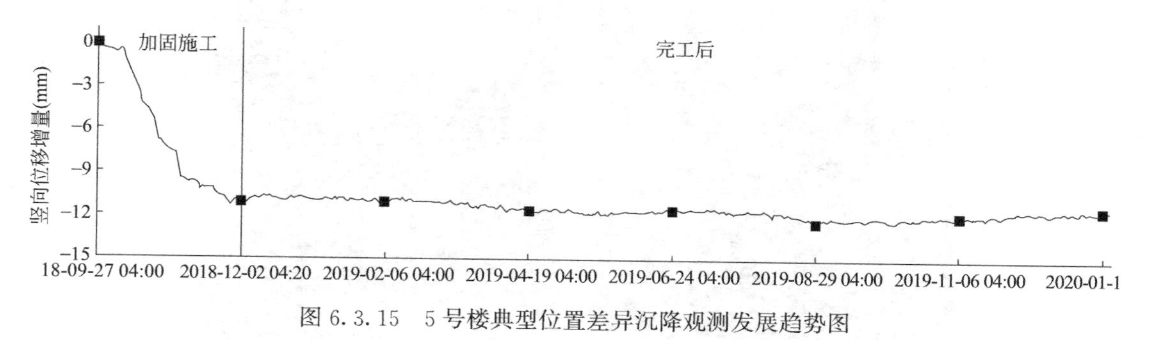

图6.3.15　5号楼典型位置差异沉降观测发展趋势图

（2）10号楼监测结果分析

监测数据显示，10号楼施工期间向南倾斜增量1.75‰～2.04‰。自2018年7月10号楼加固施工完成后，差异沉降变化明显趋缓。如图6.3.16所示。

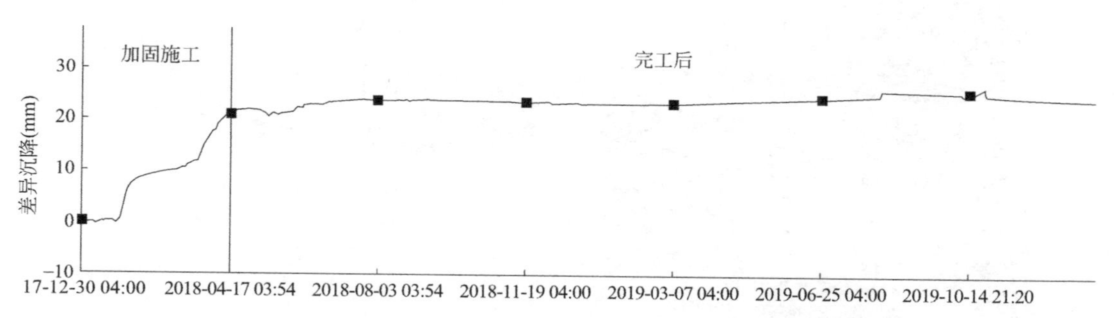

图6.3.16　10号楼典型位置差异沉降观测发展趋势图

图6.3.17　大吨位高强钢组合桩架

本工程为设计施工一体化，全过程信息化施工，采取缓倾措施，有效控制施工中的倾斜进一步发展。2017 年 12 月 30 日开工前，南北侧差异沉降速率约 0.04～0.06mm/d，2018 年 7 月 5 日完工至 2019 年 6 月，沉降已趋于稳定，不均匀沉降速率也逐渐收敛至 −0.001～0mm/d，并有反倾趋势。

图 6.3.18　带压停桩（左）和预应力封桩（右）

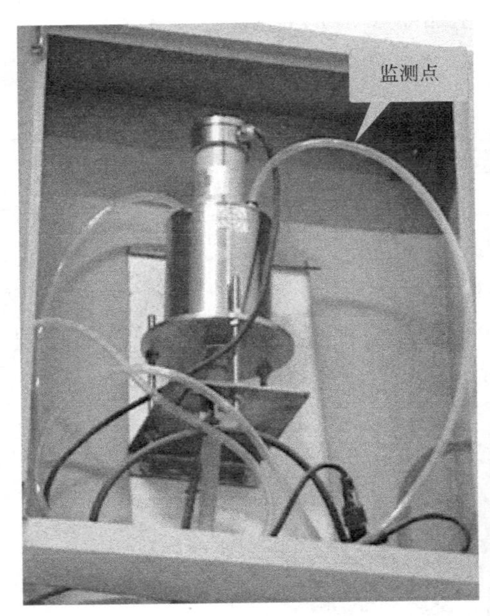

图 6.3.19　静力水准现场布设

第7章 全过程咨询

7.1 老港再生能源利用中心二期岩土工程全过程咨询服务

7.1.1 工程概况

“老港再生能源利用中心二期工程”是国家“十二五”重点建设项目，建设8条日处理量750t的垃圾焚烧线，设计日处理生活垃圾6000t，是目前国内单次投产规模最大的垃圾焚烧发电厂。项目于2019年7月正式投运，与已建成的老港一期联合年处理垃圾量达300多万吨，处理上海市近1/3的垃圾，每年通过垃圾焚烧发电，可实现9亿千瓦·时的发电总量，发电量超过荷兰AEB公司垃圾焚烧发电厂，成为世界上规模最大的垃圾焚烧发电厂。

项目位于上海市浦东新区老港镇东建村，西邻经四路，东临经五路，路外为围海大堤，南临已建上海老港再生能源利用中心一期工程（项目地理位置见图7.1.1）。总用地面积209779.34m^2，总建筑面积约139891m^2。主要建设内容包括：主工房、烟囱、高架桥、循环水泵房、旁路过滤器、机力通风冷却塔、渗滤液暂存池、污水提升收集池、河水净化工房、开关站、宿舍等，以及配套的厂房内道路、绿化、供水、电气、自控、环保、在线监测、监控等附属设施。

图7.1.1 工程场地地理位置示意图

7.1.2　咨询服务范围及组织模式

本项目是软土地区大面积吹填土上建设的全球规模最大的垃圾焚烧发电项目，岩土工程问题突出。岩土工程咨询单位参与了下列工作：

（1）场地形成阶段：地基处理勘察、设计、监测、检测；

（2）工程设计阶段：勘察、桩基设计咨询、前期试桩检测；

（3）工程施工阶段：基坑围护设计、监测，桩基验收检测。

在全过程一体化的咨询服务中，始终坚持过程管控、风险控制、成本控制，在质量及工期上满足业主的要求。为了有效解决近海滩涂软土快速建设高标准要求垃圾焚烧发电厂房所面临的诸多技术难题，提高本工程全过程工程咨询服务水平，建立了具备 1＋X 全过程工程咨询特色的项目体组织架构，根据垃圾焚烧发电项目特点与难点，提出了针对性的特色岩土工程解决方案。

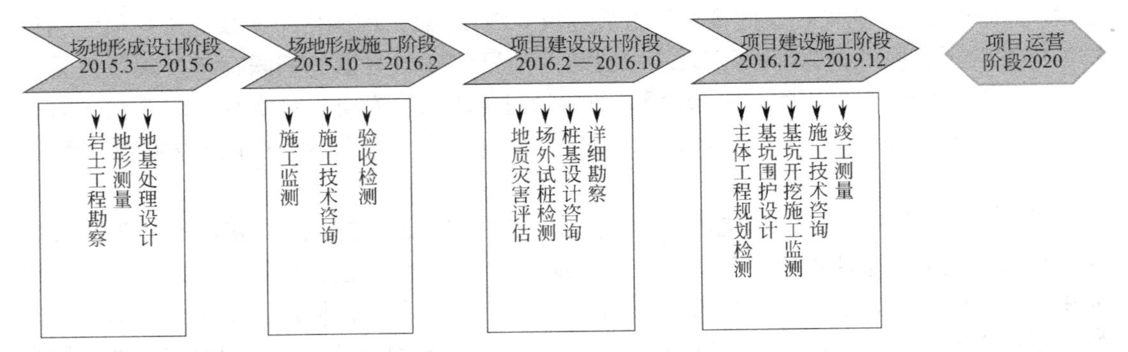

7.1.3　工程地质条件

本工程场地系 2004 年左右吹填形成，场地原状为吹填后形成的空地，以滩涂、废弃的鱼塘、荒地为主，有不知名小河沟，局部地区芦苇茂密，原地面标高除路基外一般在 2.1～3.5m。2015 年 10 月，本工程开始场地整平并进行地基处理，于 2016 年 2 月地基处理结束，地面形成标高约 5.1m。地貌类型属潮坪地貌类型，地貌形态较单一。

经勘察揭露，在深度 65.30m 范围内地基土属第四纪上更新世及全新世沉积物，主要由黏性土、粉性土和砂土组成，分布较稳定，一般具有成层分布的特点。根据拟建场地地层土性的宏观特征、成因类型等可将勘察深度范围内的地层归纳为四大主要层组，分别概述如下：

（1）地表层组（层厚约 4.0m）

地表层组为全新世第四系 Q_4^3 沉积物，受沉积环境影响，土层组成复杂，土性变化较大，主要由灰色黏性土、粉性土组成，上部含植物根茎，土质松散不均匀。根据埋深和原位测试结果划分为$①_{0\text{-}2}$层填土和$①_{0\text{-}3}$层吹填土，其中场地范围内的地表层组以$①_{0\text{-}3}$层吹填土为主。

$①_{0\text{-}2}$层填土主要以粉性土为主，一般厚度为 3.20～5.30m，平均厚度约为 4.38m，平均层顶标高约为 4.47m，主要分布于场地既有道路区域。$①_{0\text{-}3}$层填土以粉土夹黏性土为主，厚度变化较大，一般厚度为 0.50～6.80m，平均厚度为 2.72m，平均层顶标高为 2.95m，既有道路区域缺失。

地表层组地层为近期围海促淤和人工吹填而成，土质不均，土性差，欠固结。应进行适当地基处理以改善土质的均匀性、提高地基土强度，提前完成固结沉降，并满足施工机械设备作业要求。

（2）浅部层组（层厚约7.5m）

浅部层组为全新世第四系Q_4^3沉积物，主要为②$_{3-1}$层砂质粉土和②$_{3-2}$层黏质粉土夹淤泥质粉质黏土。

②$_{3-1}$层砂质粉土，土质不均，一般厚度为1.10～2.00m，平均厚度为1.58m，平均层顶标高为0.25m；②$_{3-2}$层黏质粉土夹淤泥质粉质黏土，土质不均，一般厚度为5.40～6.80m，平均厚度为5.96m，平均层顶标高为－1.52m，

浅部层组地层受沉积环境影响，土质不均匀。该层组渗透系数较大，是地基处理时良好的排水通道。

（3）中部层组（层厚约18.0m）

中部层组为全新世第四系Q_4^1～Q_4^2沉积物，主要为④层淤泥质黏土和⑤层黏土。

④层淤泥质黏土，土质均匀，呈流塑状态，高等压缩性，一般厚度为6.90～9.60m，平均厚度为8.12m，平均层顶标高为－7.48m。

⑤层黏土，含少量有机质，土质均匀，呈软塑状态，高等压缩性，一般厚度为8.7～11.1m，平均厚度为9.9m，平均层顶标高为－15.60m。

中部层组土质软弱、压缩性高、含水量大，是本场地在长期荷载作用下产生压缩沉降的主要土层。

（4）深部层组

深部层组为全新世第四系Q_3^2沉积物，主要为⑦层砂质粉土。

⑦$_1$层砂质粉土，层顶标高约为－25.5m，本次未揭穿，含云母，夹少量薄层黏性土，土质尚均匀，呈稍密—中密状态，中等—低等压缩性。

⑦$_2$层为灰黄色粉砂，颗粒组成以云母、石英、长石为主，夹细砂、砂质粉土。层顶标高一般为－30.16～－33.87m，本次勘探未钻穿，静探p_s平均值为12.35MPa，标准贯入击数45.9击，呈密实状态，中等压缩性，本工程场地内遍布，分布较稳定。

深部层组土性较好，在附加荷载作用下产生沉降量较小。

地基土物理力学性质指标　　**表7.1.1**

层号	土名	层厚	含水率（%）	重度（kN/m³）	孔隙比	固结快剪		压缩模量$E_{s0.1-0.2}$（MPa）	比贯入阻力p_s（MPa）	渗透系数(cm/s)	
						内摩擦角(°)	黏聚力（kPa）			K_v	K_h
①$_{0-2}$	填土	4.38	—	—	—	—	—	—	2.05	—	—
①$_{0-3}$	吹填土	2.72	36	17.9	1.021	26	8	5.65	0.54	7.90E-05	9.31E-05
②$_{3-1}$	砂质粉土	1.58	31.0	18.6	0.87	30.5	5	8.98	1.86	1.55E-05	2.63E-05
②$_{3-2}$	黏质粉土夹淤泥质粉质黏土	5.96	38.3	17.8	1.082	22.5	10	5.21	0.78	9.37E-05	1.35E-04
④	淤泥质黏土	8.12	52.5	16.6	1.479	10	12	2.14	0.54	8.79E-07	1.40E-06
⑤	黏土	9.90	40.7	17.6	1.149	14	14	2.79	0.89	—	—
⑦	砂质粉土	未揭穿	30.7	18.5	0.871	33.5	2	12.56	7.03	—	—

从上述条件（表7.1.1）可见，拟建场地25m范围内以吹填土和饱和软弱黏性土为主，具有含水量高、孔隙比大、压缩性高等诸多不良工程特点，是地面沉降的主要土体压缩层。为满足施工阶段及后期厂房地坪使用要求，需对吹填土以及回填土进行处理，尤其是浅层软土。由于地基处理面积约18万m^2，地基处理面积大，中部分布有较厚软弱土层，且厚度达十余米，渗透性差，压缩性高。在覆土荷载作用下场地的累计沉降量较大，且沉降完成时间较长，工后沉降及差异沉降严重时将影响建筑物和设备的正常使用。

7.1.4 岩土工程难点分析

（1）2015年10月，本工程开始场地形成，完成面标高约＋5.1m，需普遍回填厚度达2～3m。原场地地势低洼，沟壑纵横，芦苇丛生，水体面积超过50%，浅表均为新近吹填土，土性软弱。与一期相比，回填厚度更大，土性更不均匀，由于一期工期紧张等原因，地基处理造价昂贵，而处理效果不尽如人意，后期地坪产生一定沉降，需进行定期维护，影响生产。因此，本次场地平整设计方案的合理性、场地平整质量监控项目及控制标准的科学性，对本次场地平整工程能否满足委托方建设大型垃圾焚烧发电厂房要求十分关键。同时在场地平整过程中如何科学评价场地平整效果以及大面积填方引起的相关岩土工程问题十分重要。

（2）项目涉及单体较多，各建（构）筑物荷载、沉降控制要求及工程桩受力性质各有不同，其中焚烧发电工房采用巨型组合格构柱，柱网尺寸大、单柱荷载重（8000kN），对水平承载力要求极高，一期工程采用钻孔灌注桩，带来造价和工期的大幅增加，本次若采用管桩可大幅降低造价，减少工期，但从技术上是否可行，成为关注焦点。垃圾池长期存储面积近5000m^2、高度达30m的垃圾，荷载大，对垃圾渗滤液防腐蚀要求严格，因此对底板变形和裂缝控制严格。而循环水泵房、机力通风冷却塔等则属于一般工业与民用建筑，单柱荷重较小。如何在保证科学、安全的前提下节约基础工程投资，对本工程的造价影响较大。

（3）基坑围护所涉单体较多，其中垃圾池、渣池挖深较深，位于主厂房内部，对环境保护要求较高。本项目的十几个基坑，平面位置、开挖先后顺序、开挖深度等各不相同。垃圾池挖深8.0m（局部临边区域挖深12.3m）、渣池挖深4.1m，两坑均位于主厂房内部，基坑开挖时周边的桩基和承台基础均已建设完毕，同步进行厂房内大型设备和钢结构吊装施工，周边环境较为复杂。8条焚烧生产线分布在两个对称厂房区域内，形成两个面积均达17000m^2的基坑同步施工，中间分隔距离不足10m，因此，如何对基坑围护进行有针对性的规划和设计，简化围护形式、施工工艺，优化基坑围护的建设、开挖流程，确保上下同步施工，能在最大程度上节省造价和工期。

（4）在整个项目建设过程中，参与专业工种多，参与周期长短不一致，各专业间协调以及对口业主部门多，若没有统一对外协调管理，成果可靠性难以保障，对业主支撑指导作用难以发挥。

7.1.5 咨询成果

本工程岩土工程咨询工作从场平阶段即介入，包含了场地平整（含综合测试）、地基处理、桩基及基坑等设计咨询，在全过程一体化的咨询服务中，紧紧围绕岩土工程咨询这一核心工作，始终坚持过程管控、风险控制、成本控制，在质量及工期上满足业主的要求。根据上述工程特点与难点，提供了针对性的特色咨询服务。

1. 场地形成及地基处理设计

本工程场地地基处理面积约 18 万 m^2，先重点加固新近吹填土和浅层填土等软弱土层，满足施工及正常使用要求；再在甲方设定的工期内，对大面积堆土、原有场地表层第 $①_{0\text{-}3}$ 层的不均匀性和土性进行改善，以满足拟建（构）筑物、道路、地坪和管线的沉降控制要求。因此，场地平整设计总体思路是分阶段、分区域实施，设计方案需要针对性强、施工方便、快速且可靠。

（1）分阶段

第一阶段：先进行清表和排水工作，使场地满足轻型施工设备行走要求，本阶段本着实用、经济原则考虑；

第二阶段：进行拟建场地浅部层组的压实处理，并分层覆土至＋5.100m，满足场地形成要求，本阶段本着重点处理、结合普遍处理原则考虑；

第三阶段：主要针对浅部层组和回填土的压实及固结沉降，使场地满足拟建建筑物荷载、沉降要求及地坪特定使用要求，本阶段完成最终地基处理目标，本着速度快、工作量小原则考虑。

（2）分区域

根据业主的规划及工期要求，综合考虑场地工程地质条件和施工条件，进行地基处理分区，共分为 8 个小区，每个小区面积约为 2 万 m^2。

（3）地基处理方案

针对本项目场地浅部土层以粉性土为主的特点，场平阶段的直接处理目标是：通过适当的地基处理方案，加速吹填土和 $①_{0\text{-}3}$ 层土体的固结，有效减小浅部地基土的不均匀性、提高地基土承载力和密实度，并有利于下一步工程建设机械设备的作业要求。确定地基土的处理深度要求在地表下 5m 左右。

考虑到场地平整对周边建（构）筑物的影响，针对性地采用了不同的地基处理方案：南区与南侧已完成的一期工程较近，需保证其正常生产运营，且场地以一般道路为主，采用高真空降水＋冲击碾压法；北区周边无需要保护的管线或建筑物，采用高真空降水＋低能量强夯法，采用三降三夯施工，单击夯击能第一遍为 1000kN・m，第二遍 1600kN・m，第三遍普夯 600kN・m。

（4）质量控制要求

质量监控指标应具有针对性且便于操作，如控制表层土的有机质含量和填料的黏粒含量，从基础和源头上确保了场地平整的质量。对于回填土方和原海滩淤积的淤泥质土采用 p_s 值指标进行控制，能够全方位评价土方压实度和处理效果。对于部分区域检测不合格，及时要求施工单位进行了二次强夯处理，确保了工程质量。本项目场平施工质量监控项目及控制标准见表 7.1.2。

质量监控项目及控制标准一览表　　　　**表 7.1.2**

检测项目	控制标准
清表检测	清表后表层土的有机质含量不大于 6%
回填料检测	$I_P \leqslant 10$，粒径小于 0.005mm 的颗粒含量小于或等于全重的 15% 含水率范围为最优含水率±2%

续表

检测项目	控制标准	
验收综合指标	处理后场地标高	+5.100m
	地基承载力特征值 f_{ak}	≥80kPa
	压实度	≥0.94
	静力触探试验 p_s	≥2MPa

2. 场地整平综合测试

(1) 测试项目布置

根据场平地基处理设计方案中提出的检测项目及控制目标，分阶段针对性布置了测试项目，检测手段需要全面合理、工作量恰当，能够为全面控制场平质量和为后期评价大面积覆土引起的岩土工程问题提供准确的依据。

本项目场地平整各阶段监测/检测手段及工作量布置原则详见表7.1.3。

监测/检测内容、手段及工作量布置原则一览表　　表7.1.3

施工阶段	监测/检测内容	监测/监测手段	工作量布置原则
施工前	清表检测	有机质试验(烧失量)	$2500m^2$/点
	回填土检测	颗粒分析/含水量	$1000m^2$/点
施工过程	原地表沉降	沉降板监测	25点
	孔隙水压力	成孔埋深孔隙水压力计观测	20点
	分层沉降	成孔埋设磁环监测	20个
	地下水位观测	埋管法观测	20个
	土体的水平位移	测斜仪	31个
施工后	地基承载力	1.5m×1.5m载荷板试验	$10000m^2$/点
	压实度	灌砂法	$500m^2$/点
	p_s值	单桥静力触探试验	50m×50m/点 深度10m
	场地标高复测	水准仪	25m×25m/点

(2) 现场测试

施工场地大、施工单位众多，各方协调困难，以及场地变化快、地基不稳定等不利因素，作为全过程咨询单位，针对各个环节，严格按照既定检测项目和控制目标进行测试，当未能满足控制标准时，及时进行有效整改、复查，并通报相关单位。有效控制了场平地基处理的施工质量，使得各检测项目均能满足既定的控制目标和标准，确保了场平质量符合厂方的交地要求。

(3) 测试结果分析

在场平过程中对地表沉降、孔隙水压力、分层沉降及地下水位进行观测及综合分析，研究大面积堆载预压状态下各土层固结度、沉降发展变化规律，以指导后续工程施工及运营阶段的维护。

1) 地基土沉降监测成果分析

在场地整平施工区域布设了地面沉降监测点，并布设分层沉降孔（磁环设置深度均为

2m、4m、10m、18m、28m)。施工阶段地面沉降历时曲线见图 7.1.2，分层沉降历时见图 7.1.3。

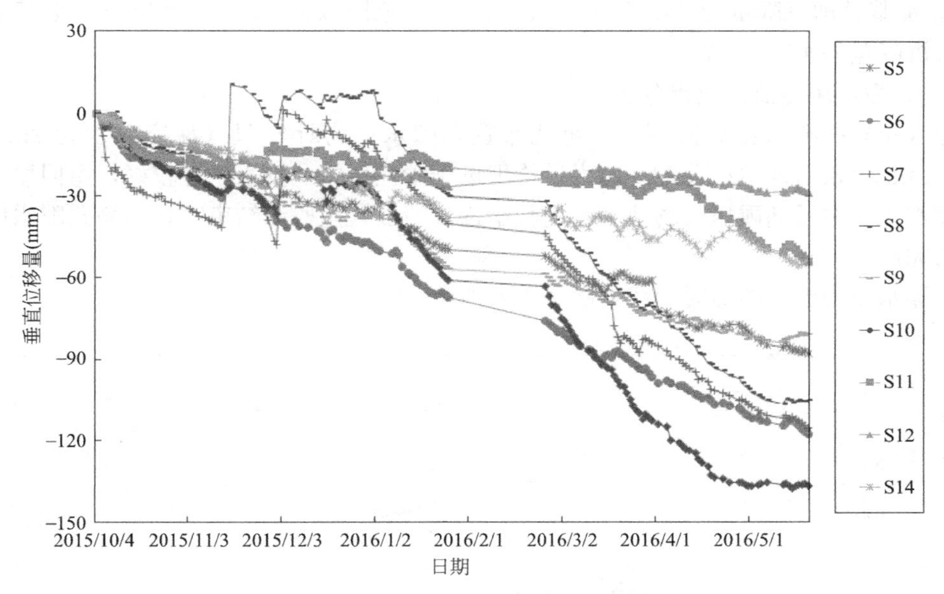

图 7.1.2 场平施工阶段地基土沉降历时曲线图（二区）

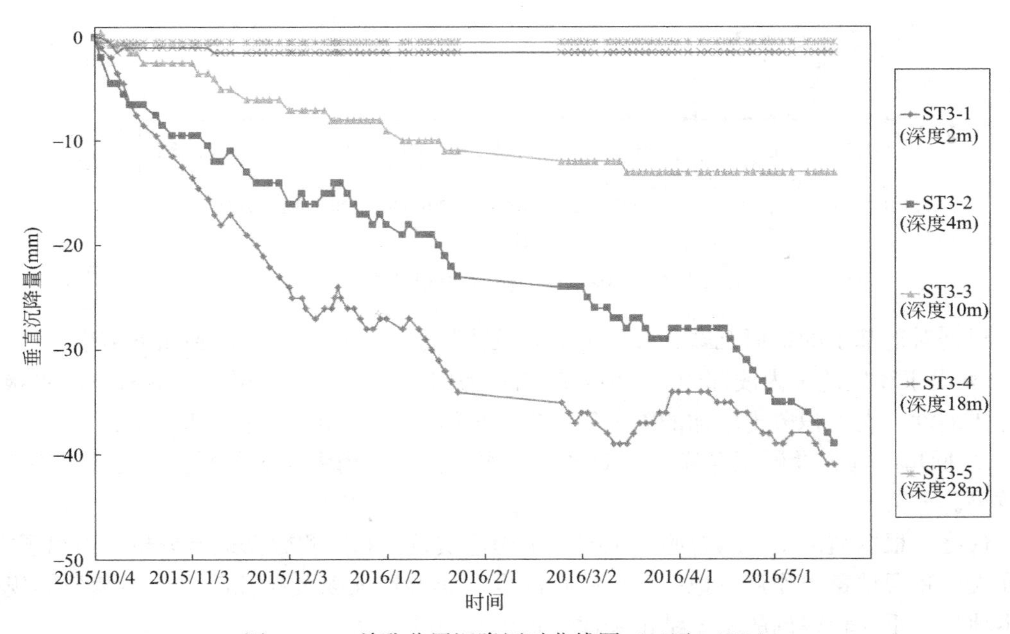

图 7.1.3 单孔分层沉降历时曲线图（二区、ST3）

通过地表沉降和分层沉降监测可以得出如下规律：

① 在回填阶段，地表沉降速率发展较快，分层沉降开始增加。回填阶段沉降量占总沉降量比重约为 25%。

② 后期强夯/碾压施工过程中，沉降速率形成第二次加速阶段，分层沉降快速增加。

碾压阶段沉降量占总沉降量比重约为55%。

③ 至碾压到预定标高后，沉降发展平缓，分层沉降变化逐步趋于平缓。

④ 地基处理沉降量约85%发生于浅部5～6m范围以内；6m深度以下的地基土沉降量占总沉降量的15%左右。

2）孔隙水压力监测成果分析

分区布置孔隙水压力监测孔，每孔布置孔隙水压力计5只（深度分别为2m、4m、10m、18m、28m）。本次孔隙水压力计均埋设于砂性土中，排水条件较好，由回填引起的超孔隙水压力在后期碾压、场地平整过程中逐步消散，至监测结束时，超静孔隙水压力基本消散完成。

孔隙水压力消散的历时曲线如图7.1.4所示。

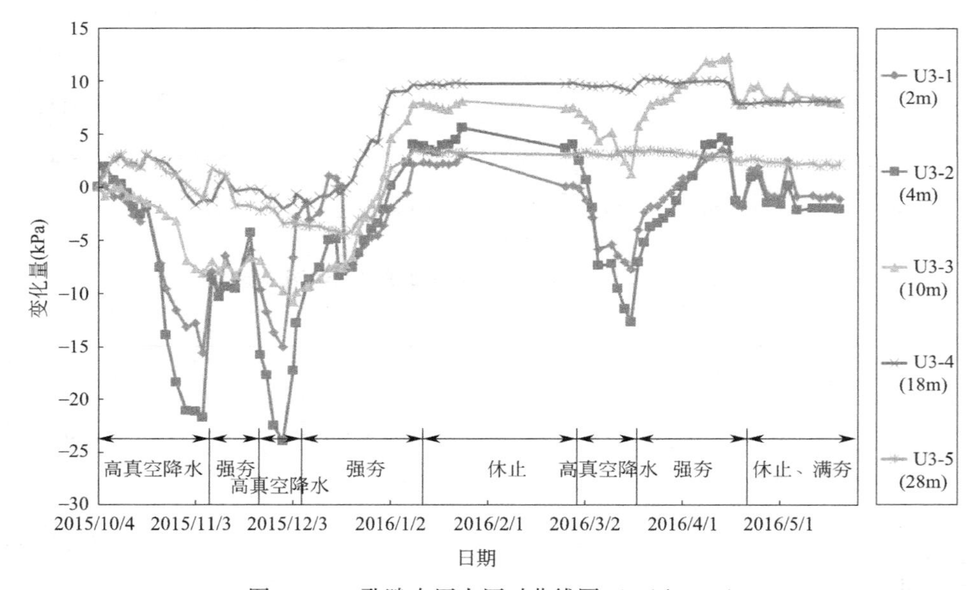

图7.1.4　孔隙水压力历时曲线图（二区、U3）

根据对地基土的地面沉降、分层沉降以及孔隙水压力的监测，得到如下结论：

① 由于场地范围内浅部约2～10m范围内为饱和砂性土，呈稍密—中密—密实状态，中等压缩性，大面积覆土增加的附加压力在场平施工阶段固结沉降已基本完成。

② 回填、强夯及碾压等施工活动主要对浅部松散—稍密状态的粉性土起到挤密压实的效果。

最终，根据监测报告结合施工工况、工程地质条件和监测数据进行分析，得出了本场地在大面积回填覆土作用下地基变形影响深度、变形特征以及超孔隙水压力消散等规律，为本项目岩土工程咨询的重要结论和建议提供有力的支撑。

3. 工后沉降预测

对大面积覆土引起的地基土的固结变形，根据类同工程经验，并根据地基处理阶段的综合测试成果，在勘察报告中，预测大面积覆土各阶段的沉降历时，预测的工后沉降量为设计单位采取科学合理的地坪设计方案提供可靠的依据。

（1）充分借鉴一期工程的地基处理及其后各阶段的沉降观测数据，分解各阶段的沉降完成情况。

该项目一期工程于2010年8月开始进行场地冲击碾压处理，至2012年5月20日处理完成，地基处理各阶段历时及沉降量见图7.1.5。

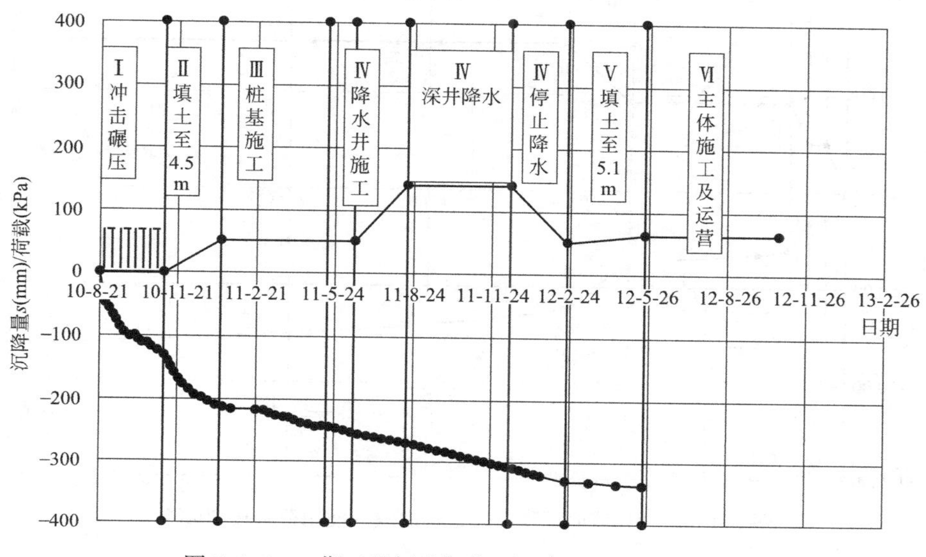

图7.1.5 一期工程场地加载、沉降历时曲线图（S6）

（2）在详细分析地基处理综合测试成果中沉降观测以及分层沉降监测成果的基础上，采用分层总和法预测了覆土和室内地坪堆载条件下沉降历时曲线。

本工程场地地基处理属于多级加载堆载过程，根据本场地地层分布以及各土层渗透系数、固结系数，估算典型的加载、沉降历时曲线见图7.1.6、图7.1.7。

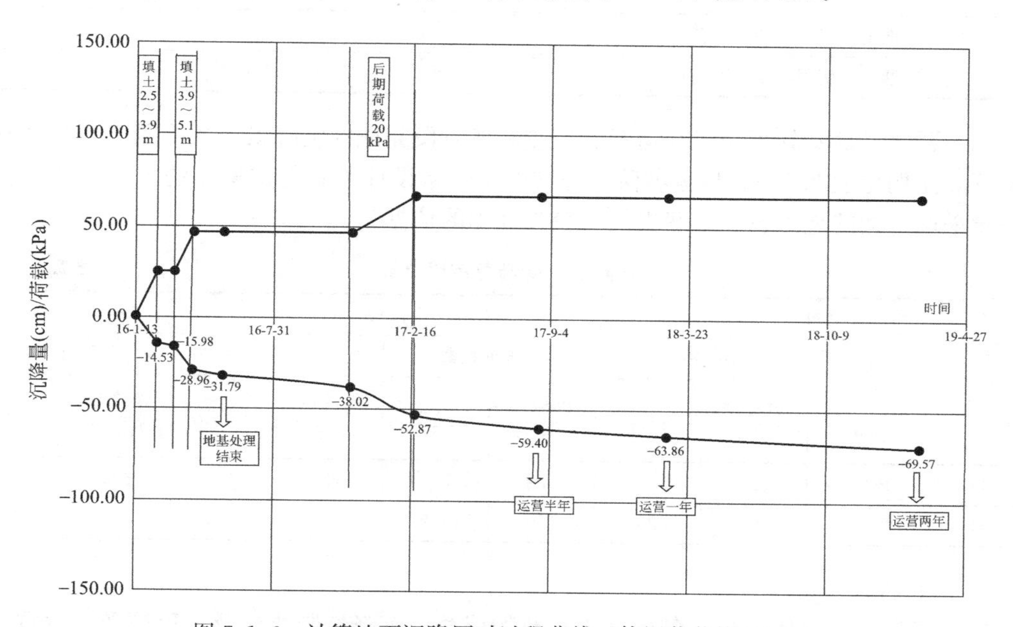

图7.1.6 计算地面沉降历时过程曲线（使用荷载按20kPa）

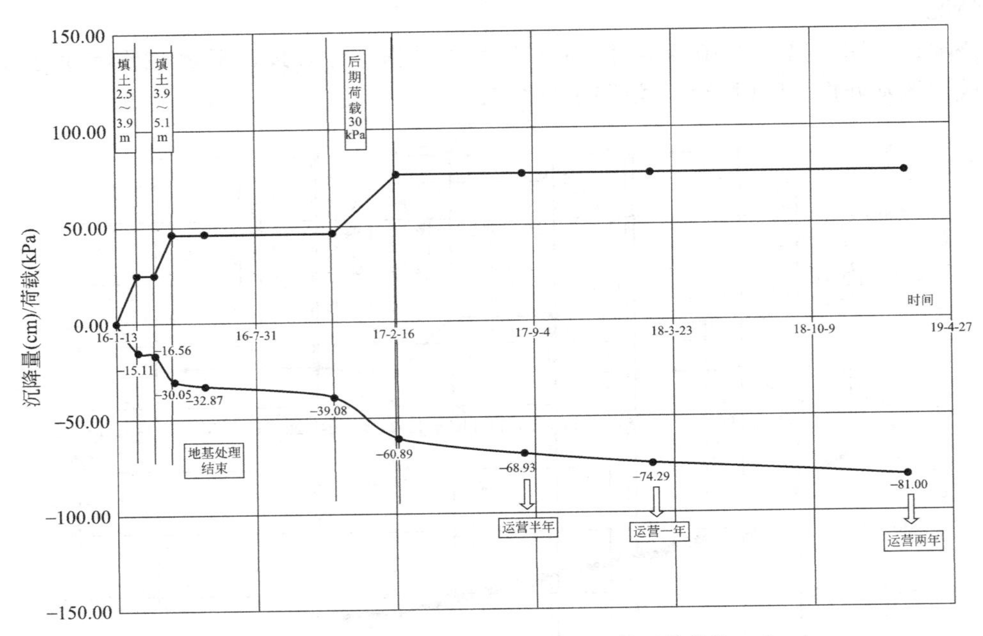

图 7.1.7 计算地面沉降历时过程曲线（使用荷载按 30kPa）

按堆土引起的沉降及后期使用阶段地面荷载分别按 20kPa 及 30kPa 考虑，计算沉降如表 7.1.4 所示。

分层沉降成果汇总表 **表 7.1.4**

不同工况	土层总沉降量(mm)
堆土引起的沉降	730
堆土＋使用期 20kPa 荷载	925
堆土＋使用期 30kPa 荷载	1010

（3）预测了地基处理完成至运营 2 年左右各阶段完成的沉降量，各阶段沉降与计算得出总沉降比例见表 7.1.5。根据各阶段完成的沉降量设计可获得定量化的工后沉降量，为下一步采取合适的地坪设计方案提供了较为准确的依据。

各阶段沉降与总沉降之比 **表 7.1.5**

工况	阶段							
	地基处理完成		加地面荷载		运营一年		运营两年	
	沉降量（mm）	占总比	沉降量（mm）	占总比	沉降量（mm）	占总比	沉降量（mm）	占总比
堆土＋20kPa	320	34%	530	57%	640	69%	695	75%
堆土＋30kPa	330	33%	610	60%	740	74%	810	80%

4. 桩基咨询

桩基咨询所涉单体较多，各建（构）筑物荷载、沉降控制要求及工程桩受力性质各有不同。本次桩基咨询工作，在保证科学、安全的前提下节约工程投资，为后续基础设计和施工提供合理化建议。在前期试桩阶段，即针对试桩持力层与桩型的选择、最大加载量及试桩填芯等提出建议，并现场指导试桩施工，结合实际试桩结果，最终提供咨询意见。

（1）对设计院所提试桩方案进行优化，结合类似工程经验进行桩基持力层及桩型的选择；确定了试桩的方案以及试桩的要求。对水平承载力要求高的主厂房桩型，单独进行了试桩水平静载荷试验。根据试桩结果优化设计参数，为优化工作提供了重要依据。

1）根据上海地区的沉桩经验和目前沉桩设备的能力，对于 p_s 值为 10～15MPa 的⑦$_2$ 层粉性土、砂土层，预制桩桩端进入 2m 左右沉桩基本可行，桩端进入过深，沉桩难度急剧增加，反而影响桩身质量。尤其对于垃圾池底板下布置密集群桩，对整体性和变形要求严格，需确保整体承载力和质量。考虑本拟建建筑物荷载、基础埋深、持力层条件以及沉桩施工难度，建议对于预制桩，当荷载要求和沉降控制不高时可以⑤$_1$ 层作为持力层；当荷载要求较高时可以⑦$_1$、⑦$_2$ 层作为持力层或桩端置入层，既可有效发挥单桩承载力，又可减少桩长及进入持力层深度，加快工程桩施工进度，控制建筑物沉降及挤土效应，减少环境影响。

2）对于荷载较小的附属建（构）筑物和设备基础，桩型建议采用 PHC400AB95 管桩或 250mm×250mm 的预制方桩，桩基持力层选择②$_{3\text{-}1}$ 层砂质粉土，入土深度约 6m；或选择⑤$_1$ 层黏土，入土深度约 25～26m。

3）对于荷载较大、沉降控制要求较高的主体建（构）筑物、附属建（构）筑物以及设备基础，如焚烧发电主工房、高架引道、烟囱、雨水泵房、循环水泵房、综合水泵房、机力通风冷却塔、渗沥液暂存工房等建（构）筑物，抗压及抗拔桩均可采用承台桩基或筏板桩基的方案，桩型可按荷载分别采用 PHC400AB95、PHC500AB125 的管桩，桩基持力层选择⑦$_1$ 层，入土深度约 33～35m，或采用 PHC600AB130 管桩，桩基持力层选择⑦$_2$ 层，入土深度约 38～40m。

（2）根据基桩静载试验检测成果，优化了桩基设计参数，对桩基初步设计方案提出优化建议。建议将主工房 PHC500AB125 的预应力混凝土管桩优化为 PHC400AB95 的预应力混凝土管桩，确定了桩承载力设计值；其他荷载较大的单体子项专可考虑采用 PHC400AB95 的预应力混凝土管桩。

（3）建议主工房基础设计标高适当抬高，承台厚度减小；通过静载试验确定的单桩水平承载力明显提高，水平承载力可不作为主厂房布桩的主控因素。

（4）建议承台连梁布置优化。

（5）对桩基的质量、桩基施工的注意事项提出具体意见，并对抗拔桩提出了具体的填芯要求。

5. 基坑围护设计

（1）围护设计方案针对本工程特点，进行区域划分，采用针对性强、施工方便、快速、可靠的支护形式。

本工程围护对象包括垃圾池、渣池、循环水泵房、冷却塔、综合水泵房、生产、消防水池、渗沥液暂存池、污水提升井、综合管沟、雨水泵房、烟囱等，分布整个厂区的各个部位，总开挖面积和开挖工况较为复杂。其中最大、最深的垃圾池是控制整个工程工期的主控因素，其基坑特点有如下特点：

1）四周深，中间浅，过多支撑会影响挖土效率，但由于四周结构和设备安装需同步作业，土方均需提前回填，进一步加大四周坑深和附加荷载，设计时均需预先考虑。

2）垃圾池需长期存储大量垃圾，为避免垃圾渗滤液泄露，对防渗要求严格，对围护结构水平、垂直防渗要求高，临时围护结构在主体结构中应尽量减少或避免渗漏通道。

3）垃圾池四周结构密集，巨型组合结构柱承台紧贴池壁结构，最近距离仅约1m，高差超过6m，开挖与上部结构、设备安装同步施工，支护难度大，保护要求高。

为保证基坑围护设计能切实有效地满足各施工节点，在保证安全的前提下节约造价和工期，在基坑围护施工前先根据各基坑的位置、开挖深度、周边环境等特性，将上述基坑按照区域和挖深分为A～E总共5个区块进行设计。各区块内基坑情况一览表见表7.1.6，基坑的平面位置分布见图7.1.8，垃圾坑基坑围护典型剖面见图7.1.9。

基坑概况一览表　　表7.1.6

区域	序号	名称	底板/承台顶相对标高(m)	底板/承台高度(mm)	垫层厚度(mm)	底板/承台垫层底相对标高	开挖深度(m)
A	1	垃圾池	—7.00	1100	100	−8.20(−8.40/−9.50/−12.50)	8.00(8.20/9.30/12.30)
	2	渣池	—	—	100	−4.30	4.10
	3	烟囱	−2.00	2000	100	−4.10	3.90
B	4	循环水泵房	−5.50	800	100	−6.40(−2.60)	6.20(2.40)
	5	冷却塔	−1.600	800	100	−2.50	2.30
	6	综合水泵房	−3.00(−2.00)	800	100	−3.90(−2.90)	3.70(2.70)
	7	生产消防水池	−2.00	350	100	−2.45	2.25
C	8	渗沥液暂存池	—	—	—	−2.30/−1.70	2.10/1.50
	9	污水提升井	−3.40	500	100	−4.00	3.80
D	10	综合管沟	—	—	—	−5.20(−5.40)	5.00(5.20)
E	11	雨水泵房	−9.20	1200	100	−10.50(−9.00)	10.30(8.80)

（2）设计方案总体思路及选型

针对垃圾池所在区域的环境特点，考虑周边卸土至周边承台底标高后先施工周边承台，再进行基坑的开挖施工，将基坑的开挖和周边浅承台的建设有机地结合到了一起，一方面减少了基坑挖深近3m，从而调整围护桩长、桩径、支撑数量等设计要素，优化了围护的造价。在设计方案上，选择对周边环境影响较小、施工较快的SMW工法＋一道水平钢支撑的方案（局部落深较深区采用两道水平钢支撑），在保证安全的前提下节约了造价和工期。

（3）根据开挖深度和开挖体量的不同，有针对性地采用了不同的围护方案

对于挖深在3～5m的基坑根据实际情况合理选用拉森钢板桩＋一道钢支撑或水泥土搅拌桩重力坝的围护形式；

对于垃圾池挖深在8～9m的基坑在卸土3m后采用SMW工法＋一道钢支撑的围护形式；

对于垃圾池局部临边深坑采用两道钢支撑的支撑方式，并解决了支撑设置可行性的问题，合理设置开挖工况，满足设计对底板一次成型的施工要求。

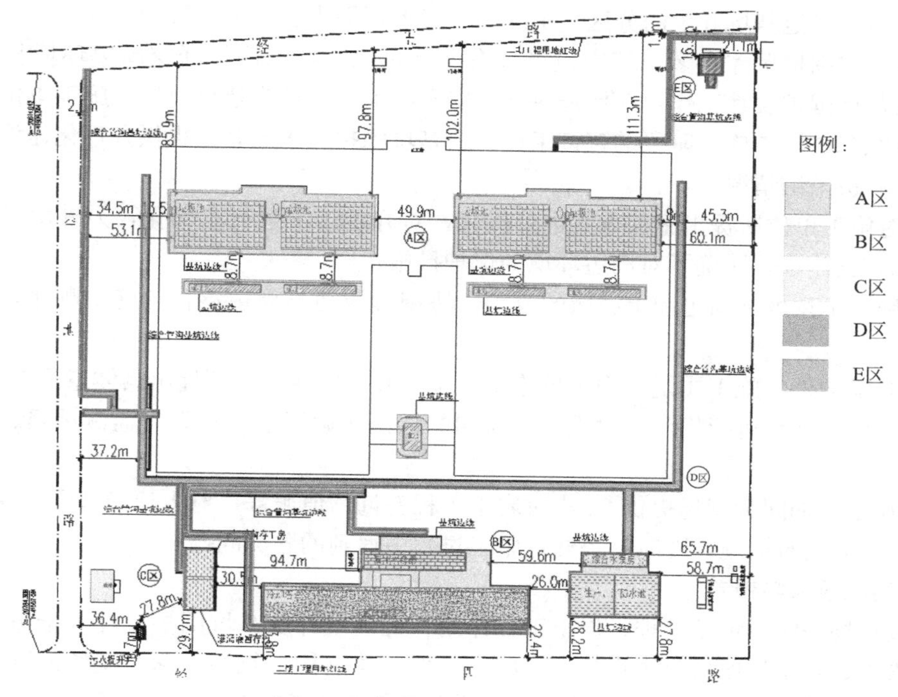

图 7.1.8 基坑平面位置及分区图

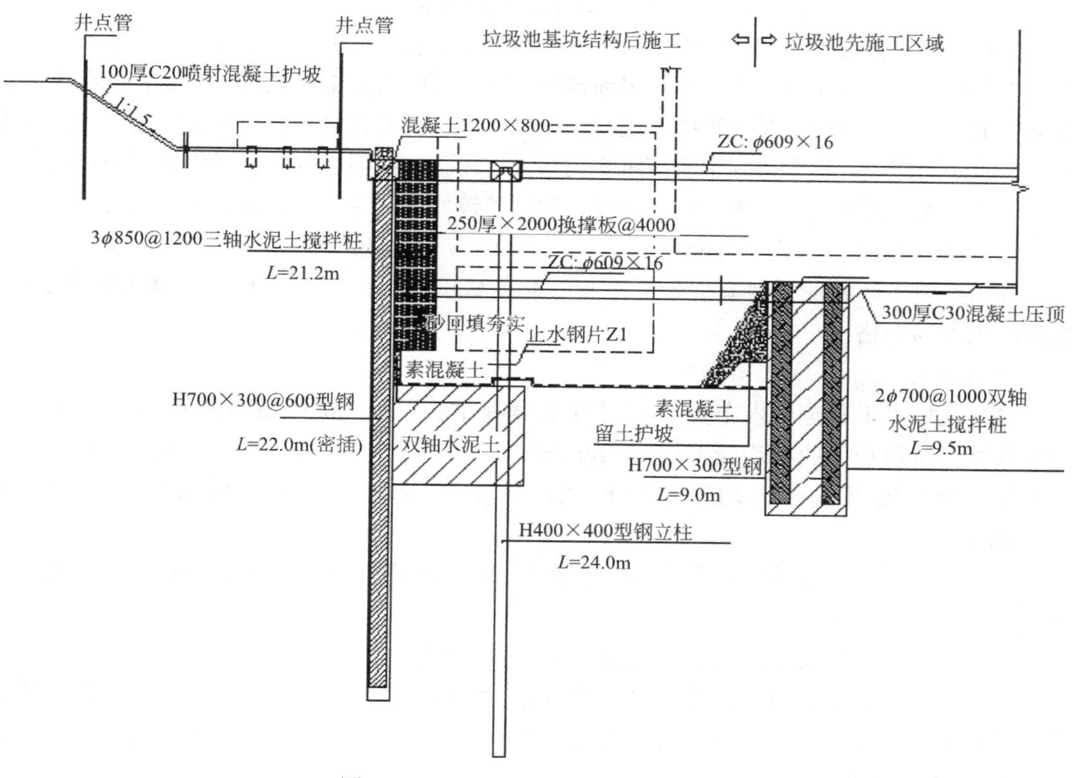

图 7.1.9 垃圾坑基坑围护典型剖面

(4) 对垃圾池基坑开挖的分区、工况和注意事项提供岩土工程咨询服务

本次基坑围护单体众多，其中垃圾坑有着体量大、挖深深、开挖周边环境复杂等特点。本次基坑围护设计工作，在保证科学、安全的前提下还为建设单位、施工单位、监测单位提供在基坑围护施工阶段的咨询工作，为基坑围护施工和开挖提供合理化建议。提供咨询意见并被采纳情况如下：

1) 对施工单位所提出施工方案进行优化，对开挖工况进行了细化，另外由于开挖期间周边基础已建成，明确了对周边环境的保护措施；

2) 确定了垃圾坑周边卸土区域的范围，协调垃圾池与周边承台的施工顺序，节约施工工期。

3) 对围护桩的施工质量、围护桩施工及基坑开挖的注意事项提出具体意见。

4) 对监测方案进行优化，对重点需监测的部位明确了监测位置、监测项目、监测频率和报警值。

5) 在施工期间为现场提供24小时岩土工程咨询增值服务，对出现局部深坑变形过大问题及时采取应对措施，随时解决开挖施工过程中遇到的各类问题。

7.1.6 实施效果与效益

通过在场平阶段地基处理、岩土工程详勘、桩基设计及基坑围护设计等全过程咨询，成功解决了超软土地区岩土工程技术难题，确保了建（构）筑物和深大基坑的顺利施工，体现了岩土工程“全过程”“一体化”技术服务创新模式的社会和经济价值。

1. 以岩土工程咨询为核心的全过程质量、风险控制

通过实施单位在垃圾焚烧发电项目的特点与岩土工程技术的有机结合，以岩土工程咨询为核心，提前策划各阶段岩土工作，提前预见可能出现的岩土工程风险，在实施过程中全程跟进岩土工程实施质量，对过程中出现的小型风险事件及时化解，避免更大问题，通过多专业融合、协同作业，整个过程中发挥重要的指导作用，在前期规划停顿半年情况下，项目顺利按节点完成，实施过程的难题逐一破解，取得了较好的效果，得到建设多方认可。

2. 场平阶段地基处理效果检测

场地平整工程检测项目有烧失量检测、载荷板试验、回弹模量检测、静力触探试验，检测结果均为合格。

检测结果：

(1) 在场平工程范围内布置了43个平板载荷试验点，当加载量不大于160kPa时，各试验点试验所得Q-s曲线均较平缓，s-lg$t$曲线均较平直（图7.1.10），未出现明显向下弯曲现象，地基极限承载力均不小于最大加载量（160kPa），相应承载力特征值不小于80kPa。

(2) 在场平工程范围内布置了228个静力触探试验测试点，静力触探比贯入阻力平均值≥2.0MPa。

(3) 在472组压实度试验中，压实度平均值≥0.94。

因此，填筑质量检测和载荷试验等均验证了场地平整设计思路正确、方案合理，质量监控项目和控制标准科学，竣工后结构及地坪工后沉降均较小，达到了预期的效果。

3. 桩基咨询成果

针对设计院所提初步方案，桩基咨询优化工作量汇总见表7.1.7，优化工作量达

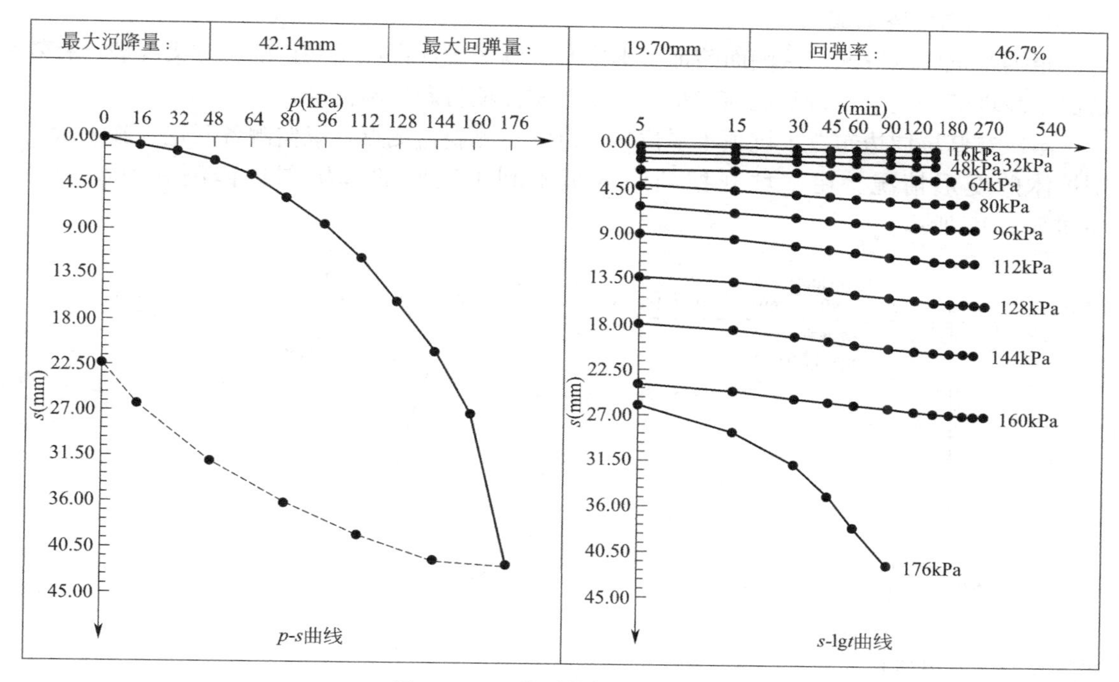

图 7.1.10 典型载荷板试验曲线

681.4 万元，占原工程造价的 11.7%。

初步设计方案与评审方案工作量估算对比表 **表 7.1.7**

区域	原方案造价估算(万元)	建议优化工作量(方案)	优化造价估算(万元)	优化百分比(%)
主工 A、D 区	2143.0	1958.1	184.9	8.6
主工 B、E 区	1747.0	1499.9	247.1	14.1
主工 C 区	681.0	600.6	80.4	11.8
主工房 F 区	549.0	453.7	95.3	17.4
主工房 G 区	272.0	231.2	40.8	15.0
高架桥	88.8	69.9	18.9	21.3
雨水泵房	41.0	41.0	0.0	0.0
渗滤液暂存池	46.5	46.5	0.0	0.0
循环水泵房	47.3	42.1	5.2	11.0
烟囱	165.2	164.7	0.5	0.3
综合水泵房	19.2	10.9	8.3	43.2
合计	5800.0	5118.6	681.4	11.7

针对设计院所提桩基评审方案，对桩基工程予以进一步优化，主工房优化工作量约 275.60 万元，小子项优化工作量约 197.04 万元，共计约 472.64 万元。两阶段合计节省桩基造价约 1150 万元，成功在大型垃圾焚烧发电项目中采用管桩，变形控制合理，经济效益显著。

4. 基坑围护咨询成果

根据基坑监测情况，从侧面验证了本次基坑围护设计设计思路正确、方案合理，有效解决了垃圾焚烧发电项目基坑施工难题，质量监控项目和控制标准科学。

本次在基坑周边布置了坑顶水平位移、沉降、测斜监测点，以监测各开挖、施工阶段围护体的变形情况。在基坑开挖到底的最不利工况时的基坑围护体测斜典型剖面如图 7.1.11 所示。

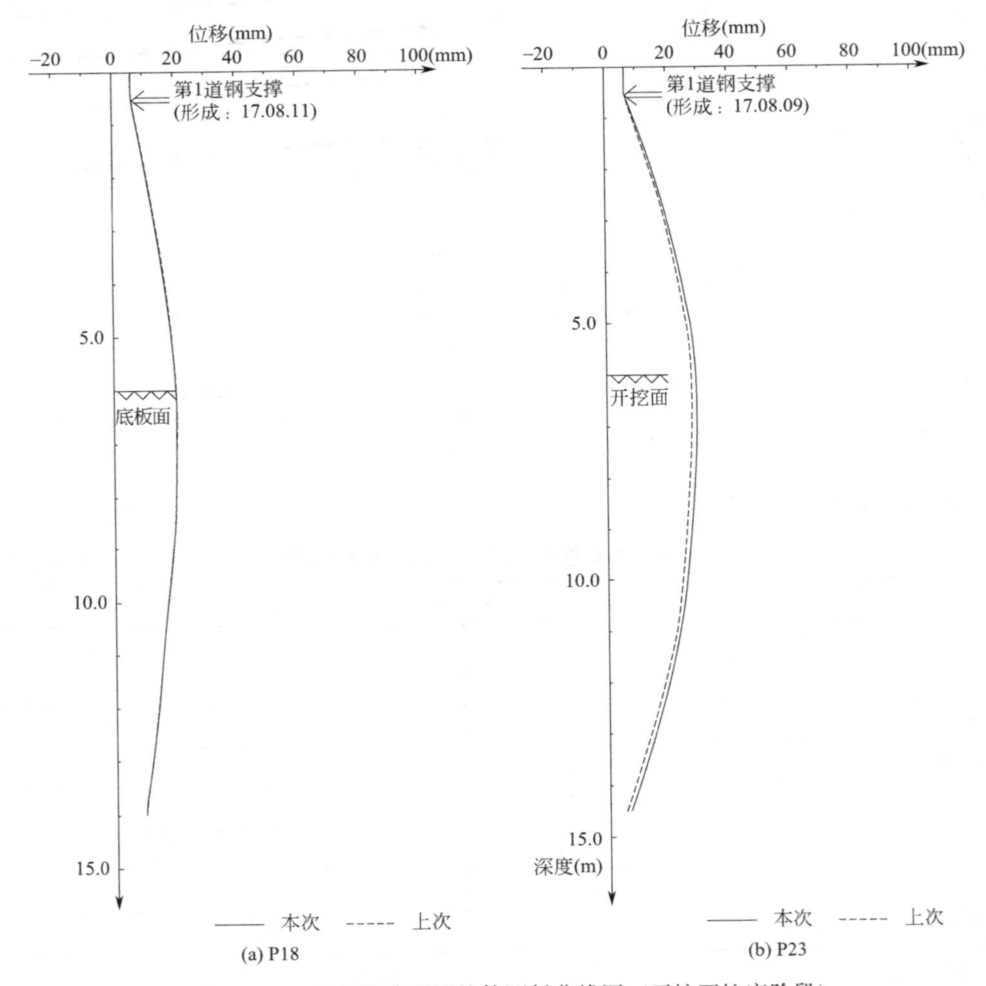

图 7.1.11　垃圾坑典型围护体测斜曲线图（开挖至坑底阶段）

通过基坑围护监测数据可得如下结论：

（1）在开挖阶段，随着开挖深度的增加，围护体测斜变形随之增大，并在开挖至坑底后增加到最大值。

（2）基坑围护变形在垫层及底板浇筑后变形趋于稳定。

（3）基坑的测斜数据显示最大变形量在 3.1cm 左右，与设计时计算的最大 3.5cm 变形较接近，对于挖深在 9.5m 的基坑，变形满足规范要求。

7.2 上海市轨道交通17号线工程岩土工程全过程咨询服务

7.2.1 项目概况

1. 基本信息

上海轨道交通17号线工程线路（图7.2.1）起自青浦区东方绿舟，止于闵行区虹桥火车站，沿途经青浦区和闵行区2个行政区。线路全长35.30km，其中高架线18.28km，地下线16.13km，过渡段0.89km；共设站点13座，其中高架站6座，地下站7座（1座地下站已建成），平均站间距2.897km。全线设徐泾车辆段1座，选址于崧泽大道以南、徐盈路以西地块，占地约32.94万m^2，接轨于徐泾北城站；设朱家角停车场1座，选址于沪青平公路以南、朱家角镇复兴路以东地块，占地约17.68万m^2，接轨于朱家角站。另设1座控制中心、2座主变电站及配套系统工程。

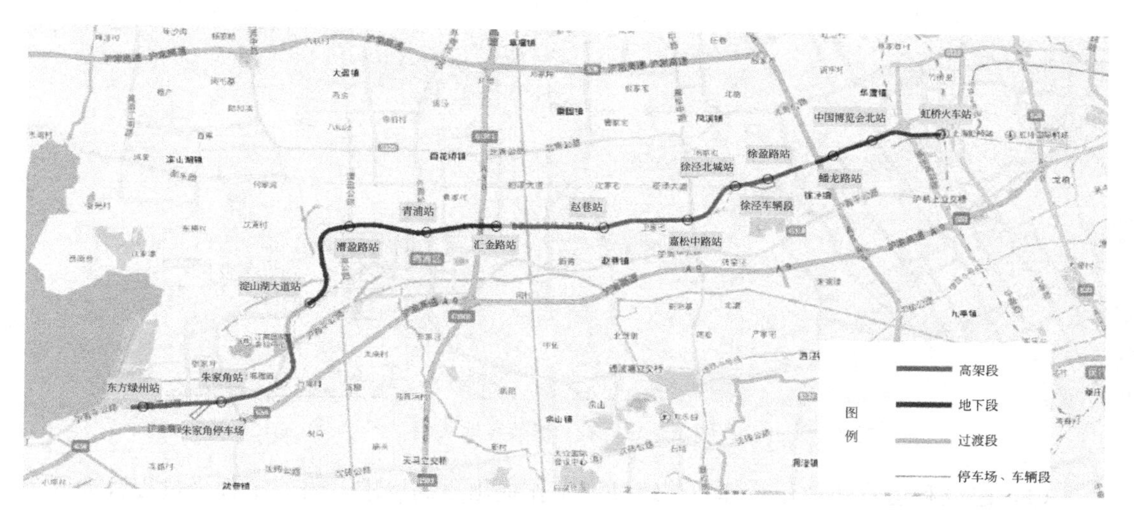

图7.2.1 轨道交通17号线工程线路走向图、站点设置图

2. 项目特点

（1）工程规模大、线路长、工点多，沿线环境条件和建设条件复杂，全过程多维度风险控制势在必行。

工程线路总长35.3km，涉及多种建（构）筑物，建筑形态各异，荷载、受力复杂，施工工法多，沿线地下障碍物、桩基础、保护建筑多，多次从城市中心穿越，先后近距离穿越诸光路下立交、诸光路人行地道、嘉闵高架、沪昆铁路、虹桥新地中心、上海地铁2号线、虹桥火车站地下空间等，环境保护要求极高。其中下穿地铁2号线隧道是上海有史以来影响范围最广的下穿既有地铁隧道工程，影响区域长达240m。

（2）多标段多单位参与，协调统一难度大，对成果的完备性要求高。

全线勘察共分9个标段，涉及8家勘察单位，各单位在土层编号、分层标准、勘察软件等方面均需要统一，对获得的各类现场和室内试验参数也需要统一，相关协调统一工作的难度大。

（3）场地工程地质与水文地质条件复杂，类似条件地下工程建设经验缺乏，结合各工点有针对性地进行岩土工程全过程风险管控是确保工程安全和质量的关键。

本工程跨越上海湖沼平原Ⅰ1 区和滨海平原Ⅱ区两大地貌单元，Ⅲ类和Ⅳ类场地交替变化，是上海首条在湖沼平原地貌包含地下段的轨道交通项目（此前完成的 11 号线、9 号线涉及湖沼平原地貌均为高架段），地下段的设计和施工均缺乏工程经验。水文地质条件复杂，涉及潜水、微承压水与承压水，承压含水层厚度变化大，其中⑥$_2$ 层微承压含水层富水量大，但分布不均匀，是原有市区轨道交通建设所未涉及，工程经验缺乏。沿线地貌图如图 7.2.2 所示。

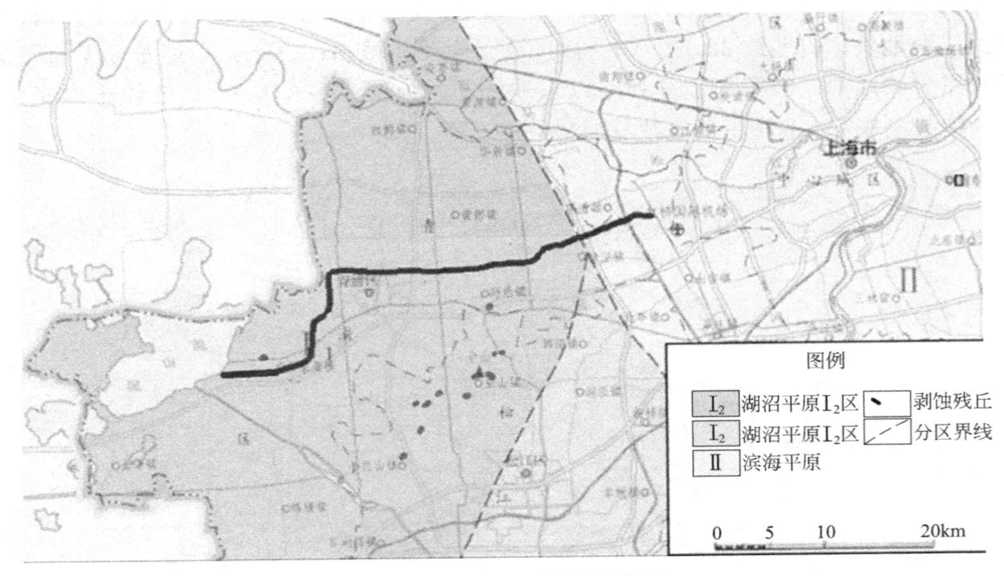

图 7.2.2 本工程沿线地貌图

（4）建设和运营精细化管理对传统勘测工作提出更高要求，岩土工程全过程咨询服务理念和能力提升要求迫切，将传统的勘测延伸至全过程的岩土工程技术咨询是建设的更高要求。

17 号线作为上海地区第 15 条建成运营的地铁线路，除了确保安全和质量，对低碳、节能和智能化建设管理水平提出了高要求，在工程造价上建设单位控制更加严格。如湖沼平原相地层土性较好，高架段桩基工程和地下段深基坑有优化设计空间，但实施难度大，需在确保工程建设安全、工程进度满足要求等情况下，开展桩基和基坑设计优化等岩土工程咨询服务，节约成本和工期。

7.2.2 咨询服务范围及组织模式

1. 总体咨询服务业务范围

应上海轨道交通 17 号线发展有限公司委托，上海勘察设计研究院（集团）有限公司在本项目中作为勘察总体单位，主要负责勘察的总体管理，主要目标是在岩土工程勘察工作中进行规范化、标准化管理，进行质量、进度、投资控制；同时提供技术支持，审查各单位各工点岩土工程勘察报告，确保设计使用的岩土工程参数的合理性和正确性，以规避与岩土有关的风险。各标段划分及承担单位见表 7.2.1。

各标段划分及承担单位表　　表7.2.1

标段	承担单位	负责范围
总体	上海勘察设计研究院(集团)有限公司	全线
1标	上海广联建设发展有限公司	徐泾车辆段
2标	上海市隧道工程轨道交通设计研究院	朱家角停车场
3标	上海勘察设计研究院(集团)有限公司	东方绿舟站—朱家角站
4标	上海市民防地基勘察院有限公司	朱家角站—淀山湖大道站
5标	上海市隧道工程轨道交通设计研究院	淀山湖大道站—漕盈路站
6标	上海勘察设计研究院(集团)有限公司	漕盈路站—汇金路站
7标	上海市岩土地质研究院有限公司	汇金路站—嘉松中路站
8标	上海市政工程设计研究总院(集团)有限公司	嘉松中路站—蟠龙路站
9标	上海市城市建设设计研究总院	蟠龙路站—虹桥火车站

在完成勘察总体工作的基础上，创新地将工程勘察与工程咨询整合，发挥其在上海地区水土认知的优势，结合十几年工程咨询经验，对17号线建设过程中的桩基设计、施工及基坑围护设计、施工等提供咨询建议，在保证工程安全的基础上，节省工程投资和工期。

2. 总体咨询服务的组织模式

为了充分满足业主在本工程项目勘察咨询方面的实际需求，提高本工程全过程工程咨询服务水平，保证优良的服务质量。结合各勘察单位所承担的勘察标段，设立总体技术负责人、工程地质专业负责人、水文地质专业负责人、土工试验专业负责人、现场管理负责人，对现场施工质量、进度以及技术要求等进行把控。

7.2.3　总体咨询服务的运作过程

1. 总体工作流程

对全线详勘工作的全过程进行标准统一，对详勘大纲和详勘成果进行审查，并对野外和室内试验等进行过程抽检，确保了详勘成果的准确性。在工程勘察完成后，对整个线路进行勘察资料的汇总整理工作，编制勘察总体工作报告，提出设计、施工需注意的关键问题，以规避风险，提高勘察工作质量。总体工作流程见图7.2.3。

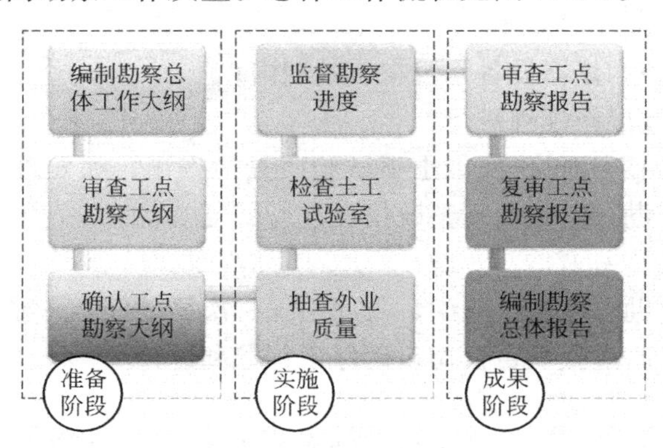

图7.2.3　总体工作流程

2. 制定质量标准

编制《上海轨道交通 17 号线岩土工程详细勘察纲要》（总体）和《上海轨道交通 17 号线工程详勘阶段岩土工程勘察技术要求及资料整理标准》（试行稿），使全线详勘工作统一标准。并在施工前，对各工点的勘察纲要进行审查，重点审查：

（1）勘察工作量是否满足设计要求和相关的规范要求；

（2）勘察手段是否切实可行；

（3）野外作业方案及施工风险控制预案是否可行；

（4）工期能否满足建设单位要求。

同时签署各工点勘察纲要审查单，确定“通过”或“不通过”，对不通过的纲要提出修改意见，达到要求后方能通过。勘察纲要审查通过后方能进场施工。

3. 质量管控模式

根据项目公司要求，定期对详勘工作进行质量抽检。包括对勘察野外施工进行巡查，对各勘察单位的室内土工试验进行抽查，以及时发现问题并责令整改，确保第一手资料的准确性。

（1）对各标段的野外施工进行检查，以随机性抽查为主，原则上每个标段均要覆盖，发现问题增加频次。主要检查以下内容：

1）勘探孔定位准确性和移孔情况；

2）野外钻探作业是否按操作规程进行；

3）原位测试是否按操作规程进行，探头率定是否在有效期内；

4）取土质量；

5）封孔情况（是否有封孔记录、现场是否有封孔材料）；

6）检查结束及时向勘察单位发出野外施工质量检查单，如发现质量问题、安全隐患、操作违规等现象，责令其整改，勘察单位应对整改情况进行回复。对于重大问题及时向建设单位通报。

（2）室内土工试验质量检查

对各单位的土工试验室进行检查，每个标段均要覆盖，发现问题增加频次。主要检查以下内容：

1）试验室能力与每日土样数量是否匹配；开土是否及时，试验内容和数量是否满足纲要计划；

2）试验室计量认证和仪器设备是否在有效期内；

3）土工试验是否按操作规程进行；

4）检查结束及时向勘察单位发出土工试验质量检查单，如发现质量问题、操作违规等现象，责令其整改，勘察单位应对整改情况进行回复。

4. 进度管控模式

为保证工程进度，勘察施工过程中，每周组织一次详勘例会，要求各分项勘察单位每周汇报工作进展，并及时上报项目公司，确保工程顺利进行。

5. 协调管理工作

总体单位起到了项目公司、设计单位、勘察单位之间的纽带作用。对项目公司的要求及时、准确地通知各勘察单位，对各勘察单位反映的问题及时与项目公司协商，提出解决方案，保障了勘察施工顺利进行，合理控制工程进度。对各分项勘察单位与业主、设计之间的资料和技术文件进行有序、规范管理。检查工程状况，参与鉴定勘察质量责任，并督促勘察单位勘察过程中文明施工，督促勘察单位及时完成未完工程及纠正已完成工程出现的缺陷。

6. 详勘报告审查

根据标准规范对各分项工程每个工点的详勘报告进行审查、咨询和把关，提供有益意见，并协调做好各分项工程勘察资料的衔接和相互利用工作。主要审查要点：

(1) 是否有违反强制性条文和强制性标准的内容；

(2) 是否有影响工程安全的质量问题；

(3) 完成的勘察工作量是否满足规范和设计要求；

(4) 土层分层和定名的合理性和准确性；

(5) 主要岩土工程设计参数的准确性和合理性；

(6) 勘察报告中岩土分析和评价的深度是否满足要求；

(7) 结论和建议是否准确；

(8) 对岩土工程风险的提示是否恰当；

(9) 组织本单位具有丰富轨道交通勘察经验、资深的岩土专家对各工点详勘报告进行审查，并提出审查意见。各单位根据审查意见修改完善后，再提供正式的勘察报告。

7. 详勘报告复审和工作量变更审查

施工图设计完成后，宜对详勘报告进行复审，主要审查以下内容：

(1) 最终的设计方案（包括平面位置、施工工法等）与详勘时对比，是否有调整；

(2) 详勘报告的孔深是否满足最终的设计方案和规范要求；

(3) 对于设计方案变更及时通知勘察单位和项目公司，并对补充勘察方案进行审查；

(4) 原有未完成的工作量是否已完成，对于未完成的勘察工作量督促勘察单位及时完成；

(5) 根据勘察进度计划审核经质量验收合格的工程量，协助业主进行工程竣工结算工作。

8. 详勘总报告

根据各标段详勘报告资料，进行总结、归纳、整理与分析，形成详勘总结报告，除包含常规工程概况、沿线工程地质条件、沿线水文地质条件、针对各类拟建建（构）筑物的岩土工程总体评价、不同工点风险提示、常规图表外，还额外编制了全线工程地质分区图，关键土层分布图，全线浅部粉性土、砂土及其液化分布图；在勘察报告中对全线地质风险进行评估，编制全线基坑围护体施工岩土风险图、降排水与基坑开挖岩土风险图、盾构区间施工岩土风险图、钻孔灌注桩施工岩土风险图。

9. 项目建设期技术咨询服务

在建设期间，积极参与本项目的各类岩土工程相关工作，提供专业的技术服务咨询建议。

(1) 参与试桩方案、抗压、抗拔承载力确定以及其他基础设计方案的技术讨论、论证、并提供优化建议，使得基础工程在安全、经济和减少工期三者之间达到最优；

(2) 对工程桩承载力和完整性等规范要求的测试内容提供技术建议；

（3）针对试桩报告试验结果，提供用于指导施工图设计的有效桩长和承载力特征值建议；

（4）针对施工图设计院完成的桩基施工图进行安全性、经济性和可操作性的评价；

（5）对全线及工点地质风险进行交底，对基坑围护设计方案的安全性和经济性进行分析，并提供合理修改意见；

（6）对基坑围护施工图以及总包单位的施工方案提出合理化修改意见；

（7）在基坑开挖过程中对现场基坑监测工作进行技术指导，分析基坑变形原因及应急预案处理。

10. 项目运营期技术咨询服务

延伸勘察总体咨询服务至运营阶段。根据运营期隧道结构监测数据，对变形存在超标、变形趋势异常的区域，为业主单位进行咨询服务。作为勘察总体咨询单位，利用既有成果结合精细化有限元数值分析方法，对异常原因进行分析，对维护加固措施提出建议。

11. 信息化咨询服务

针对17号线地下管线探测成果，创建了基于地下管线已有成果数据的建模技术标准，制定了包含管线节点，附属物以及连接关系的整套细则；开发了基于Revit平台的地下管线建模软件，创建了参数化管线附属物族库，实现了从物探成果数据到精细化管线模型的快捷无缝转换；集成了地下管线与其他模型碰撞检测，管线搬迁范围分析，实现BIM技术从建设期到管理期的全流程应用。

在部分车站采用BIM技术实现了地上建筑、景观、地下构筑物和地下综合管线等设施的全场景三维一体化建模和展示（图7.2.4），精细展示了地下管线、构筑物与拟建车站的相互关系，有效指导了设计和后期的管线迁改工作，提升了全过程咨询工作的服务能级。

图7.2.4　地上地下一体化建模场景

7.2.4 咨询服务的实践成效

本工程通过岩土工程全过程精心服务，为准确查明地层条件、地下管线、障碍物情况，提供完整、合理、准确的设计依据，为保障轨道交通项目地基基础设计方案的科学性与经济性、保障施工期的建设工程安全与周边环境安全发挥了重要作用。

积极配合全过程咨询服务，创新服务模式，尤其在高架段、徐泾车辆段桩基优化、湖沼平原区参数统一和围护结构的优化等方面，提供全方位优化建议和技术咨询，解决了大量设计施工技术难题，实际节省费用超过3000万元，缩短工期超过2个月，取得了良好的经济效益。

以岩土工程勘察总体咨询为抓手，突破传统勘察总体只服务于勘察阶段的做法，延伸了岩土工程全过程咨询理念至建设期乃至轨道交通运营阶段，提供了优质技术咨询，解决了关键技术问题，为保障隧道结构安全提供了坚实的技术支撑，社会效益显著。

建立了超深基坑和区间施工的四维监测体系，创建了基于地下管线已有成果数据的建模技术标准，开发了基于Revit平台的地下管线建模软件，采用BIM技术实现了地上建筑、景观、地下构筑物和地下综合管线等设施的全场景三维一体化建模和展示，提升了全过程咨询工作的服务能级，促进了行业的信息化和自动化的水平。

7.3 上海临港新城芦潮港西侧滩涂圈围工程岩土工程全过程咨询

7.3.1 工程概况

“上海临港新城芦潮港西侧滩涂圈围工程（二期）3～5号围区”位于芦潮港一期圈围工程2号隔堤（小勒港）至在建西侧堤围垦区内，东西长约3450m，3号围区南北宽约320m，4号围区和5号围区南北宽约500m，围内面积约143万m^2，一般标高在2.2～2.8m，其中4号及5号围区西北角为已有胜利塘促淤坝，范围较大，总面积约12万m^2，促淤时间较长，现状标高一般在4.0m，芦苇丛生。拟建区交地完成面标高在3.70m，允许高差在0.20m范围内。由于围内用地需要，2007年初进行围垦吹填。

上海临港新城芦潮港西侧滩涂圈围工程（二期）3～5号围区的总平面图见图7.3.1，顺堤典型剖面见图7.3.2。

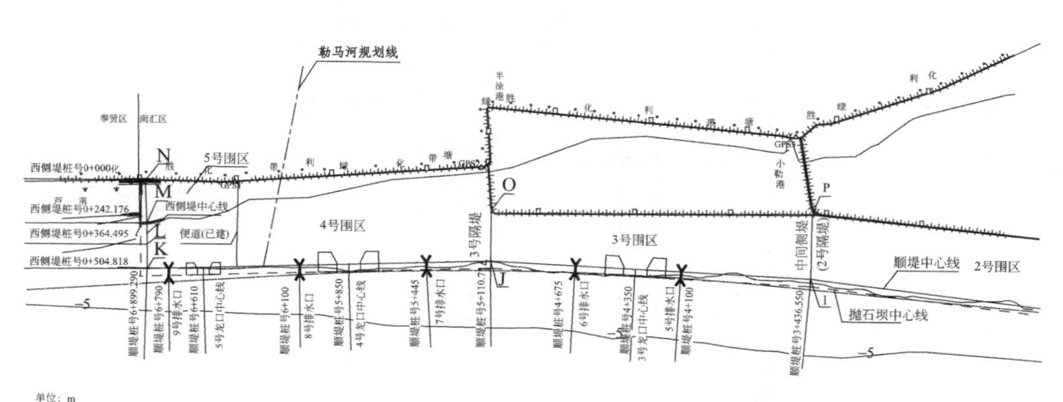

图7.3.1 工程总平面图

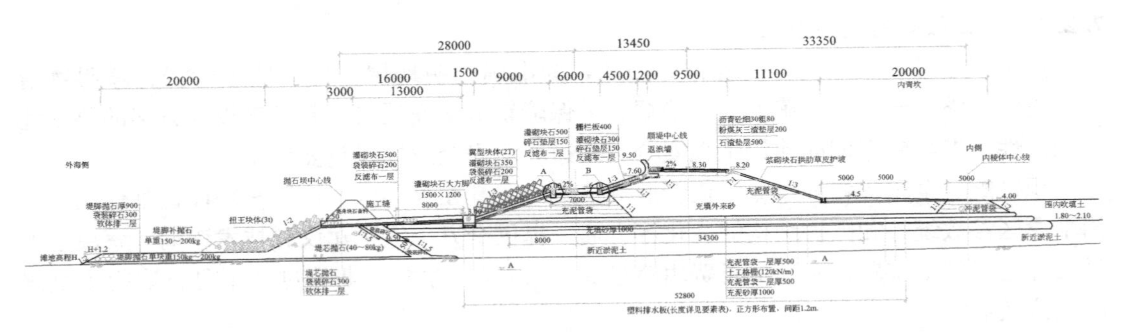

图 7.3.2　典型剖面图

7.3.2　工程地质条件

拟建围区工程地质分布特点如下：

浅部普遍分布①$_2$ 层滩面淤泥，层厚约为 1.7～6.0m，呈饱和流塑状态，夹少量团块状粉性土。根据新建大堤处进行的十字板剪切试验，该层土十字板抗剪强度 q_u 在 6～12kPa，土质极其软弱。

①$_3$ 层淤泥质粉质黏土夹黏质粉土，层厚变化较大（约 0.5～7.2m），局部区域缺失，且土性明显不均匀。

②$_3$ 层砂质粉土夹粉砂，稍密，含云母，在拟建围区内起伏较大，总体而言，该层渗透性好，有利于地基土的排水固结以及上部附加应力的消散，减少后期主、次固结沉降，对天然地基控制沉降较为有利。

④层淤泥质黏土和⑤层黏土层是天然地基的主要压缩层，总厚度在 6～9m 之间。

场区约 23.5m 以下即为晚更新世的⑥、⑦层中低压缩性土层，经勘察未发现古河道切割，⑦层总厚度大于 30m，属中密—密实状态，可进一步分为⑦$_1$ 层砂质粉土和⑦$_2$ 层粉砂，根据收集该地区的区域资料，本场区缺失⑧层软黏性土，⑦层与⑨层直接相连。

浅层土典型静力触探曲线见图 7.3.3。

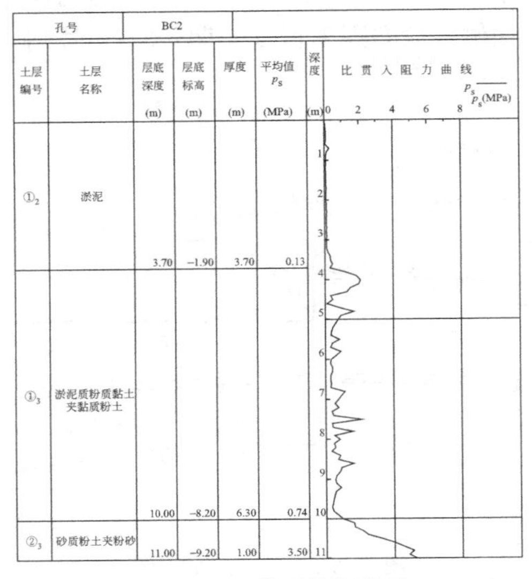

图 7.3.3　典型静探曲线

7.3.3 技术难点分析

(1) 本工程围海大堤浅部6m范围以内土性极为软弱，为①$_2$层淤泥、①$_3$层淤泥质土，局部区域厚度超过10m，含水量超过100%，静探p_s值接近零，压缩性大，土层极其软弱，对于建造在上面的围海大堤边坡稳定性构成主要危险源，大堤沉降后的补充体积方量关乎工程造价。

(2) 围海区吹填料用量巨大，吹填料质量控制、吹填施工质量等，与后期地基承载力与沉降及地基处理方法密切相关；需选择整体处理效果好、经济、供给充足的吹填料，以确保工期及质量。

(3) 对大面积的填海造陆工程，当采用堆载预压法来进行地基加固时，其地基沉降量的预测准确与否直接影响到填方量和工程造价的测算。

(4) 本次吹填范围内滩面淤泥厚度变化较大，土性明显不均匀，地质条件复杂，按相同地质情况进行统一计算，其实测沉降与计算值会产生较大误差，直接影响工程造价。

建设场地条件见图7.3.4。

图7.3.4 软弱滩涂地貌

7.3.4 咨询内容

本次咨询参与了成陆前勘察、围海大堤设计咨询及监测、吹填成陆场地地基处理咨询等工作，重点工作包括成陆前期吹填料选择、围海大堤的稳定性、吹填施工的全过程监控等，对吹填及围堤设计施工提供一体化服务，使其满足后期用地需要，减少后期土地使用隐患以及不必要的地基处理费用及工期。主要开展了以下咨询工作：

1. 基础性工作及专题研究

为了切实解决本区域岩土工程治理咨询的难点问题，重视类似工程原位及原型监测数值的收集与整理，并坚持科研与生产密切结合，开展专题研究工作，形成相关专题研究报告。本次研究的技术思路是：（1）广泛收集软土地区类似大面积填土工程岩土工程治理的成功方法、珍贵的原位及原型的监测数据；（2）以工程实测结果为背景，针对软土地区大面积填土治理涉及的系列岩土工程问题开展专题研究；（3）通过与大面积土体堆载实测资料对比分析，获得适用于临港地区的大面积土体堆载下土体侧向位移和垂直位移计算的定量分析方法，进一步指导工程实践。

2. 大面积吹填土的前期咨询服务

针对本工程特点与难点，针对即将吹填成陆区域，从吹填材料、吹填工艺方面进行前期咨询，准确预估吹填方量以及吹填工程最为棘手的大面积沉降补偿方量，成功解决了造价控制问题，确保后期吹填质量，减少后期地基处理难度和费用。

3. 围海大堤专项咨询服务

针对建造于超厚层海面淤泥上的围海大堤，论证不同地基处理和工程用砂方案以及边坡稳定性安全评价，并采用有限元方法进行论证分析，形成了专项研究报告，建造过程中对全线采用塑料排水板进行排水固结处理的海堤变形进行了实时监控，获得了完整的海堤施工监测数据，反演论证了其变形发展趋势，确保了海堤建设进度和安全。

7.3.5 咨询成果

1. 成陆前期咨询

成陆前期根据已有科研成果、类似工程经验，对吹填料性质、吹填设计方案、排水措施等进行相关咨询，并采用数值计算方法，提高估算吹填方量的正确率。主要解决技术问题如下：

（1）吹填料选择

根据类似工程经验，如吹填料颗粒太细，吹填土排水困难，人或机械长时间内难以在其上通过或进行施工；地基土强度低，无法进行土地利用；地基处理难度增大，增加处理费用。吹填料要求过高则造价昂贵，难以满足用量要求。经综合比选分析，建议本场地吹填料应以砂质粉土或粉细砂为主，并严格控制黏粒含量，控制吹填料的黏粒含量不大于5%。宜选用粉细砂为主的吹填料。其颗粒组成如表7.3.1所示。

吹填料颗粒组成百分数建议值 **表7.3.1**

粒径大小(mm)	>0.074	0.074～0.005	<0.005
颗粒组成百分数(%)	>70	10～20	<5

（2）估算吹填方量

预估由于土方加载引起的大面积土体沉降所需的补偿土方量，以及地基处理后场区沉降量。由于吹填土料中含水量高，经过排水固结后沉降量较大，同时由于吹填土自重产生的附加荷载作用，引起下卧土层的固结变形。因此，要达到设计地坪标高的要求，需进行适量的超载吹填。拟建场地完成面标高约为4.00m，原场地标高一般在1.00m，相当于填土厚度约为3.0m，即相当于对地基增加了60kPa的有效附加压力，经大面积填土沉降量估算见图 7.3.5，考虑到吹填土本身的固结变形，建议吹填高度为 4.0～4.5m，即超载吹填 1～1.5m，吹填至标高 5.0～5.5m。

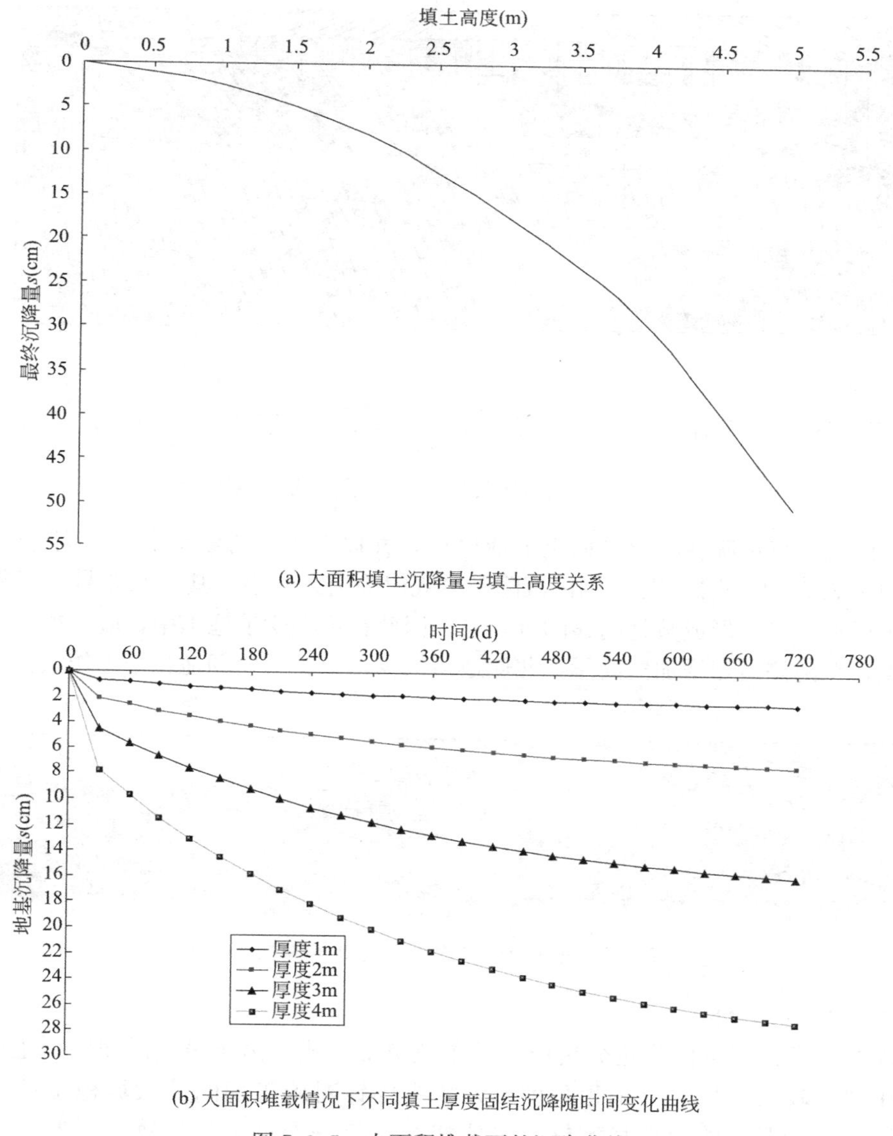

(a) 大面积填土沉降量与填土高度关系

(b) 大面积堆载情况下不同填土厚度固结沉降随时间变化曲线

图 7.3.5　大面积堆载下的沉降曲线

根据围堤已有勘察报告资料以及围内滩面高程变化曲线，结合在建顺堤实测资料，本次吹填范围内滩面淤泥厚度变化较大，区域内地质条件复杂，土性明显不均匀，尤其经过一期围垦施工取砂和河道入海冲刷，形成多处深坑，淤积厚层浮泥，按相同地质情况进行统一计算，其实测沉降与计算值会产生较大误差，直接影响工程造价，因此本次按 200m 间距，根据不同断面滩面高程、淤泥厚度以及围内长度，采用有限元计算方法结合工程经验，估算不同位置在吹填土荷载作用下沉降量，最后汇总沉降所需补充吹填方量。断面地层及计算模型网格划分见图 7.3.6。为充分考虑抛高所增加荷载，统一按抛高 30cm，即

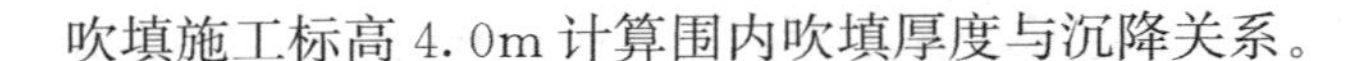

吹填施工标高 4.0m 计算围内吹填厚度与沉降关系。

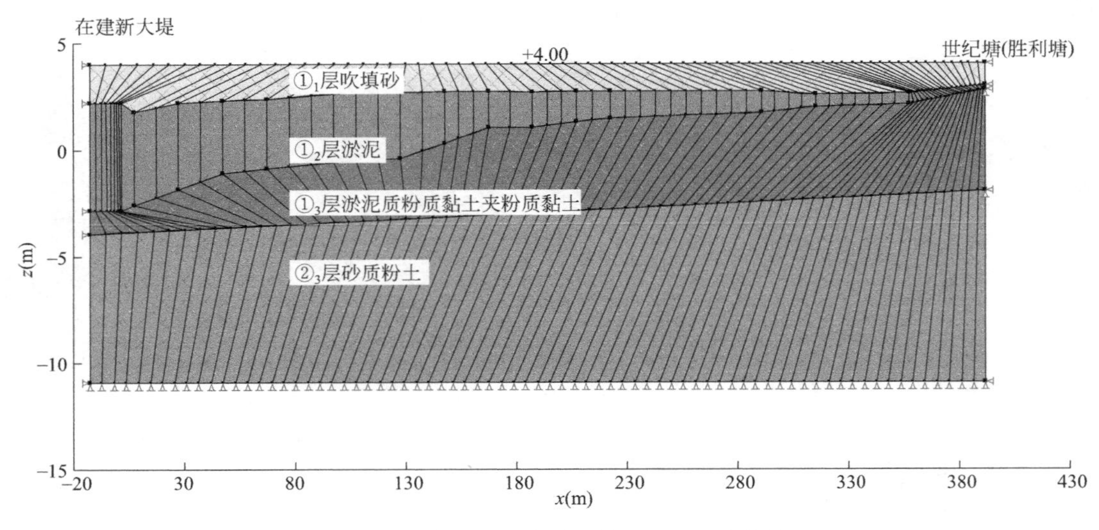

图 7.3.6　断面地层及计算模型网格划分情况

将各断面计算沉降在吹填平面上形成网格，并以顺堤中心线为 x 轴，绘制沉降等值线图见图 7.3.7。从图中可见，围内沉降基本规律为南大北小，其中在 3 号围区靠近顺堤位置由于淤泥较厚，形成数处明显的沉降盆，因此在后期吹填施工中，应根据预估沉降的区域特点，在南侧适当增加抛高量，北侧适当减少，减少后期场地整平工作量。

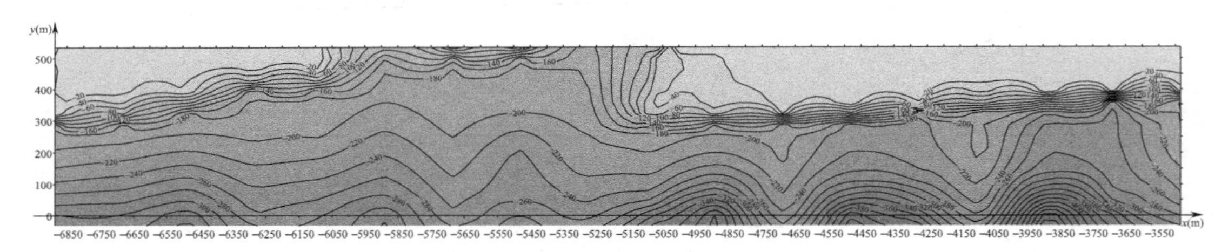

图 7.3.7　围区沉降平面等值线图（单位：mm）

2. 大堤稳定性分析

大堤在正常情况下的稳定分析由设计单位负责完成，由于浅层淤泥厚，土质差，施工过程中风险较大，从岩土工程角度出发，主要针对施工期间的大堤稳定性进行分析验算，即非常情况下的边坡稳定性，水位按 200 年一遇洪水位计算，不考虑风浪压力和地震力。

选取地质条件较差的两处断面进行稳定性计算，复核在不利工况下的边坡稳定性，确保施工过程中的安全。为了对比，采用了瑞典条分法、毕肖普法、简布法和斯宾塞法进行了边坡稳定计算，计算中采用了优化前和优化后两种破坏线计算模式。

计算结果见表 7.3.2，图 7.3.8、图 7.3.9 从分析结果可见，2 号断面左岸（靠海侧）由于抛石坝完成时间较长，坝下淤泥得到较好固结及挤淤，加上坝顶的块石等，边坡滑裂面一般不穿越抛石坝，而主要集中外棱体与外坡平台，土体深部滑移位置一般在①$_2$ 层淤泥。若仅考虑外棱体与外坡平台间的高差和由此引起的滑移问题，则其安全性较高，从各种计算方法优化前的计算结果看，其安全系数一般可达 2.2 以上，但应看到，当采用滑裂面优化方法后，即考虑软硬土层间水平推力时，则安全系数仅能达到 1.0～1.2，滑裂面影响深度一般均集中在①$_2$ 层淤泥与①$_3$ 层淤泥质粉质黏土夹粉质黏土层分界区，坡角滑移线主要集中在大方脚位置，因此其安全性应引起足够重视。

稳定性计算结果 表 7.3.2

滑移方向	简单条分法		毕肖普法		简布法		斯宾塞法		设计结果
	优化前	优化后	优化前	优化后	优化前	优化后	优化前	优化后	
左岸(靠海侧)	2.29	1.03	2.41	1.15	2.28	1.16	2.41	1.14	2.2
右岸(背海侧)	2.83	1.81	2.87	2.37	2.72	2.25	2.87	2.43	2.7

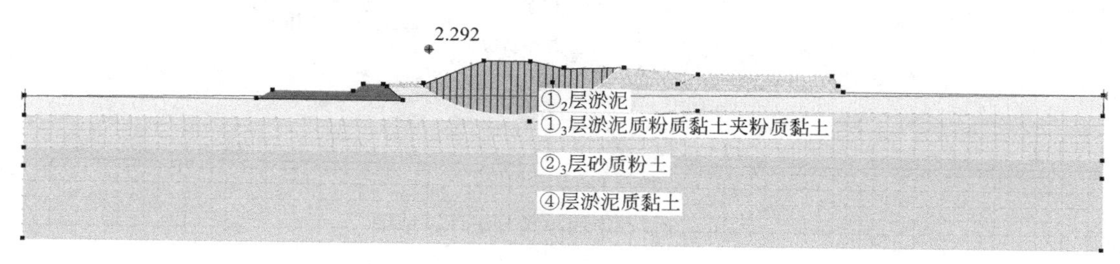

(a) 简单条分法优化前

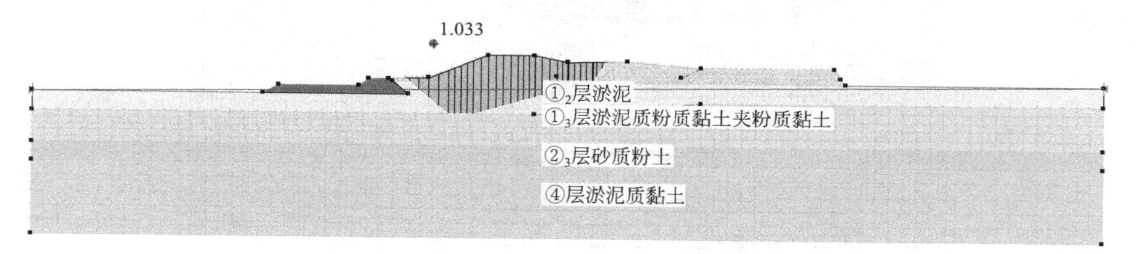

(b) 简单条分法优化后

图 7.3.8 左岸简单条分法边坡稳定性计算结果

2 号断面右岸（背海侧）在目前状况下的边坡安全性较高，不论常规计算方法还是考虑滑裂面优化，其安全性均可在 2.2 以上，其原因主要是内棱体与外棱体间堤芯土方尚未完全达到标高，在较大距离内坡度较缓，整体滑移所需的影响深度一般在①$_3$ 层淤泥质粉质黏土夹粉质黏土层与②$_3$ 层砂质粉土层之间，从现有勘察资料反映，该处①$_3$ 层主要以粉质黏土为主，土体强度好于①$_2$ 层淤泥，十字板不排水抗剪强度 q_u 一般在 50kPa 左右，且由于原滩面地貌特征表现为自南向北淤泥变薄，有利于右岸整体稳定性。

3. 大堤沉降分析

根据经验公式计算剖面沉降，并统计了沉降盆面积和补充体积方量；采用有限元考虑实际工况及土体固结进行复核，又采用专业软件对原设计结果进行复核，其计算结果如图 7.3.10 所示，最终绘制顺堤沉降盆三维立体图如图 7.3.11 所示。最后根据经验公式对围内吹填区沉降量进行计算。

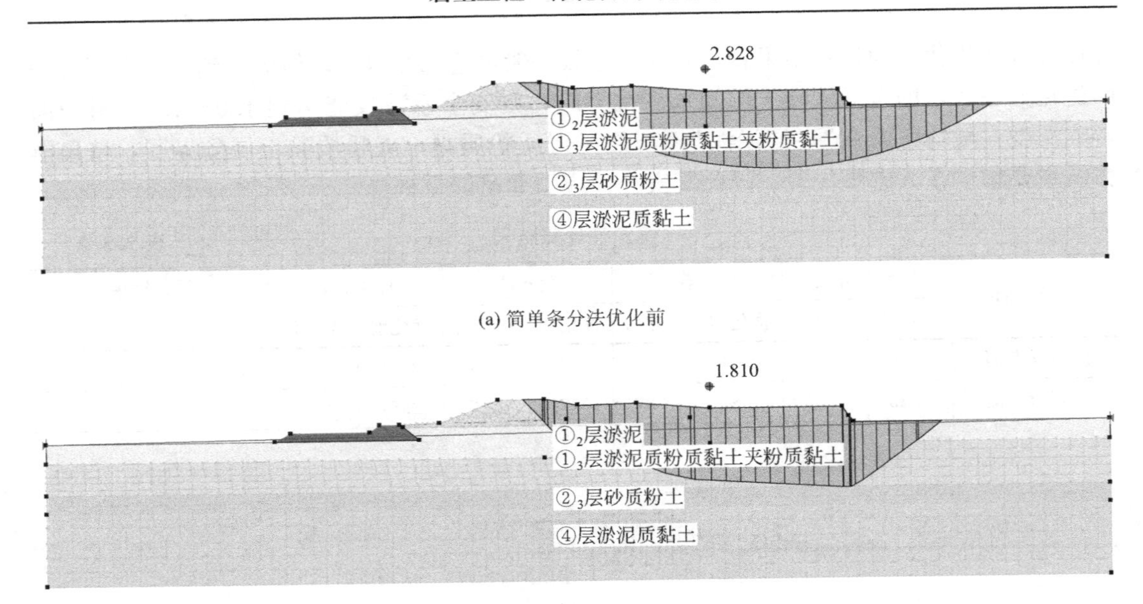

(b) 简单条分法优化后

图 7.3.9 右岸简单条分法计算结果

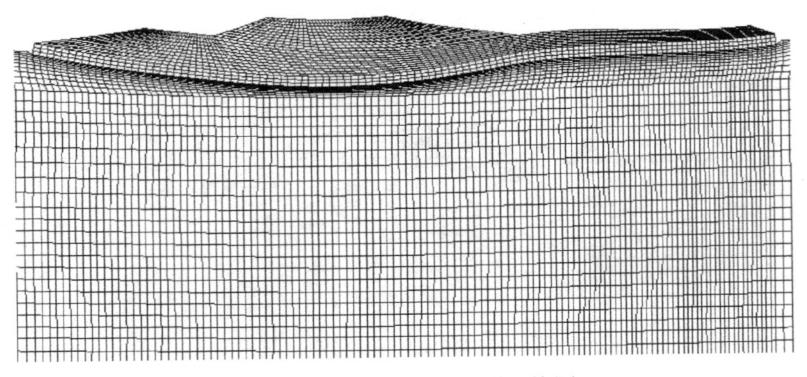

图 7.3.10 典型剖面变形网格图

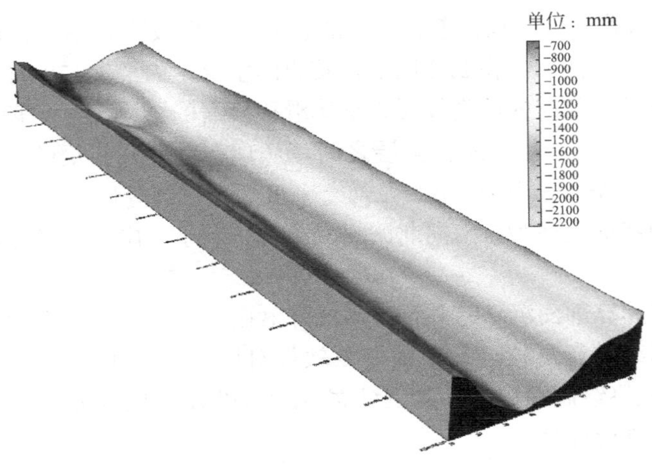

图 7.3.11 沿围堤沉降盆三维立体图（纵横比例 1∶10）

7.3.6 实施效果

本次实施的二期工程项目，大堤地基处理采用堆载预压结合塑料排水板的方式，施工过程中为确保大堤安全，同时检测处理效果，主要采用监测和检测进行大堤施工的全过程控制和沉降预测，并复核设计要求。

监测点的布置采用断面法，主要为地表沉降观测断面，断面间距平均约350m，共计布置10个观测断面；图7.3.12为典型断面的中心沉降发展曲线，图7.3.13为大堤实测沉降盆三维图，可以看到在加载过程中沉降发展相对较快，后期固结沉降速率稳定较一般堆载预压的速度有大幅度提高，说明了该地层采用堆载预压结合塑料板排水的效果比较适合，符合设计要求，同时也说明了吹填砂的选择对堆载的稳定性和固结速度有非常关键的作用。

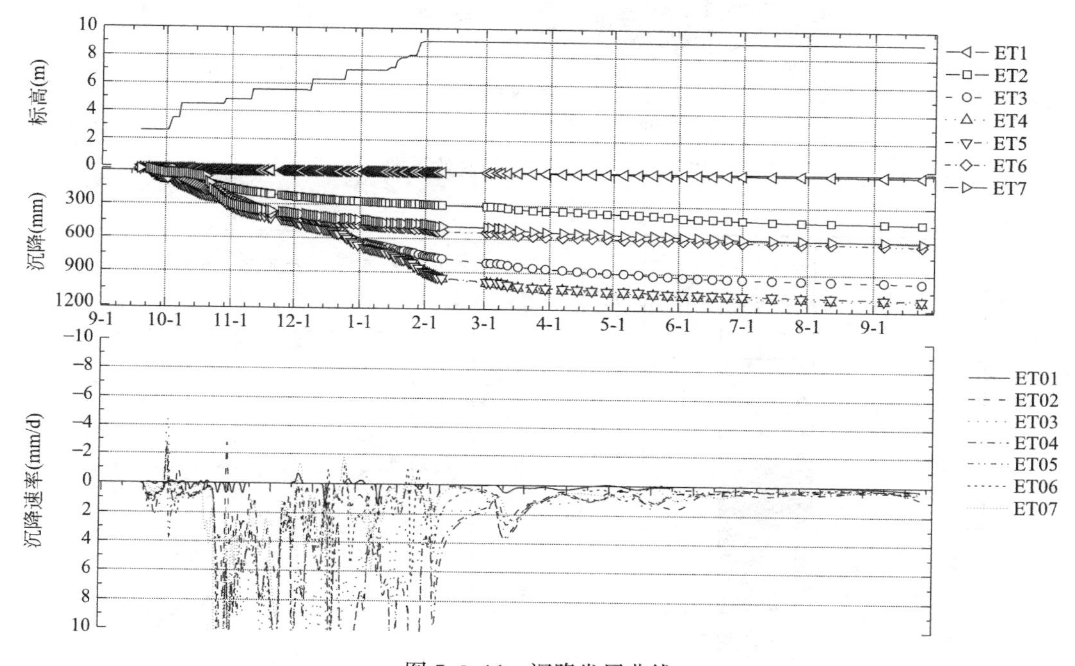

图7.3.12 沉降发展曲线

图7.3.14为4次十字板剪切试验数据对比，可以发现，竣工验收时①$_2$层淤泥的强度增长了300%～500%，①$_3$层淤泥质粉质黏土的强度增长了100%，浅层土的强度增长非常显著。

上海临港新城芦潮港西侧滩涂圈围二期工程在2007年9月底顺利通过了竣工验收，前期通过砂源控制、吹填量和沉降量精细化估算，为业主节省了超过60万m^3砂源。过程中通过监控监测数据，及时提醒施工单位注意边坡失稳、沉降过大等风险，确保了工程安全和质量。通过整个大堤施工过程中的监测数据，总结归纳了如下几条规律和经验：

（1）本工程前期采用抛石坝促淤，淤泥厚度大、地质条件差，导致大堤加载产生的总沉降量大，控制不当容易导致边坡失稳等事故，因此加载速度需根据监测数据不断调整，以保证工程安全；

（2）本次吹填采用的外来砂砂源较好，强度较大，有效地降低了大堤加载所产生的附

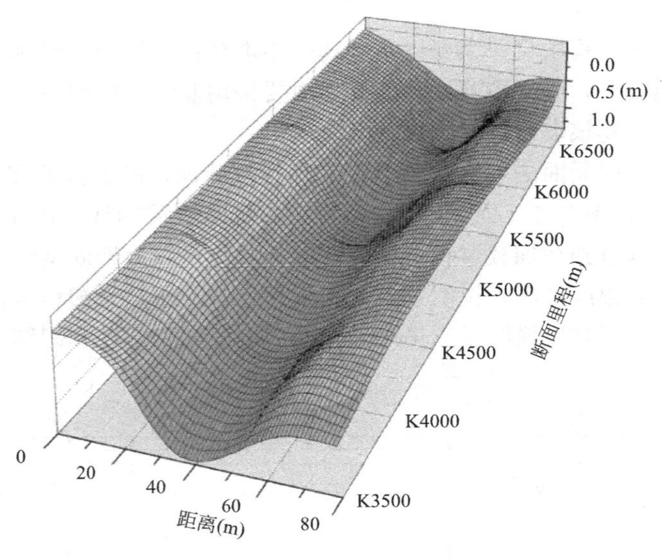

图 7.3.13　顺堤沉降盆效果图

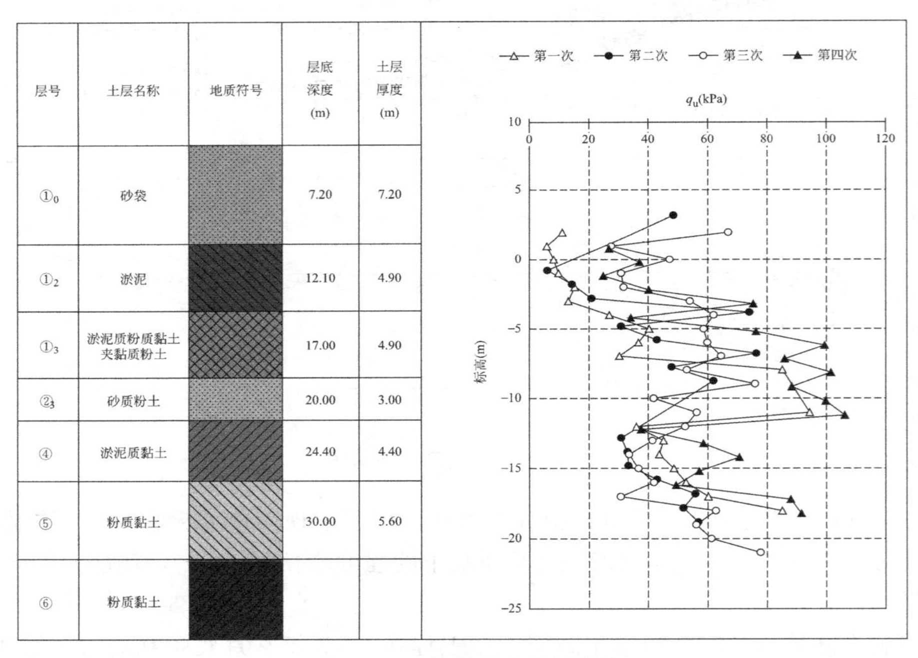

层号	土层名称	地质符号	层底深度(m)	土层厚度(m)
①$_0$	砂袋		7.20	7.20
①$_2$	淤泥		12.10	4.90
①$_3$	淤泥质粉质黏土夹黏质粉土		17.00	4.90
②$_3$	砂质粉土		20.00	3.00
④	淤泥质黏土		24.40	4.40
⑤	粉质黏土		30.00	5.60
⑥	粉质黏土			

图 7.3.14　抗剪强度增长曲线

加应力，保证了大堤沉降在计算控制范围之内，不仅节省了总吹填量，还提高了工程安全性；

（3）统计表明浅部淤泥的压缩量占到了总沉降量的 80%以上，且最大水平位移一般出现在①$_2$ 层淤泥，说明厚度较大的淤泥层仍是大堤减少沉降以及水平位移的主要控制对象；

（4）4 次现场十字板试验数据表明大堤浅部淤泥层的强度出现了大幅提高，且监测得到的超孔隙水压力值具有绝对值小、消散快等特点，表明地基排水固结效果显著，并验证了塑料排水板排水法是成功有效的；

（5）根据监测结果显示，加载结束后，地基的沉降、水平位移都出现较快收敛，确保了工后沉降在可控范围之内，保证了工程顺利通过竣工验收，说明了合理的地基处理方式、优质的砂垫层和先进的工程管理和监测是切实保证滩涂圈围以及类似大面积堆载工程安全和减少沉降的有效方法。

第 8 章　岩土工程事故处理咨询

8.1　某取水隧道修复工程探测、勘察、加固设计及治理

8.1.1　工程概况

本工程江底盾构取水隧道起始于扩建工程西北的循环水泵房，分东线和西线两条，两隧道轴线间距 21.6m（净间距 16.8m），循环水泵房进水间作为盾构始发工作井。始发井距长江大堤仅 12m，出洞陆域部分及穿越长江大堤段共计约 75m，江中段约 870m。隧道内径 4.2m，外径 4.8m，隧道总长度 943.2m，分为标准段 899.1m（999 环），采用 C50 强度，抗渗等级 S8 的高强度预应力混凝土管片，每环由 6 块管片拼成；特殊段 44.1m（49 环），采用钢-混凝土复合管片和钢管片，每环由下部 4 块复合管片、上部 3 块钢管片组合而成。标准环和特殊环环宽均为 0.9m。

1. 东线取水隧道事故

西线隧道已于 2011 年 3 月 31 日顺利完成盾构推进，并于 2011 年 8 月 27 日顺利完成隧道内立管垂直顶升工作，所有隧道内施工全部完成，验收合格后于 2011 年 12 月 26 日注水投入使用。

2011 年 4 月 28 日凌晨，东线隧道在进行最后一环（1048 环）推进施工时，在三天前已施工完成的 1030 环与 1031 环附近区域落底块环缝间（进入江中约 852m 处）由于沼气喷溢引起承压水携带流砂涌入，出现异常突涌流砂情况。

经应急堵漏无果后，考虑西线隧道安全、控制东线隧道变形发展及工程抢险人员安全等因素，向东线隧道内注水平衡压力，注水标高与长江日平均水位基本保持一致，经近一年的不间断观测，注水标高在无降雨情况下基本无变化。同时对西线隧道进行监测，发现西线隧道出现了一定程度的沉降，沉降量最大达 2.5cm，后经对西线隧道下部土体进行二次注浆加固，隧道沉降恢复至 1.5cm 左右并维持稳定状态。

2. 修复工程工程地质、水文地质条件

场地勘探深度（100m）范围内地基土主要由第四系全新统冲、湖积物（Q_4^{al+l}）和上更新统冲积物（Q_3^{al}）组成，场区内主要存在以下不良地质条件：

场区分布④层淤泥质粉质黏土，厚度变化较大，最厚达 13m，该软弱土层的蠕动和流变性对于隧道修复施工会有一定的影响；

场区分布⑤层粉质黏土夹粉砂土，夹有沼气存在；

下卧⑥层粉土为承压含水层，承压水头埋深仅 0.3m 左右，对隧道继续施工会产生较大的不利影响。

地表水为长江水体，事故段平均水深大于 10m，长江厂址段感潮强度较强，潮汐为

非正规半日潮且日潮不等，涨落潮平均历时为12h25min。受潮汐影响，水位波动大，平潮时间短，施工质量和工期，增加了水上作业的难度。

3. 修复工程周边环境

事故突发地点位于河流交汇区域附近，隧道周边环境复杂：周围存在既有或在建构筑物，修复施工须考虑对周围环境的影响。东线隧道东侧为防撞桩及输煤栈桥，距离防撞桩约60m；西线隧道与东线隧道相距21.6m，需要考虑对已经顶升完成的西线隧道的影响。西侧为长江航道及运输码头，周边过往船只较多，周边水域环境复杂，水上作业面相对狭小，采用大型船舶和机械时尚应考虑施工作业面等因素，增加修复难度。

8.1.2 技术难点分析

1. 隧道探测技术难点

(1) 事故突发点位于长江中部，距离江岸约800m，该位置水深约12m，隧道中心埋深在江底以下约12m，且该位置分布有水流漩涡。水中探测隧道破坏范围及破坏深度，国内外没有类似案例可供借鉴。

(2) 为提供给修复方案充足的设计依据，事故发生后隧道周边土体扰动范围及扰动后地基土强度需进行探测，水下作业难度高。

2. 隧道修复设计技术难点

(1) 在隧道的破坏范围和形态基本确定后，如何对隧道修复施工的可行性进行论证，根据隧道破坏的特点、周边环境条件以及工程风险、工期造价等因素，提供可供比选的初步设计方案。

(2) 水域施工相对于陆域施工难度更大，风险更高，针对提出的各修复施工方案，对其中的关键技术提出施工方案的工艺、流程及主控标准。

(3) 针对各比选方案的可行性进行对比分析，如何准确合理地评估各方案风险、工期及造价，为方案决策提供参考意见。

(4) 本工程周边环境复杂且位于航线区域，隧道的修复施工，将与地质环境之间产生相互影响和相互作用，由此，减少本工程建设对周边环境产生的影响也是修复方案的重点和难点。

3. 隧道修复截断工程施工技术难点

(1) 项目确定截断修复方法后，有多种施工工艺方法，如采用何种截断工艺，截断的位置以及取水口的施工工艺等，当初争议较多，如何选取合理的方案，才能确保修复工程的安全、质量、造价和工期。

(2) 选用截断方案，只能在长江中搭建施工平台，在水流湍急的河流中如何选择合理的技术方案，确保施工平台安全，满足设计计算和施工要求。

(3) 东线隧道修复施工时，西线隧道已投入运营，如何保护西线取水隧道设施正常投产运行，是修复施工必须解决的难题之一。

(4) 采用截断修复方案后，取水口由特殊段改至标准段，原内部顶升工艺风险较高，选取外部下插施工取水口的方案时，如何保证取水口的顺利下插，并与隧道的准确对接。

4. 隧道修复地基加固工程施工技术难点

(1) 为保护西线隧道，采用钢管注浆桩隔离法，钢管注浆桩施工地点位于长江江面，水深约12.0m，且恰遇水流湍急漩涡位置，施工条件可谓“先天不足”，水上施工难度较大。水流会对钢管桩产生一定推力，沉桩过程中桩身易偏斜，钢管桩垂直度控制难度高；施工场地为临时搭建的钢平台，平台上施工可用面积小，荷载要求控制在20kPa以内，给施工机械布置及机械选型带来很大困难。

（2）钢管注浆桩注浆要求高，设计为保证钢管桩注浆段浆体分布均匀，提出沿钢管桩分6段注浆的方案，鲜有工程实现单根钢管不同位置分多次注浆的案例，如何实现单根钢管不同位置6次注浆是本工程需要解决的关键难题。另外沉桩与注浆需紧密衔接，避免浆液初凝堵塞出浆孔，这也给现场组织、管理提高了难度。

（3）沉桩难度较大，设计要求桩端进入⑥层粉土层深度约5.0m，沉桩难度较大。施工位置水深约12m，即钢管桩将会有12m的悬空高度，另外施工平台空间及荷载有很大限制，更增加了沉桩的难度。

（4）环境保护等级要求高，长江水体环境保护等级要求非常高，注浆过程中杜绝浆液扩散到水中，需采取相应环境保护措施，避免施工对环境造成影响；钢管注浆桩与东线隧道最近净距约4.0m，钢管桩沉桩施工及注浆应减小对东线隧道的影响。

（5）工期要求紧，根据电厂机组的调试时间，隧道东线交付调试时间紧张，要求在一个月内完成186根钢管注浆桩的施工，上述施工难度下在这么短时间完成该工程，难度很大。

8.1.3 主要技术成果

1. 隧道探测与勘察技术成果

由于勘探施工时间受潮汐影响，可操作时间短，本次勘探探测采用水上静力触探。隧道发生突涌事故后，向隧道内进行了注水以平衡压力，由于隧道内部情况不详，对隧道的破坏程度探测只能从隧道外部进行。由于受潮汐影响，水上作业时间短，项目根据工程经验和技术经济对比，决定采用静力触探的手段对隧道进行勘察探测，不仅能够满足探测要求，还能得到破坏后隧道周边土体的变化情况。静力触探连续性好，钻进时间短，指标稳定可靠，便于分析，适用于本工程地层条件。

针对原取水口位置，布置6个横断面，每个横断面3～5个探测点，勘测点平面布置见图8.1.1，勘测点剖面见图8.1.2。选择平潮期间，利用带测斜功能的静力触探探头触碰至隧道管片时，反算管片标高，确定破坏程度。勘测探测隧道沉降见图8.1.3和8.1.4。

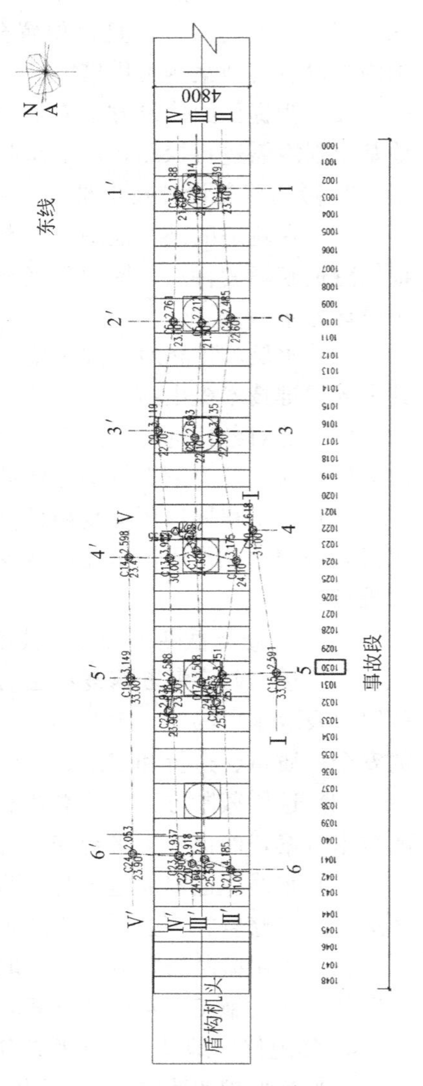

图8.1.1 勘测点平面布置图

另外，探测与勘察工作为克服水上作业风大浪大的困难，采用GPS和全站仪多点监控，实现勘探点平面定位误差控制在300mm以内，能够满足工程要求，

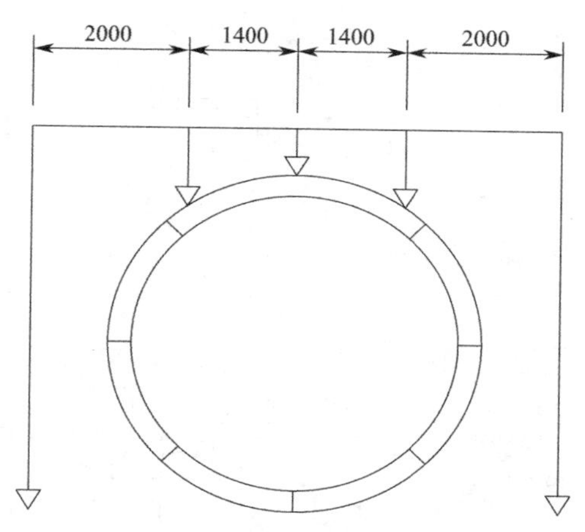

图 8.1.2 勘测点剖面示意图（单位：mm）

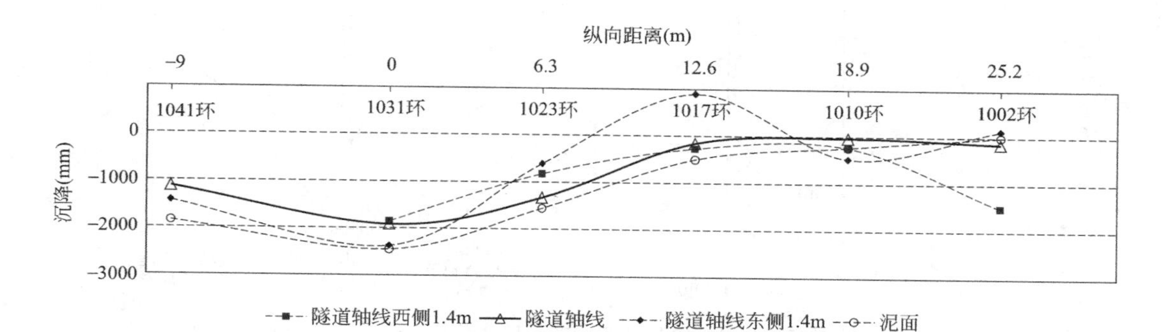

图 8.1.3 勘测探测结果（隧道沉降）

勘测结果可靠性高，为后续修复方案确定提供真实数据。

建设方同时委托了水上物探和后期的隧道内潜水探测工作，得到的结果均能与静力触探成果相互验证（图 8.1.5 和图 8.1.6）。

潜水探测测量 1000 环至 1020 环管片拼装缝局部最大开张度小于 10mm，拼装缝的错台最大部位在 30mm 左右。1020 环至 1048 环因为泥砂淤积潜水员不能前行而无法测量、探摸、录像。

2. 隧道修复设计技术成果

由于类似项目国内工程成功工程经验极少，本项目收集了大量相关资料，如明挖原位修复方案，调研了围堰基坑的形式，细化到日本钢板桩的截面形式，适用范围和施工机具，以及锁口桩国内成功案例和施工方法。根据大量的工程资料，对本工程进行修复方案评估，数据充分，评价结论可信。

对明挖方案基坑开挖引起的坑外土体变形进行了数值计算（计算模型见图 8.1.7），基坑外侧土体位移计算结果如图 8.1.8 所示。计算结果显示在距离基坑 0.5～1 倍挖深范围内，坑外土体沉降最大为 10mm。西线隧道的沉降位移较小（在 1mm 左右）；而水平位移较大，约为 9mm。因此基坑开挖对西线隧道的水平位移有较大影响，应做好隔离措施。

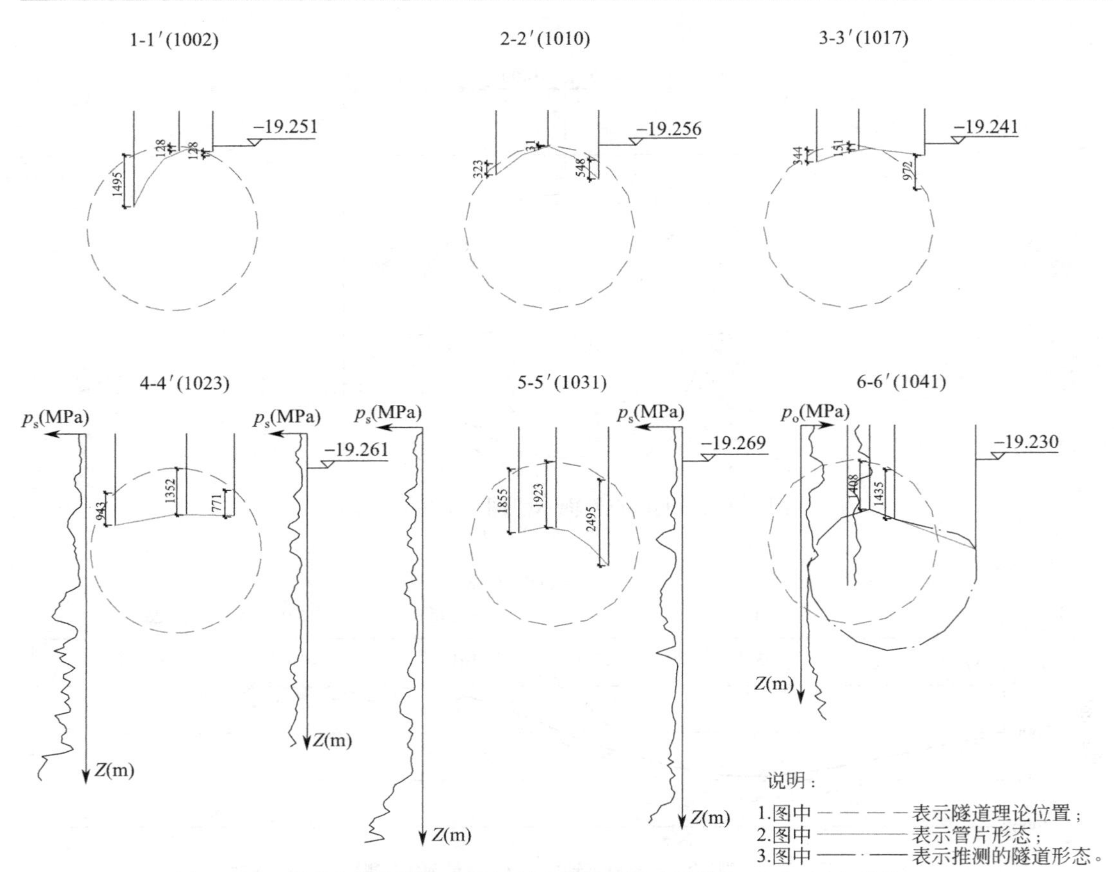

图 8.1.4　勘测探测结果（管片破坏形态，尺寸单位：mm，标高单位：m）

图 8.1.5　江底泥面扫描结果（凹陷区与静探触探结果一致，单位：m）

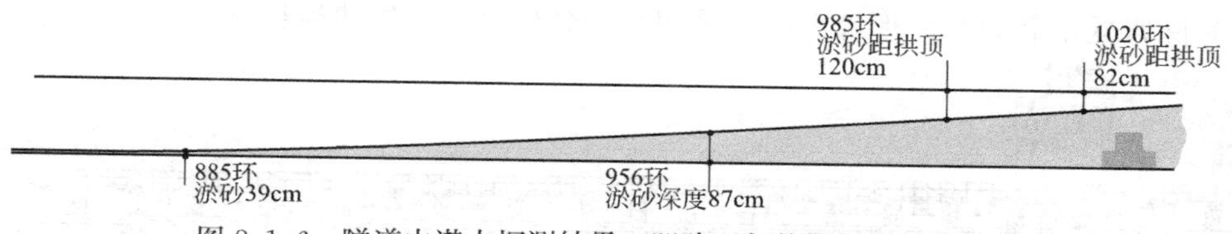

图 8.1.6　隧道内潜水探测结果（凹陷区与静探触探结果一致）

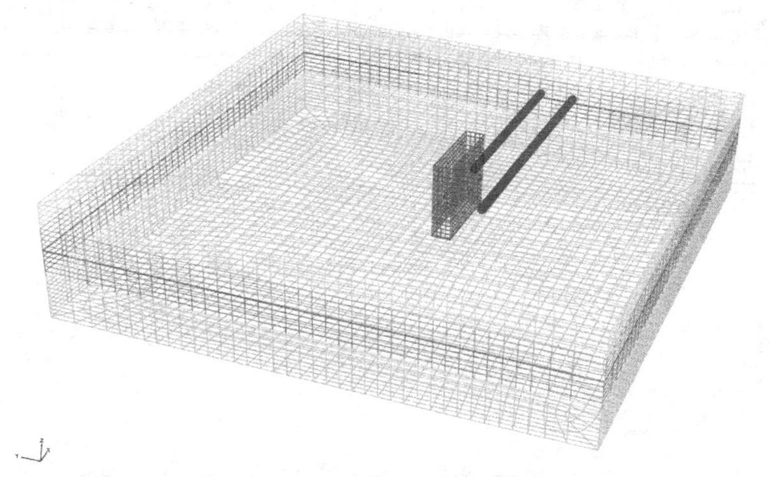

图 8.1.7　基坑三维模型

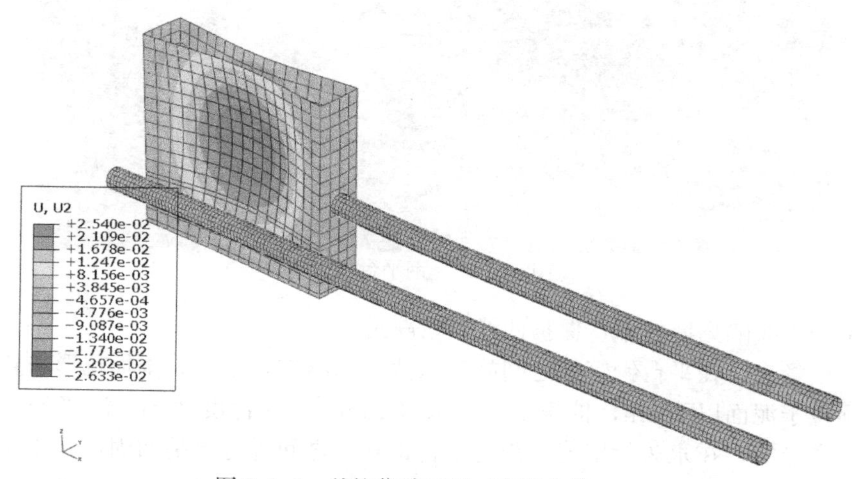

图 8.1.8　基坑位移云图（变形单位：m）

3. 隧道修复截断工程施工技术成果

（1）采用大跨度结构搭建临时钢平台，见图 8.1.9，为施工创造条件。

钢平台作为隔离桩、临时封堵墙和取水口施工作业的场地，需要足够的作业面和支撑能力。平台立柱采用 ϕ1000 钢管桩，垫梁采用 3 拼 56B 工字钢，横梁采用 321 贝雷梁，支撑采用双拼 25B 和 32B 槽钢。

1）隧道内充水，钢管桩施工对隧道的振动影响较小。

2）贝雷梁承载能力高，适合大跨度结构。

3）支撑位于水下，流速快，水下支撑安装困难，利用平潮期采用抱箍形式避免焊接。

4）除常规承载力和变形计算外，采用结构软件进行三维建模计算。

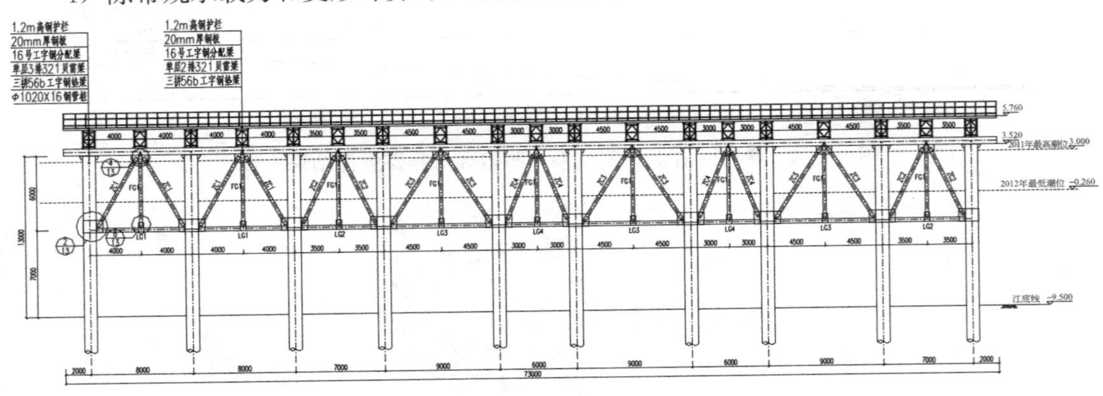

图 8.1.9　钢平台设计纵剖面图

图 8.1.10　钢平台施工

（2）采用可靠隔离墙技术，保护西线运营隧道

平行东线隧道，在平台钢管桩之间施工东西线隔离桩，采用 3 排梅花形布置的钢管注浆桩，桩顶位于泥面以下 2m，桩长 18m，水深 12m，入土深度 22m，注浆分六点注浆。

垂直隧道走向，在永久封堵墙一跨的平台钢管桩之间进行地基加固，采用 4 排梅花形布置的钢管注浆桩，桩顶位于泥面以下 2m，桩长 18m，水深 12m，入土深度 22m，注浆分六点注浆。隔离墙及永久封堵墙钢管注浆桩加固设计平面图见图 8.1.11，钢管注浆桩剖面图见图 8.1.12。

1）将钢管注浆桩用于长江中隔离墙，不仅能够提高地基土的整体稳定性，还能够从钢管中向周边地基土进行注浆加固，将钢管和地基土形成整体，抵抗侧向变形。

2）在平台钢管桩之间施工钢管注浆桩（图 8.1.13），小钢管、大钢管、地基土和注浆体形成一体，效果良好，有效增加抗侧能力，减小修复施工对西侧隧道的影响。

3）利用钢护管应对长江水流和潮汐影响，钢护管一组多根下沉，整体刚度好，抗侧向压力能力强，采用振动下沉施工有效减少施工时间。

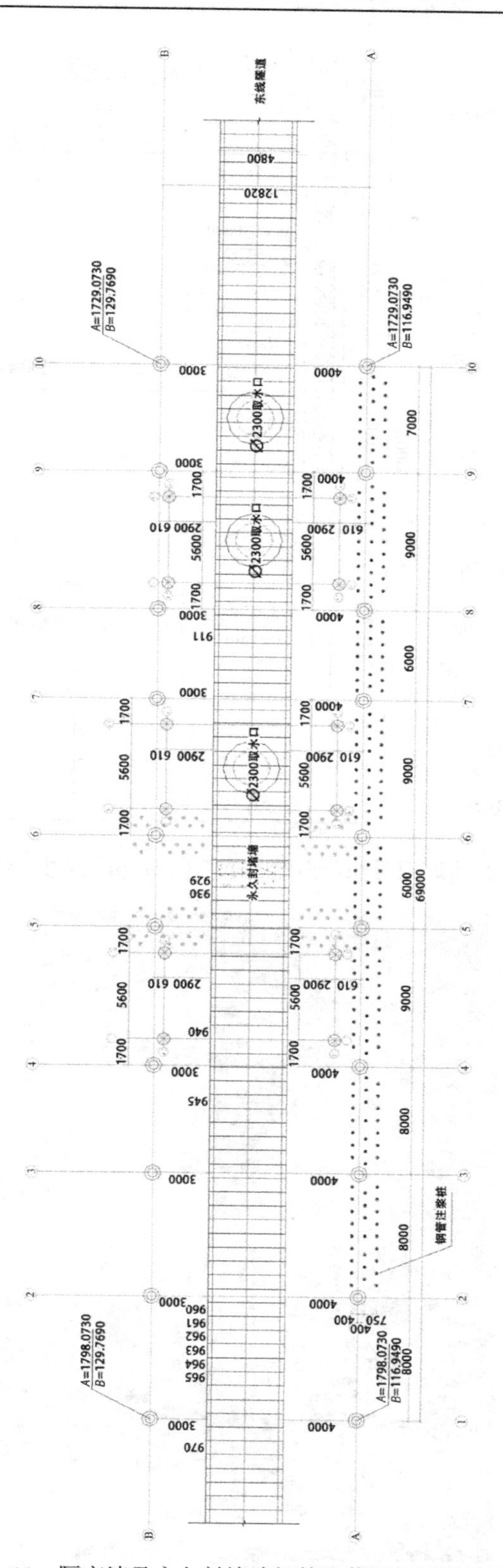

图 8.1.11　隔离墙及永久封堵墙钢管注浆桩加固设计平面图

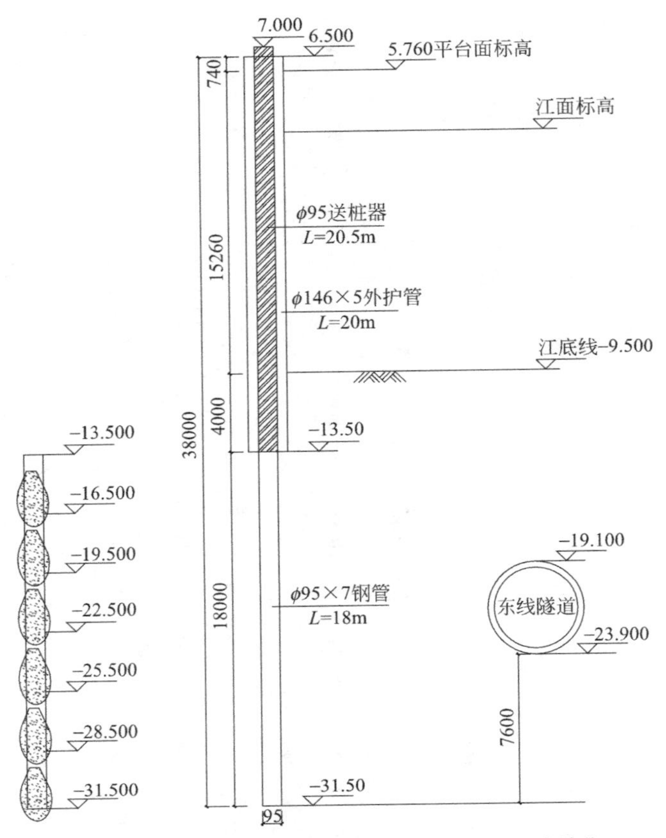

图 8.1.12　钢管注浆桩剖面图（标高单位：m，尺寸单位：mm）

图 8.1.13　钢管注浆桩施工

（3）高精度大型护筒下沉，实现隧道修复取水运营

钢护筒（图 8.1.14）采用为 ϕ3500×20 大型钢护筒，长度 27m，分 14 节焊接，最下节钢护筒下部施工马鞍形豁口，便于骑坐在隧道上方。钢护筒内部设置射水管，底部设置刃脚，便于下沉。

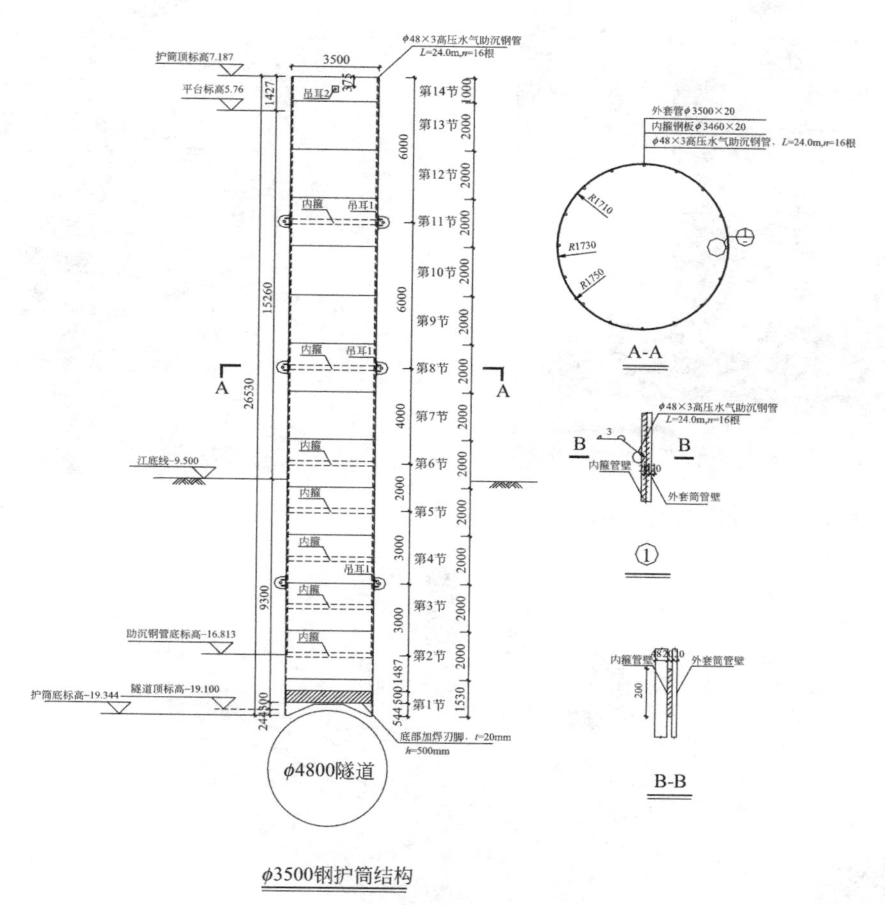

图 8.1.14　钢护筒设计图（标高单位：m，尺寸单位：mm）

1）由于钢护筒重达 50t，对焊缝要求和焊接工艺较高，设计横向焊缝采用分节钢管对接焊接，上下两节钢护筒纵向焊缝采用错缝施工，所有焊缝采用间隔跳焊，防止温度过高损伤钢材。

2）钢护筒工厂加工成形，对运输吊装下沉的要求十分高。设计采用水平吊和垂直吊相结合的方式，保证钢护筒平稳起吊，由两台大型浮吊相互配合作业起吊。

3）钢护筒下沉前，利用静力触探勘察，采用抓斗清除障碍物，保证钢护筒顺利下沉。

4）钢护筒采用导向架定位，液压千斤顶微调，保证垂直度，下沉前期采用自重下沉，后期采用液压振动锤高频低幅振动下沉，防止对隧道产生影响，见图 8.1.15 和图 8.1.16，钢护筒下沉计算。

5）除常规钢护筒下沉动阻力计算外，采用数值模拟计算钢护筒下沉对隧道的影响，模型如图 8.1.17 计算表明钢护筒下沉对隧道的竖向位移稍有影响，对隧道的横向及纵向

位移基本无影响。通过计算表明，3 个钢护筒下沉到既定标高后，隧道的最大沉降为 1.93mm，位于中间钢护筒处。

图 8.1.15　钢护筒自重下沉

图 8.1.16　钢护筒振动下沉

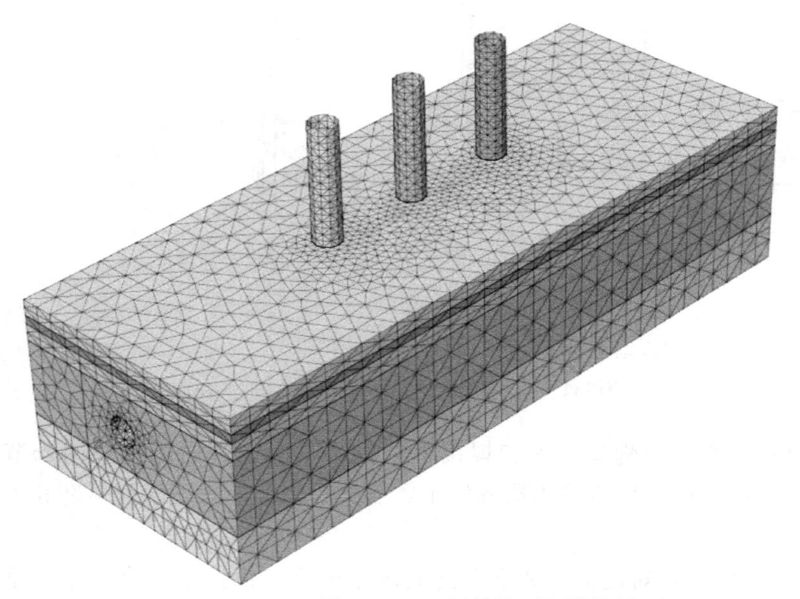

图 8.1.17　钢护筒下沉计算模型

4. 隧道修复地基加固工程施工技术成果

(1) 自主研发沉桩设备，克服困难，顺利完成施工任务

常规预制桩沉桩方法包括静压法和锤击法，锚杆静压桩压桩方法是以建（构）筑物自重作为反力利用锚杆传力分段静压完成沉桩。本工程施工平台所限常规静压桩及锤击桩机械自重都很大，没有施工可行性，另外钢平台也没有锚杆静压的施工条件。可见，现有施工机具及工艺都不适用于本工程。

选取自重小、效率高、适应该场地地层的施工机具及工艺是工程实施的前提。经过对现有沉桩施工机具及工艺的了解，结合施工场地现状，项目团队最终确定采用振动式打桩锤作为动力系统，自主研发施工平台作为后台支座，做到重量小、移动方便。沉桩施工机具如图8.1.18所示。整套施工设备具有如下特点：

1）振动式打桩锤重量小，仅有1.5t，但可以提供10t左右的击振力，桩端进入⑥层粉土层深度约5m，振动过程中桩端粉土液化利于沉桩。

2）施工平台集合了卷扬机、电动葫芦、底座、塔架等部件，可顺利完成钢管桩沉桩施工。

3）施工平台重量小，作用在平台上荷载约8～10kPa，远低于设计要求的20kPa。

4）平台可方便置于钢管轨道上，移动方便，施工效率高。

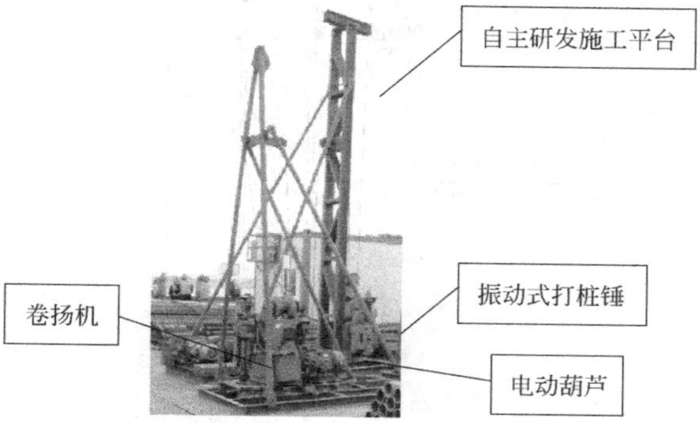

图8.1.18　沉桩施工机具实景图

（2）采用多种沉桩辅助措施，保证施工质量

为保证沉桩顺利进行，沉桩采取了如下辅助措施：

1）桩端焊接圆弧型封桩钢板（图8.1.19），导向性好，垂直度易控制。

2）钢护筒辅助沉桩

钢管桩沉桩前先在桩位处下放ϕ146×5mm钢护筒，钢护筒底部进入泥面不小于4m，钢护筒一组多根下放，顶部相互拉结固定，增加整体性，有效提高了抗侧向的能力，利于保证钢护筒的垂直度。钢护筒下放过程中垂直度控制采用双控模式：①利用双台经纬仪垂直测量，保证施工过程中外护管的垂直度不小于0.3%；②钢护筒下放前先通过限位保护支架，尽可能做到护筒下沉方向与钢平台垂直。钢护筒下放完成后再逐根打设钢管桩，有了钢护筒的保护，一方面保证了钢管桩的垂直度，另一方面增加了钢管桩的稳定性，避免出现打设过程中局部失稳，一举两得。

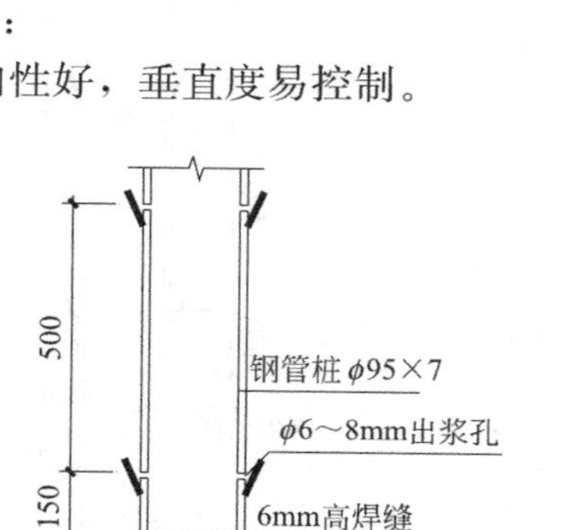

图8.1.19　钢管桩端部弧形钢板焊接大样图

（3）改进注浆工艺，实现加固效果

为实现分段多次注浆，采取了如下系列措施：

1）钢管桩仅在底部1.5m范围开设出浆孔，出浆孔外采用角铁倒刺保护，在距离桩端2m位置设置弧形圆环钢板，中部留设30mm直径的孔洞。具体如图8.1.20所示。

2）钢管桩桩端进入泥面以下7m时，在钢管桩内插入ϕ32注浆管，端部设胶皮圈与弧形圆环钢板紧密接触进行注浆施工，注浆完成后拔除注浆管，接下来再沉桩3m，插入注浆管注浆，后续同样操作完成6次注浆。注浆管与钢管桩构造示意如图8.1.21所示。

3）单根钢管注浆桩的施工做到一次完成，中间不停歇，避免水泥浆初凝堵塞出浆孔

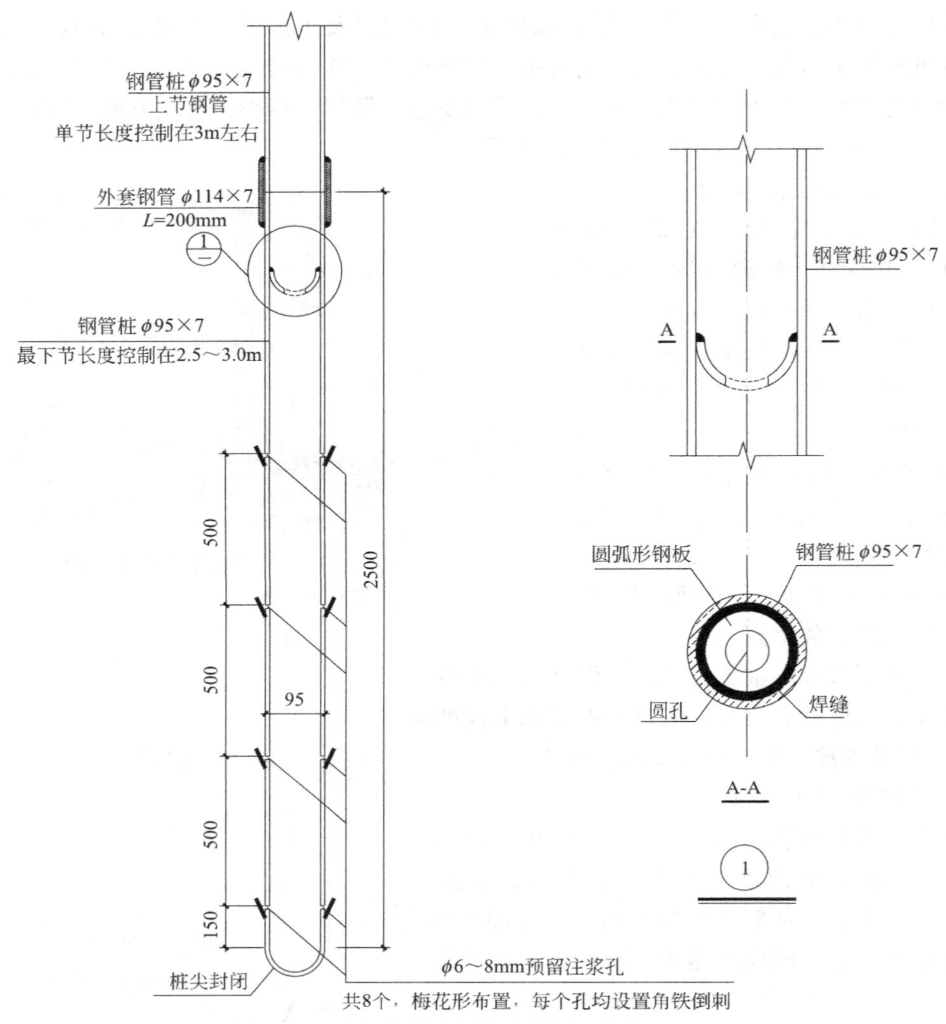

图 8.1.20 钢管桩底部构造详图（单位：mm）

影响下段注浆。注浆过程采用慢速间歇注浆，保证注浆均匀性。

（4）加固效果检测

为检验钢管注浆桩成桩效果，进行注浆后水泥土表观和强度检测，检测工作内容包括4组钻孔取芯和5点静力触探试验。

钻孔取芯于2013年9月30日～10月1日完成，水泥土芯样详见图8.1.22。

静力触探检测结果发现，静力触探比贯入阻力 p_s 值按各土层厚度加权平均增幅为54.6%，注浆加固明显。注浆达到了地基土加固的效果。

8.1.4 实施效果及效益

从隧道探测到修复整体设计再到具体的深化设计，最后完成了钢管注浆桩的施工，整个流程按照事先预定的修复技术路线稳步、有序推进，直至完成整个修复工程。修复过程中充分考虑工程特点，以“绿色岩土、安全可靠”作为整个工作的指导思想，制定并实施了隧道探测工作，根据探测结果提出截断法整体修复设计方案，并对施工平台、隔离屏障、取水口钢套筒设计方案等进行了深化设计，最后对钢管注浆桩隔离屏障进行了实施。

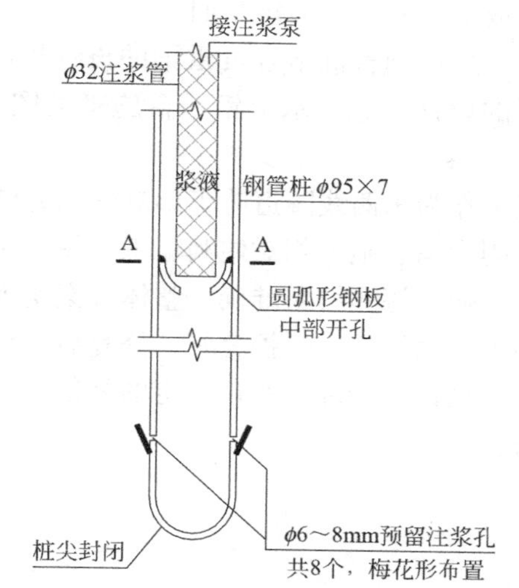

图 8.1.21　钢管桩注浆示意图（单位：mm）

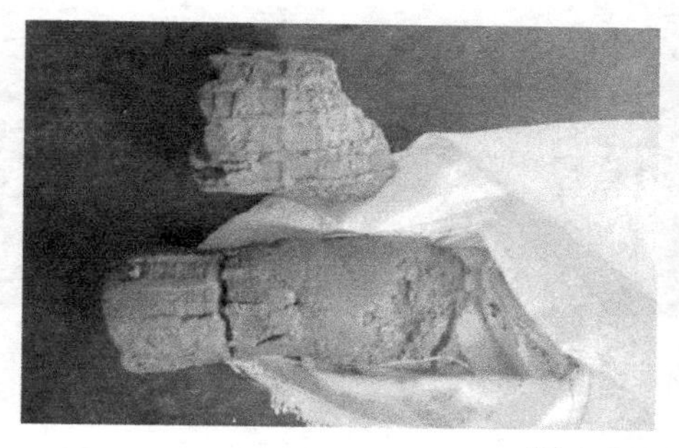

图 8.1.22　水泥土芯样

(1) 采用原位静力触探技术（CPT）探测隧道破坏范围及深度，同时静力触探 p_s 值可用于判断隧道周边土体扰动范围及扰动后地基土强度，为修复设计提供依据，可谓“一举两得”。施工工艺成熟、操作简单，且无需泥浆护壁，成本低，对环境特别是对江水无污染。为隧道探测提供了一种简单有效的探测方法，可供类似修复工程借鉴。水上探测与勘察现场见图 8.1.23。

图 8.1.23　水上探测与勘察现场照片

（2）经过多方案比选，提出钢套筒隔断法整体修复方案，有效降低修复工程中实施的安全风险，降低了修复工程成本，并大大缩短工期。

（3）深化设计中施工平台采用钢管桩结合贝雷梁的设计思路，双套筒截断设计方案，体现了因地制宜、经济可行的设计理念。水上钢平台施工见图 8.1.24，钢护筒下沉施工见图 8.1.25。

（4）采用水下钢管注浆桩作为东西线隧道施工影响的隔离屏障在隧道修复施工中尚属首次。该方法具有隔离屏障刚度高、施工相对便利、工期短、对环境影响小等特点。

根据修复整体过程反馈，隧道探测结果准确、整体方案实施顺利、修复过程无安全质量事故、没有对环境造成污染、西线隧道保护完好、修复后东线隧道运行正常。修复工程的探测，岩土工程勘察、加固设计及治理为实现预定的修复目标奠定了坚实基础，取得了良好的经济效益和环境效益。

图 8.1.24　水上钢平台施工照片

图 8.1.25　钢护筒下沉施工照片

8.2　某市轨道交通区间修复工程探测与检测

8.2.1　工程概况

某市城市轨道交通线路全长32.4km，其中高架段6.7km，地下段24.9km，过渡段0.8km。全线设车站17座（地下14座，高架3座）。事故区间沿市政道路及其北侧地下敷设，呈西—东走向。本区间隧道采用盾构法施工，左右线盾构先后从东侧车站始发。本区间隧道右线共1288环，管片衬砌环内径6.0m，外径6.7m，管片厚度0.35m，管片标准环宽度为1.5m。

当右线掘进至905环进行管片拼装作业时，突遇土仓压力上升，盾尾下沉，盾尾间隙变大，盾尾透水涌砂。经现场施工人员抢修堵漏未果，透水涌砂继续扩大，下部砂层被掏空，使盾构机和成型管片结构向下位移、变形。隧道结构破坏后，巨量泥砂突然涌入隧道，猛烈冲断了盾构机后配套台车连接件，使盾构台车在泥砂流的裹挟下突然被冲出700余米，并在有限的空间内引发了迅猛的冲击气浪，隧道内正在向外逃生的部分人员被撞击、挤压、掩埋，造成重大人员伤亡。同时由于突然发生透水导致地面塌陷，塌陷区右线隧道损毁，地面塌陷区东西向长约70m、南北向长约80m，平均坍塌深度约7.5m。塌陷区域分布范围见图8.2.1。

为了对塌陷后场地情况进行调查，为后续修复工程提供数据支撑，本次探测与检测工作主要内容包括：（1）右线隧道管片完整段与破损段分界点位置探测；（2）左线隧道结构健康状况检测与评估；（3）塌陷区地质条件调查；（4）破损隧道周边土体影响范围分析。

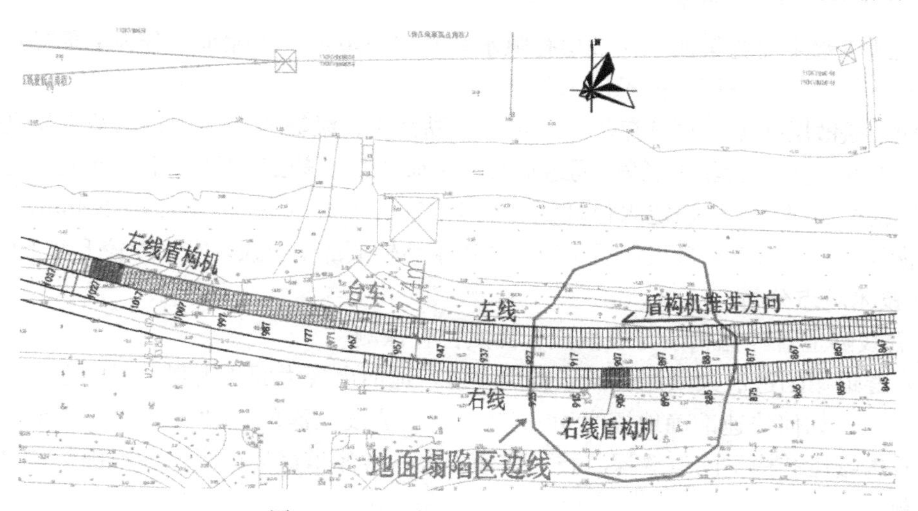

图8.2.1　塌陷区域分布范围示意图

8.2.2　工程地质条件

根据工程勘察报告，拟建场地覆盖层地层从上至下为：①层第四系人工填土层（Q_4^{ml}）；②层第四系海陆交互相沉积（Q_4^{mc}）淤泥质土、淤泥质粉土、淤泥质砂、黏性土层；③层第四系冲洪积（Q_{3+4}^{al+pl}）黏性土、砂土、砾石层。下覆基岩⑦层强风化带、⑧层中风化带、⑨层微风化带为华涌组（E_2^h）地层，其岩性主要为灰白色砾岩、砾砂岩，紫红色泥岩、砂岩、粉砂岩夹粗面岩、粗面质凝灰岩、火山碎屑岩、火山集块岩、角砾凝灰岩、凝灰质砂岩、碧玄岩层。场地主要土层物理力学参数详见表 8.2.1。

主要土层物理力学参数　　表 8.2.1

地层层号	岩土名称	岩土状态	天然含水率	孔隙比	直接快剪		压缩模量	标贯击数(平均值)	静探(平均值)	
					黏聚力	内摩擦角			锥尖阻力	锥侧摩擦阻力
			w	e	c	φ	$E_{s0.1\text{-}0.2}$	N	q_c	f_s
			%		kPa	°	MPa	击/30cm	MPa	kPa
②$_{5\text{-}1}$	淤泥质粉土	流塑(松散)	35.8	0.745	6	24.0	4.33	3.6	0.46	5.96
②$_{1B}$	淤泥质粉质黏土	流塑	40.2	1.023	9	15.0	3.57	3.3	0.51	5.00
②$_{5\text{-}2}$	淤泥质粉土	流塑(松散—稍密)	39.7	1.195	8	18.0	3.95	5.0	0.67	9.23
②$_{5A}$	淤泥质粉砂	流塑(松散—稍密)	36.0	1.137	10	19.0	4.61	5.5	1.40	23.13
③	砂性土(粉砂—中砂)	稍密—中密	20.0	1.088	—	—	11.53	16.0	8.96	55.71
③$_R$	砂性土(扰动)	松散	29.5	0.792	6	28.0	4.73	5.0	4.00	31.38
③$_4$	圆砾夹砾砂	稍密—中密	—	0.947	—	—	13.79	25.0	17.19	62.38

注：表中除静力触探比贯入阻力场地平均值为最小平均值外，其余均为算术平均值。

场地地下水主要为第四系松散层孔隙水和基岩裂隙水，孔隙水又分为上部黏性土层中的潜水和下部砂、砾石层中的承压水。

第四系松散层孔隙潜水赋存于上部填土、黏性土、淤泥质土层中，除填土层孔隙比较大、稍富水外，其余土层均为微—弱透水层，含水量少。该层地下水水位季节性动态变化不大，地质调查期间，测得稳定水位埋深一般 1.75～2.90m（标高－0.45～1.46m），其中第②$_{5A}$层淤泥质粉砂（含粉砂淤泥质土）土层透水性较上部土层强，富水性较上部土层大。

8.2.3 技术难点分析

1. 右线隧道管片完整段与破损段分界点位置探测

（1）隧道塌陷造成大量泥砂涌入右线隧道，地面出现大面积坍塌，塌陷造成的地层扰动接近 40m，如何快速准确地探明 40m 以上地层从浅至深的扰动深度和平面范围，利用高精度盾构隧道结构空间位置探测技术快速确定右线隧道好坏分界点的准确位置是本项目一大难题。

（2）探测过程中，塌陷区附近各种抢险施工也在同步开展，现场探测干扰因素多，强度大。同时场地内局部区域堆放了大量的抢险物资，探测布置受到较大影响，如何合理有效地布置相应检测测线、测点，高效地开展相关探测工作，最大程度降低场地局限及其他施工的干扰，是本项目实施的又一难题。

（3）探测实施前，相关单位已在右线隧道上方布置了大量的钻孔，为了减少钻孔对隧道上方的土体扰动，业主要求最大程度地利用前期已实施钻孔进行管片破损探测，而工区内属高压缩性土，强度低，具流变性、触变性，工程性质差。因此，如何在已扰动的钻孔中减少塌孔，提高钻孔的垂直度，提高成孔的效率和质量是另一个难题。

（4）由于隧道顶埋深最小24m左右，隧道外直径6.7m，为了准确拟合出实际隧道的外轮廓，需保证探测孔刚好钻到管片外壁，同时经过校正后的实际隧道深度误差在2cm以内，如何实现大埋深情况下的高精度探测是本次的右线隧道好坏分界点探测的主要难题。

2. 左线隧道结构健康状况检测与评估

（1）塌陷发生时左线隧道正推进至1028环，长度约1542m，塌陷区域905环前后30环为重点评估范围；重点评估范围离洞口较远地下控制网的精度受限，隧道狭长导致线精度差，检测窗口时间短，精确测定较为困难；因此如何提高联系测量、地下导线测量精度是一技术难点。

（2）左线隧道成型管片存在隧道姿态位移、椭圆度变化、管壁渗漏水、衬砌环错台错缝等病害；常规测量方法存在工作量大、周期长、人为主观因素大等缺点，且左线隧道的安全性处于未知状态，而且采集的成果仅仅反映点状问题，很难全面掌握隧道的结构情况；鉴于以上情况，如何快速、精确、全方位检测隧道的结构安全状态是左线隧道检测与评估的又一难题。

（3）如何综合各类勘测数据、现场地质条件及工况等，准确全面地描述隧道结构状态并评定安全等级。并根据隧道结构状态的损害程度给出合理的、有针对性的防治措施是结构评估的主要难点。

3. 塌陷区地质条件调查

（1）场地地质条件异常复杂，且经历了严重的工程事故扰动。本场地浅层存在厚层海陆交互相沉积的高压缩性淤泥质土，中层存在较厚冲洪积的砂性土和圆砾，含水量丰富，深部为强风化基岩，基岩风化裂隙和节理裂隙发育，裂隙水具有承压性，场地地层条件复杂，且盾构透水事故造成地下土层发生剧烈扰动，地表塌陷约7.5m，如何通过高效、可靠的技术方法探明事故后场地土层分布及土体性能变化是本项目关键难点之一。

（2）事故发生后，塌陷区域水土流失严重，为避免二次事故发生，塌陷区内注入大量水泥浆及素混凝土，致使地层从浅至深均变化较大，土质极不均，准确查明塌陷区的地质扰动变化情况是技术难题。

（3）不同部位受到塌陷影响程度不同，全面直观准确地反映塌陷区的地层变化是本次塌陷区地质条件调查的难题。

（4）在地质条件调查时，塌陷区其他探摸工作及抢险施工也在同步开展，场地空间狭小，注浆施工对地质调查的结果有较大影响，如何最大限度地降低场地条件的局限及现场加固施工的干扰，保证成果的准确性是本项目实施的又一大难题。

4. 破损隧道周边土体影响范围分析

（1）本项目事故产生的关键原因之一是由于盾尾产生了渗漏，由于隧道掘进位置位于砂砾层承压含水层，水土压力较大，渗漏导致大量砂砾土随地下水进入隧道空腔内部并沿隧道产生了严重的涌水涌砂，水土流失量难以估算，土体变形已远远超出了正常土体变形的弹塑性范畴，土层物理力学指标在事故过程中亦产生了显著的改变，其土体受力变形机理已不适合采用连续介质应力应变理论进行分析，更难以采用经典的土力学方法进行模拟计算。

（2）盾构透水事故造成地下隧道损毁，引起了长约70m、宽约80m、深约7.5m的地表大范围塌陷。由于地下隧道的损毁及大量水土的流失，场地地层自下而上在不同深度均对周边土层产生不同程度的影响，如何通过土层探查、计算分析等手段对事故中心位置处不同深度周边土层的主要影响范围进行明确，对于制定修复方案，评估后续修复施工风险至关重要。

8.2.4 技术咨询成果

本项目作为抢险项目，时间紧急，工作内容多，涉及专业多，需要多专业、多工种协同作业。项目成果直接作为已建隧道废存位置以及修复工作井布置等重大方案制定的依据，探测成果的精度直接影响后续抢险实施的精确性和有效性，不可靠的检测和评估结果可能导致巨额的经济损失。因此，必须快速得到精确结论以支撑后续工作开展。

而本项目场地原地层就存在地质条件复杂，规律性差的特点。经过塌陷事故影响，深部土层大量涌入隧道内部产生了严重的水土流失，地层扰动显著，浅部塌陷严重，加之塌陷后的回填、注浆加固等叠加施工影响，土层受到了剧烈的影响，土层复杂程度显著提升。同时，右线隧道损毁严重，管片位置、状态较事故前产生了较大的改变，处于不明状态分布于土层中的不明位置。如此复杂的地质条件下，要想准确快速地探明好坏分界点位置，对于埋深 30m 左右的隧道探测误差需控制在厘米级。另一方面，要想查明剧烈扰动后的地质条件及土体扰动范围，需在多种因素强烈干扰下全面准确把握场地土层特性以及事故引起的土体受力变形机理，技术要求高，实施难度大。

针对各项问题，本项目分别从四个方面快速开展了探测检测工作。

1. 右线隧道管片完整段与破损段分界点位置探测

首先针对浅部、中部、深部不同深度分别采用探地雷达法、瞬态瑞雷面波法、微动法等物探方法对地层扰动情况进行快速普查探测，物探普查成果如图 8.2.2 所示。

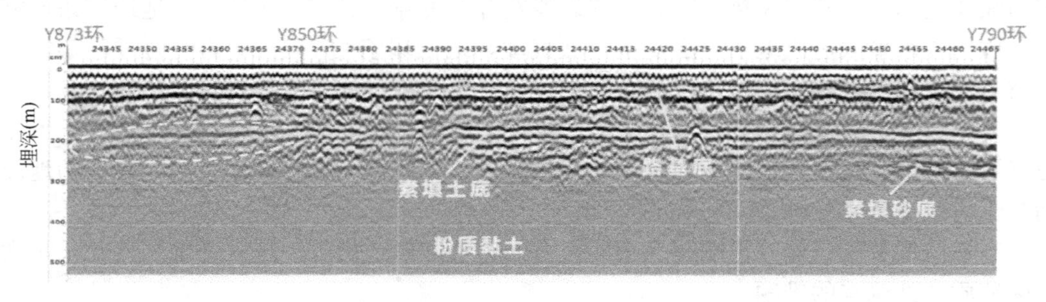

(a) 右线轴线上方探地雷达探测剖面(790～873环)

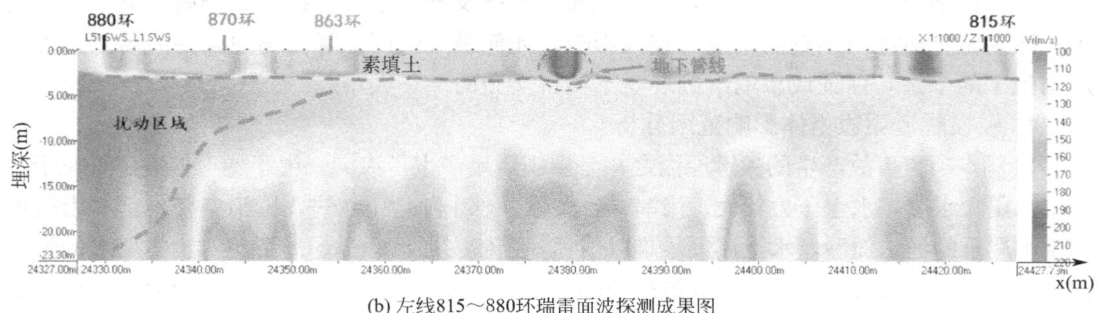

(b) 左线815～880环瑞雷面波探测成果图

图 8.2.2 物探普查成果图（一）

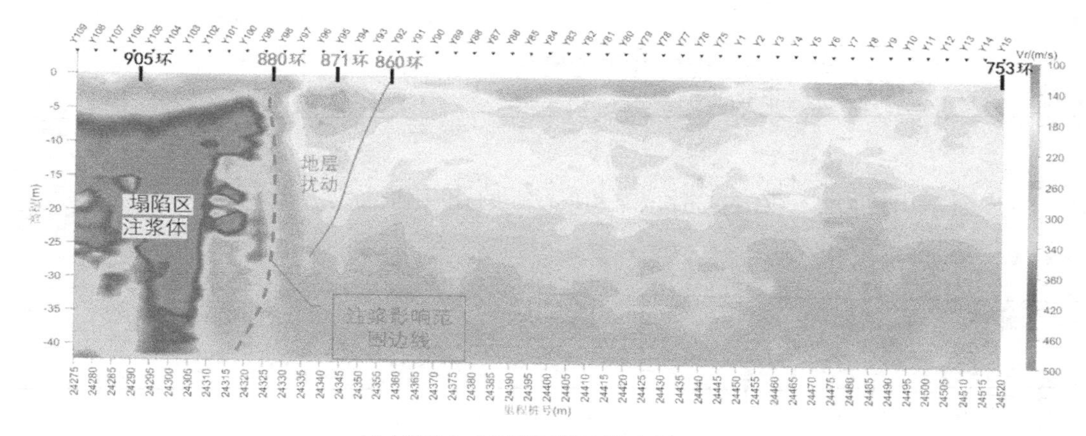

(c) 右线915～753环微动探测的波速剖面图

图 8.2.2　物探普查成果图（二）

根据普查成果，在重点区域采用“钻探＋测斜”对隧道进行精细探摸验证。项目共布置精细探摸断面 38 个，分别布置于 38 个不同管片环上方，在每个探摸断面布置 1～3 个钻孔。经过测斜计算，各孔底位置的横向及纵向偏斜值较为离散，其中横向偏斜值最小 0.01m，最大 1.31m，平均值 0.31m；而轴向偏斜值最小 0.0m，最大 1.23m，平均偏斜值 0.27m，这说明如不经过纠偏计算，将导致严重的测试偏差。经偏斜校正得到了 38 个断面管片顶的标高数据，并与盾构管片的竣工测量顶标高数据进行比对，并通过拟合得到现状管片的偏移及沉降情况。不同管片探测成果如图 8.2.3 所示。

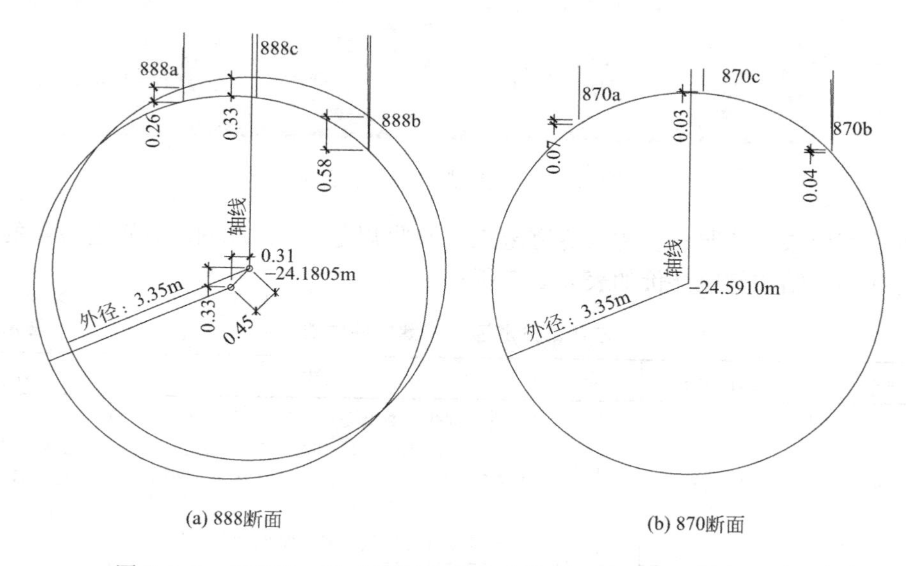

(a) 888断面　　(b) 870断面

图 8.2.3　888 环、870 环断面处精细探摸断面成果图（单位：m）

经过对探摸数据进行纠偏归位计算及断面拟合，探测得到的右线隧道盾构中心轴线与竣工轴线的水平及高程偏差曲线如图 8.2.4 和图 8.2.5 所示。

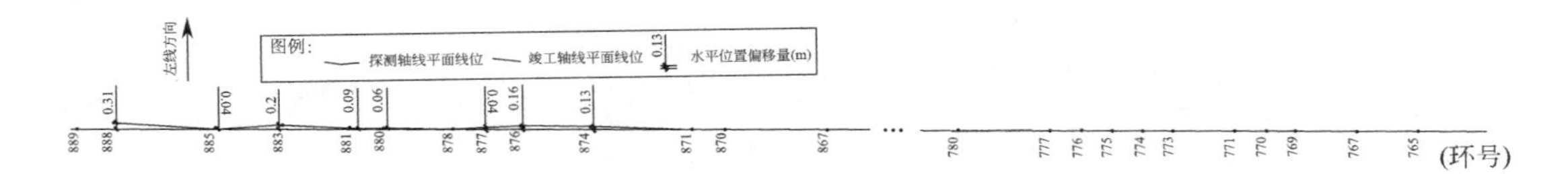

图 8.2.4　右线隧道探测盾构中心轴线与竣工轴线的水平偏移曲线

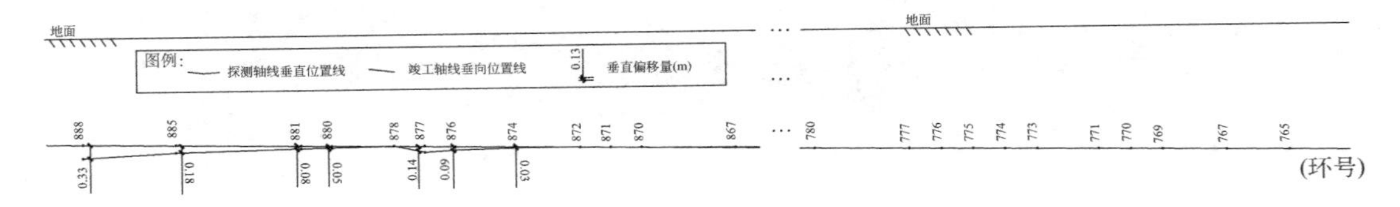

图 8.2.5　右线隧道探测盾构中心轴线与竣工轴线的垂直偏移曲线

2. 左线隧道的结构健康状况检测与评估

本次左线隧道结构中心测量分别采用了传统人工测量及三维激光扫描两种方法进行数据采集，两者探测差值大多小于 10mm，表明人工与三维激光测量成果基本吻合。

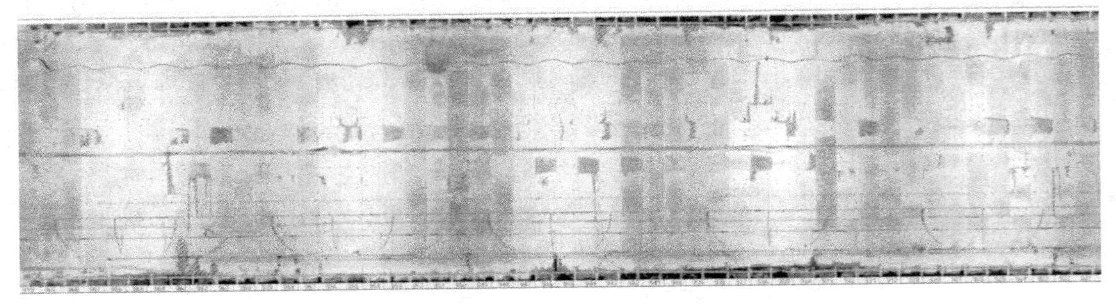

图 8.2.6　左线典型渗漏病害图

根据检测成果，按照《盾构法隧道施工及验收规范》GB 50446 中隧道验收的相关规定，对左线隧道结构健康评价如表 8.2.2 所示。

左线部分隧道结构健康评估表　　**表 8.2.2**

检验项目	允许偏差	属性	简述	评价
隧道轴线平面位置	±100mm	主控项目	隧道轴线平面偏差在－101～70.5mm； 160～163 环、230～232 环超出限值；157～167 环、224～239 环朝远离右线方向偏移超过 80mm； 共计 6 环超出隧道轴线平面偏差限值	总体符合设计要求，有 6 环超出隧道轴线平面偏差限值
隧道轴线高程	±100mm	主控项目	此区间结构中心高程偏差在－73～43.5mm； 无隧道轴线高程偏差超出限值	符合

续表

检验项目	允许偏差	属性	简述	评价
衬砌环椭圆度	±6‰(36mm)	一般项目	直径偏差在−35.4～5mm； 无环片超出衬砌环椭圆度偏差限值	符合
衬砌环内错台	10mm	一般项目	880～920环： 无环片衬砌环内错台超出限值	符合
渗漏水	应符合设计要求	主控项目	渗漏水病害共629处，总面积约197m²。 174～194环、263～273环连续渗漏，798～806环部分封顶块渗漏。921～970环部分封顶块渗漏(部分新湿迹)。 左线典型渗漏病害见图8.2.6	未超标

根据探测评估成果判定，左线隧道结构基本完好，局部受坍塌影响，隧道结构存在一定变形。

3. 塌陷区地质条件调查

地质调查采用钻进时间短、连续性好、指标稳定可靠的静力触探手段进行场地土层的探测，并进行测斜校正静探杆偏斜误差。

图8.2.7为塌陷区内盾构后方C10、C11孔与原钻孔及塌陷区外C24静探q_c曲线对比，由图可以明显看出，C10、C11孔位置原−23.48m标高处黏性土与砂性土界面上抬了近4m，C10、C11孔位置处土层界面出现了显著隆起错动，且砂性土中出现有软弱夹层，表明湖—绿区间右线第905环处隧道断面突发涌水、涌砂后，隧道断面及顶部范围内粉细砂随地下水渗入隧道内部，盾构挤压变位造成隧道上方粉砂层界面错动。

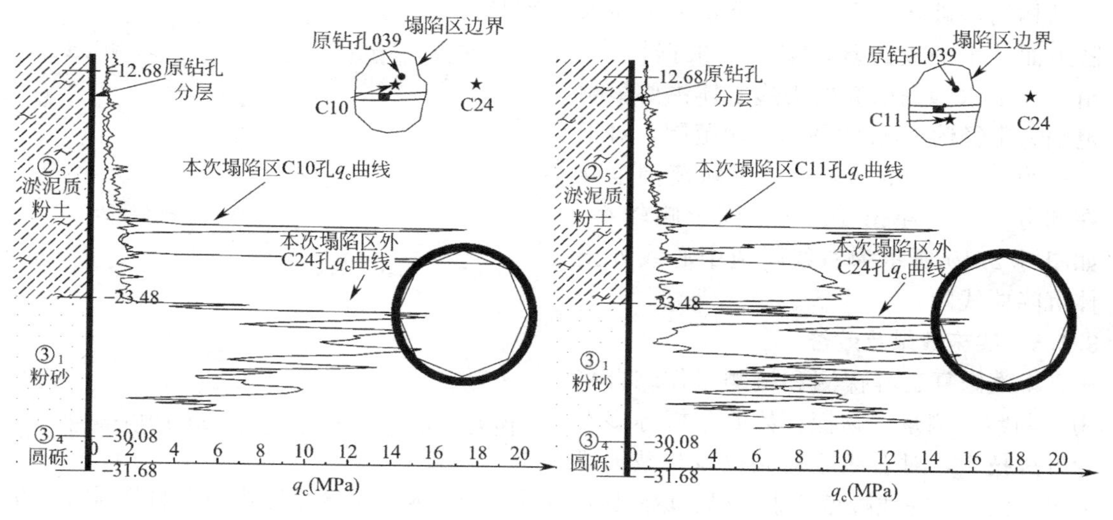

图8.2.7 塌陷区内盾构后方C10、C11孔与邻近原钻孔对比图

根据探测成果绘制了临近地层剖面图如图8.2.8所示，由图可明显看出，盾尾处(C10、C11孔)上部②层淤泥质土层向下塌陷流失变薄，下部③层砂土层出现了上涌抬升，且砂性土中出现有软弱夹层。

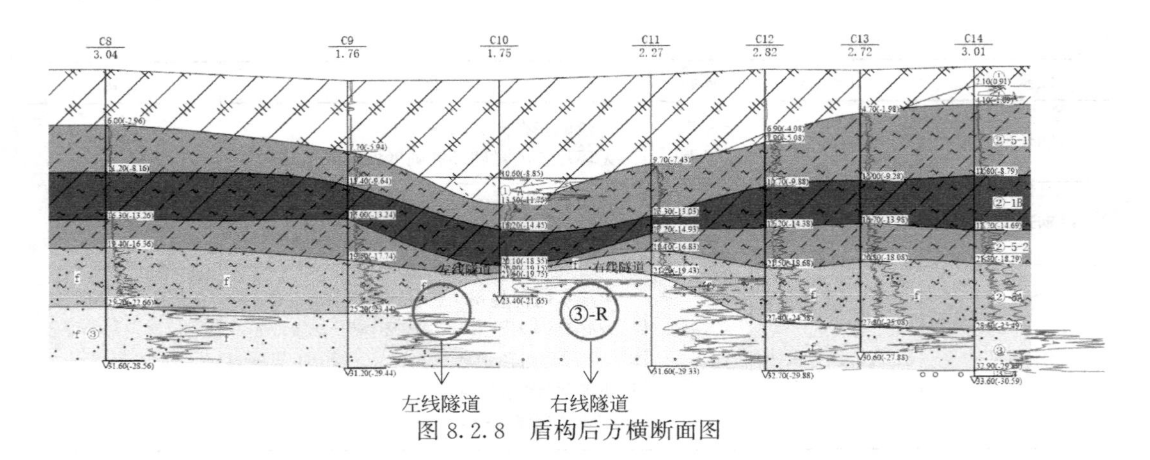

图 8.2.8　盾构后方横断面图

4. 破损隧道周边土体影响范围分析

破损隧道周边土体影响范围分析主要需考虑土体流入破损隧道内部和地下水进入隧道结构两部分因素对周边土体产生的影响。

(1) 针对土体涌入隧道结构引起的地面塌陷及地下影响区域范围，采用解析方法分析土体损失对周边土体的影响；

(2) 针对地下水大量涌入隧道结构，则采用数值有限元水土耦合分析计算地下水流失引起的隧道结构及其周边土体环境影响。

通过采用地层损失法和采空区塌陷范围计算方法，计算得到由于土体流失导致的周围土体主要影响范围如图 8.2.9 所示。

有限元计算分析主要用于分析计算隧道结构坍塌破坏后引起的地下水大量涌入隧道而产生的周边环境影响，根据计算，由于地下水渗漏引起的周边土体主要影响范围为半径约 50m 的圆形区域范围，对于半径约 50～100m 的圆环形区域范围也存在部分影响，超出 100m 范围影响较小。如图 8.2.10 所示为右线隧道中心线处土体沉降曲线图。

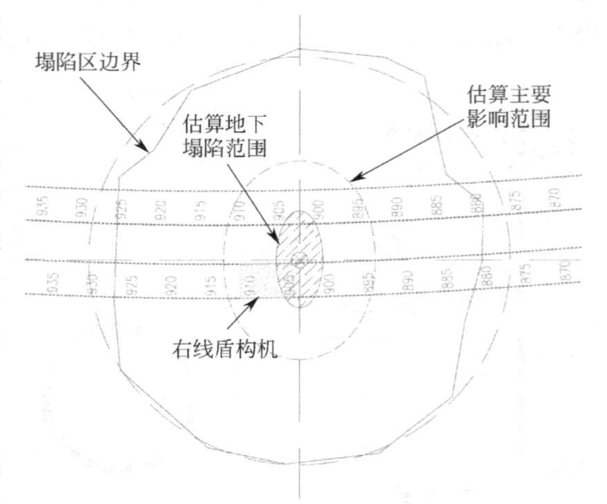

图 8.2.9　地下塌陷区主要影响范围示意图

8.2.5　实施效果及效益

本次修复工程探测和检测工作综合采用了勘察、测量、物探、数值分析等多专业方法技术，对右线隧道完整段与破损段分界点位置、左线隧道健康状况、塌陷区的地质情况以及塌陷区土体扰动影响范围四个方面的内容进行了全面的检测与评估，为判别左线隧道安全性、制定右线隧道后续修复工程等提供了可靠的数据支撑，对提升该区间地铁工程施工的经济性、合理性具有重要的经济和社会效益。

采用综合物探快速评估与高精度盾构隧道结构空间位置探测技术结合的方法，快速有效地判定了右线隧道的结构形态，判定右线隧道管片损坏与完整段的分界点位于 871 环附

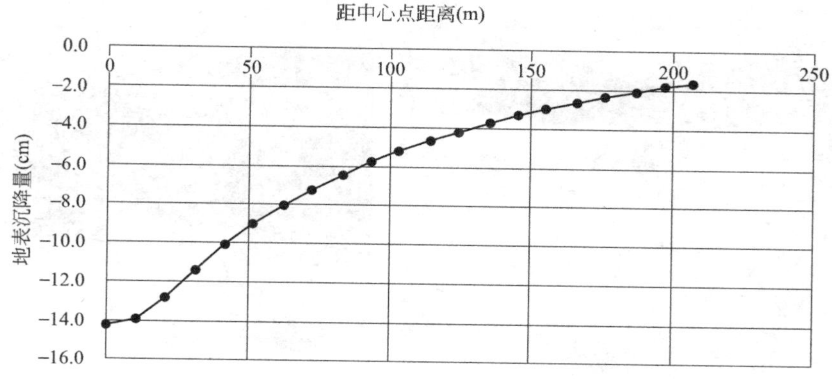

图 8.2.10　估算右线隧道中心线处土体沉降曲线图

近，大大提升了修复工程决策科学性。

通过采用传统人工测量及三维激光扫描，对左线隧道变形情况进行了精细化测量，并对其结构安全状态进行了评估，判定左线隧道结构基本完好，隧道结构存在一定变形，为左线隧道事故后处理提供了坚实的依据。

利用静力触探技术探测速度快、可连续对土层力学性质进行探测，对塌陷区不同区域的关键位置进行了快速探测、精细化分析，针对极其复杂的场地工程地质条件环境，在极短时间内快速形成准确、直观的场地地层分布情况。

综合多种方法和多种计算分析手段并进行探测验证，获得了较为准确的土体影响范围分析成果，判定土体主要受影响范围为以右线 905 隧道结构破坏处为圆心，半径约为 50m 的圆形区域。

通过本项目全面系统的探测与检测评估，对分析事故原因，评估事故影响，确保周边环境安全，可靠避免次生事故，总结事故教训具有重要的意义。

图 8.2.11　塌陷区现状照片

(a) 微动法

(b) 钻孔定位

图 8.2.12　微动法和钻孔定位现场施工

图 8.2.13　钻孔与测斜施工

图 8.2.14　现场测量施工

8.3 某口岸地基及建筑物安全调查与评估

8.3.1 工程概况

某口岸为海关出入境要道，日均出入境旅客超过30万人次。某隧道下穿该口岸，采用管幕冻结暗挖法施工，暗挖段隧道断面宽18.8m，高21m，管幕顶埋深约4～5m。由于隧道断面超大、覆土超浅，隧道轮廓线几乎紧贴边检大楼，加上地质条件复杂，掌子面稳定性差，极易引起变形、坍塌、失稳，施工难度极大，如图8.3.1和图8.3.2所示。

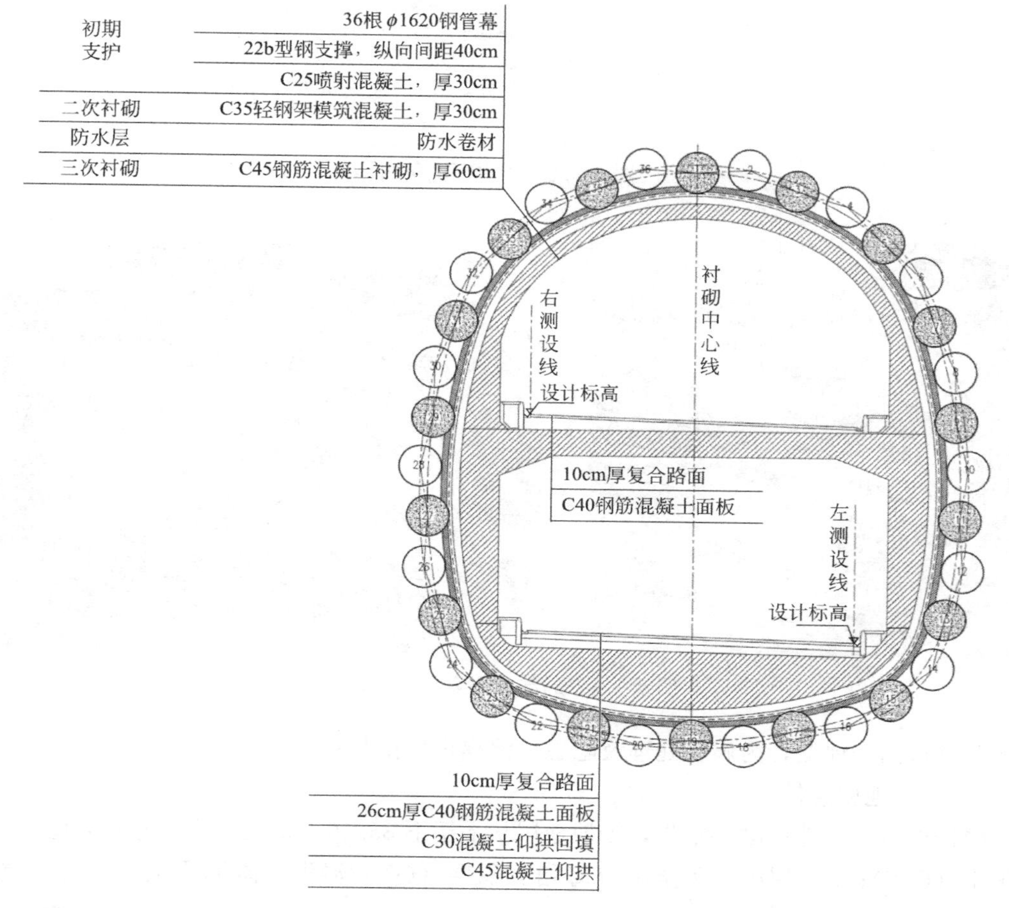

图8.3.1 隧道断面设计示意图

在施工期间，工作井、隧道等多处位置曾发生过透水事件，土体注浆过程中发生地面冒浆等异常情况，隧道冻结及解冻施工过程中，土体出现显著的冻胀和融沉，地面最大累计变形量达75cm，地表出现高低不平，部分浅基础房屋出现明显沉降、裂缝或屋面变形等病害（图8.3.3），涉及地表范围约84380m^2，涉及单体建筑14栋。

为确保进出入关行人安全及口岸形象，排除地下安全隐患，开展本工程的安全调查与评估工作，以求查明地下病害分布情况并分析产生的原因，调查现状地质条件，分析施工影响范围，分析施工期监测资料并进行复测验证，测绘现状地面标高，对主要建筑物结构

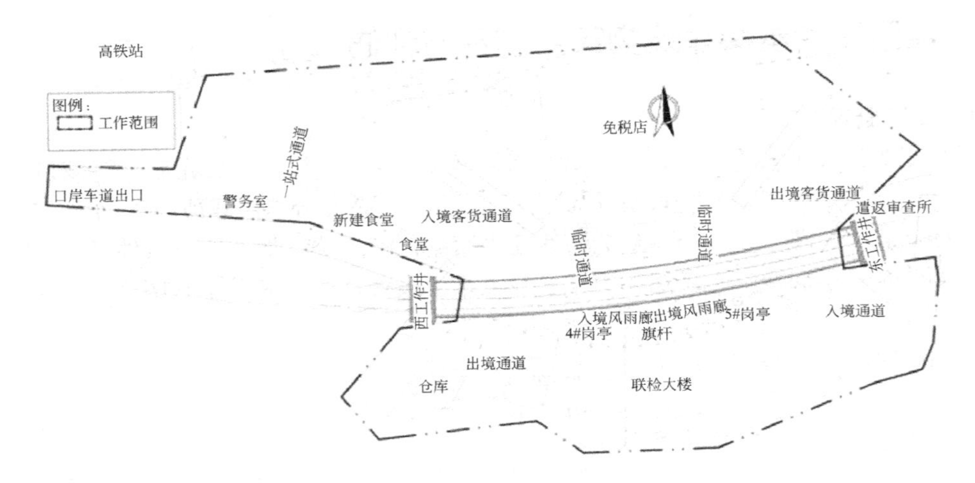

图 8.3.2　周边环境条图

图 8.3.3　局部地面隆起房屋破损

检测并进行损伤评估，为病害处理及隐患整治提供依据和对策。

8.3.2　工程地质条件

根据项目工程地质勘察报告，场地地层从上至下 35.00m 范围内土层包括：①层第四系填土（Q_4^{me}）；③$_1$ 层第四系全新统海相沉积层（Q_4^m）淤泥、淤泥质土、含淤泥质砂；③$_2$ 层第四系全新统海陆交互相沉积层（Q_4^{mc}）黏土、粉质黏土、粉土；③$_3$ 层第四系全新统海陆交互相沉积层（Q_4^{mc}）粉（细）砂、中砂、粗砂、砾砂、卵（砾）石土；④$_1$ 层第四系全新统海陆交互相沉积层（Q_4^{mc}）粗、砾砂；④$_2$ 层第四系全新海陆交互相沉积层（Q_4^{mc}）黏土、粉质黏土、粉土；④$_3$ 层第四系全新统海相沉积层（Q_4^m）淤泥质土、粉质黏土、黏土、粉土；⑤$_1$ 层第四系上更新统海陆交互相沉积层（Q_3^{mc}）黏土、粉质黏土、粉土；⑤$_2$ 层第四系上更新统海陆交互相沉积层（Q_3^{mc}）粉砂、细砂、中砂、粗砂、砾砂、卵（砾）石土；⑤$_3$ 层第四系上更新统海相沉积层（Q_3^m）淤泥质土、粉质黏土、黏土、粉土；第⑥$_1$ 层第四系上更新统冲洪积层（Q_3^{al+pl}）黏土、粉质黏土、粉土；⑥$_2$ 层第四系上更新统冲洪积层（Q_3^{al+pl}）粉砂、细砂、中砂、粗、砾砂；⑥$_3$ 层第四系上更新统冲洪积层（Q_3^{al+pl}）卵（砾）石；⑦$_1$ 层第四系残积层（Q^{el}）砂质黏性土；⑦$_2$ 层第四系残积层（Q^{el}）砾质黏性土。图 8.3.4 为典型静力触探测试曲线。

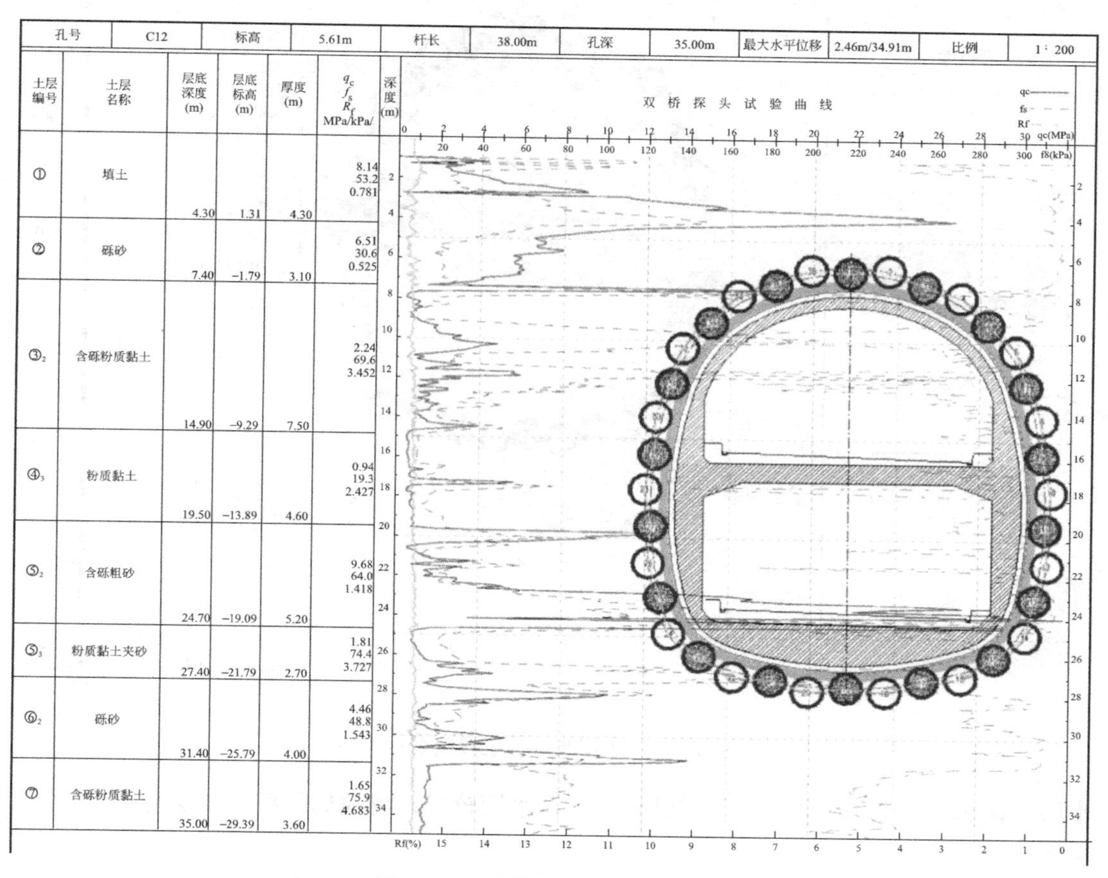

图 8.3.4　典型静力触探测试曲线

场地所在区域气候湿润，雨量充沛，降水时间长，对区域地下水的形成和补给起了重要的作用。据区域资料、详勘资料以及本次地质调查成果，根据含水层的岩性、埋藏条件和地下水赋存条件、水力特征，场地 35m 深度范围内主要包括 3 个含水层，分别为②层砾砂层、⑤$_2$ 层含砾粗砂层和⑥$_2$ 层砾砂层，含水层与隧道位置关系如图 8.3.5 所示。

②层砾砂层含水层层顶标高 2.11～−0.08m，层厚 1.9～6.5m，该层为潜水含水层，水位受季节及气候影响明显，还受到海水及邻近河水水位影响，主要接受大气降水的入渗补给，径流较缓，以蒸发、侧向径流为主要排泄方式。本次地质调查期间测得地下潜水稳定水位埋深一般在地面以下 3.08～4.53m，其相应标高一般在 1.01～2.38m。

⑤$_2$ 层含砾粗砂层层顶标高−11.49～−17.82m，层厚 1.10～8.00m，该层为承压含水层，含水介质主要为含砾粗砂，渗透性较好，富水性较好。

⑥$_2$ 层含砾粗砂层层顶标高−15.19～−23.71m，层厚 1.30～7.40m，该层为承压含

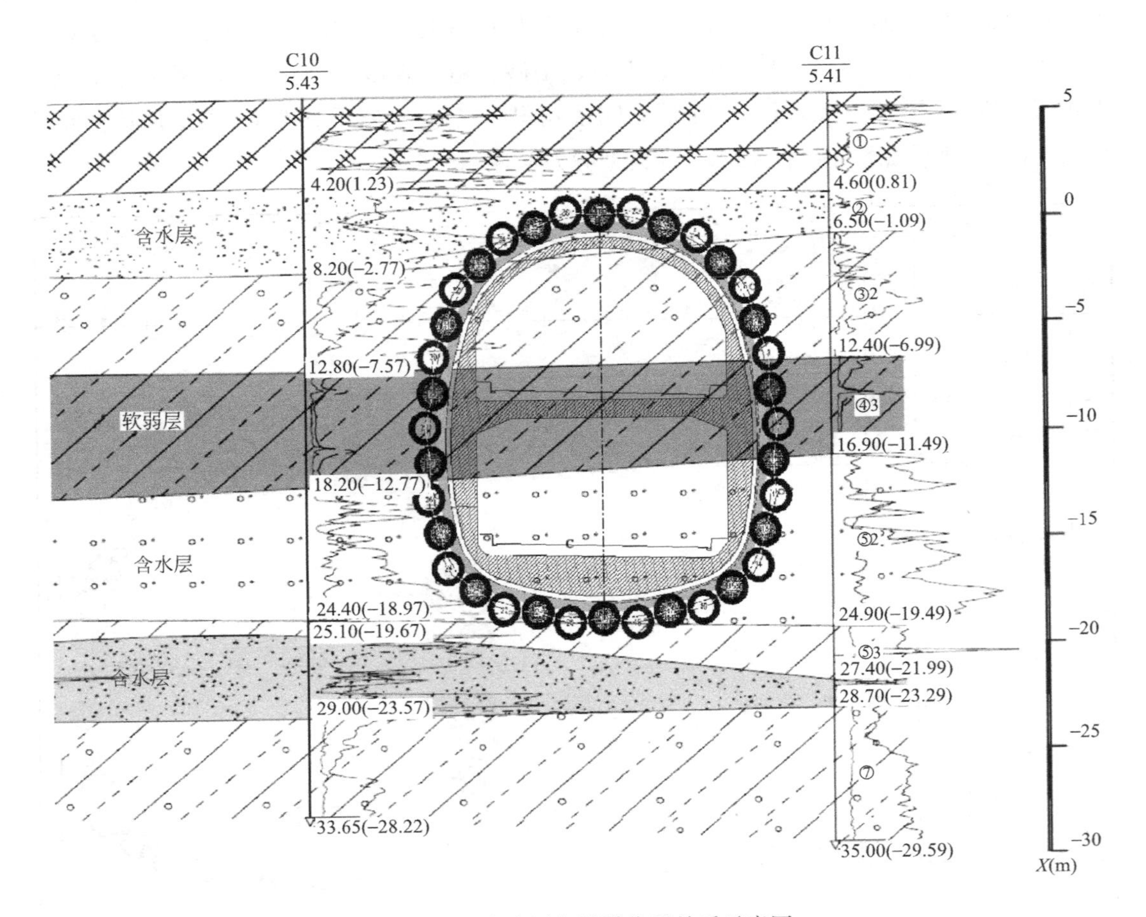

图 8.3.5 含水层与隧道位置关系示意图

水层，含水介质主要为砾砂，渗透性较好，富水性较好，场地局部区域该层与⑤$_2$层含水层连通。

根据工区内的勘察报告可知，工区地表为混凝土地坪，下部土层自上而下依次为填土层、含砾中粗砂、粉质黏土夹砂、粉质黏土、含砾粗砂、粉质黏土、砾砂和含砾黏性土等。根据收集资料统计分析及长期项目经验可知场地内土层介质在密度、波速及介电常数等存在明显差异，当地层土层发生扰动或者地下水含量变化等情况时，其相应的物性参数也将发生明显的差异，这些物性差异的存在为开展各项物探工作提供了良好的地球物理前提条件。

8.3.3 技术难点分析

（1）施工工况及场地地质条件异常复杂，如何选择高效、可靠的地质条件现状和地下病害调查方法难度大。

隧道施工工况异常复杂，隧道冻结及解冻施工过程中，土体出现了显著的冻胀和融沉，地面经历了沉降—隆起—沉降的反复变形，同时经历了大范围、多次反复注浆施工，导致地基病害的原因多样，病害平面及深度分布随机性强，场地地质条件异常复杂。如何选择高效、可靠的方法查明地质条件现状和地下病害分布情况是本项目的一大难点。

（2）场地干扰因素众多，如何通过数据处理，剔除干扰，准确识别地下病害异常难度大。

场地内各类地下管线错综复杂，加上隧道施工期间，场地内部土层经历了多次反复注浆施工，地下干扰因素众多。如何在地下病害调查过程中，排除地下各类干扰因素影响，在复杂和带有“假象”的信息中识别出真正的地下病害，是本次地下病害调查数据处理与解释的一大难点。

（3）建筑物安全调查涉及房屋数量多、类型多样、体系复杂、缺少长期监测资料，且隧道施工周期长，隧道与地上、地下建筑物相互影响关系复杂，准确评估房屋损伤情况与受施工影响的关系难度大。

本次建筑物安全调查共涉及14幢房屋，结构类型多样，部分房屋存在多次改扩建情况，原设计图纸资料不全；加之隧道施工步骤多、周期长，且大多数房屋缺少长期的监测资料，未进行施工前初始检测。准确评估房屋损伤情况与受施工影响的关系难度很大。

（4）在不同时间与空间施工活动的叠加影响以及地表仍存在的持续变形条件下，对场地现状稳定性进行评判及对后续修复施工提出可靠建议难度大。

场地经历了不同时间与空间施工活动的叠加影响，地表变形的原因难以区分。此外，由于现场地表仍存在持续的变形，如何根据土层特性等相关数据对场地现状稳定性进行评判，如何对项目后续修复施工提出可靠建议同样困难很大。

（5）冻结、解冻施工过程十分复杂，准确分析、评估近两年内施工活动对土体及周边建（构）筑物的影响异常困难。

隧道采用管幕冻结暗挖法施工，施工时在管幕周边分别设置了主冻结管、异型管和限位管，冻结工况十分复杂，土的冻结和解冻过程存在多场耦合问题，土体在冻结过程中力学性质变化大，准确分析、评估近两年内施工活动对土体及周边建（构）筑物的影响异常困难。

8.3.4　主要技术成果

针对上述项目特点与难点，本项目咨询包括：地质条件调查、地下病害探测、建筑物结构检测与损伤评估、场地地质条件稳定性分析、隧道施工环境影响评估、调查成果全要素一体化BIM展示等多个方面。

考虑到隧道超大曲线管幕＋超大冻结法施工对场地地坪、地下土体、邻近建（构）筑物等均造成了一定的影响，因此在制定技术方案时针对所遇到的不同对象所产生的不同问题采取了不同的技术手段开展相关工作。

（1）为查明场地受施工影响后地层条件变化情况、施工影响范围及地下可能存在的病害，通过开展物理探测和钻孔探测结合的方法对地下土体影响情况进行探测。

（2）为指导场地地坪、邻近建（构）筑物的后续修复工作，对场地地坪变形及建（构）筑物的安全性情况进行评估，开展地面高程测量和建筑物结构检测评估。

（3）为了明确场地地坪、地下土体、临近建（构）筑物受影响的原因及影响机理，通过针对场地隧道施工过程资料数据进行分析评估，并构建相应数值仿真模型进行计算分析，还原施工影响过程。

1. 土层及地下病害探测

结合场地地层特性，本次探测综合选择了探地雷达、瑞雷面波法、微动法等地球物理探测方法对场地浅部、中部、深部地层中存在的病害进行全面初步探测，然后采用钻探、钻孔摄像等手段对物探结果进行验证及量化分析。测线测点覆盖了整个场地范围。

如图 8.3.6 为测线 29 雷达探测剖面，可见在测线 34～44m 之间，深度 0.35m 左右处出现一连续强反射波异常。为验证强反射波位置的地层情况，在测线 37m 位置处布设钻孔（YZK-7），并采用井中摄像设备对土层情况进行现场检测，检测图像如图 8.3.7 所示，由图可见，上部混凝土层与下部填土层存在高度约 3～6cm 的脱开现象，脱开位置深度与雷达剖面中脱开异常深度基本一致。

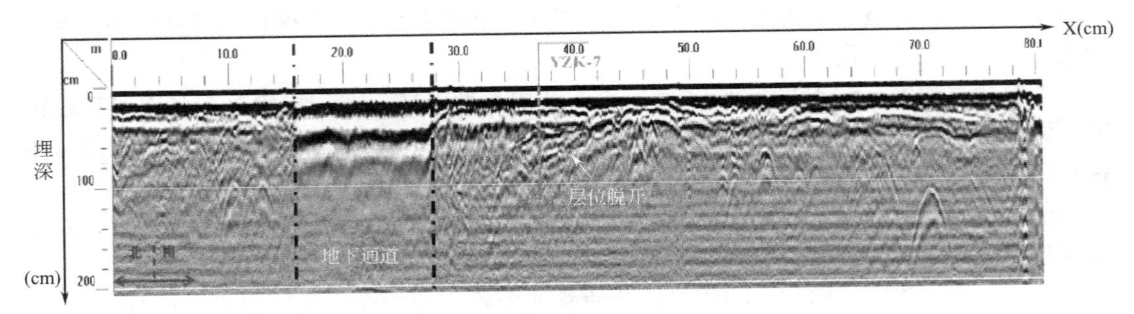

图 8.3.6　测线 29 探地雷达探测剖面

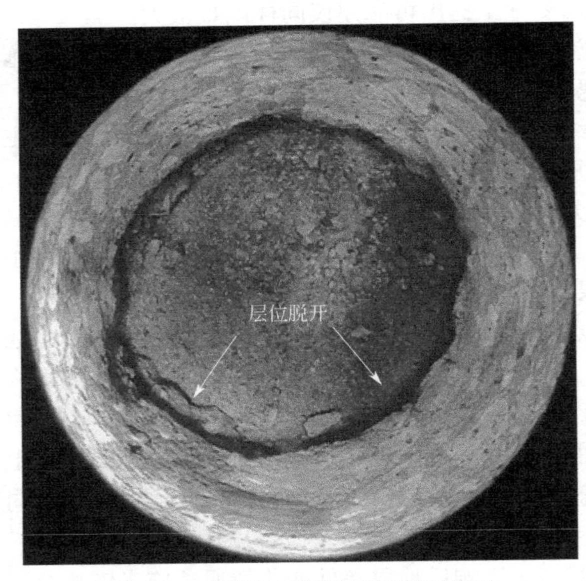

图 8.3.7　混凝土底板与层位脱开照片

图 8.3.8 为测线 MB20 探测成果剖面图，图中测线 22.0～52.0m 位置、高程 0.5～11.5m 范围内也存在明显的高速区域，同时剖面高速异常区域宽度要明显宽于实际隧道。为明确隧道外围高速体的性质，在距离隧道北侧边界 2.7m 及 7.8m 位置分别布置静探孔 C16 及取土孔 Y5，孔位及静探 q_c 曲线见图 8.3.8。由图可见，C16 孔 q_c 曲线在剖面高程 －3.0m 位置往下 q_c 值显著增大，其值已远远大于正常土层。同时，Y5 取芯发现，在孔深 8～13m 位置，间断性发现有薄层状注浆体，芯样见图 8.3.9。由此可见面波剖面上隧道外围的高速区应为注浆扰动的反应，综合分析横跨隧道上方的所有测线，隧道管幕外围

均存在厚薄不均的注浆体。

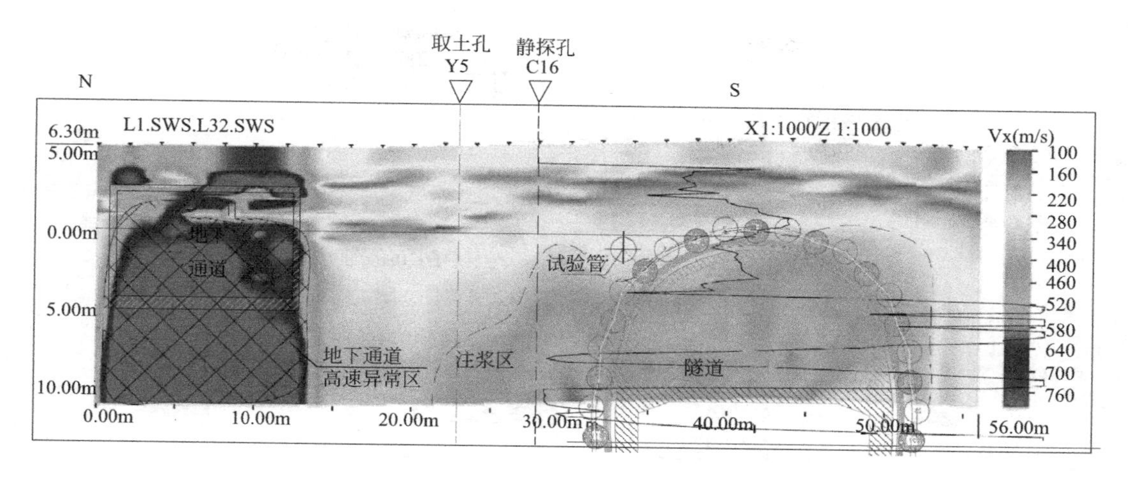

图 8.3.8　测线 MB20 面波探测成果图

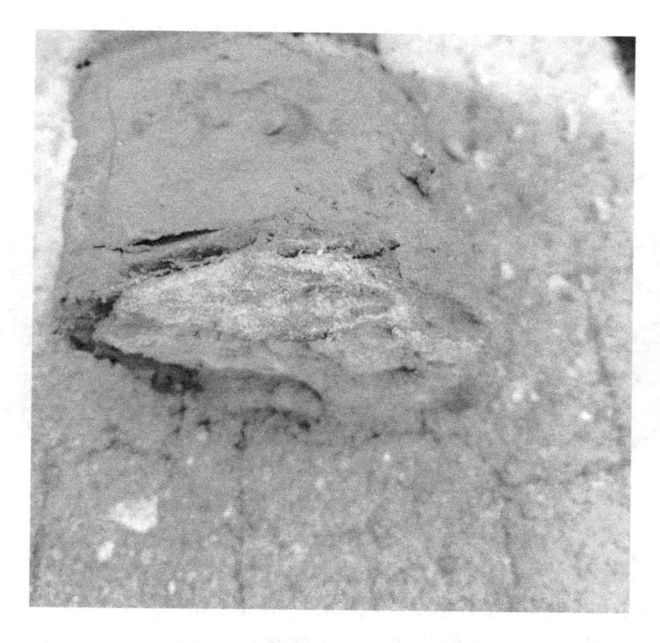

图 8.3.9　Y5 验证孔注浆体照片

另外，通过在施工隧道临近不同位置进行静力触探发现，不同位置土层存在显著力学差异，如图 8.3.10 所示，C16 孔 q_c 曲线显著高于相邻孔 q_c 曲线值，且高于场地其他区域浅部土层 q_c 值，静力触探压入至约 9.5m 处，探头 q_c 值超过 40MPa，无法进一步贯入，该孔位测试终止，后于距离该孔位约 4m 处实施验证取土孔 Y5 后发现，该区域约 8～13m 深度范围内存在层状间隔分布的注浆体，Y5 土样发现注浆体层厚多小于 1cm，局部层厚大于 1cm，注浆体照片如图 8.3.11 所示。

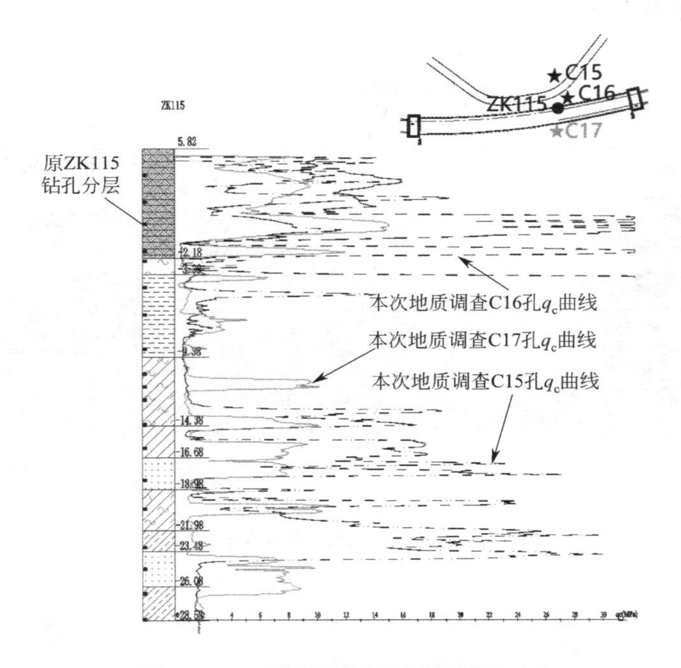

图 8.3.10　场地隧道断面地层情况对比

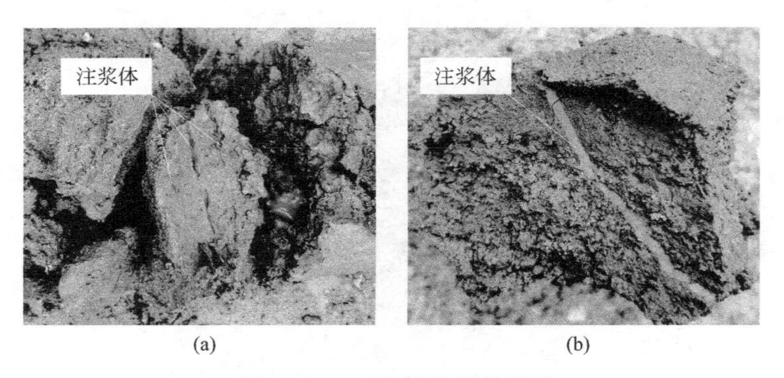

(a)　　(b)

图 8.3.11　Y5 孔注浆体照片

2. 地坪及建筑物评估

采用现场施工的坐标系统和高程系统，采用极坐标法进行碎部点的数字地形采集，最终得到口岸 1∶200 现状地形图、口岸 5cm 等高线图，模拟生成了沉降 3D 示意图，成果如图 8.3.12、图 8.3.13 所示。

通过分析收集到的口岸区所有房屋的建筑结构设计图纸，实地调查了场地内主要建筑物，通过调查分析发现食堂等建筑评定为严重损坏房，局部有危险点。房屋主体结构存在明显结构性损伤或较大倾斜变形。风雨廊等评定为一般损坏房，局部装修或结构构件损坏严重，房屋大部分测点倾斜率均小于 4.0‰。其余房屋均被评定为基本完好房，房屋主体结构均未见明显结构性损伤，房屋大部分测点倾斜率均小于 4.0‰，如图 8.3.14 所示。

3. 施工过程还原分析

根据隧道施工期间对场地地表及周边建（构）筑物的长期监测数据，可将暗挖段隧道

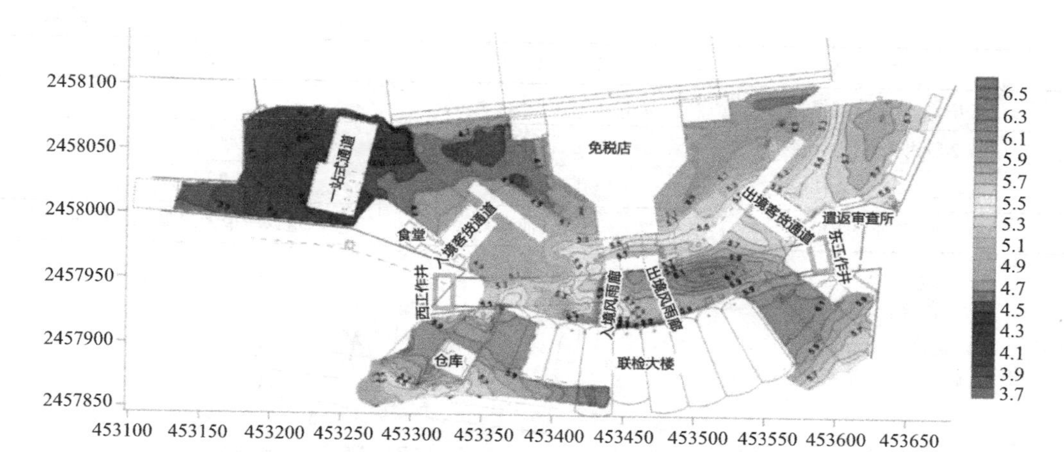

图 8.3.12　地形高程等值线图

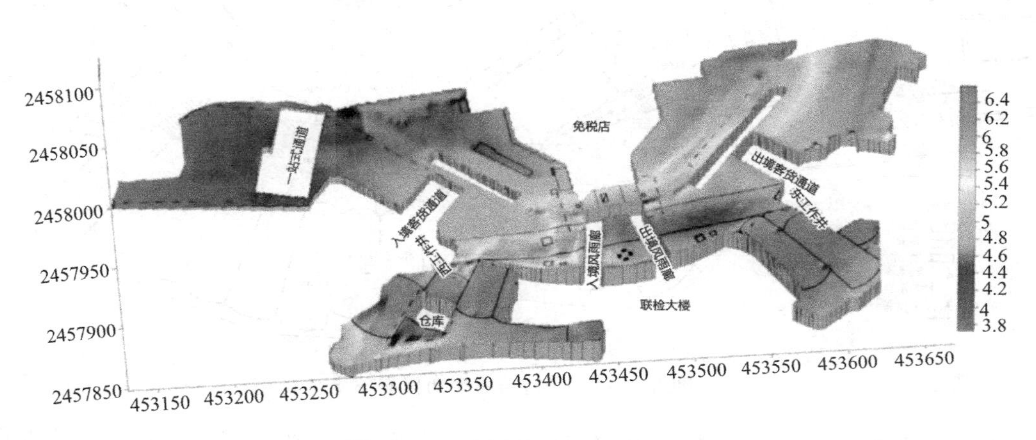

图 8.3.13　场地 3D 地形示意图

施工分为管幕施工、注浆施工、冻结开挖施工、解冻融沉施工四个主要阶段，且管幕施工期间工作井存在多次突涌水事件，对距离管幕超过 100m 处建筑物也产生了一定影响，涌水事件情况如表 8.3.1 所示，通过分别对不同施工阶段场地地表及建（构）筑物的变形规律分析可得到不同施工阶段对环境产生的不同影响。

基坑渗漏水事件信息　　　　**表 8.3.1**

渗漏发生位置	渗漏水发生原因	说　明
东工作井埋深 24m 处	地连墙接缝漏水	最大涌水流量约 120 m^3/h
东工作井埋深 28m 处	地连墙接缝漏水	最大涌水流量约 400 m^3/h
陆域 10～11 段外侧埋深 17m 处	地连墙接缝漏水	—
陆域 14 段外侧埋深 16m 处	地连墙接缝漏水	最大涌水流量约 100 m^3/h
东井 17 号管接收位置	孔口管漏水	最大涌水流量约 80 m^3/h
东井 14、15、16 号管接收位置	孔口管漏水	最大涌水流量约 250 m^3/h
东井 22 号管接收位置	孔口管漏水	—

续表

渗漏发生位置	渗漏水发生原因	说　明
东井 22 号管接收位置	接收孔口管与接收舱漏水	—
陆域 2 段内侧埋深 24m 处	地连墙接缝漏水	—
东井 21 号管接收位置	孔口管漏水	—
东井 21 号管接收位置	突发涌水	遣返所最大沉降 19.42mm

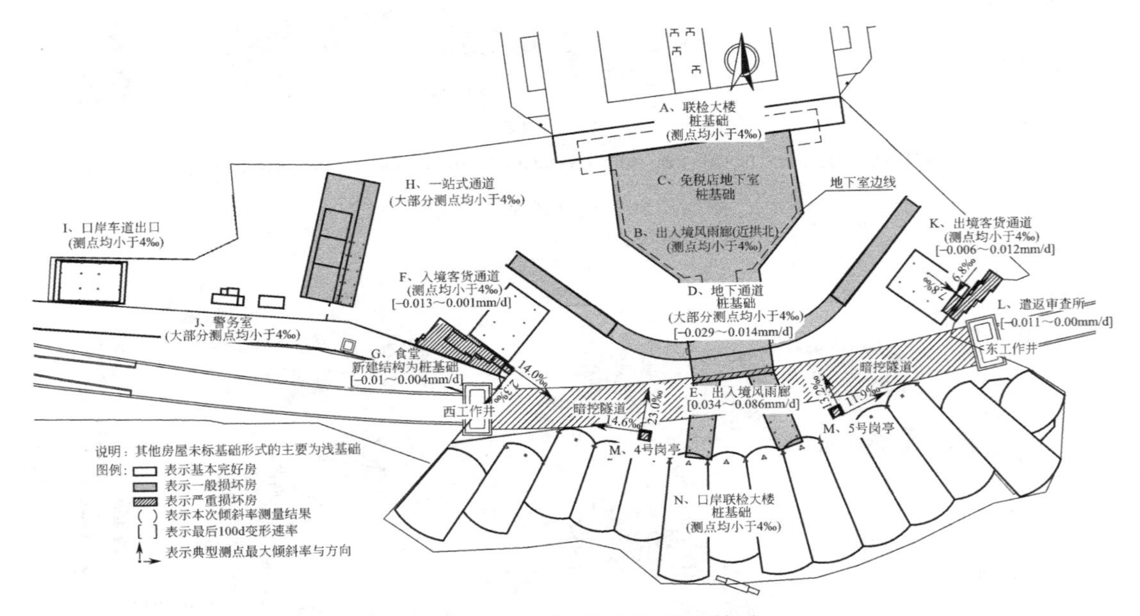

图 8.3.14　受检房屋损伤检测结果

通过对邻近各建（构）筑物分别在四个施工阶段所产生变形情况进行分析，得到了不同建筑物在不同施工工况下的变形规律，如表 8.3.2 所示。由变形规律可见，地表建筑物在整个施工阶段主要产生的竖向变形为沉降变形，且发生沉降变形主要集中于管幕施工阶段。地表建筑在几次突涌水事件中均产生了快速、显著的沉降，突发沉降占总沉降比例超过 70%。

各施工阶段不同建筑竖向位移变化情况　　**表 8.3.2**

施工阶段	管幕施工	注浆施工	冻结开挖	解冻融沉
建筑 1 最大位移增量	约 15cm	小于 1cm	约 1cm	约 1cm
建筑 2 最大位移增量	约 14cm	小于 1cm	约 1cm	约 2cm
建筑 3 最大位移增量	约 9cm	小于 1cm	小于－1cm	约 2cm
建筑 4 最大位移增量	约 5cm	小于 1cm	小于－1cm	小于 1cm
建筑 5 最大位移增量	约－1cm	约－6cm	约－4cm	约 6cm

另外，场地地坪的变形规律较建筑物又有所不同，地坪在管幕施工阶段与解冻融沉阶段产生沉降变形，注浆与冻结开挖施工阶段产生隆起变形，如表 8.3.3 所示。

各施工阶段地表及风雨廊竖向位移变化情况　　表 8.3.3

施工阶段	管幕施工	注浆施工	冻结施工	解冻融沉
地表最大位移增量(cm)	约16	约−34	约−63	约56
风雨廊最大位移增量(cm)	约13	约−15	约−45	约43

为还原暗挖段施工期间的环境影响，本次分析构建了暗挖段施工的准三维模型，模型细节如图 8.3.15 所示，采用热力学与应力应变耦合分析计算方法对整个施工工程进行了计算分析。

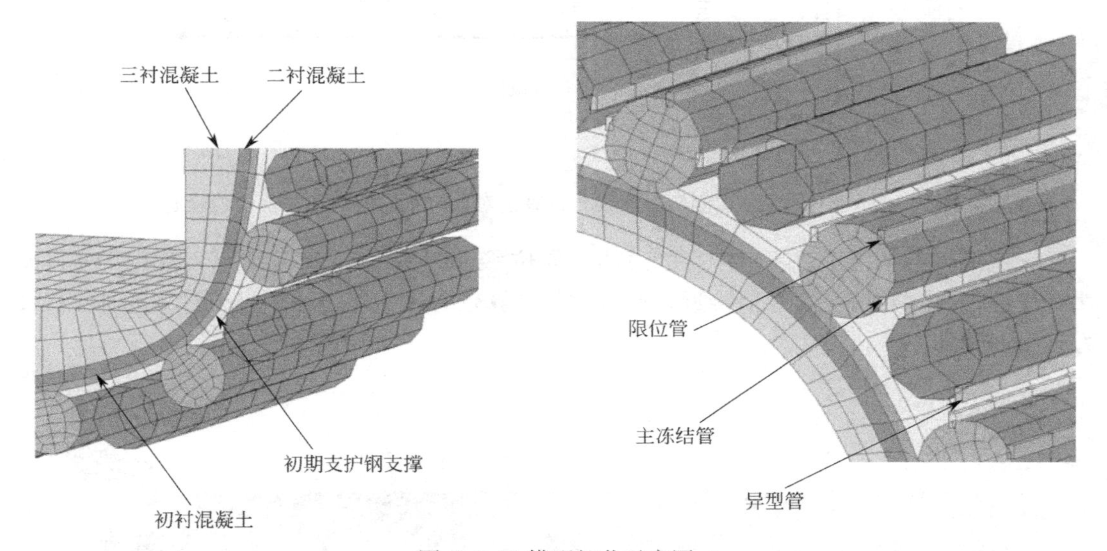

图 8.3.15 模型细节示意图

计算过程详细模拟了隧道开挖的四个施工阶段，如图 8.3.16 和图 8.3.17 所示为冻结施工模拟，实测值与计算值接近。

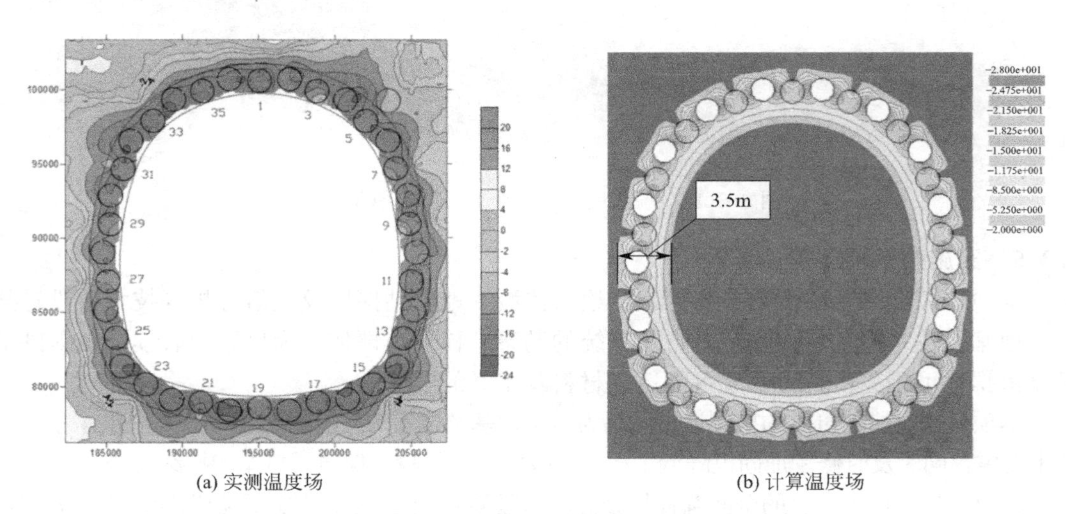

(a) 实测温度场　　(b) 计算温度场

图 8.3.16 积极冻结后温度场云图与实测温度对比（单位：℃）

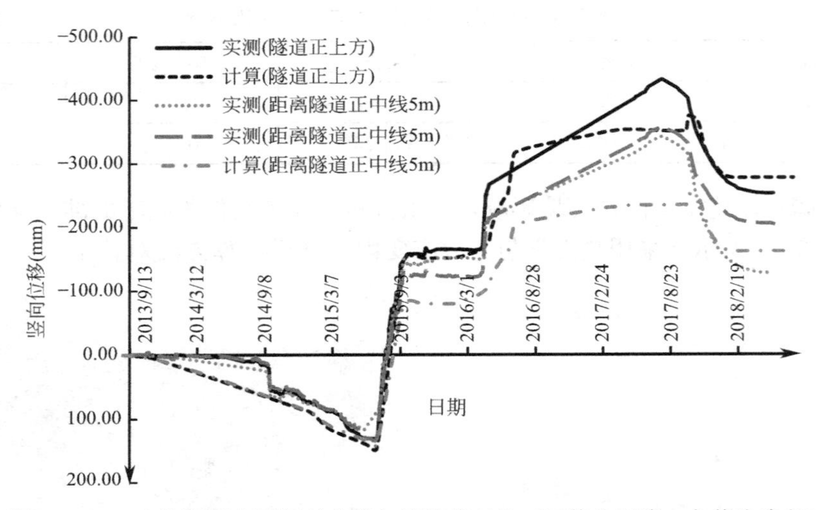

图 8.3.17　土体沉降实测历时曲线与计算值对比（正值为沉降，负值为隆起）

场地经过整个施工过程后产生的总体竖向位移云图如图 8.3.18 所示，与现场实际规律对应性很好，数值与实际值接近，通过数值计算较为理想地还原了施工过程场地土体受力与变形规律。

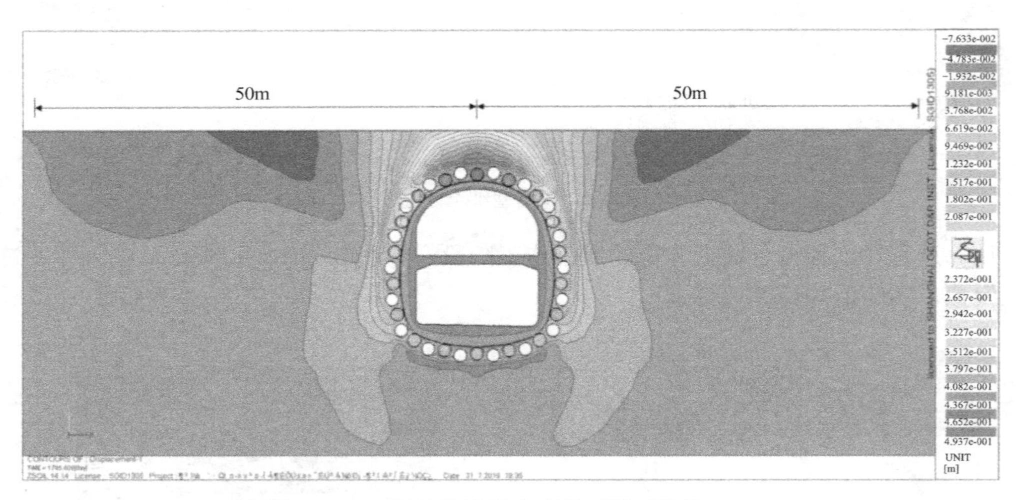

图 8.3.18　场地最终竖向变形云图（单位：m）

8.3.5　实施效果及效益

本项目综合采用了调查、物探、测绘、监测、地质钻探以及数值分析等技术手段对某口岸地基及建（构）筑物安全进行了系统的勘察、检测与评估，为口岸的后续修复提供了可靠依据，可避免由盲目修复可能造成材料及工时的浪费。

本项目通过快速可靠的检测评估结果为口岸地基及建（构）筑物的及时修复提供了重要的技术支撑，同时及时修复加固也降低了次生事故的发生风险，保障了口岸的持续安全运营。

通过对场地地下病害的全面调查与分析，掌握了由于施工引起的地质隐患的性质及分布范围，为地质隐患的精准修复提供了保障，维护了口岸场地及建（构）筑物的地质环境安全。

图 8.3.19　场地病害探测施工现场

图 8.3.20　场地房屋检测施工现场

图 8.3.21　监测、测绘施工现场

图 8.3.22　勘察现场作业照片